民用航空器维修基础系列教材

电工基础（第2版）

Fundamentals of Electrotechnics

（ME 、AV）

王会来　郝　瑞　主编

清华大学出版社

北京

内容简介

本书为民用航空器维修基础系列教材。全书共分5章，主要介绍了电学基础、直流电路及电路基本元件、交流电路、变压器及电机、开关电器等内容。

本书贯彻了理论与实际密切结合的思想，图文并茂、通俗易懂，将电学实验与理论推导有机地结合在一起，基本上不涉及复杂的数学推导，注重用实验的方法总结、证明电学定律和基本知识，可以作为CCAR-147维修培训机构的基础培训教材或参考教材，也适用于从事航空机电专业(ME)和航空电子专业(AV)的人员自学。

图书在版编目(CIP)数据

电工基础：ME、AV/王会来，郝瑞主编. --2版. --北京：清华大学出版社，2016 (2024.9重印)
民用航空器维修基础系列教材
ISBN 978-7-302-43922-6

Ⅰ. ①电… Ⅱ. ①王… ②郝… Ⅲ. ①电工—教材 Ⅳ. ①TM1

中国版本图书馆CIP数据核字(2016)第111184号

责任编辑：庄红权 赵 斌
封面设计：李星辰
责任校对：刘玉霞
责任印制：杨 艳

出版发行：清华大学出版社
网 址：https://www.tup.com.cn，https://www.wqxuetang.com
地 址：北京清华大学学研大厦A座 邮 编：100084
社 总 机：010-83470000 邮 购：010-62786544
投稿与读者服务：010-62776969，c-service@tup.tsinghua.edu.cn
质量反馈：010-62772015，zhiliang@tup.tsinghua.edu.cn
印 装 者：大厂回族自治县彩虹印刷有限公司
经 销：全国新华书店
开 本：185mm×260mm 印 张：17 字 数：412千字
版 次：2006年5月第1版 2016年9月第2版 印 次：2024年9月第25次印刷
定 价：50.00元

产品编号：062908-01

民用航空器维修基础系列教材

编写委员会

序言

PREFACE

2005年8月，中国民航规章CCAR-66R1《民用航空器维修人员执照管理规则》考试大纲正式发布执行，该大纲规定了民用航空器维修持照人员必须掌握的基本知识。随着中国民用航空业的飞速发展，业内迫切需要大批高素质的民用航空器维修人员。为适应民航的发展，提高机务维修人员的素质和航空器的维修水平，满足广大机务维修人员学习业务的需求，中国民航总局飞行标准司组织成立了"民用航空器维修基础系列教材"编写委员会，其任务是组织编写一套满足中国民航维修要求、实用性强、高质量的培训和自学教材。

为方便机务维修人员通过培训或自学参加维修执照基础部分考试，本套教材根据民航局颁发的AC-66R1-02维修执照基础部分考试大纲编写，同时满足AC-147-02维修基础培训大纲。本套教材共12本，内容覆盖了大纲的所有模块，具体每一本教材的适用专业和对应的考试大纲模块见本书封底。

本套教材力求通俗易懂，紧密联系民航实际，强调航空器维修的基础理论和维修基本技能的培训，注重教材的实用性。本套教材可作为民航机务维修人员或有志于进入民航维修业的人员的培训或自学用书，也可作为CCAR-147维修培训机构的基础培训教材或参考教材。

"民用航空器维修基础系列教材"第1版在CCAR-66执照基础部分考试和CCAR-147维修基础培训中得到了非常广泛的应用。通过10年的使用，在第1版教材中发现了不少问题；同时10年来，大量高新技术应用到新一代飞机上(如B787、A380等)，维修理念和技术也有了很大的发展，与之相对应的基础知识必须得到加强和补充。因此，维修基础培训教材急需进行修订。

"民用航空器维修基础系列教材"第2版是在民航局飞行标准司的直接领导下进行修订编写的。这套教材的编写得到了民航安全能力基金的资助，同时得到了中国民航总局飞行标准司、中国民航大学、广州民航职业技术学院、中国民用航空飞行学院、民航管理干部学院、上海民航职业技术学院、北京飞机维修工程有限公司(Ameco)、广州飞机维修工程有限公司(Gameco)、中信海洋直升机公司、深圳航空有限责任公司等单位以及航空器维修领域专家的大力支持，在此一并表示感谢！

由于编写时间仓促和我们的水平有限，书中难免存在许多错误和不足，请各位专家和读者及时指出，以便再版时加以纠正。我们相信，经过不断的修订和完善，这套教材一定能成为飞机维修基础培训的经典教材，为提高机务人员的素质和飞机维修质量作出更大的贡献。任何意见和建议请发至：skyexam2015@163. com。

"民用航空器维修基础系列教材"编委会

2016年4月

第2版前言

FOREWORD

《电工基础(ME、AV)(第 2 版)》是按照中国民航规章 CCAR—66R1《民用航空器维修人员执照管理规则》考试大纲 M3 编写的，本教材可以作为 CCAR—147 维修培训机构的基础培训教材，也可作为民航院校相关专业学生或民航维修人员学习的参考教材，亦可作为从事航空机电专业(ME)和航空电子专业(AV)人员的自学教材。

针对民航维修从业人员的培养目标和需求，本教材在内容编排上注重理论与实际的结合，重点突出大纲中要求掌握的基本概念和电学定律，尽可能减少烦琐的数学论证和推导，将电学实验与理论推导结合，注重用实验的方法总结，并加入了机载设备的应用实例讲解，力求通俗易懂，切合实际。

本教材包括电学基础、直流电路及电路基本元件、交流电路、变压器及电机、开关电器等五章内容。在本版教材中，为进一步提高基础教材的实用性，适当地增加了一些内容，如小电容标识、控制电机、电机应用实例、电门继电器等。并结合实际教学经验和学员反馈，重点梳理编写了不易理解的知识点，对内容编排结构做了适当调整。另外，由于民航维修业更多地和国际同行接轨，因此，本教材的编写也借鉴了欧美同类的参考教材。

本书由王会来、郝瑞主编。第 1 章、第 2 章、第 3 章由王会来主笔，第 4 章、第 5 章由郝瑞主笔。在教材编写过程中，中国民航大学的任仁良教授、刘燕老师给予了大力支持和帮助；全书由刘建英、王云岭、韩勇、高丽霞、聂艳琴、杨晓龙等业内专家审阅并提出了宝贵意见，在此谨表深深的感谢。

由于编者水平有限，难免有错误和不妥之处，恳请读者批评指正。

编　者

2016 年 3 月

第2版前言

第1版前言

FOREWORD

《电工基础(ME、AV)》教材是按照中国民航规章 CCAR-66R1《民用航空器维修人员执照管理规则》考试大纲 M3 编写的,本教材可以作为 CCAR-147 维修培训机构的基础培训教材或参考教材,也适用于从事航空机电专业(ME)和航空电子专业(AV)的人员自学。

本教材包括电学基础、直流电路及电路基本元件、交流电路、变压器及电机、开关电器等 5 章内容。在编写过程中,贯彻了理论与实际密切结合的思想,力求通俗易懂,将电学实验与理论推导有机地结合在一起,基本上不涉及复杂的数学推导,注重用实验的方法总结、证明大纲中要求掌握的电学定律及基本知识。

在本教材的编写过程中,中国民用航空学院任仁良教授、刘建英副教授给予了大力支持,对本书提出了许多宝贵意见,并参与了编写工作。全书由中国民用航空学院刘荣林教授审校,在此谨表深深的感谢。

由于编写时间仓促和我们的水平有限,教材中还存在着许多错误和不足,请各位专家和读者指出,以便再版时加以纠正。

编　者

2006 年 2 月

目录

CONTENTS

第1章

电学基础

1.1 电子理论

电的发现是基于电产生的力的效应。例如，当琥珀和布料摩擦时会产生一种吸引力，这就证明物体带了电。

不同时代的科学家已经发现了在一定条件下电的特性和规律，如法拉第、欧姆、楞茨和基尔霍夫等物理学家，他们描述了电的特性和电流的运动规律，这些规律常常被归纳为"定律"。随着对电的自然规律和基本理论的深入研究，电已广泛应用于人类的生产实践和日常生活中。通过学习电的自然规律及定律，可以更好地生产、管理、使用它，从而造福于人类。

1.1.1 分子

电子理论是关于运动电子形成电流流动的理论，是最古老的并且也是大家公认的理论之一。电子是物质中极其微小的粒子。为了研究电子，首先必须研究物质本身的自然结构。若将一个水滴分离得足够小，就得到了组成水的最基本粒子——水分子，如图 1.1-1(a)所示。

水分子(H_2O)由一个氧原子和两个氢原子组成，如图 1.1-1(b)所示。

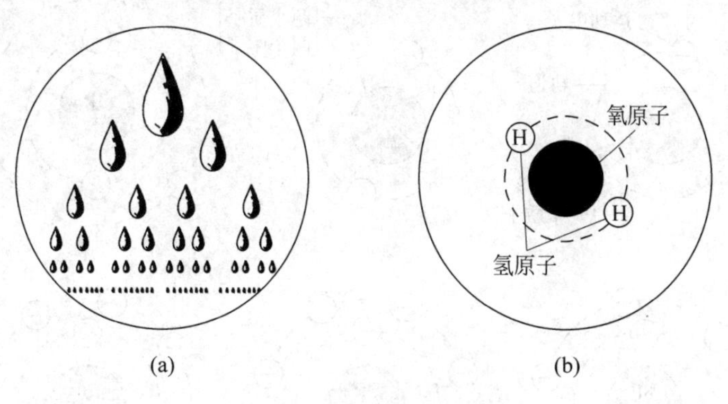

图 1.1-1 物质由分子组成

(a) 水滴的分离；(b) H_2O 水分子

如果将水分子进一步分离，就只剩下不再代表水的特性的氧原子和氢原子，此时，水将不存在。这一例子表明：分子是构成物质并保持物质物理特性的最小粒子。

1.1.2 原子、电子和离子

在化学研究领域,可以将分子进一步分离。例如,食盐(NaCl)的分子可以分解为最基本的两种不同的物质——钠和氯。这些组成分子的粒子可以被分离并进行单独研究,它们就是原子。

原子是组成元素的最小可存在粒子。目前已经发现了100多种元素,将它们按重量排序,并按材料的族和相同特性分组,从而构成了元素周期表。

原子很小,肉眼看不见,但通过实验我们可以了解原子所具有的结构和特性。

原子的核心称为原子核,原子的大部分质量集中于原子核,它包括质子和中子。质子带正电荷,中子不带电荷。

电子是围绕着原子核作高速环绕运动的微小粒子。电子的质量很小,它带有负电荷。

一般而言,在一个原子中,有一个质子就有一个电子,因此原子核所带的正电荷量与电子所带的负电荷量相等,整个原子呈电中性。

可见,一个原子的结构就像太阳系一样,太阳相当于原子核,围绕太阳运动的行星相当于电子。

虽然原子核对电子的吸引力很强,但是,电子不会落到原子核上,这是因为高速运动的电子产生的离心力与吸引力达到了平衡。因此,电子在其固定的轨道上围绕着原子核作环绕运动。

质子的数量与电子的数量相等,这一原则用于确定元素的种类。图1.1-2画出了几种不同元素原子的结构图。例如,氢原子核有1个质子,原子核外有1个电子。氦原子的原子核有2个质子、2个中子和绕原子核作高速运动的2个电子。在元素周期表中,元素按原子量和电子数有序地排列。氢原子的相对原子质量是1.008,以它作为基准,氦原子的相对原子质量是4,锂原子的相对原子质量是7,氧原子的相对原子质量是16,氟原子的相对原子质量是19,氖原子的相对原子质量是20。

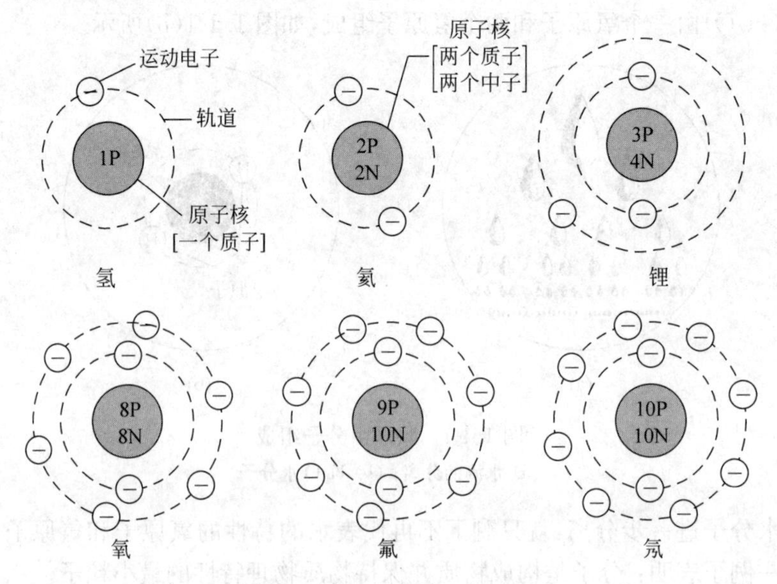

图1.1-2　元素原子结构

电子环绕原子核在假想的轨道中运动，距原子核很近的电子，受原子核的吸引力较强，不容易挣脱原子核的束缚；而外层电子距原子核较远，受原子核的吸引力较弱，容易挣脱原子核的束缚成为自由电子。

自由电子是指外层电子挣脱原子核的引力束缚而从原子中逃离出来的电子。金属原子的外层电子受其原子核的束缚力比较小，较易从原子中逃离出来。因此，在很小的电力或一定能量的作用下，被原子核束缚的电子将会逃离出来成为自由电子。这些自由电子在电导体上的定向移动就形成了电子流，或称为电流。

例如，给铜线上施加电力，铜原子最外层轨道上的电子将受到电力的作用而移动，于是外层轨道电子在闭合的铜线中被推动。电子运动的方向由推动力的方向决定。虽然氢原子的质子最轻，但是，它的质量也是电子的 1850 倍，因此，在电力的作用下质子不动，而只有电子做定向移动。

如果原子的内部能量被提升到正常状态之上，我们称这种原子处于被激发状态，这是因为在电力的推动下原子与粒子之间将发生碰撞，这样，能量可以通过碰撞传递到原子。原子吸收了多余的能量后，将使原子核对外层电子的束缚力降低，从而使电子更容易从原子核中逃离出来。

离子是指原子失去或获得一个或多个电子之后形成的粒子。如果原子失去电子将带正电荷，称之为正离子，相反，原子获得电子将带负电荷，称之为负离子。

图 1.1-3 是上述讨论的总结。图的左边是可见的物质，它首先被分离成一个分子，然后，再被分解成原子，再将原子划分成质子、中子和电子。从图中可以看到：粒子中的正、负电荷具有电的自然属性，这就是大多数物质的粒子能受电力影响的原因。虽然整个分子或原子呈现电中性，但大多数粒子是带电的(除中子之外)。质子带正电，电子带负电，这种固有的带电特性使粒子对电力很敏感。

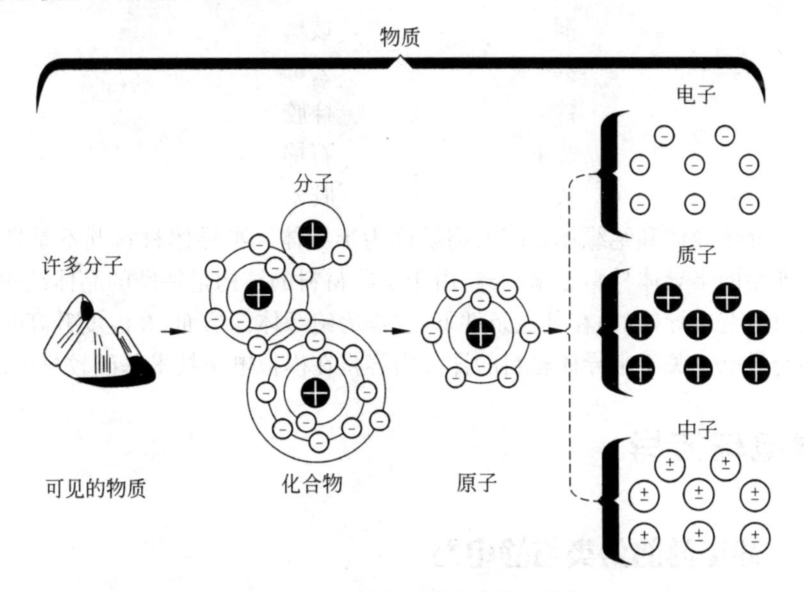

图 1.1-3　可见物质分离成带电微粒

1.1.3 导体 绝缘体 半导体

允许大量电子自由运动的物质称为导体。铜线就是一种良导体,这是由它的原子结构决定的,如图1.1-4所示。铜原子有29个电子,它的最外层轨道上只有一个电子,因此,这个电子很容易挣脱其原子核的束缚成为自由电子。电力借助于自由电子的运动在铜原子之间传递。在一定的电力作用下,材料中运动的电子数量越多,就越说明该种材料的导电性能好,也就是说,良导体对电子移动的阻碍作用很小。

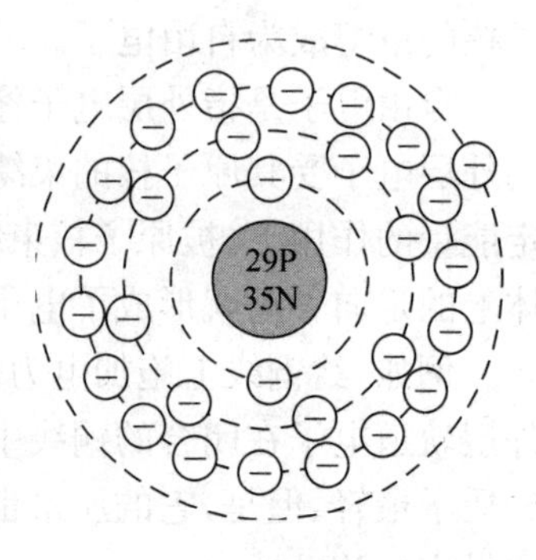

图1.1-4 铜原子结构

实验证明:银、铜、铝是较好的良导体,最好的导体是银。但是,现实中使用最广泛的导体是铜,因为它比银便宜。另外,材料的导电能力还取决于它的尺寸。

与导体材料相反,像橡胶、玻璃和干燥的木头等材料,它们的自由电子数量很少,在这些材料中,必须耗费巨大的能量才能打破原子核对其电子的束缚。因此,我们把具有少量自由电子的物质称为不良导体或绝缘体。

实际上,在导体和绝缘体之间没有一个明显的界限,因为在所有物质中电子运动是客观存在的事实。一般来说,在实际应用中,使用良导体做成导线传送电流;使用不良导体制作成导线绝缘层以防止电流从导线中流出。

下面列出了几种常见的导体材料和绝缘材料。材料的导电性能或绝缘性能的强弱顺序自上而下减弱。

导体材料	绝缘材料
银	干燥的空气
铜	玻璃
铝	云母
锌	橡胶
黄铜	石棉
铁	胶木

导电能力介于导体和绝缘体之间的物质称为半导体。半导体材料既不是良导体,也不是绝缘体。典型的半导体材料是锗和硅,由于这些材料的结构是特殊的晶体结构,因此在特定条件下它可以变成导体,而在其他条件下,它作为绝缘体。然而,在温度升高时,其有限的电子可以参与导电。关于半导体材料的详细内容将在模拟电子技术基础教材中讨论。

1.2 静电与传导

1.2.1 静电荷的分类与静电力

处于静止或者停留状态的电荷称为静电荷。在自然界中,物体中的每一个原子都是呈中性的,称其为电中性,物体的这种状态称为零电荷体。此时,相邻的物体之间既没有吸引力也没有排斥力,电子既不会离开也不会进入中性电荷体。但当一定数量的电子由于某种原因离开原子时，该物体原子中的质子数就多于电子数，因此，这种物体带正电，我们称之为正电荷体；反之，称为负电荷体。当正电荷体与零电荷体或负电荷体接触时，将有电子流在它们之间流动，电子将离开零电荷体或负电荷体进入正电荷体。这种电子流的流动将持续到物体中的电荷平衡为止。

产生静电荷最容易的方法之一就是摩擦。简单地说，两种物质在一起摩擦，一种物质上的电子就会被“擦去”从而转移到另一种物质上。观察摩擦起电的现象最好采用两种绝缘材料。采用导体材料很难保持产生的静电荷，因为当两种导体接触时，电荷很容易移动。图 1.2-1 所示的是硬橡胶棒与毛皮摩擦的实验。在硬橡胶棒与毛皮摩擦时，棒上就会产生电子聚集的现象。由于两种材料都是绝缘体，所以只有很小的平衡电流流动，静电荷就被保持在硬橡胶棒上，如果棒上的电荷数量足够多，平衡电流将在两种绝缘材料之间流动，这种流动现象将产生火花并伴随有噼啪声。我们将摩擦以后在绝缘体上带上的电荷称为静电。

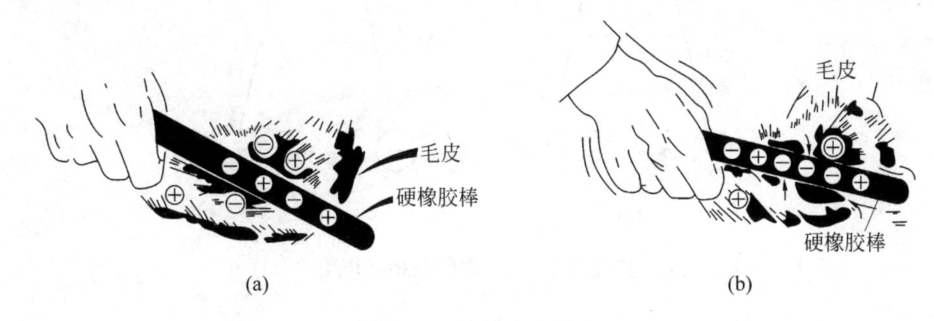

图 1.2-1 摩擦产生静电

(a) 硬橡胶棒和毛皮上具有等量的正电荷和电子；(b) 电子从毛皮上转移到硬橡胶棒上

当非零电荷体相互接近时，它们之间将产生力的作用，由于不接触，所以没有电子流的流动，物体中的电荷不可能达到平衡，于是非零电荷体之间将产生力的作用，这种力称为静电力。

1.2.2 静电吸引与排斥定律

电学中的一个基本定律就是静电吸引与排斥定律。它表明：异性电荷相互吸引，同性电荷相互排斥。

正电荷与负电荷的性质不同，因此它们将相互吸引。在原子中，电子带负电，原子核带正电，电子在引力的作用下将向原子核运动。但电子与原子核之间的引力被作高速旋转运动的电子所产生的离心力所平衡，结果使得电子保持在一定的轨道上做圆周运动，而不会落到原子核上。电子之间由于它们带有同种性质的电荷，因此相互排斥。同样，质子之间也相互排斥。

上述定律所描述的现象可以通过一个简单的实验来证明。如图 1.2-2 所示，用线悬挂起两个轻纸球，手拿住右边纸球的线，用毛皮摩擦过的硬橡胶棒给纸球上提供负电荷。然后，松开纸球将看到两个纸球相互吸引，如图 1.2-2(a)所示。这一吸引过程将持续到左边纸球从右边纸球获得部分负电荷为止，此刻，两个纸球将作相互排斥运动，如图 1.2-2(c)所示。如果将正电荷提供在两个纸球上，它们也将相互排斥，如图 1.2-2(b)所示。

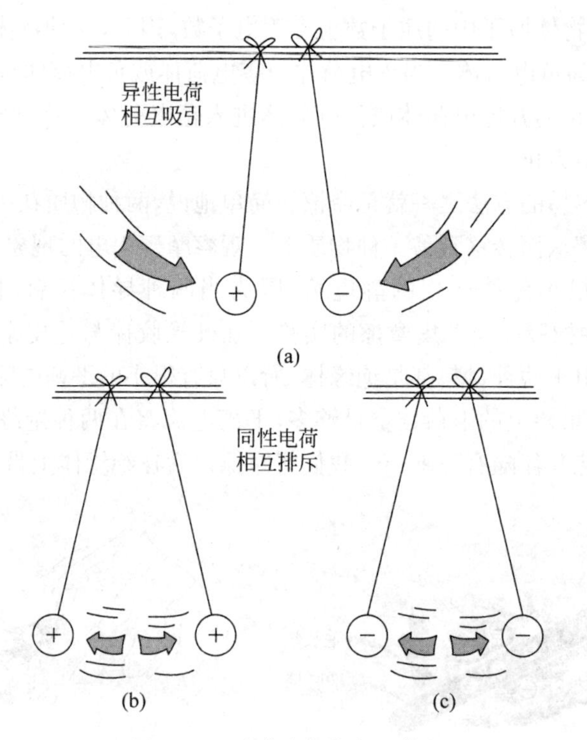

图 1.2-2 电荷之间的相互作用

1.2.3 库仑定律

在自由空间,电荷体之间吸引与排斥力的大小与下面两个因素有关:①带电体所带的电荷量;②带电体之间的距离。法国科学家库仑(Charles A. Coulomb)首先对电荷量、距离与静电力之间的关系进行了研究,并且总结出了库仑定律。库仑定律阐明:电荷之间的吸引和排斥力与电荷体所带的电荷量成正比;与电荷体之间距离的平方成反比。上述定律可以用下面的数学公式表示。

$$F = k\frac{Q_1 \cdot Q_2}{l^2}$$

式中,Q_1、Q_2 为电荷量,C(库仑);l 为电荷体之间的距离,m(米);F 为电荷之间的作用力,N(牛顿);k 为常数,$k=8.99\times10^9\,\mathrm{N\cdot m^2/C^2}$。

两电荷之间的相互作用力大小相等,方向相反,作用在一条直线上。

1.2.4 电在固体、液体、真空、气体中的传导

1. 固体中的能带模型

在一个原子中,各电子以一定的间隔围绕着原子核旋转。各电子的旋转轨道也称为电子壳层,每一壳层根据能量的差异又分为亚层,在每一层中只能容纳一定数量的电子。每个电子所具有的能量状态是由电子与原子核的距离以及电子的旋转速度来决定的,即电子壳层是按能级高低来排列的。电子距原子核越远,其具有的能级也越高。核外电子所具有的势能随着它与原子核之间的距离增大而增大。

在原子键中，原子的密度越大，则原子相互间的影响作用也越大。能级按能量高低可以分成能级水平线，而通过它，许多原子中的电子便形成了数量众多的能级水平线，人们将它们综合起来称为能带。在固体物质中，只有在这些能带中的电子才具有成为自由电子的能量。这些能带按其电学性能定义为价带、导带，以及处于价带与导带之间的禁带。

在−273℃时，完全处于稳定的某电子壳层最低能级的能带称为价带，而超越该电子壳层区域的能带便称为导带。此时，电子轨道上可以没有电子出现，或者只有部分电子出现。在价带上获得能量的电子极易发生能级跃迁成为自由电子，并作为导电载流子来承担电流传导的任务。

2. 电在金属中的传导

金属中的电子浓度很高，因此价带和导带相当宽，并且相互有重叠，如图 1.2-3 中所示，所以金属始终都具有自由电子。

在电子密度较大的情况下，随着温度的升高，通过受热激发的电子越来越多地与金属材料中的其他晶格碰撞，使电子运动的阻碍作用增大。因此，随着温度的升高，金属中的电子迁移率下降，使其导电能力下降。

3. 电在液体中的传导

在硫酸铜盐的溶液（$CuSO_4$）中，盐被分离成正的带电粒子（Cu^{2+}）和负的带电粒子（SO_4^{2-}），如图 1.2-4 所示，这一过程在化学中称为分解，这些带电粒子称为离子。它们在溶液中是运动的，因此可以承担起电荷迁移运动的任务。由此，溶液便成为可导电的了。使用其他金属盐的溶液，或通过添加酸或碱的溶液，也可以获得相同的效果，同样它们的溶液都含有离子。例如：溶化的食盐水也是具有离子的溶液，也可以导电。

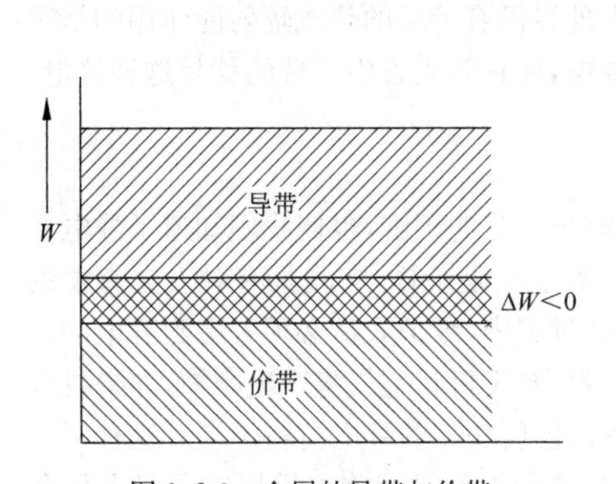

图 1.2-3　金属的导带与价带

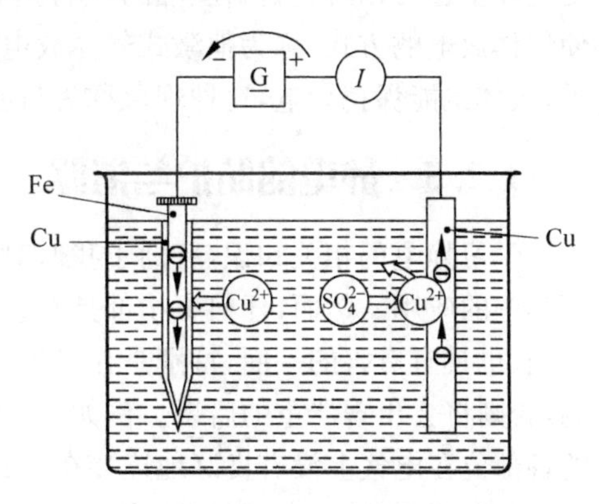

图 1.2-4　电在 $CuSO_4$ 溶液中的传导

导电的液体称为电解液。电解液中的电荷载流子是离子。当然，电解液的导电能力远远小于金属的导电能力。

原电池就是通过上述电化学过程来产生电动势的，其大小取决于电极的材料和电解液的种类、浓度。详细描述见本书相关章节。

4. 电在真空、气体中的传导

电在真空中也可以传导，电子管这种器件利用的就是这一传导特性。电子管由一个真空的管壳和数个电极组成。电子由一个被加热的电极（阴极）射出，由于热电子的发射，在阴极前形成了带负电的空间电子云。如图 1.2-5 所示。

通常由板状电极构成的阳极接收被发射出的电子。在阳极与阴极之间加上直流电压,即阳极电压,电压的正极接在阳极,这样空间电子云中的电子就被阳极吸引并加速。

电子通过真空由阴极流至阳极,从而形成电子流。真空中电子流的出现就是利用了异性电荷相互吸引的原理。当阳极相对于阴极的电位为正时,一个阴极被加热的电子管将是导电的。

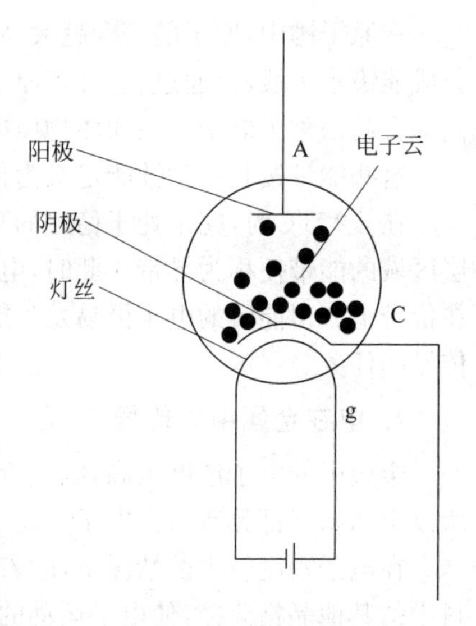

图 1.2-5 电子发射

电子三极管、五极管和阴极射线管都是利用这一原理制成的。

电在气体中传导需要一定的条件,一般来说气体在室温和较小的电场作用下是不导电的。如果要使气体变为导电,则必须对气体原子进行电离。电离的目的主要是产生电子和正离子。电离需要能量,其能量的形式为热、短波长的射线、电场或碰撞能量。经电离后的气体称为等离子体,此时的气体可以导电。通过能量的作用,气体能够被电离。

电流传导时气体中出现的效应称为气体放电。通过强电场的作用,在物体的尖端和棱角上会出现辉光和电晕现象,我们把它称为电晕放电。这种现象在雷雨时往往会出现,例如出现在天线的尖端、桅杆的顶端,等等。在由阴极射线管作为显示屏的电视机上,其行输出变压器上也可以听到噼噼啪啪的声响。上述使气体导电的现象是由外部供给能量的,这种使气体放电的方式,称为他激式气体放电。此外,在外界没有持续的热或辐射能作用的情况下,气体也能保持导电,这种现象称为自激式气体放电,如在辉光管中出现的就是这种放电。

1.2.5 静电的防护与消除

学习静电的相关知识,有助于我们对电的本质有进一步的了解,也使我们知道了静电在现实中的应用。然而,任何事物都具有它的两面性,静电也是一样,它既具有对人类有益的一面,也具有有害的一面,特别是在飞机维修、维护的过程中,维护人员必须考虑到静电的影响,否则将会出现严重的后果。例如,在飞机飞行过程中,飞机与空气将产生摩擦,如果机身的各部位在电气上没有良好地连接在一起,那么,各部位所积累的静电荷将不同。这种不同的电荷积累在达到一定程度时将产生电弧或电火花,这种电气干扰将严重影响飞机通信和导航系统的工作。因此,飞机的各部分必须用搭接带连接在一起,为静电荷的平衡提供一个低阻通路。

在飞机加油时,必须考虑到静电荷的影响,防止可能发生的电火花引起燃料的燃烧,因此,飞机机身、输油管和油车必须三接地。

安装放电刷可以泄放飞行过程中飞机机体上产生的静电从而减小对无线电设备的干扰,如图 1.2-6 所示。

静电敏感元件就是指在静电电压达到一定数值时将被损坏的元件,因此,维护人员在拆装机载静电敏感元件时,应带好腕带以避免人体静电对元件的损害,如图 1.2-7 所示。

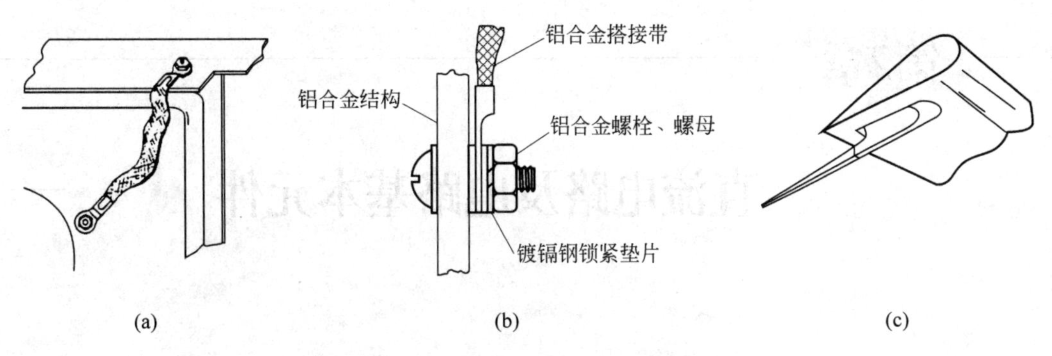

图 1.2-6　搭接带、接地桩和放电刷

(a) 搭接带；(b) 接地桩；(c) 放电刷

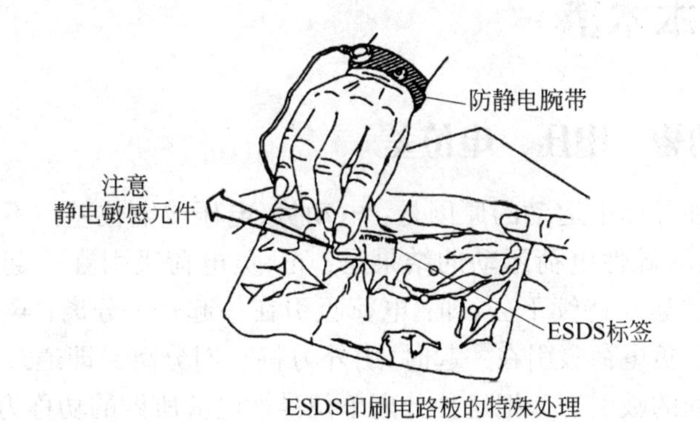

图 1.2-7　维护人员戴好防静电腕带

有关静电的防护与消除的详细知识将在后续教材中作进一步介绍。

第2章

直流电路及电路基本元件

2.1 电学基本术语

2.1.1 电动势 电压 电位差

引起自由电子在导体中运动的原因是：电动势、电压或电位差。不同极性的电荷相互吸引，相距一定距离的异性电荷运动的结果是：正、负电荷吸引在一起，如图 2.1-1 所示。如果想让异性电荷的运动持续下去，即：电荷吸引在一起——分离；再吸引在一起——再分离，那就必须在正、负电荷吸引在一起时，用外力将它们分离。即通过对电荷做功的方法来反抗异性电荷之间的吸引力。把这种分离单位异性电荷所做的功称为电动势。对电荷做功越小，异性电荷被分开的距离就越小；反之，对电荷做功越大，异性电荷被分开的距离就越大。与此同时，单位异性电荷被分离后又具备了再次吸引的可能，异性电荷吸引运动所做的功称为电压。

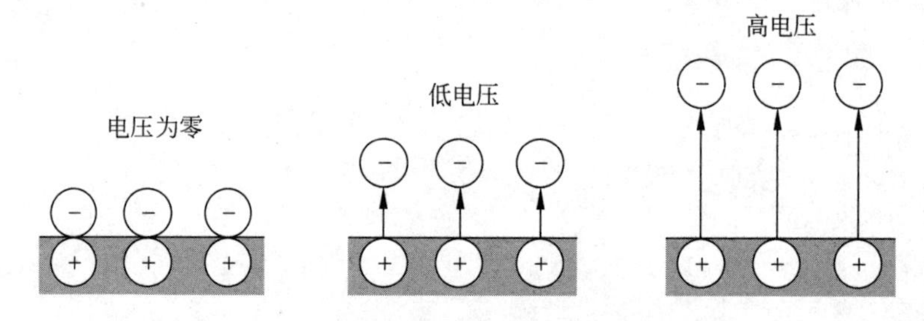

图 2.1-1 通过电荷分离产生电压

由上述可见：电压是通过电荷的分离而产生的。

电荷运动的这种情况就像在两个连接在一起的水箱中，由于压力差的作用而形成水的流动一样，如图 2.1-2 所示。要特别注意的是，水的流动并不取决于 A 蓄水罐中的压力，而是取决于 A、B 两个蓄水罐中的压力差，当 A、B 两个蓄水罐中的水面相等时压力差为零，水就停止流动了。

图 2.1-2 说明了在具有通路的条件下，电子将从过量处向不足处运动的原理。在外力做功下，给水箱 A 蓄满水，这个外力所做的功就相当于上面提到的电动势。当 A 蓄水罐中蓄满水后，它与 B 蓄水罐就自然形成了水面的位差，这一位差就相当于电压。

可见，在理想条件下，电动势和电压在数值上相等，方向相反。

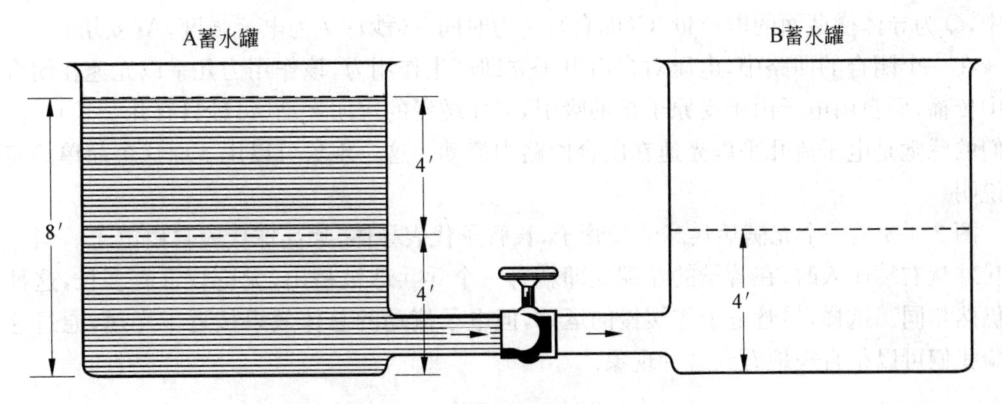

图 2.1-2　水位模拟电动势和电压

电动势和电压的实际测量单位是“伏特”，用大写字母“V”表示，电动势的符号用大写字母“E”来表示，电压的符号用大写的字母“U”来表示。电压表示单位电荷在吸引力的作用下所做的功，即有

$$U=\frac{W}{Q}$$

式中，W 为电荷在吸引力作用下所做的功，J(焦耳)；Q 为电荷所带的电量，C(库仑)；U 为电压，V(伏特)。

电位是指某点相对于参考点之间的电压。参考点一般设定为大地，而在电路中，参考点指的是一个公共点，在飞机上铝合金的机身就是参考点。电压也可以看做两个电位之间的差，因此，电压也叫电位差。电压既可以是正电位和负电位之间的电位差，也可以是两个同极性的电位之间的电位差，只不过电位不同而已。

2.1.2　电流　电子流

电压是产生电子流动的原因，没有电压就没有电子流动。在电压的作用下，运动电子形成的电子流动称为“电子流”。在电子理论被认知以前，人们就已经观察到了电的效应，那时人们错误地认为：电遵循液压流动规律。并假定“电从能量高的地方流向能量低的地方”。因此，传统电流理论认为：电流从正极流向负极。而实际上是带负电的电子在电路中流动，即：电子流从电源的负极出发通过闭合回路流到电源的正极。

这样，我们就有两种考虑电子流动的方法，一种是电子流；另一种是电流。实际上，电流流动是虚构的。但无论哪种方法，我们都可以说：电子的定向移动形成电流。在电路分析中，只要遵循一种电流的构想去分析电路，都可以得到正确的答案。需要注意的是：电子流流动的方向与电流流动的方向相反。我国的教科书都采用电流来反映电子的定向运动，其方向与电子的实际运动方向相反。

当电流只朝一个方向流动时，称为直流。在随后的学习中，还将介绍周期性改变方向的电流，称为交流。

电流或电流强度用大写字母“I”来表示，其单位是“安培”，用大写字母“A”来表示。

我们将单位时间内通过导体横截面积的电量称为电流强度，可用下面公式表示：

$$I=\frac{Q}{t}$$

式中,Q 为导体横截面的电荷量,C(库仑); t 为时间,s(秒); I 为电流强度,A(安培)。

在一个闭合的回路中,电压对自由电子立即产生作用力,该作用力几乎以光速在闭合回路中传播,而自由电子由于受原子核的吸引,只作缓慢的定向运动(每秒只有几毫米)。但给人们的感觉是电子流几乎以光速在闭合回路中流动。这一现象可以用下面这个简单的实验来说明。

图 2.1-3 是一个充满乒乓球的长管子,长管子代表导体,乒乓球代表自由电子。当一个乒乓球从右端压入时,在管子的左端立即就有一个乒乓球被挤出,无论管子有多长,这种现象仍然相同。这样,尽管电子作缓慢的运动,但电子流动的总体效果接近于光速,通过这一实验我们可以很直观地看到这种现象。

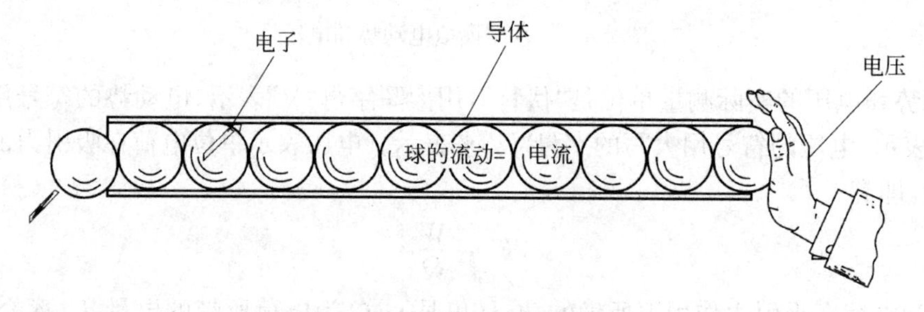

图 2.1-3 电子流流动模拟实验

2.1.3 电功及电功率

电流流过导体时会做功,做功的快慢称为功率,用字母“P”表示,即有

$$P=\frac{W}{t}$$

式中,W 为电荷在吸引力作用下所做的功,J(焦耳); P 为功率,W(瓦特); t 为时间,s(秒)。

一段电路的功率等于这段电路的电压和电流的乘积,即有

$$P=UI$$

电功或电能表示一段时间内电路所消耗(或产生)的电能,用 W 表示,有

$$W=Pt$$

在实际使用中,电能的常用单位为 kW·h(千瓦·时),又叫“度”。1 度电表示额定功率是 1kW 的电器在额定状态下工作 1h 所消耗的电能。

在本书中规定,直流量和有效值用英文的大写字母表示;瞬时量用英文的小写字母表示。

2.2 电路的基本组成及电压产生方法

2.2.1 电路基本组成

电流流经的路径称为电路。电路是为了某种需要由某些电工设备或元件按一定的方式连接而成。

电路由以下几个部分组成:①电源;②负载;③导线;④开关。电源包括电压源和电

流源；负载是各种各样的消耗电能的电子装置，统称为用电器；不同材料的连接线，统称为导线；为了使负载得到人为的控制，还需加入开关，如图 2.2-1 所示。

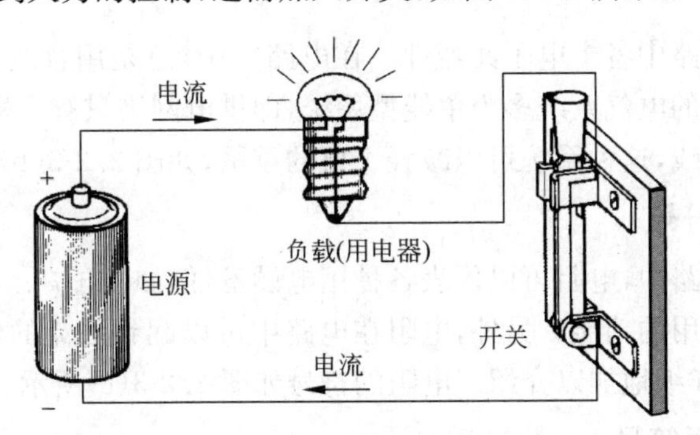

图 2.2-1　电路基本组成

图 2.2-1 中的电源部分就是一个干电池，负载是一个灯泡，然后，用铜导线将这些电路元件连接起来。当开关闭合时，电路形成闭合回路，灯泡被点亮。

一个完整的电路，应该是有一条连续的从电源正端通过负载返回到电源负端的通路，电路在正常工作时就是这种状态，我们称之为"通路"，图 2.2-1 表示的就是这种状态。如果通路不连续，有断开点，则称这种电路状态为"断路"，在这种情况下，电路中没有电流流动。如果有一条通路从电源正端不经过负载直接回到电源负端，这种电路状态被称为"短路"，在这种情况下，不仅电路不工作，而且由于导线的电阻极小，将导致很大的电流流过导线，从而造成电源和导线过热，严重时电源将过热被烧毁，因此在电路中必须要串接保险丝，对这种故障状态加以保护。因此，电路有通路、断路、短路三种状态，如图 2.2-2 所示。

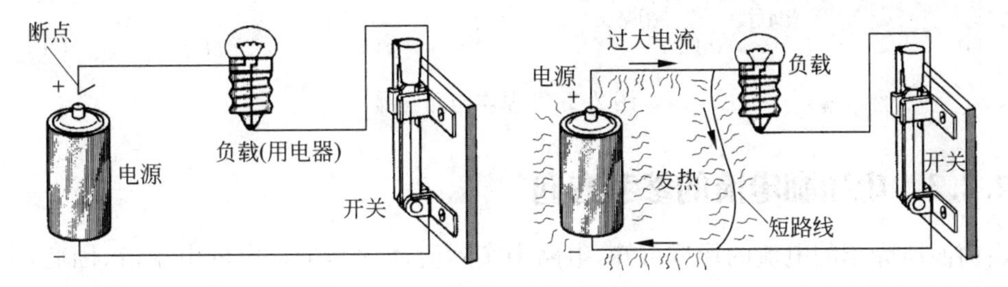

图 2.2-2　电路的断路和短路状态

2.2.2　电路基本符号

如图 2.2-1 所示，电路元件都是以实物图的形式画出。这样既不实际，也不简单明了。因此，在电学中，所有电路元件都用符号表示，电路图由这些元件的符号组成。由于元件符号很多，在这里只介绍几种最基本的元件符号。在后续内容中，将逐渐介绍更多的元件符号。

1. 直流电源符号

电路中的电源或外加电压可以是能产生电荷的任意一种电动势源，例如，机械源(发电机)、化学源(电池)、光电源(光)或热源(热)等。如果它们在电路图中起直流电源的作用，那么，就用如图 2.2-3(a)所示的符号表示。该符号有如下含义：①短线表示负极；②长线表示正极；③水平线表示连接电极的导线。

2. 导线符号

导线用于连接电路中各个电子元器件。在电路图中，总是用直线来表示导线。以直流电源为主电源的飞机的电气系统多为单线型系统，即供电网络只有一根正线，用飞机结构本身作为供电线路的负线，这种系统可以减轻飞机的重量，如图 2.2-3(b)所示。

3. 电阻(负载)符号

在实际的直流电路中，电阻可以代表各种用电设备，例如：电炉、灯泡等，它们消耗电源的电能并产生某些有用的功能。另外，电阻在电路中可以起到限流的作用。电阻器的种类繁多，后续教材中将详细地加以介绍。电阻的符号如图 2.2-3(c)所示。

4. 接机壳或底板符号

如图 2.2-3(d)所示，接机壳或底板是电路中的电位参考点，该参考点用于整个电路的电压测量，一般将这一点定为零电位点。

5. 电流表和电压表符号

电路测量经常会用到电流表和电压表，电流表应该串联在电路中，电压表应该并联在测量负载的两端，如图 2.2-3(e)所示。

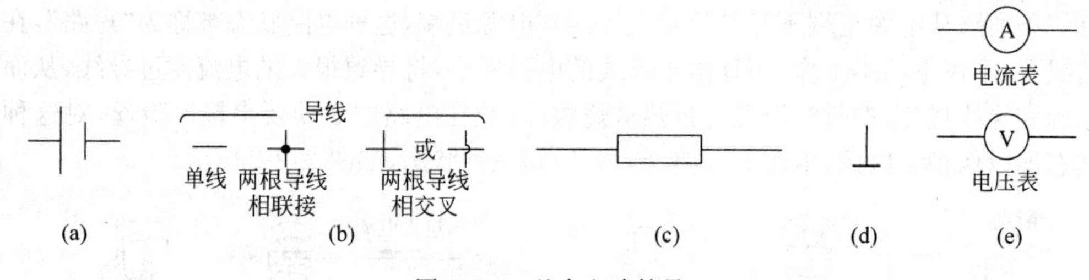

图 2.2-3 基本电路符号

2.2.3 电压和电流的参考方向

由前面所介绍的电流的形成可知，电路中实际流动的是带负电的电子流，因此，电流的实际方向可以用两种方法规定：一种是用电子流表示电流的方向，这时电流从电源的负极流出，经负载后回到电源的正极；另一种方法是规定正电荷移动的方向为电流的正方向，电流从电源的正极流出，经负载后回到电源的负极。因此，电流的方向与电子流的方向相反。本书采用正电荷移动的方向为电流的正方向。

当电路较复杂时，一段电路里电流的实际方向很难预先判断出来。然而，在分析或计算电路时，必须给定一个电流的方向。为此引入了电流参考方向的概念，参考方向又叫假定正方向，简称正方向。

所谓正方向，就是在一段电路里，在电流两种可能的真实方向中，任意选择一个方向作为参考，然后根据求解的结果确定电流的真实方向。当求得的结果是正值时，假定的正方向即为电流的真实方向；若求得的值是负值，则假定的方向与实际方向相反。

同理，当一段电路的电压方向无法确定时，也需要先规定一个正方向，电压的实际方向由计算结果的正负确定。通常一段电路的电压和电流的正方向设为相关联。

图 2.2-4 是一段电路，图中标出了电压 U、电流 I 的正方向。注意电阻 R 的两端，电流从标正号“+”的一端流入，从标负号“−”的一端流出。此时，电压 U 为正方向，电流 I 也为正方向。这种设定称为关联正方向。

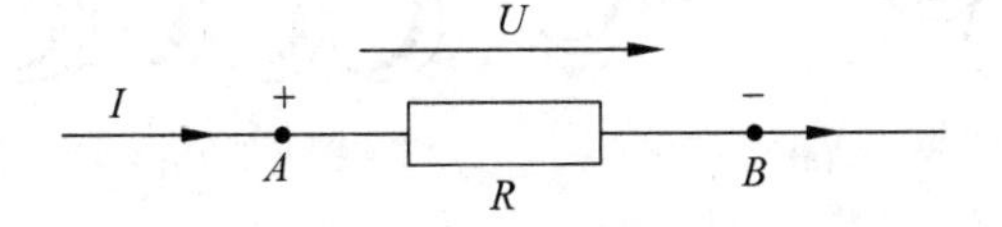

图 2.2-4 电压和电流的参考方向

2.2.4 电动势产生方法

一般来说，在电学领域中有 6 种常用的产生电动势的方法，它们是：

(1) 摩擦起电——通过摩擦两种物质产生电动势。

(2) 压电现象——挤压某种晶体物质产生电动势。

(3) 热电现象——加热两种不同物质的连接处产生电动势。

(4) 光电现象——用光激发光敏感物质产生电动势。

(5) 化学反应——通过电池中的化学反应产生电动势。

(6) 磁生电——通过导体在磁场中运动切割磁力线，在导体内产生电动势。

1. 摩擦起电

这是 6 种方法中最不常用的一种。如在“静电与传导”中所描述，用两种绝缘体互相摩擦，物质中的电子就可以发生转移，从而在绝缘体上积聚电荷。在生产和生活实际中，摩擦起电总是与静电联系在一起，静电总是给人们造成很大的麻烦。例如，飞行中的飞机由于气流与机身表面的摩擦，在蒙皮上聚积了大量的电荷，这些电荷经常干扰无线电通信、导航设备的工作，这种干扰在一定条件下甚至能损坏飞机的机体。在日常生活中，我们可能都有过如下的经历：当滑过干燥的椅套或走过干燥的地毯时，用手接触其他物体，就会遭到静电的电击。一般在飞机上工作的维护人员要注意防静电。有关防静电的知识将在后续教材中论述。

2. 压电现象

我们把通过挤压某种物质产生电压的方法称为压电现象，即通过对某种晶体物质的增压或减压，在晶体内部产生电荷的运动。为了研究这种产生电压的方法，首先应该了解什么是“晶体”。晶体的分子是以有序的、均匀的方式排列的，如图 2.2-5 所示。图 2.2-5(a)是非晶体物质的分子排列；图 2.2-5(b)是晶体物质的分子排列。为了简单起见，假定这种特定物质的分子是球形的，在非晶体物质中，分子的排列是没有规律的，而在晶体物质中，分子的排列是有规律、均匀的。

图 2.2-5 说明了非晶体物质与晶体物质的主要物理差别。天然晶体很稀少，比如金刚石。但是，碳(即石墨)经过人工处理后，使其分子结构发生变化，就变为了“金刚石”，我们称之为人造金刚石。在电子领域中，实际使用的晶体大部分是人造的。

某些物质的晶体，例如石英能表现出特殊的电特性，即：在对晶体实施增压或减压后，

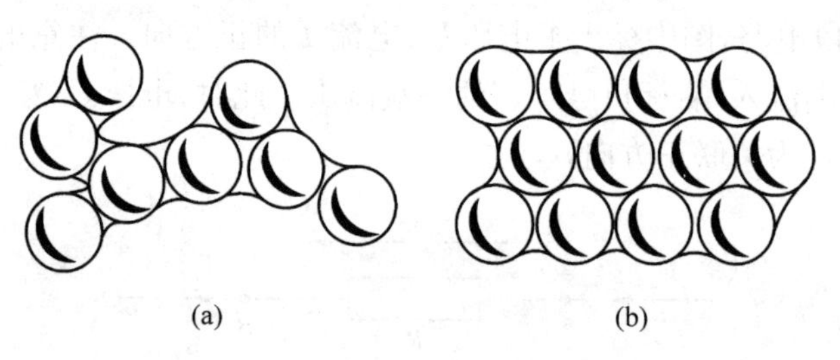

图 2.2-5 非晶体与晶体的分子结构

(a) 非晶体物质的分子结构；(b) 晶体物质的分子结构

晶体呈现出的电特性或电效应，称之为“压电效应”。如图 2.2-6(a)所示，当挤压石英晶体时，石英晶体将产生按箭头方向的反作用力，此时，电子将向图示方向运动。这种电子运动趋势就在石英晶体的两个相对面上产生了一个电压。(产生这种作用的根本原因现在还不清楚，但这种作用结果是已知的。)如果在压力存在时，在晶体的外部连接导线而形成闭合回路，回路中就会有电子流流动。如果压力恒定，电子将继续流动直到电荷被中和掉为止。当去掉压力立即施加相反的压力即拉伸时，如图 2.2-6(b)所示，回路中将会产生反方向的电子流动。这样，晶体就完成了由机械力(压缩及拉伸)向电子力的转换。晶体的能量极其微小，然而，它们对于机械力的变化及温度的变化极其敏感，并且它还能等效成振荡回路的基本元件，因此得到了广泛应用。在航空无线电通信、导航设备中，使用它们可以做成晶体振荡器等。

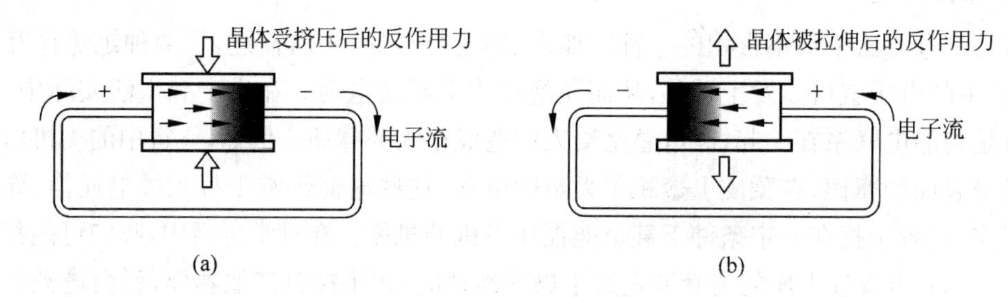

图 2.2-6 晶体的压电效应

3. 热电现象

通过实验可知，加热铜棍的一端，另一端不加热，则电子就要从较热的一端向较冷的一端运动。这种规律对大多数金属都是适用的。但是，对某些金属，例如铁，它的规律正好与铜相反，即电子从较冷的一端向较热的一端运动。这样，当我们加热铜和铁的连接处时，电子就要从铁的冷端向连接处运动，并从连接处向铜的冷端运动，此时，我们将其冷端用导线连接并串联接入电流表形成回路，如图 2.2-7 所示，那么，电流表中将有电流指示，这说明：在回路中有电子流的流动。这种装置称为热电偶，产生的电动势称为温差电动势。

热电偶的能量比晶体大，但与其他电能源相比仍然很小。热电偶中的温差电动势主要取决于热连接端与冷连接端的温度差，因此，它们广泛应用于测量温度以及作为自动温度控制设备中的温度传感器。一般而言，热电偶与普通温度计(水银温度计或是酒精温度计)相比，更容易受较高温度的控制。

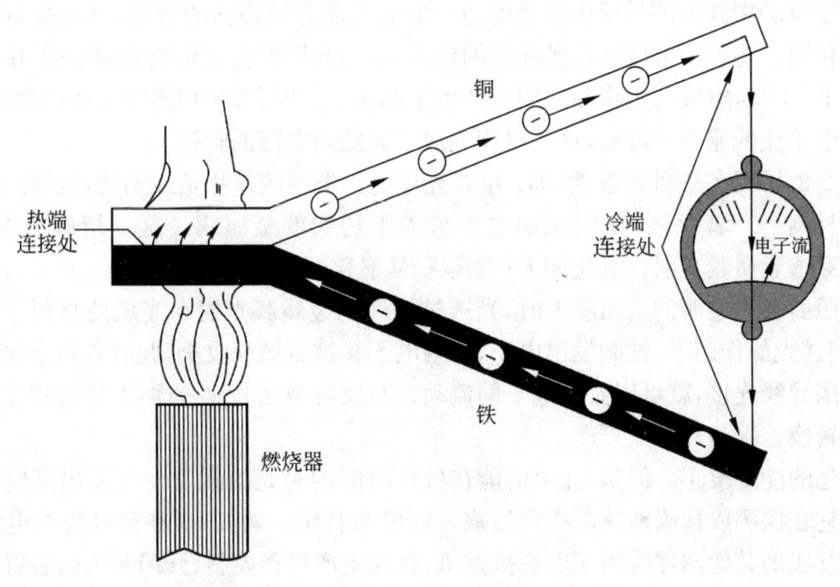

图 2.2-7　热电现象

4. 光电现象

当光照射在一种物质的表面上时,光能可以从物质表面的原子中激发出电子。这些电子脱离了原子的轨道,产生了电荷的运动,这是因为光和其他任何运动的力一样是具有能量的。由于光能的作用造成物质表面电荷运动的效应称为“光电效应”。

某些物质,或者说大多数金属物质对光的敏感比其他物质更为强烈。这就是说,将有更多的电子从高敏感的金属表面被激发出来。由于失去电子,光敏感金属带上了正电,这样,就产生了电压。用这种方法产生的电压被称为“光电电压”。

氧化银和氧化铜的各种化合物是经常用来产生光电电压的感光材料。“光电池”就是一个根据光电原理产生电压的例子。现在用的光电池有各种结构,但其基本特性可以用图 2.2-8 加以说明。

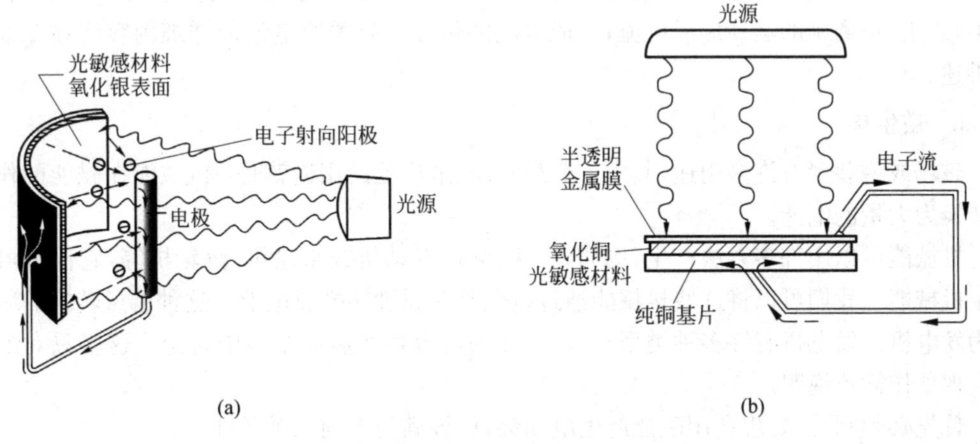

图 2.2-8　光电池原理

图 2.2-8(a)中画出的是反射型光电池。电池表面为抛物面的金属，其上涂有光敏感材料——氧化银。将一个电极放在抛物面的焦点上，当光照射在氧化银表面上时，电子逸出打击在电极上，于是，电极与抛物面之间就产生了电压。此时，如果用导线连接抛物面和电极，就会产生电子流的流动。可见，这一过程完成了光能向电能的转换。

图 2.2-8(b)是另一种光电池，即：层式光电池。电池的基片是纯铜的，纯铜的表面上涂有光敏感材料——氧化铜，在氧化铜之上覆盖半透明的金属膜。这一层膜有两个用途：①允许光穿透金属膜直射在氧化铜上；②聚积从氧化铜中发射出的电子。

当光照射在半透明的金属膜上时，光透过极薄的金属膜直射在光敏感材料——氧化铜上，氧化铜在光的作用下，被激发出电子，这些电子又被金属膜收集，此时若将金属膜与纯铜基片之间用导线连接，就可以看到电子的流动。与反射型光电池一样，上述过程完成了光能向电能的转换。

光电池的能量很小。但是，光电池能在极短时间内对光的强度变化做出反应。这一特性就使得它在探测或精确地控制操作过程方面极为有用。例如，现在已经将光电池或采用光电原理制成的其他器件应用于电视摄像机、自动生产过程控制、开门和关门装置以及报警系统中。

5. 化学反应

从以上的内容可知，在能量的驱动下，电子可以脱离原子的束缚成为自由电子，而这种能量来源于摩擦、压力、热能和光能。一般来说，这些形式的能量没有改变受到作用的物质分子成分或结构。这就是说，当受到上述 4 种形式的能量作用时，分子没有增加、减少或分离，只是电子发生了变化，这种变化称为物理变化。当物质的分子成分或结构发生变化时，这种变化称为化学变化。例如，一种物质的分子与另一种物质的原子结合，形成一种新的分子结构，这种变化从本质上说是化学变化，它使物质的名称和特性发生了改变。例如，空气中的氧气与裸露的铁相接触，氧原子与铁分子结合在一起，铁被氧化，结果形成了氧化铁，或称为“铁锈”。铁分子由于化学反应而改变。在某些情况下，当分子中的原子在不同物质之间发生转移时，便产生了化学反应，而化学反应的过程将产生电荷的运动。

电池中的反应就是化学反应。原电池产生的电压就是通过化学反应原理产生的。在电池中，靠正、负离子的运动形成电流，完成电能的传导。有关原电池的详细内容将在 2.3 节中讲述。

6. 磁生电

磁场或磁装置有许多用途，其中一个最有用、最广泛的用途就是：机械能在磁能的作用下转换为大量的电能。

机械能可以用许多方法产生，例如，汽油、柴油发动机或水轮机、汽轮机等，它们都可以产生机械能。我们可以将这些机械能通过电磁感应原理转换成电能。这种能量转换的装置称为发电机。发电机有许多种类型和容量，详细内容将在后续章节中讨论。这里只对电磁感应现象作简单说明。

首先必须阐明，要想利用磁能产生电动势，应该满足下列三个条件：

(1) 必须有导体存在，因为电压将在导体上产生；

(2) 在导体周围必须存在磁场；

(3) 导体与磁场之间必须有相对运动。

这种相对运动是指：运动导体必须切割磁力线，或者，运动磁场中的磁力线必须被导体切割，如图 2.2-9 所示。

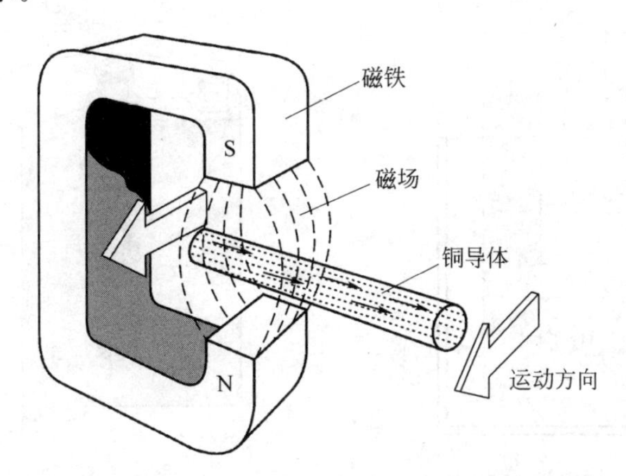

图 2.2-9　导体切割磁力线产生感应电动势

在这种情况下，导体内部的电子从一端被磁力推向另一端，这样，导体的一端因失去了电子而带正电荷，另一端是电子的聚积区，带负电荷，于是，在导体的两端就产生了电动势或电压。需要注意的是，图中导体中的箭头表示电子的运动方向。有关磁生电现象产生的原因将在相关章节中说明。

2.3　电池

电池作为直流电源被广泛地用于汽车、轮船、飞机、便携式电子设备及灯光设备之上。这是利用化学反应产生电能的具体实例。

电池可以分为原电池和蓄电池。例如，常见的锌电池和碱电池就属于原电池，在这种电池的内部发生的电化学反应是不可逆的，也就是它不能被充电。而铅酸电瓶和镍铬电瓶则属于蓄电池，其内部发生的电化学反应是可逆的，当电能加入时，蓄电池可以恢复到未放电的初始状态，存储电能，因此，蓄电池是可以充电的。

本书仅对原电池的结构和原理进行叙述，有关蓄电池的知识将在后续教材中讲述。

2.3.1　原电池的基本结构与作用

电池是一种将化学能转变成电能的装置，由电解液和插在其中的两种不同材料的电极组成，如图 2.3-1 所示。碳棒(C)和锌片(Zn)是两种不同材料的电极，水(H_2O)和硫酸(H_2SO_4)溶液作为电解液。

图 2.3-1 画出了锌电池的结构示意图。碳棒是正电极、锌片是负电极，H_2O 和 H_2SO_4 溶液是电解液，它们的作用分别如下。

电极是一种导电材料，它可以导引电流流向电解液以外的电路中，或者导引电流返回到电解液中。

电解液是一种溶液，可以是酸、碱或盐的溶液。两个电极应该浸泡在其中，电解液可以是液体，也可呈糊状，如图 2.3-2 所示。它就是常见的干电池，其电极是放在电池中央的碳棒和作为电池外壳的锌皮。

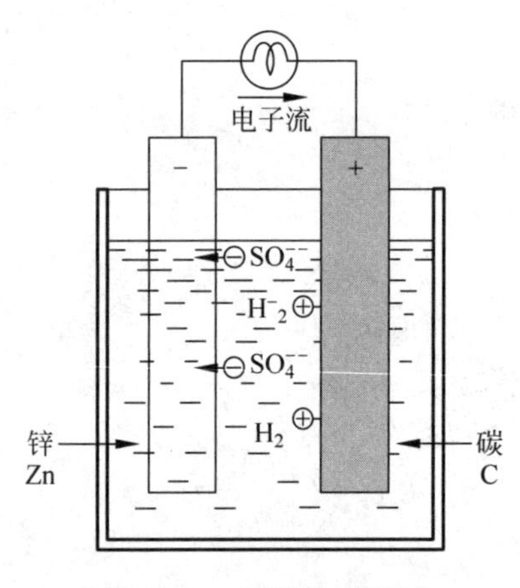

图 2.3-1　原电池示意图

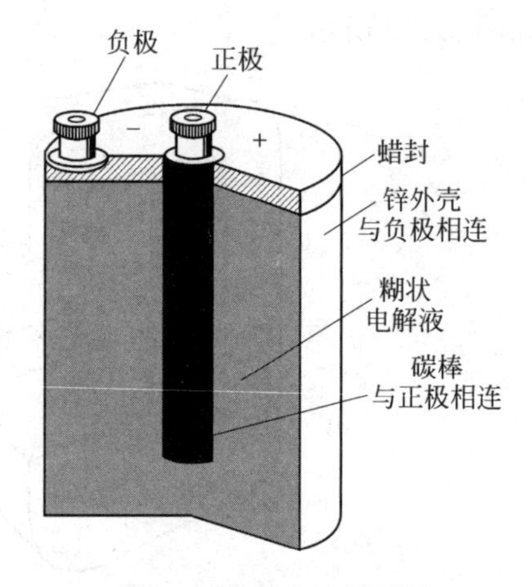

图 2.3-2　干电池剖面图

2.3.2　原电池的化学反应

下面以常见的锌电池为例，说明原电池的化学反应过程。

在电解液中，硫酸（H_2SO_4）分离成离子，即

$$H_2SO_4 \longrightarrow 2H^+ + SO_4^{2-}$$

在电池的正、负极上接入负载后，负极（Zn）上的锌原子失去电子变成锌离子，锌离子与包围在周围的硫酸根离子结合生成硫酸锌，锌片上产生电子沿外电路流动进入碳棒，即

$$Zn + SO_4^{2-} \longrightarrow ZnSO_4 + 2e$$

在正电极（C）上，电解液中的氢离子包围在碳电极的周围，它与从碳棒上流入的电子结合生成氢气，即

$$2H^+ + 2e \longrightarrow H_2\uparrow$$

综合上述化学反应，当碳棒与锌片插入硫酸溶液中时，锌与硫酸发生如下化学反应：

$$Zn + H_2SO_4 + H_2O \longrightarrow ZnSO_4 + H_2O + H_2\uparrow$$

从上述化学反应表达式中可以看出：由于硫酸锌的产生，锌片上失去了锌离子，释放出电子，从而使两个极片之间形成电压。如果用导线从锌片经负载连到碳棒，那么，电子将从锌电极（负）出发，通过导线流经负载进入碳电极（正），该电子被电解液中围绕在碳电极周围的氢离子夺取。电解液中的硫酸根离子围绕在锌电极周围，不断与锌离子结合成硫酸锌（$ZnSO_4$），这样，锌片上就不断地释放出电子，并且通过外电路流回碳电极。这样就完成了电子的传导过程。

可见：原电池的外电路上流动的是电子，而电解液中流动的是离子。

碳电极不参与任何化学反应，它只是为返回的电子提供一个通路。

只要原电池一开始使用，锌与硫酸就会发生化学反应，锌片就开始被消耗。当锌片消耗完时，两个电极之间的电压就变为零。因此，原电池是一种通过化学反应腐蚀一个电极从而产生电能的电池，被腐蚀的电极是负极。当负极被腐蚀完后，电池就报废了。

可见，原电池在由化学能转换为电能时，负极被逐渐腐蚀而无法恢复。

2.3.3 原电池的典型输出电压

电极两端的电压取决于制作电极的材料和溶液的浓度。当采用稀硫酸和水溶液时，在碳和锌电极之间产生的电压大约为 1.5V，提供的电流约为 0.125A。

原电池能提供的电流大小取决于整个电路的电阻，其中包括电池木身的内阻。原电池的内阻取决于电极的尺寸、两个电极之间的距离和溶液的电阻。电极的尺寸越大，距离靠得越近（不接触），内阻就越小，原电池向负载提供的电流就越大。

2.3.4 电池的连接

前面已经提到，一节电池的电压只有 1.5V，提供的电流约为 0.125A。然而，在实际中应用许多用电设备的耗电量远远超过一节电池所能提供的电能，因此，要想满足用电设备的要求就必须将许多电池以一定的连接方式连接起来。下面我们就讨论这些电池的连接方式以及连接后的特点。

电池的连接方式分为串联、并联和串并联三种形式。电池如何连接要根据用电设备的需要而定。简单而言，电池串联可以提高供电电压，电池并联可以增大供电电流。当用电设备所需要的电压和电流都大于一节电池的容量时，就要采用串、并联的方式组成一个电池网络为用电设备供电。

1. 电池串联

假设一个用电设备需要的工作电压是 6V，工作电流是 0.125A，要给这样一个负载供电，就要将电池串联起来，如图 2.3-3 所示。由于我们假定一节电池的输出电压是 1.5V，那么，需要四节电池才能满足用电负载的要求。

在电池串联连接时，按正—负—正—负将各个电池串接起来。这样，四节串联电池的输出电压就是 1.5V×4=6V。此时，0.125 A 的电流经每节电池和负载在闭合回路中流动，从而满足了这一用电负载的需求。

可见：电池串联连接可以提高直流电源的输出电压。

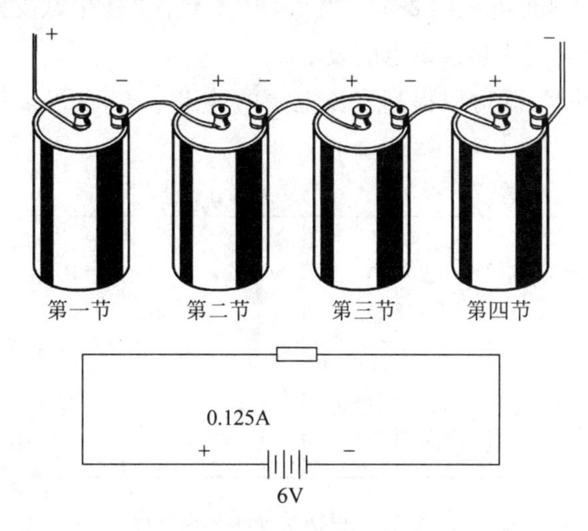

图 2.3-3 电池串连接和等效电路

2. 电池并联

假设一个用电负载，只需要 1.5V 的供电电压，但其所需要的供电电流为 0.5A(假设一节电池只提供 0.125A)。为了满足负载的要求，电池必须并联连接，如图 2.3-4 所示。在并联连接中，电池的所有正极联在一起，所有的负极联在一起。因此，正负极之间的电压是一样的，其端电压值为 1.5V。然而，每节电池提供的最大电流为 0.125A，由于四节电池并联在一起，所以，总电流为 0.125×4=0.5A。因此，四节电池并联在一起有足够的容量为该负载供电。

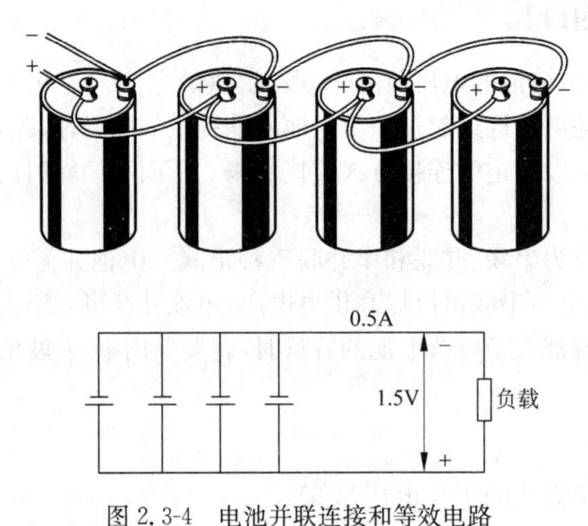

图 2.3-4 电池并联连接和等效电路

可见：电池并联连接可以提高直流电源的输出电流。

3. 电池串并联

图 2.3-5 是一个电池供电网络，它能为耗电量大于一节电池供电量的负载供电。假设用电负载对电源的要求是：供电电压为 4.5V，电流为 0.5A。为了满足这一要求，需要将 3 个 1.5V 的电池串联以满足电压的要求。然后，再将 4 个上述串联支路并联在一起满足电流的要求。这样，就满足了为负载供电的要求。

可见：电池的串并联，既可以提高直流电源的输出电压，也可以提高直流电源的输出电流。

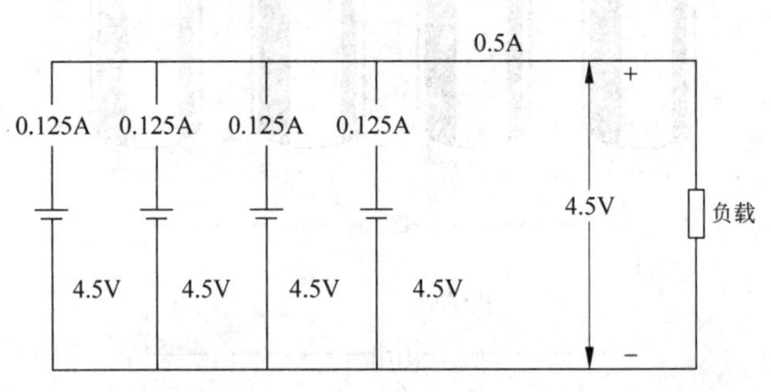

图 2.3-5 电池串并联等效电路

2.4 电阻与电阻器

2.4.1 电阻与电导

1. 电阻

各种材料对电流会产生大小不同的阻力，对于良导体来说，例如，银、铜、金、铝，它们对电流只有很小的阻碍作用。而对于绝缘体来说，如玻璃、木材、纸，它们对电流则有很大的阻碍作用，这种阻碍作用就是对电流的阻力。因此，材料对电流的阻力称为电阻。

在电学中，电阻用大写字母“R”表示，其单位是：欧姆，用希腊字母“Ω”表示。

下面几种常用导体对电流的阻力依次增加：银<铜<金<铝<铂(白金)<石墨。

在实际电路中，导线的材料一般采用铜和铝。其作用是将电流传输到电路上的每一个元件中，使电子元件在电流的作用下发挥其应有的作用。然而，导线对电流是否存在阻碍作用呢？回答是肯定的。既然导线对电流有阻碍作用，那么，我们就要研究其阻碍作用的大小以及对电路的影响。

图 2.4-1 所示电路由导线实验板、电流表及开关等组成，将其连接成通路后接到直流电源上。

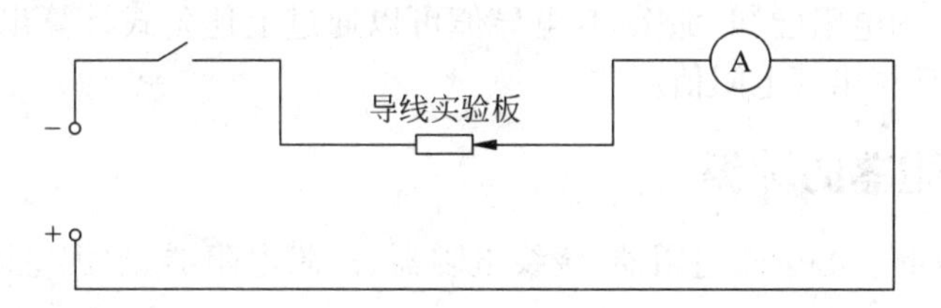

图 2.4-1 导线电阻实验电路

通过实验可以得出以下三个结论。

(1) 导线上的电阻(R)与导线长度(L)成正比；

(2) 导线上的电阻(R)与导线截面积(S)成反比；

(3) 导线上的电阻(R)与导线材料的电阻率(ρ)有关。

导线的电阻率由材料本身决定。在电学上规定：长度为 1m、截面积为 1m^2 的导线所具有的电阻，称为该种导线材料的电阻率(ρ)。电阻率 ρ 通常都是在 20℃的条件下测定的。有时在计算中也常用电导率(γ)来代替电阻率(ρ)，电导率是电阻率的倒数。

通过上述分析，我们可以归纳出下列结论：导线上的电阻(R)与导线长度(L)成正比，与导线截面积(S)成反比，与导线材料的电阻率(ρ)有关。

因此，导线上电阻的计算可以用下面公式表示：

$$R=\frac{\rho\cdot L}{S} \quad \text{或} \quad R=\frac{L}{\gamma\cdot S}$$

式中，R 为导线电阻，Ω；ρ 为电阻率，Ω·m；γ 为电导率，S/m；S 为截面积，m^2。

常用材料的电阻率如表 2.4-1 所示。

表 2.4-1 常用材料的电阻率

材料名称	电阻率(ρ)/($\Omega\cdot$m)	材料名称	电阻率(ρ)/($\Omega\cdot$m)
银	1.6×10^{-8}	铁	1×10^{-7}
铜	1.7×10^{-8}	碳	35×10^{-6}
铝	2.9×10^{-8}	锰铜	4.4×10^{-7}
钨	5.3×10^{-8}	康铜	5×10^{-7}

【例题 2.4-1】 一根 24m 长的铜线，其直径为 0.6mm，求该导线的电阻是多少？

解：从表 2.4-1 中可以查出 $\rho=1.7\times10^{-8}\Omega\cdot$m，则

$$R=\frac{\rho\cdot L}{S}=\frac{1.7\times10^{-8}\times24}{\frac{\pi\times(0.6\times10^{-3})^2}{4}}\approx1.5(\Omega)$$

从例题 2.4-1 中可以看出，铜导线上虽然存在电阻，但是，一般来说其电阻值相对于用电负载来说很小，所以，今后如果不加特殊说明，导线上的电阻可以忽略。

2. 电导

电阻的倒数称为电导，用于衡量材料通导电子的能力。电导用大写字母“G”来表示，其单位是：西门子，用大写字母“S”表示。电阻与电导之间的关系用下列公式表示：

$$R=\frac{1}{G}\quad 或 \quad G=\frac{1}{R}$$

如果某种材料的电阻已知，那么，其电导值可以通过上述公式计算出来。同样，如果已知电导值，也可以计算出其电阻值。

2.4.2 电阻器的种类

常用的电阻器有实心碳质电阻器、绕线电阻器、薄膜电阻器、水泥电阻器等。下面简述各自的特点。

1）实心碳质电阻器

用碳质颗粒、树脂、黏土等混合物压制后经过热处理制成。其特点是价格低廉，阻值范围宽，但其阻值误差和噪声电压大，稳定性差，目前较少采用。

2）绕线电阻器

用高阻合金线（如康铜或镍铬合金）绕在绝缘骨架上制成，外面涂有耐热的釉绝缘层或绝缘漆。

绕线电阻具有较低的温度系数，阻值精度高，稳定性好，耐热性能好，适用于大功率场合，额定功率一般在 1W 以上。

3）薄膜电阻

用蒸发的方法将一定电阻率的材料镀于绝缘材料的表面制成。薄膜电阻主要有以下 4 种。

（1）碳膜电阻器：将结晶碳沉积在陶瓷棒骨架上制成。碳膜电阻器成本低，性能稳定，阻值范围宽，温度系数小，是目前应用较广泛的电阻器。

（2）金属膜电阻器：在真空中加热合金，合金蒸发后，在碳棒表面形成一层导电金属膜。金属膜电阻器比碳膜电阻器的精度高，稳定性好，体积小，噪声低，但成本较高。金属膜电阻器在仪器仪表、通信设备中得到广泛应用。

（3）金属氧化膜电阻器：在绝缘棒上沉积一层金属氧化物。由于其本身就是氧化物，

所以高温下稳定，耐热冲击。

(4) 合成膜电阻：将导电合成物悬浮液涂敷在基体上而得，因此也叫漆膜电阻。由于其导电层呈现颗粒状结构，所以其噪声大，精度低，主要用于制造高压高阻的小型电阻器。

4) 金属玻璃釉电阻器：将金属粉和玻璃釉粉混合，采用丝网印刷法印在基板上。这种电阻器耐潮湿、耐高温，温度系数小，主要用于厚膜电路。

5) 贴片电阻：片状电阻是金属玻璃釉电阻的一种形式，其电阻体是高可靠的钌系列玻璃釉材料经过高温烧制而成，具有体积小、精度高、稳定性好的特点，由于是片状元件，所以高频性能好。

6) 敏感电阻：敏感电阻是指对温度、电压、湿度、光照、气体、磁场、压力等外加因素敏感的电阻器。敏感电阻主要有以下 6 种。

(1) 压敏电阻：主要有碳化硅和氧化锌压敏电阻，其特点是当电压小于某值时，电阻很大，电流很小；而当电压大于该值时，电阻突然变小，电流增大。常用在过电压保护电路中。

(2) 热敏电阻：对温度非常敏感，其阻值随温度而剧烈变化。

(3) 光敏电阻：光敏电阻是电导率随着光能的变化而变化的电子元件，当某种物质受到光照时，载流子的浓度增大，增加了电导率，这就是光电效应。

(4) 力敏电阻：力敏电阻是一种阻值随压力变化而变化的电阻，又称为压电电阻器，主要有合金电阻器、硒碲合金力敏电阻器等。力敏电阻器可制成各种力矩计、半导体话筒、压力传感器等。

(5) 气敏电阻：利用某些半导体吸收某种气体后发生氧化还原反应制成，其主要成分是金属氧化物。

(6) 湿敏电阻：由感湿层、电极、绝缘体组成。湿敏电阻主要包括氧化锂湿敏电阻、碳湿敏电阻、氧化物湿敏电阻等。其中性能较好的是氧化物湿敏电阻。

2.4.3　色环电阻

1. 色环电阻

标准固定电阻的阻值、精度等级一般用色环来标明，如图 2.4-2 所示。色环电阻有四环和五环。图中最宽的一环为误差环，因此，图 2.4-2 所示的两个电阻都是左边为第一环。

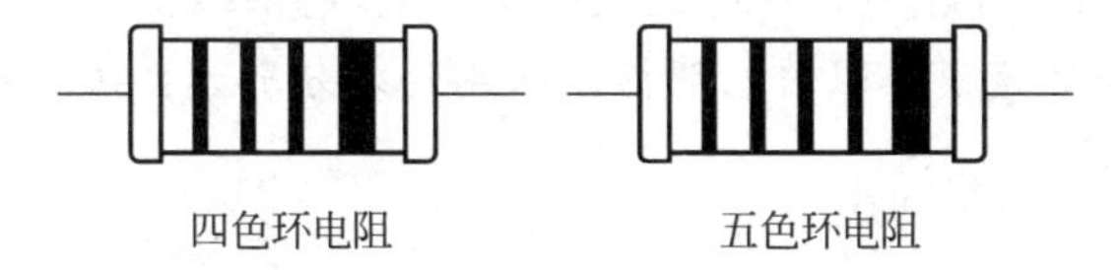

图 2.4-2　色环电阻

四环电阻色环的含义：

第一环：电阻值的第一位数字；

第二环：电阻值的第二位数字；

第三环：前两位数后面的乘数；

第四环：阻值允许的误差等级(百分比)。

五环电阻色环的含义：

第一环：电阻值的第一位数字；

第二环：电阻值的第二位数字；

第三环：电阻值的第三位数字；

第四环：前三位数后面的乘数；

第五环：阻值允许的误差等级(百分比)。

色环用黑、棕、红、橙、黄、绿、蓝、紫、灰、白、金、银和本色表示电阻值、乘数和允许的误差范围，如表 2.4-2 所示。

表 2.4-2　色环电阻的含义

颜色	电阻/Ω			第四环含义 阻值允许的 误差范围
	第一环含义 数字	第二环含义 数字	第三环含义 乘数	
黑	0	0	10^0	—
棕	1	1	10^1	±1%
红	2	2	10^2	±2%
橙	3	3	10^3	—
黄	4	4	10^4	—
绿	5	5	10^5	±0.5%
蓝	6	6	10^6	±0.25%
紫	7	7	10^7	±0.1%
灰	8	8	10^8	±0.05%
白	9	9	10^9	—
金	—	—	10^{-1}	±5%
银	—	—	10^{-2}	±10%
本色	—	—	—	±20%

如果电阻上有 5 个色环标记，那么前 3 环表示电阻值的前 3 位数字，各种颜色代表的数值与上表相同。第 4 环表示乘数，第 5 环则表示该电阻的允许误差值。可见五色环电阻比四色环电阻的阻值要精确一些。

精密金属膜电阻有 6 个色环。第 6 环表示温度系数 α。α 的数值由第 6 环的颜色确定，其颜色代表的数值在数字环颜色相对应的数值基础上，再乘以 10^{-6}。

【例题 2.4-2】 一个碳膜电阻的色环标记从左到右分别为：红—紫—棕—金，说出该电阻的阻值及允许误差是多少？

解：　　红　　紫　　棕　　金

　　　　2　　7　　×10　　±5%

所以电阻阻值及允许的误差为：270Ω±5%。

【例题 2.4-3】 一个金属膜电阻的色环标记从左到右分别为：红—紫—黄—红—紫，说出该电阻的阻值及允许误差是多少？

解：　　红　　紫　　黄　　红　　紫

　　　　2　　7　　4　　×100　　±0.1%

电阻阻值按计算规律应该为 27400Ω±0.1%。

由于该电阻使用单位“Ω”数值比较大，所以要采用“kΩ”作为电阻的单位。

因此，该电阻的阻值及允许的误差为：27.4kΩ±0.1%。

2. 电阻值系列

电阻值系列是根据阻值优选的方法来确定的。对于小功率电阻按 IEC(国际电工委员会)规定的 E6、E12 和 E24 系列来进行标值,表 2.4-3 给出的就是这三种取值的规定。

对于一些标称值划分更细的专用精密电阻,则按 E48、E96 和 E192 系列来进行标值,这里就不再列出它们的标值表格了。

表 2.4-3　电阻值系列

E6	1.0				1.5				2.2				3.3				4.7				6.8			
E12	1.0		1.2		1.5		1.8		2.2		2.7		3.3		3.9		4.7		5.6		6.8		8.2	
E24	1.0	1.1	1.2	1.3	1.5	1.6	1.8	2.0	2.2	2.4	2.7	3.0	3.3	3.6	3.9	4.3	4.7	5.1	5.6	6.2	6.8	7.5	8.2	9.1

电阻值以 Ω、kΩ、MΩ 为单位。

从表 2.4-3 可以看出,三种取值规定都覆盖了 1～10 这一范围,按照 E6 系列制作的电阻,其阻值的误差较大；按照 E24 系列制作的电阻,其阻值的误差较小。例如,在实际应用中,如果经过理论计算,在某电路中需要一只 5Ω 的电阻,那么,采用 E6 系列应该选择 4.7Ω,采用 E12 系列也应该选择 4.7Ω,而采用 E24 系列则应该选择 5.1Ω。

2.4.4 欧姆定律

1. 欧姆定律

19 世纪早期,德国物理学家欧姆(Georg Simon Ohm)就用实验证明了在闭合电路中电流、电压和电阻之间存在的关系,这一关系被称为欧姆定律。这一定律的发现,使得对电路的研究趋于定量化,因此,它是分析电路的基本定律之一。欧姆定律适用于所有直流线性电路,经修正后也可以应用于交流电路。

通过测量电阻上的电压和电流,可以得出两者的关系,图 2.4-3(a)称为伏-安特性。图 2.4-3(b)显示出了电压一定时电阻与电流之间的关系。

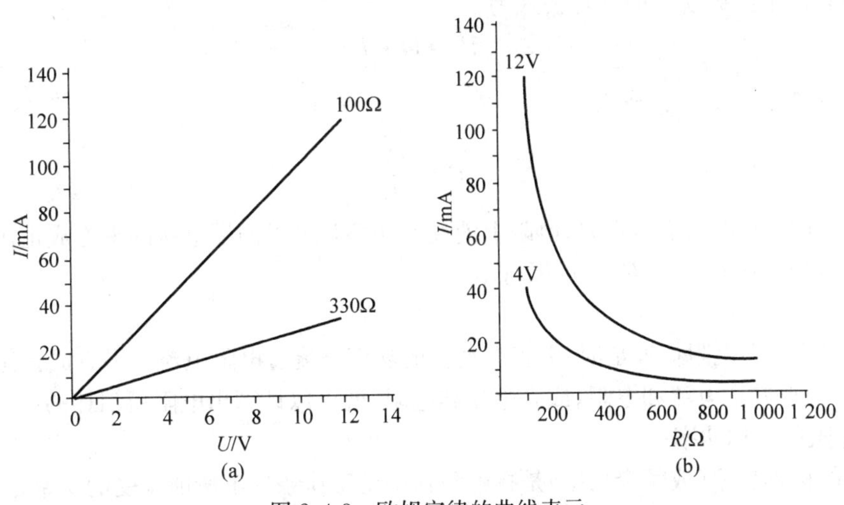

图 2.4-3　欧姆定律的曲线表示

用测得的参数在 U-I 坐标系中作出曲线,有以下规律:

(1) 电阻的伏-安特性是一条直线,这表明:电阻两端电压的变化与流过电阻的电流呈线性的变化关系。这种电阻称为线性电阻元件。电阻的伏-安特性曲线揭示出了电路中第一个重要的规律,那就是:在电阻值恒定时,其中的电流与电压成正比。

(2) 从曲线上还可以看到,电阻值越小,曲线的斜率越大;电阻值越大,曲线的斜率越小。这一现象很容易理解。因为,曲线的斜率就是$\frac{\Delta I}{\Delta U}$的比值,这实际上是电导。我们知道,电导是电阻的倒数。电导数值大,说明通导电流的能力强,电阻值小;电导数值小,说明通导电流的能力弱,电阻值大。

(3) 当电压恒定时,通过电阻的电流变化只取决于电阻值的变化,并且,电阻值减小一半,电流值将增大一倍;电阻值增大一倍,电流值将减小一半。这一现象揭示出了电路中第二个重要的规律,那就是:在电压恒定时,电流与电阻成反比。

综上所述,欧姆定律阐明:在闭合电路中,当电阻值恒定时,流过电阻的电流正比于加在电阻两端上的电压;当电压保持恒定时,流过电阻的电流反比于电阻值。

欧姆定律可用数学公式表示如下:

$$I = \frac{U}{R}$$

式中,I为电流,A(安培),此外,还有mA(毫安)和μA(微安),它们之间的换算关系:$1A=1\times10^3mA=1\times10^6\mu A$;$U$为电压,V(伏特),还有mV(毫伏)和kV(千伏),它们之间的换算关系:$1kV=1\times10^3V=1\times10^6mV$;$R$为电阻,Ω(欧姆),还有kΩ(千欧)和MΩ(兆欧),它们之间的换算关系:$1M\Omega=1\times10^3k\Omega=1\times10^6\Omega$。

2. 电阻的功率

1) 功率的计算公式

当电流流过电阻时,电阻由于消耗功率而发热。如果电阻发热的功率大于它能承受的功率,电阻就会烧坏。电阻长时间工作时允许消耗的最大功率叫做额定功率。电阻消耗的功率可以由电功率公式计算出来,计算公式推导如下:

已知直流电路中功率的计算公式为

$$P = U \cdot I$$

根据欧姆定律$I=\frac{U}{R}$,则有

$$P = \frac{U^2}{R}$$

该式表明:在电阻值恒定时,电阻上消耗的功率与电阻两端电压的平方成正比。

根据欧姆定律$U=I\cdot R$,还可以得出:

$$P = I^2 \cdot R$$

该式表明:在电阻值恒定时,电阻上消耗的功率与流过电阻电流的平方成正比。

这样,只要知道电流和电阻,或者电压和电阻,就可以计算出电阻所消耗的功率值。

2) 电阻的标称功率

电阻的标称功率(或额定功率)是指电阻在给定工作条件下所能承受的功率。标称功率也有标称值,常用的有1/8、1/4、1/2、1、2、3、5、10、20W等。在电路图中,常用图2.4-4所示的符号来表示电阻的标称功率。选用电阻的时候,要留一定的余量,选标称功率比实际消耗的功率大一些的电阻。比如实际负荷1/4W,可以选用1/2W的电阻,实际负荷3W,可以选

用 5W 的电阻。

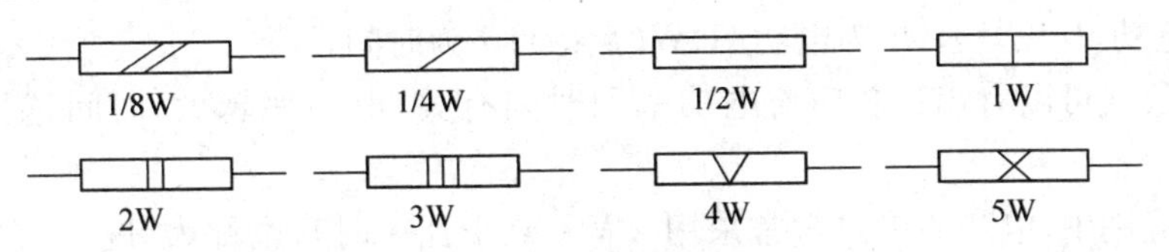

图 2.4-4　电阻的功率标识

为了区别不同种类的电阻，常用几个字母缩写表示电阻类别，如图 2.4-5 所示。第一个字母 R 表示电阻，第二个字母表示导体材料，第三个字母表示形状性能。图 2.4-5(a)是碳膜电阻，图 2.4-5(b)是精密金属膜电阻。

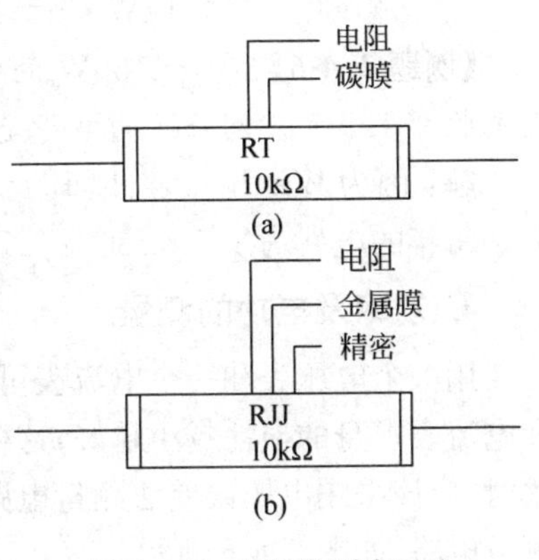

图 2.4-5　电阻类别表示法

电流的热效应应用很广泛，可以利用热效应制成电炉、电烙铁等电热器。但电流的热效应也会使电路中不需要发热的地方发热，例如导线。这不但消耗了能量，而且会使用电设备的温度升高，加速绝缘材料的老化变质，从而导致漏电，甚至烧坏设备。

为了保证电气元件和电气设备能长期安全工作，都规定一个最高工作温度。很显然，工作温度取决于热量，而热量又由电流、电压或功率决定。我们把电气元件和电气设备所允许的最大电流、电压和功率分别定义为额定电流、额定电压和额定功率。例如，灯泡上标有“220V 40W”或电阻上标有“100Ω 2A”，都是指额定值。电气设备的额定值通常标在设备的铭牌上。

【例题 2.4-4】　一个灯泡的灯丝电阻是 10Ω，其额定电流是 1A，问：该灯泡加多大的电压合适？

解：$U=IR=1\times10=10(\mathrm{V})$

【例题 2.4-5】　一个线绕电阻的标称值为 1kΩ/10W。问：这个电阻两端所允许的最大电压值是多少？

解：因为 $P=\frac{U^2}{R}$，所以 $U=\sqrt{P\cdot R}=\sqrt{10\times1000}=100(\mathrm{V})$。

3. 电功

在电压的概念中我们曾经提到：电压是通过电荷的分离而产生的，而分离电荷需要做功。

用公式 $U=\frac{W}{Q}$ 表示电压。然而，通过对这一公式的变形，就可以得出电功的定义式：

$$W=U\cdot Q$$

而

$$Q=I\cdot t$$

因此

$$W=U\cdot I\cdot t$$

将上式整理可以得到电功

$$W = P \cdot t$$

式中,W 为电功,J(焦耳); P 为电功率,W(瓦特); t 为时间,s(秒)。

从上述公式可以看出:电功与电功率和时间有关,电功率越大,时间越长,电功也就越大。

在实际应用中,电功的单位常常采用 kW·h(千瓦·时),也称为“度”。它们之间的换算关系为

$$1\text{kW}\cdot\text{h}=1\times10^3\text{W}\cdot\text{h}=3.6\times10^6\text{J}=3.6\text{MJ}$$

【例题 2.4-6】 一台 150W 的电视机,每年使用 300 天,每天收看 4h。按供电局规定每度电收费 1.5 元。问每年的电费是多少?

解:因为 $W=P\cdot t$,所以 $W=150\times10^{-3}\times1200=180(\text{kW}\cdot\text{h})$。

每年的电费为 $1.5\times180 = 270$(元)。

4. 功率及电功的测量

用一个电压表和一个电流表可以间接地测量功率。在间接测量法中,应考虑使电压表和电流表本身的损耗越小越好,这样可以减小对测量结果的影响。在测量大阻值电阻的功率时,应该采用电压误差法测量电路,而在测量小阻值电阻的功率时,应该采用电流误差法测量电路,如图 2.4-6 所示。

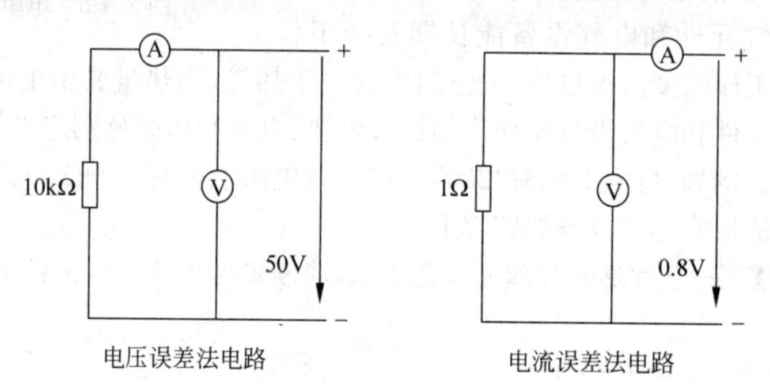

图 2.4-6 大、小阻值电阻的间接功率测量法

用功率表可以直接测量功率。功率表的测量值与电压和电流有关,因此,功率表有两个用于测量电压的端子,称为电压通路;还有两个用于电流测量的端子,称为电流通路。功率表上电压通路的连接方法与电压表相同(见图 2.4-7),电流通路的连接方法与电流表相同。

在选择量程时,不但要注意最大允许的功率,还要注意最大允许电流和最大允许电压,因为电流通路和电压通路都不能过载。

电功的测量采用电度表。电度表与功率表的接线方法相同,也有电压通路和电流通路,如图 2.4-8 所示,通过电压线圈和电流线圈的作用使电度表内的转盘旋转,其转数由一个计数器记录,计数器直接显示电功值(kW·h)。有关电度表的详细工作原理将在后续教材中讲解。

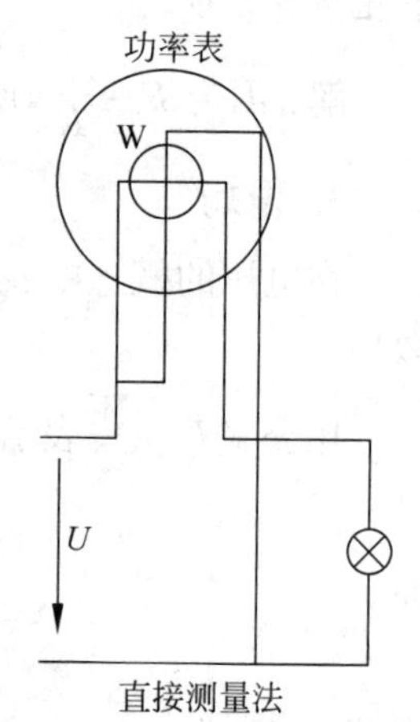

图 2.4-7 功率表接法

另外,图 2.4-6 也是工程上常用的伏安法测电阻电路图。伏安

法测电阻即分别用电压表和安培表测出被测电阻两端的电压和通过被测电阻的电流，然后利用欧姆定律计算出电阻。由于在电路中接入了电压表和电流表，不可避免地改变了电路的理想状态，这将给测量结果带来误差。

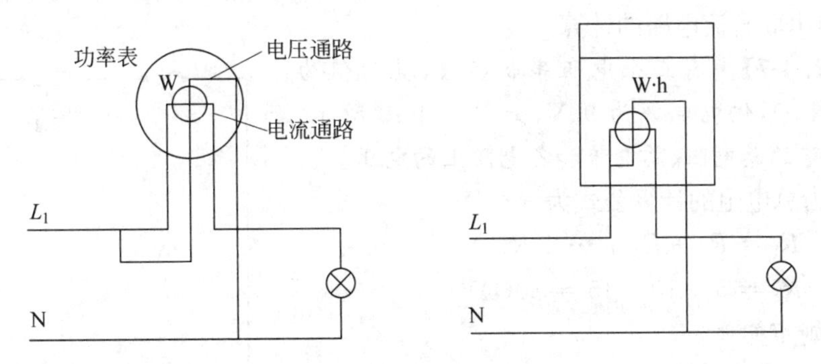

图 2.4-8　电度表的连接方法

2.4.5　电阻的串联、并联和混联

1. 电阻串联电路

在电路的组成中已经提到，所谓电路指的是能使电流流通的完整通路。在这一路径上，电子流要流过电源的“负极”、负载，然后返回到电源的“正极”。电源与负载之间是用导线连接的。

如果某个电路只有一条完整的电子流通路，电子沿这一通路从电源的负极出发经导线、负载，最后又返回到电源的正极。这种电子的流动只有一条通路的电路称为“串联电路”。

1）串联电阻上的电流

将电阻以串联的形式与一个电源相连接，在电路中串入电流表，如图 2.4-9 所示。在接通电源之后，可以发现，各个电流表的指示相等。可见，在串联电路中，电流处处相等。这一规律可以用下面的数学表达式表示：

$$I_t = I_1 = I_2 = \cdots = I_n$$

这是因为在串联电路中，电流只有唯一的一条通路。

因此，通过一个电阻上的电流与通过其他电阻上的电流相等。

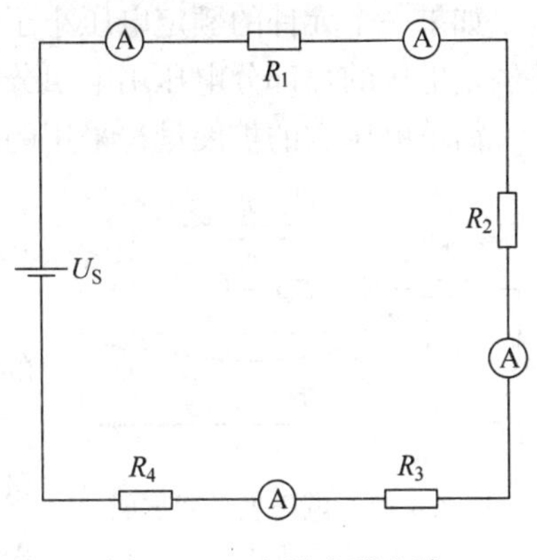

图 2.4-9　电阻串联电路

2）串联电路的电阻

若用欧姆表测量一个串联回路中各分电阻的阻值和电路的总电阻，将各分电阻的阻值进行相加，结果发现：各个分电阻的总和等于电路的总电阻。这一规律可以用下面的数学表达式表示：

$$R_t = R_1 + R_2 + \cdots + R_n$$

3）串联电路电阻的电压

若用电压表测量电源及各电阻上的电压，将测量结果进行比较。结果发现：各电阻上的电压值总是小于电源电压值，且有以下规律：在串联电路中，总电压等于各分电压之和。这一规律可以用下面的数学表达式表示：

$$U_t = U_1 + U_2 + \cdots + U_n$$

4）电阻串联直流电路的计算

【例题 2.4-7】 有三个电阻串联连接，其阻值为5Ω、10Ω和15Ω，供电电源为90V，如图2.4-10所示。计算串联电路的总电阻、总电流和各电阻上的电压。

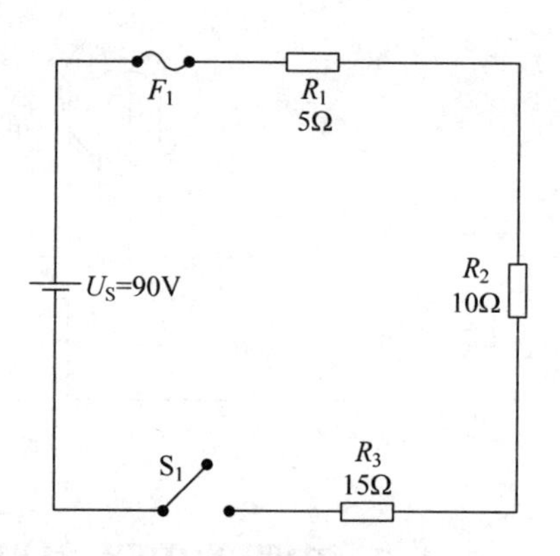

图 2.4-10 例题 2.4-7 图

解：因为总电阻的计算公式为

$$R_t = R_1 + R_2 + \cdots + R_n$$

$$R_t = 5 + 10 + 15 = 30(\Omega)$$

根据欧姆定律

$$I_t = \frac{U_S}{R_t} = \frac{90}{30} = 3(\text{A})$$

根据串联电路中的电流特性：$I_t = I_1 = I_2 = \cdots = I_n$，所以，$R_1$上的电压为

$$U_1 = I_1 R_1 = 3 \times 5 = 15(\text{V})$$

R_2上的电压为

$$U_2 = I_2 R_2 = 3 \times 10 = 30(\text{V})$$

R_3上的电压为

$$U_3 = I_3 R_3 = 3 \times 15 = 45(\text{V})$$

5）电阻串联电路的应用

如果一个元件的额定电压小于电源电压，那么，就可以通过串联电阻的方法，将超出元件额定电压的那部分电压用电阻分去。

简单电压表的扩展量程采用的就是串联电阻分压的方法。

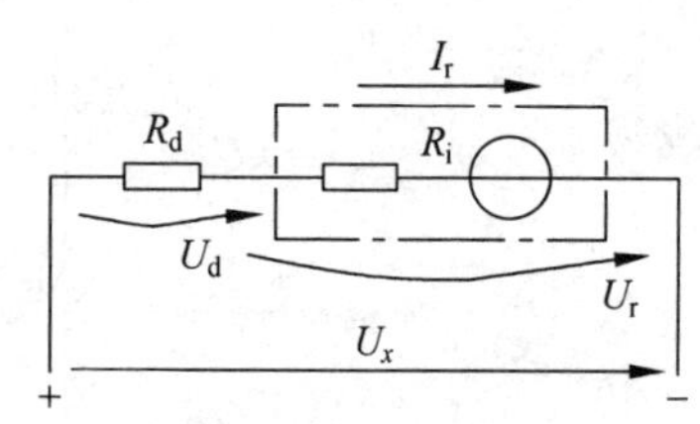

图 2.4-11 电压表量程扩展

例如，一个电压表在测量1V电压时，已经达到了满量程，为了使这块电压表能够测量更高的电压，则需要串联一个分压电阻，如图2.4-11所示。图中虚线框中是电压表的等效电路，R_d是外串电阻。

当知道了电压表的额定电压和电流时，就可以在扩展量程时计算出所需要串联的分压电阻值。假设欲扩大的量程为U_x，电压表的额定电压和电流分别用U_r和I_r表示、内阻用R_i表示，分压电阻用R_d表示。

从电阻串联电路的电流规律可知：$I_t = I_1 = I_2 = \cdots = I_n$，即：电流处处相等，那么，回路中的电流

$$I = I_r = \frac{U_r}{R_i}$$

而根据电阻串联电路中的电压规律：$U_t = U_1 + U_2 + \cdots + U_n$，即：总电压等于分电压之和，所以$U_d = U - U_r$。

根据欧姆定律

$$R_d = \frac{U_d}{I_d} = \frac{U - U_r}{I_r}$$

因此，需要串联的电阻的计算公式为

$$R_d = \frac{U - U_r}{I_r}$$

【例题 2.4-8】 一个电压表在满刻度时的额定电压为 0.1V，额定电流为 0.05mA。请计算要将量程扩展到 2.5V，其分压电阻应为多大？

已知：$U_r=0.1V$，$I_r=0.05mA$，$U=2.5V$。求：$R_d=?$

解：因为 $R_d=\frac{U-U_r}{I_r}$，所以 $R_d=\frac{2.5-0.1}{5\times10^{-5}}=48(k\Omega)$。

可见，量程越大的电压表，其串入的电阻值越大。

2. 电阻并联电路

如果某种电路有两个或两个以上电流通路，并且，它们连接在同一电源上，这种电路被称为“并联电路”。可见，并联电路含有两个或两个以上的非串联负载电阻。更具体地说，电阻并联电路就是：两个或两个以上的电阻的一端连在一起，另一端也连在一起，并且与电源的正、负极相连。这种连接方式被称为电阻并联电路。

1）并联电路电阻上的电压

将两个不同数值的电阻与一个直流电源相并联，用电压表分别测量电源电压和两个电阻上的电压，并加以比较，实验电路如图 2.4-12 所示。通过上面的实验可以发现并联电路中各电阻上的电压之间的规律。即：并联电路中各通路上的电压都相同，都等于外加电压。这一规律可以用下面的数学表达式表示：

$$U_t = U_1 = U_2 = \cdots = U_n$$

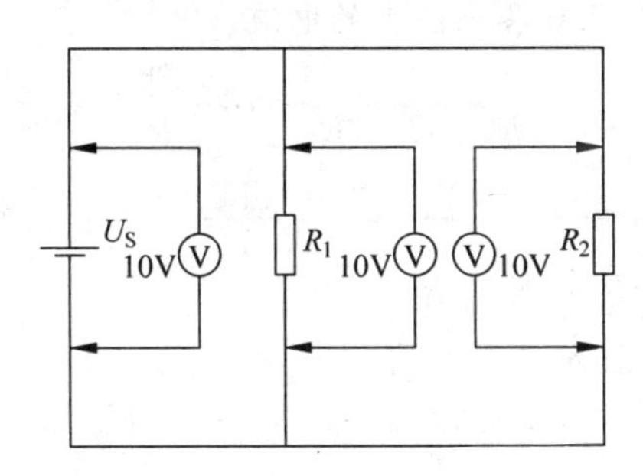

图 2.4-12 电阻并联电路

2）并联电路电阻上的电流

在上述电路中，将电流表分别串接到各支路，测量流过电源的总电流和每个电阻上的电流，并加以比较。其结果是总电流总是大于各分支电流。

通过上面的实验可以发现并联电路中电流的规律。并联电路的总电流按照各支路电阻值的不同而分配到各支路中去。电阻值小的支路中分得的电流大，电阻值大的支路中分得的电流小，而电源支路上的电流最大。从测量出的电流值也可以看出电流的分配规律，即：在并联电路中，总电流(I_t)等于各支路电流之和。这一规律可以用下面的数学表达式表示：

$$I_t = I_1 + I_2 + \cdots + I_n$$

3) 并联电路中的总电阻

并联电路的总电阻总是低于任一个电阻的电阻值,因为并联电路中的通路比串联电路多,所以对电子流动的阻力小。并联电路中的总电阻也称为等效电阻。我们也可以通过测量的方法,确定总电阻与各分电阻之间的关系。下面利用数学推导的方法推出并联电路中计算总电阻的公式:

因为在并联电路中可知:$I_t=I_1+I_2+\cdots+I_n$;$U_t=U_1=U_2=\cdots=U_n$,根据欧姆定律可以求出各支路上的电流:

$$I_1=\frac{U_1}{R_1},\quad I_2=\frac{U_2}{R_2},\quad \cdots,\quad I_n=\frac{U_n}{R_n},\quad I_t=\frac{U_t}{R_t}$$

所以:$I_t=\frac{U_t}{R_t}=\frac{U_1}{R_1}+\frac{U_2}{R_2}+\cdots+\frac{U_n}{R_n}$,将 U_t、U_1、U_2、…、U_n 约去,于是得到

$$\frac{1}{R_t}=\frac{1}{R_1}+\frac{1}{R_2}+\cdots+\frac{1}{R_n}$$

也可以写成电导形式:

$$G_t=G_1+G_2+\cdots+G_n$$

可见,电阻并联电路中总电阻与分电阻之间的关系是:在并联电路中,总电阻的倒数是各分电阻的倒数之和。或者说,总电导等于各分电导之和。

4) 电阻并联直流电路的计算

对于大多数负载来说,例如,白炽灯、家用电器、电动机以及机载用电设备等,一般都是以并联的形式连接在电源上,因为它们需要相同的电压。为了更好地对电阻并联直流电路进行分析,我们用以下例题加以说明。

【例题 2.4-9】 有三个电阻并联连接,其阻值分别为 20、30 和 40Ω,供电电源为 90V。计算并联电路的总电阻、总电压和各电阻上的电流。

解:因为
$$\frac{1}{R_t}=\frac{1}{R_1}+\frac{1}{R_2}+\cdots+\frac{1}{R_n}$$

所以
$$R_t=\frac{1}{\frac{1}{R_1}+\frac{1}{R_2}+\frac{1}{R_3}}=\frac{1}{\frac{1}{20}+\frac{1}{30}+\frac{1}{40}}=9.23(\Omega)$$

由于并联电路的电压关系为

$$U_t=U_1=U_2=\cdots=U_n$$

所以

$$U_t=U=90\text{V}$$

电阻 R_1 上的电流
$$I_1=\frac{U_1}{R_1}=\frac{90}{20}=4.5(\text{A})$$

电阻 R_2 上的电流
$$I_2=\frac{U_2}{R_2}=\frac{90}{30}=3(\text{A})$$

电阻 R_3 上的电流
$$I_3=\frac{U_3}{R_3}=\frac{90}{40}=2.25(\text{A})$$

5) 电阻并联电路的应用

在用电流表头测量电流时,由于表头的额定电流值比较小,所以在测量较大电流时,必须扩展量程。我们可以采用并联分流电阻的方法扩展电流表的量程,在图 2.4-13 中可见,

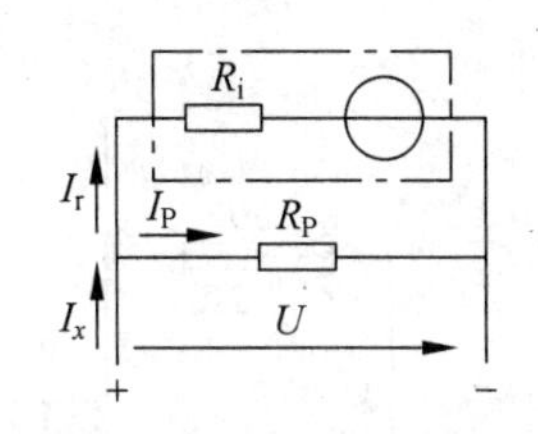

图 2.4-13　电流表量程扩展

R_P为并联电阻，它完成分流的作用，我们称之为分流电阻。R_i表示电流表头的内阻，I_x 表示欲扩大的量程，I_r表示表头的额定电流，I_P表示分流电流。

根据电阻并联电路的电流规律：$I_t = I_1 + I_2 + \cdots + I_n$，即：总电流等于分电流之和，所以 $I_P = I_x - I_r$。

根据电阻并联电路的电压规律：$U_t = U_1 = U_2 = \cdots = U_n$，即：并联电路总电压与分电压相等，则 $U_P = U = I_r R_i$。

根据欧姆定律

$$R_P = \frac{U_P}{I_P} = \frac{I_r R_i}{I_x - I_r}$$

因此，需要并联电阻的计算公式：

$$R_P = \frac{I_r R_i}{I_x - I_r}$$

【例题 2.4-10】　一个测量表头的等效内阻 $R_i = 100\Omega$，其额定电流为 0.5mA，如果要测量 5mA 的电流，需要并联多大的分流电阻？

已知：$R_i = 100\Omega$，$I_r = 0.5\text{mA}$，$I_x = 5\text{mA}$。求：$R_P = ?$

解：因为

$$R_P = \frac{I_r R_i}{I_x - I_r}$$

所以

$$R_P = \frac{0.5 \times 100}{5 - 0.5} = 11.1(\Omega)$$

通过分析可知，电流表的量程越大，其并联的分流电阻越小。

在电工技术中，并联电路与串联电路一样也是实际生活中经常用到的。各种负载如电灯、电炉、空调、冰箱等都是与电网并联连接的。从上面的分析可以看出，并联电路的总电阻比任何一条支路上的电阻都要小，并联支路数目越多，其并联电路的总电阻就越小。我们常说负载增加了，就是说并联的电阻数目多了，总电阻减小了，这时电源供给负载的总电流和总功率增加了。

3. 电阻混联电路

前面讨论的电路中，电阻的串联和并联是分开考虑的。然而，在实际电路中，只有电阻串联或并联的电路是很少见的。大多数电路都是既有串联电阻，又有并联电阻。这种既有串联电阻又有并联电阻的电路称为混联电路，如图 2.4-14 所示。

1）电阻混联电路的计算

在一个混联电路中，至少有三个电阻。计算混联电路所使用的定律、公式都是前面已经讨论过的。如图 2.4-14 所示，它们是两个最基本的混联电路，图 2.4-14(a)是两个电阻先并联后串联，图 2.4-14(b)是两个电阻先串联后并联。

混联电路的计算包括电路中的总电阻的计算、各电阻上的电压和电流的计算等。

要想求出 2.4-14(a)的总电阻(R_t)，必须分成两步：

第一步，计算出 R_2与 R_3并联后的等效电阻($R_{2,3}$)。

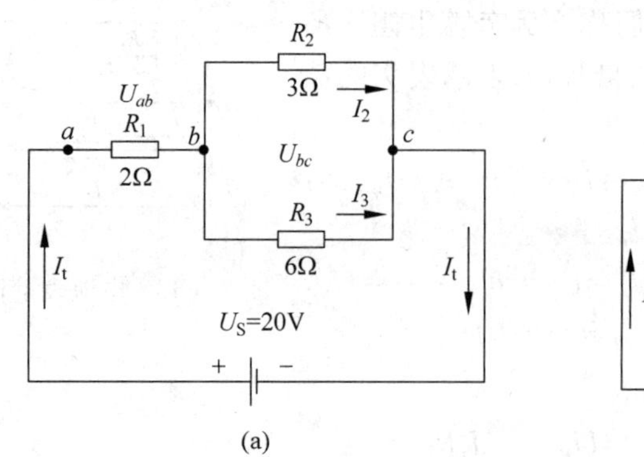

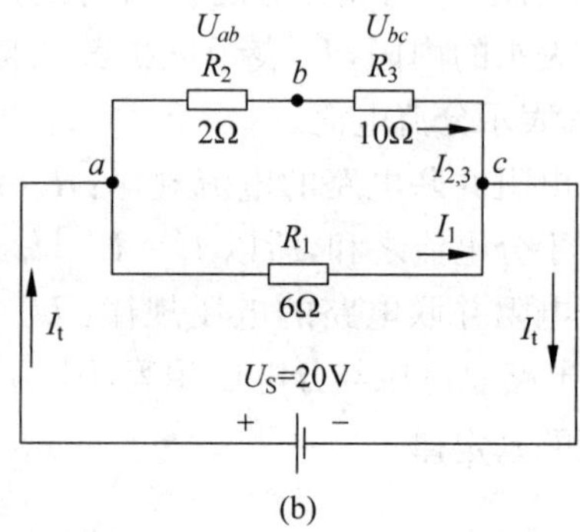

图 2.4-14 电阻混联电路

$$R_{2,3}=\frac{1}{\frac{1}{R_2}+\frac{1}{R_3}}=\frac{R_2R_3}{R_2+R_3}=\frac{3\times 6}{3+6}=2(\Omega)$$

第二步，再求出总电阻(R_t)，即：R_1与$R_{2,3}$串联：

$$R_t=R_1+R_{2,3}=2+2=4(\Omega)$$

知道了总电阻(R_t)，就可以根据欧姆定律，计算出电路的总电流(I_t)

$$I_t=\frac{U_S}{R_t}=\frac{20}{4}=5(\text{A})$$

同样，也可以求出U_{ab}和U_{bc}

$$U_{ab}=I_tR_1=5\times 2=10(\text{V})$$

$$U_{bc}=I_tR_{2,3}=5\times 2=10(\text{V})$$

那么，电流I_2和I_3也可以求出

$$I_2=\frac{U_{bc}}{R_2}=\frac{10}{3}=3.333(\text{A})$$

$$I_3=\frac{U_{bc}}{R_3}=\frac{10}{6}=1.666(\text{A})$$

可见，利用串联和并联的规律就可以求解混联电路的各个电量，唯一需要注意的是：必须分析清楚电阻之间的连接关系。学生可以按照上述方法，求解 2.4-14(b)所示的电路。

电阻混联电路可能由许多电阻串联和并联，从而使电路很复杂。但是，解决这一类电路的理论基础仍然是欧姆定律、串联电路规律和并联电路规律，关键是要分清楚哪些电阻是串联关系，哪些电阻是并联关系。

2) 电阻串联电路与并联电路的功率

在串联电路和并联电路中，每个电阻器以热的形式消耗功率。不管电阻器怎样接入电路，它都要消耗功率。因为功率不能自生，它必须来自电源。因此，电源提供的总功率在数量上一定等于电路中电阻消耗的功率。在串联电路和并联电路中，电源输出的总功率等于各电阻所耗的功率之和，用数学表达式表示为

$$P_t=P_1+P_2+\cdots+P_n$$

2.4.6 温度对电阻的影响

电阻的大小不仅与其本身的因素(长度、截面积、材料)有关，而且还与温度有关。碳和

大多数半导体材料都具有这一特点，即：随着温度的升高，材料的导电性能将越来越好。我们把温度升高，而电阻值减小的这种材料称为热导体。由热导体材料制成的电阻称为负温度系数电阻或热敏电阻。相反，随着温度的升高，电阻值增大的那种材料称为冷导体。由冷导体材料制成的电阻称为正温度系数电阻。例如，金属材料就具有冷导体的特点。

通常用电阻的温度系数 α 来衡量温度对电阻的影响。电阻的温度系数是这样定义的：在温度每升高 1K 时，电阻值产生的变化量与原电阻值之比，称为温度系数，用 α 表示。

电阻的温度系数可以用下面的数学公式表示：

$$\alpha = \frac{\Delta R}{R_1 \Delta t}$$

式中，α 为温度系数，$\frac{1}{\mathrm{K}}$；ΔR 为电阻变化量，$\Delta R = R_2 - R_1$，Ω；R_1 为原电阻值，Ω；R_2 为温度升高后的电阻值，Ω；Δt 为温度变化量，$\Delta t = t_2 - t_1$，K（开尔文）；t_1 为原温度，K；t_2 为现在温度，K。

因此，为了计算上的方便，电阻的温度系数计算公式也可以写成：

$$\alpha = \frac{R_2 - R_1}{R_1(t_2 - t_1)}$$

几种常用材料的温度系数如表 2.4-4 所示。

表 2.4-4　常用材料的温度系数

材料名称	温度系数/(1/K)	材料名称	温度系数/(1/K)
铜	3.9×10^{-3}	碳	-5×10^{-4}
铝	3.8×10^{-3}	锰铜	5×10^{-6}
钨	2.8×10^{-3}	康铜	5×10^{-6}

从表 2.4-4 中可以看到，康铜、锰铜的温度系数很小，可以认为其电阻值不随温度的变化而变化。因此，在实际中常用这两种材料作成标准电阻。铂的温度系数比较高，可以作成温度计。

【例题 2.4-11】 一支由康铜丝绕制的电阻，在 18℃时，其阻值为 400Ω。求：温度上升到 80℃时，其电阻值是多少？如果该电阻用铜丝绕制，其电阻值是多少？

解：因为 $\alpha=\frac{R_2-R_1}{R_1(t_2-t_1)}$，经数学变形，有

$$R_{康铜} = R_1(1+\alpha\cdot\Delta t) = 400[1+5\times10^{-6}(80-18)] = 400.124(\Omega)$$

$$R_{铜} = R_1(1+\alpha\cdot\Delta t) = 400[1+3.9\times10^{-3}(80-18)] = 496.72(\Omega)$$

通过上述例题的计算结果可以看出，以康铜丝绕制的电阻，在温度变化时其阻值变化很小，在实际中可以忽略。

2.4.7　分压器和惠斯通电桥

1. 分压器

在实际应用中，经常需要改变负载上的电压，例如，调整灯泡的亮度，改变电动机的转速等，利用电阻串联电路的特性就可以改变输出电压的大小，这是实现上述功能的方法之一。

分压器是可以将一个总电压分成多个分电压的电路。一个典型的分压器是由两个或两个以上的电阻串联后构成,如图 2.4-15 所示。电源电压不得低于分压器给出的任何一个分压值。由于电源电压被串联的电阻器逐级降压,因此,通过抽头就可以取出所需要的电压。各分压电阻器的阻值根据分压值来确定。

1) 无载分压器

如果分压器没有电流输出,就称为无载分压器。如图 2.4-16 所示是一个由两个电阻组成的分压器,假设无载分压器的主电源为 U,按电阻的比例将其分为 U_1 和 U_2 两个电压。

根据电阻串联电路的规律,可以推导出下列公式,因为串联电路的电流处处相等,即

$$I_t = I_1 = I_2 = \cdots = I_n$$

所以$\frac{U_1}{R_1}=\frac{U_2}{R_2}=\frac{U_S}{R_1+R_2}$,经过数学变形,得到下面的公式:

$$\left.\begin{aligned}\frac{U_2}{U_1} &= \frac{R_2}{R_1}\\ \frac{U_2}{U_S} &= \frac{R_2}{R_1+R_2}\end{aligned}\right\}$$

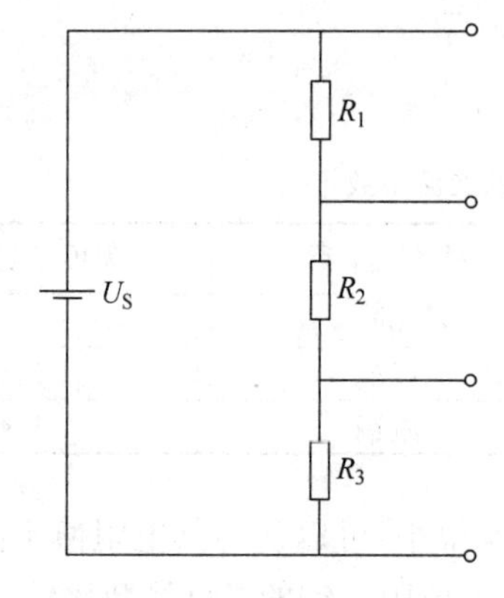

图 2.4-15 典型分压器电路

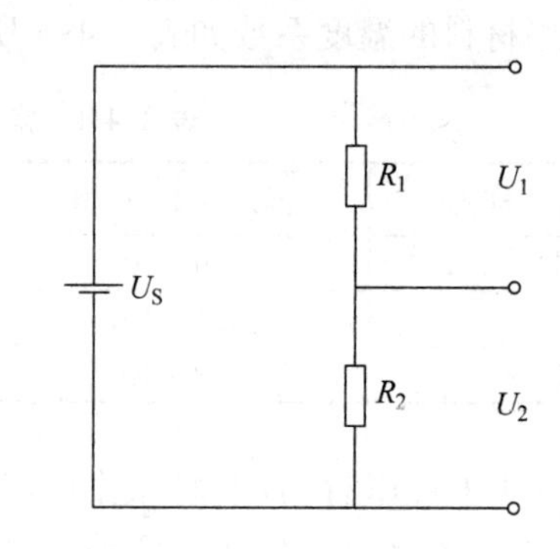

图 2.4-16 无载分压器

可见,电阻上的电压与其电阻值成正比。各串联电阻具有分压作用。电阻阻值与分压呈正比关系,即电阻阻值大,则分压值高。利用电阻串联电路可以构成分压器,还可以利用串联电阻来限制或调解电路中电流的大小。

【例题 2.4-12】 电路如图 2.4-16 所示。分压器的两个串联电阻 $R_1=50\Omega$,$R_2=250\Omega$,主电源电压 $U=90\text{V}$。求:R_2 电阻上分得电压 U_2 为多大?

解:因为$\frac{U_2}{U_S}=\frac{R_2}{R_1+R_2}$,所以

$$U_2 = \frac{R_2}{R_1+R_2}\cdot U_S = \frac{250}{50+250}\times 90 = 75(\text{V})$$

可调式分压器可以使分电压 U_2 从零到主电源电压 U_S 之间连续变化。通过变阻器或电位器上的滑动触点可以将总电阻任意分成 R_1 和 R_2。最简单的可调式分压器常由变阻器、电位器组成,如图 2.4-17 所示。

变阻器用于改变电路中电流的数值,其大致结构是带有一个滑动臂抽头和两个固定端接头的电阻器。图 2.4-17(a)表示一个变阻器和一个普通电阻串联在电路中的情况。当滑

动臂从 a 点滑到 b 点时，接在电路中的变阻器的有效阻值增加，因为变阻器与固定电阻相串联，所以电路中的总电阻也在增加，从而使电路中的电流减少。另一方面，若滑动臂从 b 滑到 a，则总电阻减少，电路中的电流增加。

电位器是带有三个接线端的可变电阻器。两个接线端和一个与滑动臂相连的接线端都连接在电路中。电位器是电子仪器中使用最多的电压调整元件。例如，无线电收音机的音量控制和电视接收机的亮度控制使用的就是电位器。

如图 2.4-17(b)所示，用电位器将主电源电压中的 b、c 两点间的电压提供给负载。当滑动臂移到 a 点时，电源电压全部加到负载上。当滑动臂移到 c 点时，负载上获得的电压为零。电位器可以给负载提供从零到全部电源电压范围内的任何一个电压值。

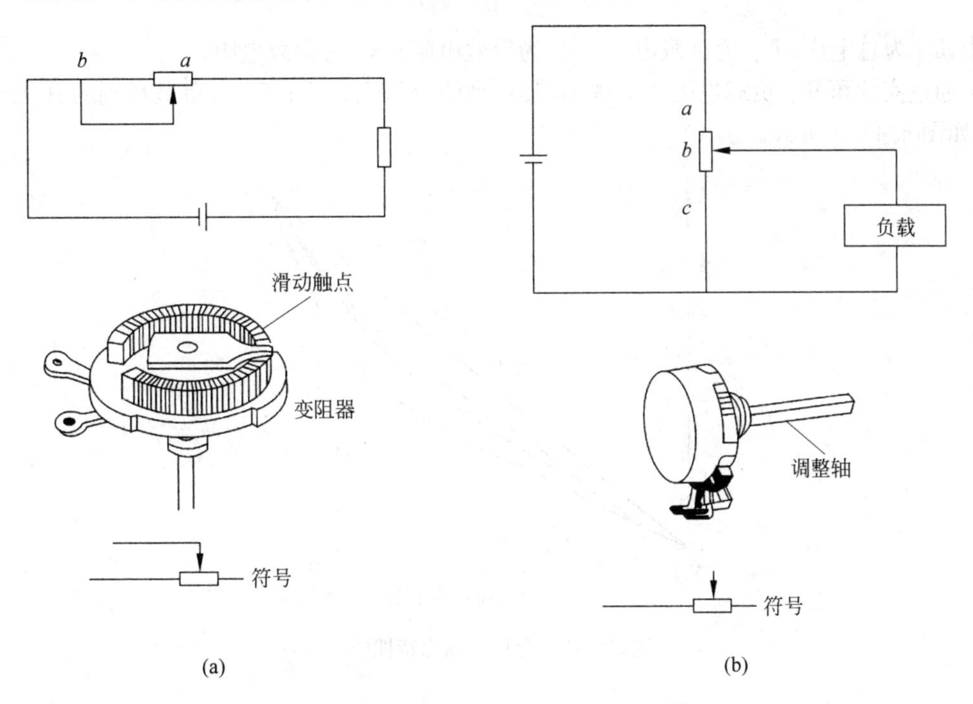

图 2.4-17　变阻器、电位器组成的分压器

(a) 变阻器组成的分压器；(b) 电位器组成的分压器

2) 有载分压器

如果分压器有输出电流，则称为有载分压器。

【实验 2.4-1】　用一个 1kΩ 的电位器构成一个可调式分压器，其电源电压 $U=5\text{V}$，在电位器上，通过调整轴给定电阻 R_2 的值，并在 R_2 两端并联一块电压表。在 R_2 电阻的引出端并联阻值为 330Ω 的电阻作为负载 R_L，如图 2.4-18 所示。分别测量当负载断开和接通时电路的总电流和分压电阻 R_2 两端的电压。

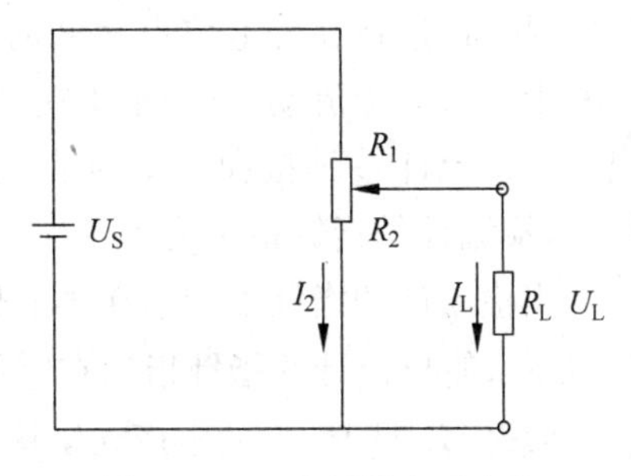

图 2.4-18　分压器实验电路

【结果】　当接上负载时，分电阻 R_2 上的电压小于无负载时的电压，而电路的总电流却大于空载时的电流。

在带有负载电阻 R_L 的分压器中，流过负载电阻 R_L 上的电流 I_L 称为负载电流，流过分压电阻 R_2 的电流 I_2 称为分路电流，流过分压电阻 R_1 的电流 $I=I_L+I_2$ 则为总电流。分路电流 I_2 在电阻 R_2 上产生无用的热损耗。

带有负载时，流入分压器的电流增大，R_2 两端的电压减小，这是因为 R_2 与 R_L 的并联等效电阻 R_P 小于 R_2，从而也引起分压器总电阻相应的比空载时要小。

利用电压之比与电阻之比的关系也可以说明上述实验结论。

$$\frac{U_L}{U_S}=\frac{R_P}{R_1+R_P}$$

$$R_P=\frac{R_2\cdot R_L}{R_2+R_L}$$

式中，U_S 为总电压；U_L 为负载电压；R_P 为等效电阻；R_L 为负载电阻。

通过实验可知：负载电阻数值越小，其得到的分压也越小；反之，负载得到的分压值就大，如图 2.4-19 所示。

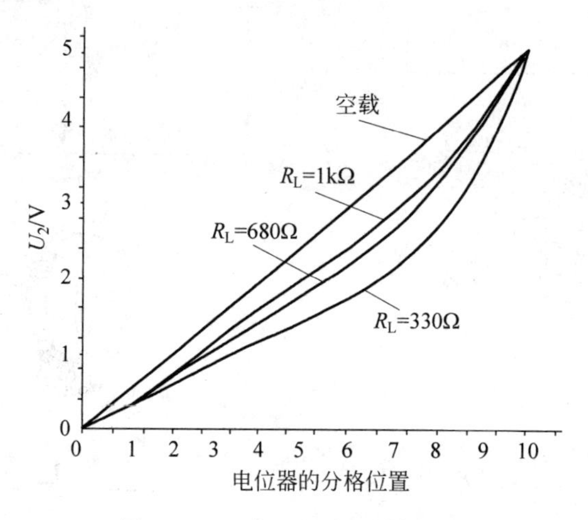

图 2.4-19　分压器输出特性曲线

2. 惠斯通电阻电桥电路

图 2.4-20(a)所示的电路称为惠斯通电桥电路，用它可以精确地测量电阻。R_1、R_2 和 R_3 都是精密可变电阻，R_x 是待确定的未知电阻。四个桥臂中间为连接桥，串接有检流计 G。当 d、b 两点的电位不相等时，“连接桥”中有电流流过，且电流方向由 d、b 两点的电位决定。当“连接桥”连接在等电位点之间时，“桥”上没有电流流动，这种状态称为平衡电桥，否则，“桥”上将有电流流动，称为不平衡电桥。当电桥平衡时，未知电阻可以通过简单的公式计算出来。检流计 G 连接在 b、d 两端，显示电桥是否平衡。当电桥平衡时，b、d 两端之间没有电位差，检流计的指针指示为零。

当检流计的指针不指示在零的位置时，说明电桥处于不平衡状态。此时，需要调整 R_1、R_2 和 R_3，使检流计的指针指示在零位。此时，就可以计算出未知电阻的阻值。

假设 U_1 是 R_1 上的电压，U_2 是 R_2 上的电压，U_3 是 R_3 上的电压，U_x 是 R_x 上的电压。

因为，b、d 两点电位相同，所以

$$U_1=U_3$$

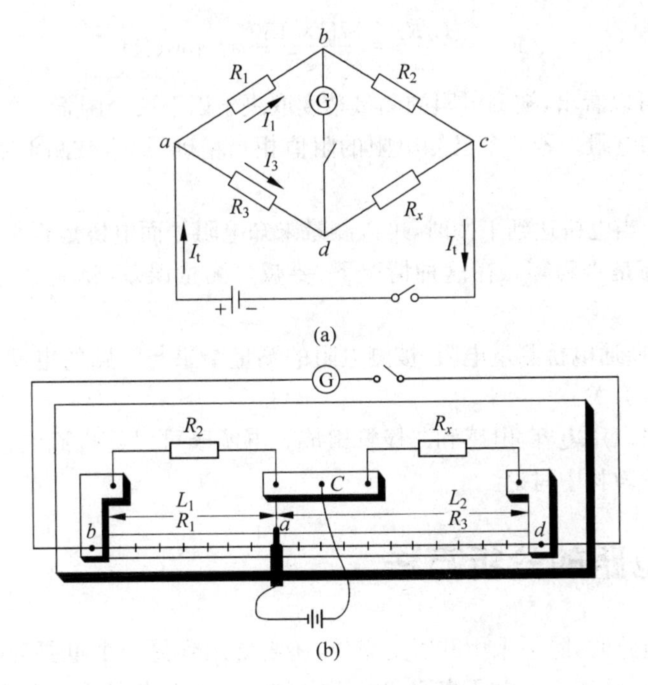

图 2.4-20　惠斯通电桥电路及测量设备

(a) 惠斯通电桥电路；(b) 电桥测量设备

根据欧姆定律和串联电路电流处处相等的性质

$$I_1R_1 = I_3R_3$$

同理

$$U_2 = U_x$$

根据欧姆定律

$$I_1R_2 = I_3R_x$$

所以

$$\frac{I_1R_1}{I_1R_2} = \frac{I_3R_3}{I_3R_x}$$

经化简得到

$$\frac{R_1}{R_2} = \frac{R_3}{R_x}$$

惠斯通电桥测量设备如图 2.4-20(b)所示。R_1 和 R_3 由电阻丝组成，电阻丝是一种均匀的合金材料(镍铬合金或德国银)，其电阻值约为 100Ω。用滑动头将电阻丝分成两个电阻，通过滑动头的滑动使电桥达到平衡。

由于电阻丝的长度(L)与其电阻值成正比，所以，L_1 可以代表 R_1 的阻值，L_2 可以代表 R_3 的阻值，因此其未知电阻 R_x 的计算公式可以写成：

$$R_x = \frac{L_2R_2}{L_1}$$

将刻度刻在固定电阻丝的标尺上，可以很容易地读出。例如，在电桥平衡的条件下，$R_2=150\Omega$，$L_1=25\text{cm}$，$L_2=75\text{cm}$，那么，未知电阻为

$$R_x = \frac{L_2R_2}{L_1} = \frac{75 \times 150}{25} = 450(\Omega)$$

从上述原理可以看出，被测电阻的测量精度取决于以下两个因素。

(1) 三个已知电阻。若三个已知电阻的阻值相当精确，那么被测电阻的测量结果也是精确的。

(2) 检流计。当电桥达到平衡时，可以测量未知电阻。而电桥是否平衡，判断的标准是检流计中通过电流是否为零。在这种情况下，要减少测量误差，就应努力提高检流计的精确度。

总之，使用惠斯通电桥测量电阻，被测电阻的测量结果与电路的电动势大小无关，与已知的电阻和检流计有关。

电桥电路也可以用电容、电感和二极管组成。电源既可以是直流电，也可以是交流电。这些电路将在后续教材中讨论。

2.5 直流电路的分析方法

在求解复杂电路时，除了采用欧姆定律外，还需要用到另一个重要的电学定律，这就是基尔霍夫定律，包括基尔霍夫电压定律和电流定律。下面就来阐述该定律的内容及其在电路分析中的应用。

为了讨论问题方便，先介绍有关电路结构的几个名词。

(1) 支路：一般来说，电路中的每一个二端元件可视为一条支路。但是为了分析和计算方便，常常把电路中流过同一电流的几个元件互相连接起来的分支称为一条支路。如图 2.5-1 所示的电路中有三条支路，分别为 adb、aeb 和 acb。

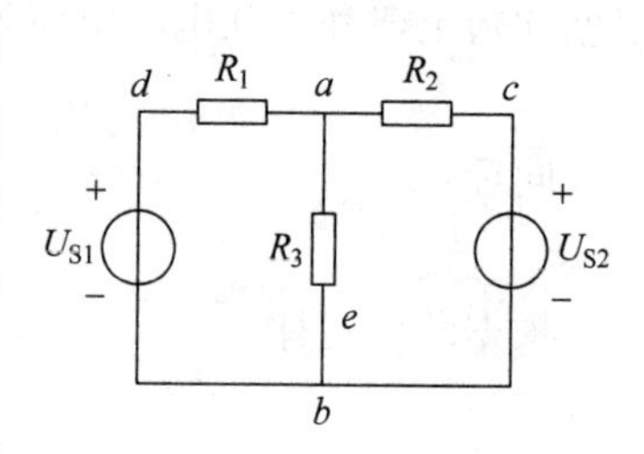

图 2.5-1　电路举例

(2) 节点：一般来说，元件之间的连接点称为节点，但若以电路中的每个分支作为支路，则节点是指三条或三条以上支路的连接点。如图 2.5-1 所示的电路中有两个节点，分别为 a 点和 b 点。

(3) 回路：由一条或多条支路所组成的任何闭合电路称为回路。如图 2.5-1 所示的电路中有三个回路，分别为 $adbca$、$adbea$ 和 $aebca$。

2.5.1 基尔霍夫电压定律

基尔霍夫电压定律简称 KVL，是根据能量守恒定律推导来的，也就是说，当单位正电荷沿任一闭合路径移动一周时，其能量不改变。对于集中参数电路，在任一时刻，电路中任一闭合回路内各段电压的代数和恒等于零，这就是基尔霍夫电压定律，其数学表达式为

$$u_1 + u_2 + u_3 + \cdots + u_n = 0$$

写成一般形式为

$$\sum \boldsymbol{u} = 0$$

在直流电路中，可表示式为

$$U_1+U_2+U_3+\cdots+U_n=0$$

写成一般形式为

$$\sum \boldsymbol{U}=0$$

在列写 KVL 方程时，需要任意选定一个回路的绕行方向，凡电压的参考方向与绕行方向一致时，该电压前面取“+”号；凡电压的参考方向与绕行方向相反时，则取“−”号。

【例题 2.5-1】 有三个电阻与 50V 的电源串联连接，各电路参数如图 2.5-2 所示，求电压 U_X 是多少？

解：元件电压及电流的参考方向如图 2.5-2 所示。列写 KVL 方程时，回路绕向取电流方向。

$$(+U_1)+(+U_2)+(+U_X)+(-U_S)=0$$

经数学变换后

$$U_X=U_S-U_1-U_2$$

因此，$U_X=50-25-15=10(\text{V})$。

利用与上述相同的方法，也可以求出回路中的未知电流。

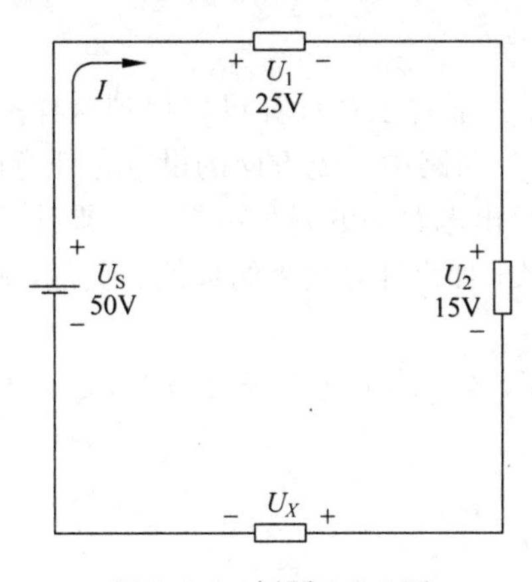

图 2.5-2　例题 2.5-1 图

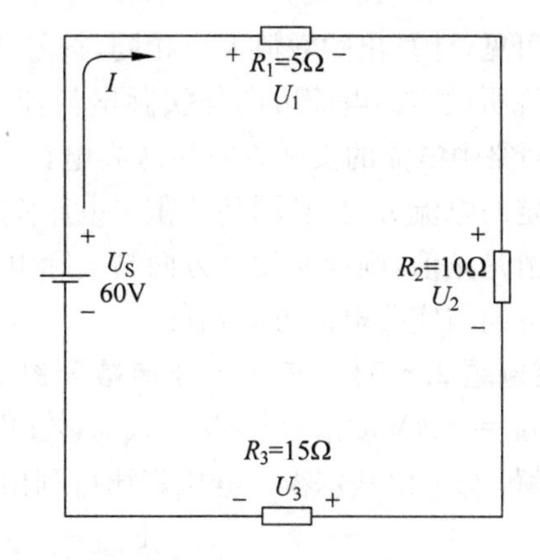

图 2.5-3　例题 2.5-2

【例题 2.5-2】 一个电路的电源电压为 60V，三个串联电阻分别为 5Ω、10Ω 和 15Ω，求回路中的电流？

解：电流方向和各电阻上的电压极性已在图 2.5-3 标出。

因为基尔霍夫电压定律为

$$U_1+U_2+U_3+\cdots+U_n=0$$

所以

$$(+U_3)+(+U_2)+(+U_1)+(-U_S)=0$$

根据欧姆定律，上述表达式可以写为

$$IR_3+IR_2+IR_1-U_S=0$$

经过数学变换

$$I=\frac{U_S}{R_3+R_2+R_1}$$

因此，$I=\frac{60}{15+10+5}=2(\text{A})$。

本题对于电流方向的设定与实际电流方向一致，所以计算出来的电流值是正值。如果，我们随意地设定电流的方向，如图 2.5-4 所示，则与例题 2.5-2 完全一样，只是电流方向设定的相反，需重新用基尔霍夫电压定律求解。

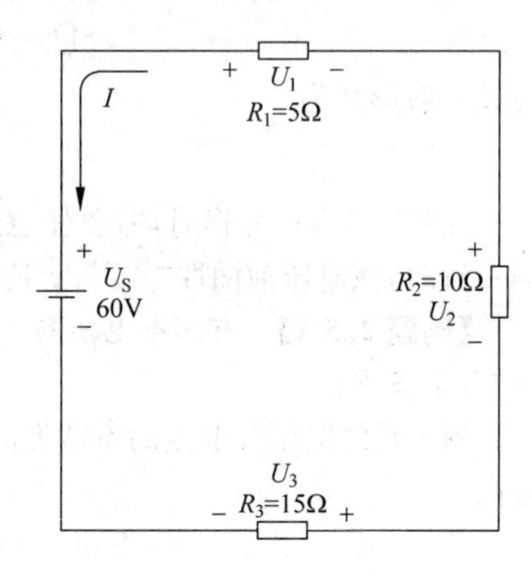

图 2.5-4　电流方向的设定

因为基尔霍夫电压定律为

$$U_1+U_2+U_3+\cdots+U_n=0$$

所以$(-U_1)+(-U_2)+(-U_3)+U_S=0$

根据欧姆定律上述表达式可以写为

$$(-IR_1)+(-IR_2)+(-IR_3)+U_S=0$$

经过数学变换：

$$I=-\frac{U_S}{R_1+R_2+R_3}$$

因此，$I=-\frac{60}{5+10+15}=-2(\mathrm{A})$。

可见，计算出的数值大小相同，符号相反。

说明设定的电流方向与实际电流流动方向相反。通过上述计算可以得到这样一个结论：回路中电流的实际方向为从高电位流向低电位。回路中电流方向的设定是任意的，按照设定的电流方向，利用基尔霍夫电压定律可以求解出电路中的各种电量。如果计算出来的数值是正值，则说明设定方向与实际电流方向一致；如果计算出来的数值是负值，则说明设定方向与实际电流方向相反。

【例题 2.5-3】 有一闭合回路如图 2.5-5 所示，各支路的元件是任意的，已知 $U_{AB}=5\mathrm{V}$，$U_{BC}=-4\mathrm{V}$，$U_{DA}=-3\mathrm{V}$。试求：(1)U_{CD}；(2)U_{CA}。

解：(1) 由基尔霍夫电压定律可列出：

$$U_{AB}+U_{BC}+U_{CD}+U_{DA}=0$$

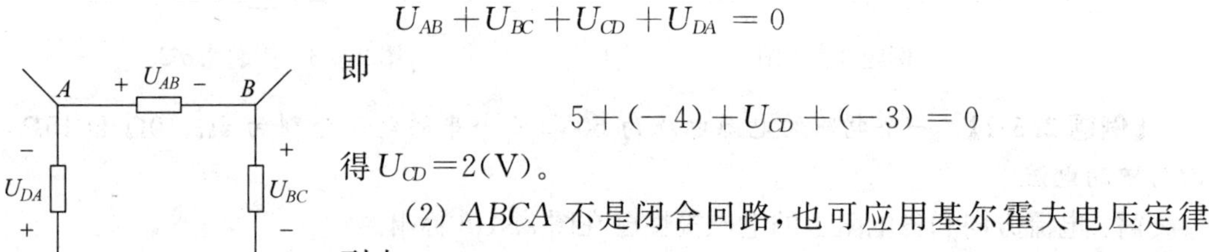

图 2.5-5　例题 2.5-3 图

即

$$5+(-4)+U_{CD}+(-3)=0$$

得 $U_{CD}=2(\mathrm{V})$。

(2) $ABCA$ 不是闭合回路，也可应用基尔霍夫电压定律列出：

$$U_{AB}+U_{BC}+U_{CA}=0$$

即

$$5+(-4)+U_{CA}=0$$

得 $U_{CA}=-1\mathrm{V}$。

2.5.2　基尔霍夫电流定律

基尔霍夫电流定律简称 KCL，是根据电流的连续性，即电路中任一节点在任一时刻均不能堆积电荷的原理推导来的。在任一时刻，流入一个节点的电流之和等于从该节点流出的电流之和，这就是基尔霍夫电流定律。

例如，在图 2.5-6 所示的电路中，各支路电流的参考方向已选定并标于图上，对节点 a，KCL 可表示为

$$i_1 + i_4 = i_2 + i_3 + i_5 \quad \text{或} \quad i_1 - i_2 - i_3 + i_4 - i_5 = 0$$

写成一般形式为

$$\sum i = 0$$

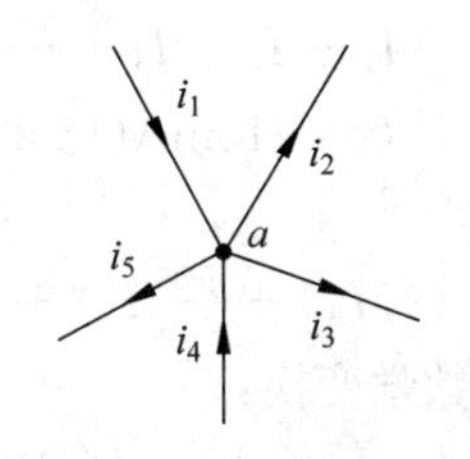

图 2.5-6　基尔霍夫电流定律

对于直流电路 KCL 表示为

$$I_1 + I_2 + I_3 + \cdots + I_n = 0$$

写成一般形式为

$$\sum I = 0$$

基尔霍夫电流定律不仅适用于节点，也可以推广用于闭合曲面，也称为广义节点。如图 2.5-7 所示，电路中某一部分被闭合曲面 S 所包围，则流入此闭合曲面 S 的电流必等于流出曲面 S 的电流。

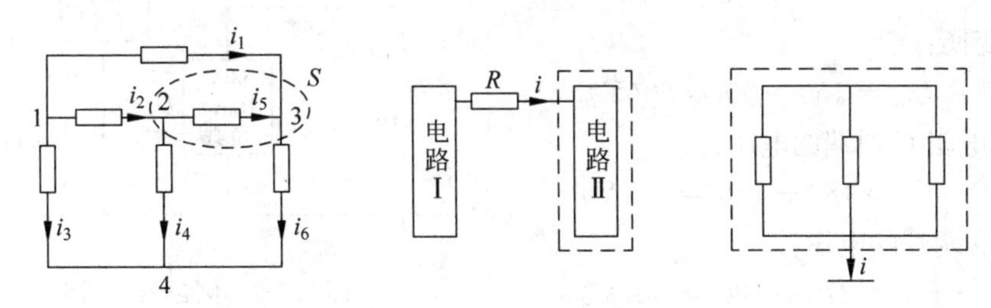

图 2.5-7　流入流出闭合曲面的电流相等

【**例题 2.5-4**】　电路参数如图 2.5-8 所示，求未知电流 I_3 的值。

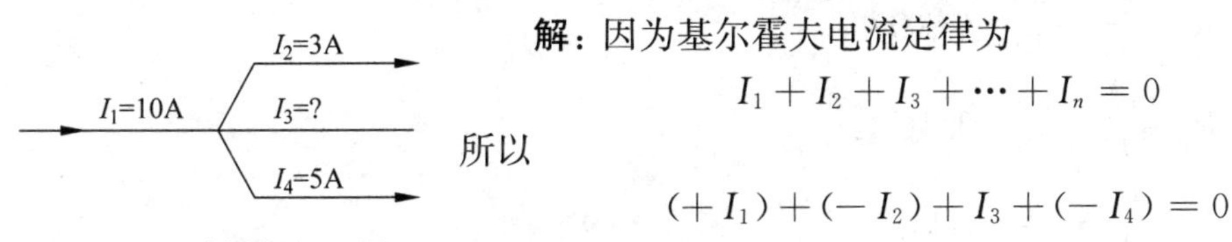

图 2.5-8　例题 2.5-4 图

解：因为基尔霍夫电流定律为

$$I_1 + I_2 + I_3 + \cdots + I_n = 0$$

所以

$$(+I_1) + (-I_2) + I_3 + (-I_4) = 0$$

经过数学变换：

$$I_3 = (-I_1) + (+I_2) + (+I_4)$$

所以，$I_3 = -10 + 3 + 5 = -2(\text{A})$。

这说明，I_3 电流的幅值是 2A，方向是流出节点。

2.5.3　基尔霍夫定律的应用

下面我们利用基尔霍夫定律解决一些比较复杂的电路问题，其目的就是让学生掌握这一电学中很重要的定律，从而对电路的理解更加深刻。

【**例题 2.5-5**】　一个分压器电路，如图 2.5-9 所示。其电源电压为 270V，分压器中同时连接有 3 个负载：1 端与地之间连接 90V/10mA 的负载，2 端与地之间连接 150V/5mA 的负载，3 端与地之间连接 180V/30mA 的负载。电阻 A 上流过的电流是 15mA，确定 4 个电阻上的电流、电压及功率。

解：在节点 1 应用基尔霍夫电流定律：

$$I_1+I_2+I_3+\cdots+I_n=0$$

$$I_A=15\text{mA}(已知)$$

所以

$$(-I_A)+(-I_1)+(+I_B)=0$$

经过数学变换：

$$I_B=I_A+I_1=15+10=25(\text{mA})$$

同理：

$$I_C=I_B+I_2=25+5=30(\text{mA})$$

$$I_D=I_C+I_2=30+30=60(\text{mA})$$

根据基尔霍夫电压定律：

$$U_1+U_2+U_3+\cdots+U_n=0$$

求电阻 B 两端的电压：

$$(+U_B)+(+U_1)+(-U_2)=0$$

经过数学变换：

$$U_B=U_2-U_1=150-90=60(\text{V})$$

同理，电阻 C 两端的电压：

$$U_C=U_3-U_2=180-150=30(\text{V})$$

电阻 D 两端的电压：

$$U_D=U_S-U_3=270-180=90(\text{V})$$

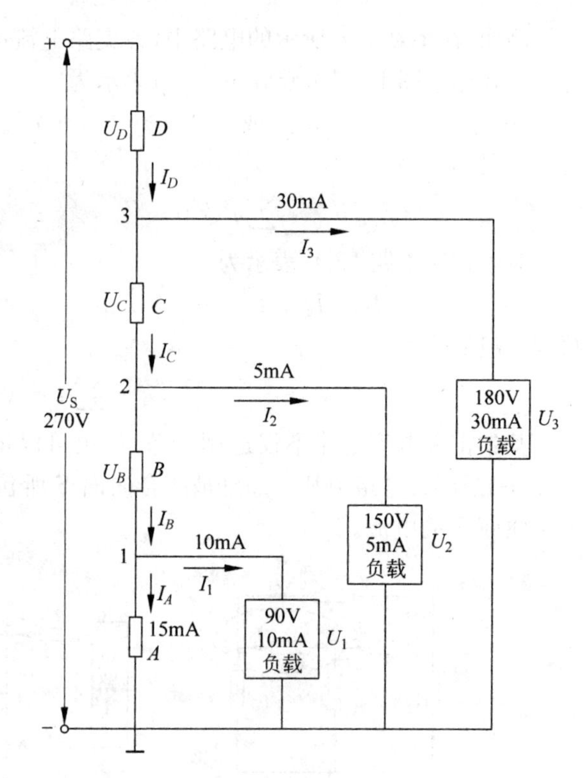

图 2.5-9 例题 2.5-5 图

现在各电阻上的电流和电压已经求解完毕，根据欧姆定律可以求出各电阻的阻值。

电阻 A：$R_A=\dfrac{U_A}{I_A}=\dfrac{90}{15}=6(\text{k}\Omega)$

电阻 B：$R_B=\dfrac{U_B}{I_B}=\dfrac{60}{25}=2.4(\text{k}\Omega)$

电阻 C：$R_C=\dfrac{U_C}{I_C}=\dfrac{30}{30}=1(\text{k}\Omega)$

电阻 D：$R_D=\dfrac{U_D}{I_D}=\dfrac{90}{60}=1.5(\text{k}\Omega)$

各电阻上消耗的功率为：

电阻 A 上消耗的功率：$P_A=U_AI_A=90\times0.015=1.35(\text{W})$

电阻 B 上消耗的功率：$P_B=U_BI_B=60\times0.025=1.50(\text{W})$

电阻 C 上消耗的功率：$P_C=U_CI_C=30\times0.030=0.90(\text{W})$

电阻 D 上消耗的功率：$P_D=U_DI_D=90\times0.060=5.40(\text{W})$

在电路分析中，常常选择某一点作为参考点，然后，电路中的其他各点都与该点进行比较，从而确定出其电位的高低。下面就是利用参考点计算电位的例题。

【例题 2.5-6】 电路如图 2.5-10 所示。$U_S=75\text{V}$，$R_1=R_2=R_3=R$。

求：(1) 当选择 A 为参考点时，求 B、C、D 点电位及电压 U_{BA}、U_{CB}、U_{DC} 各为多少？

(2) 当选择 B 为参考点时，求 A、C、D 点电位及电压 U_{BA}、U_{CB}、U_{DC}。

解：当选择 A 为参考点时，$U_A=0\text{V}$，根据基尔霍夫电压定律：

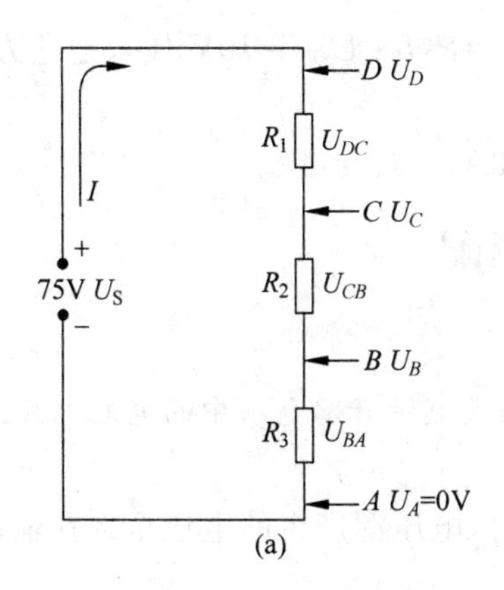

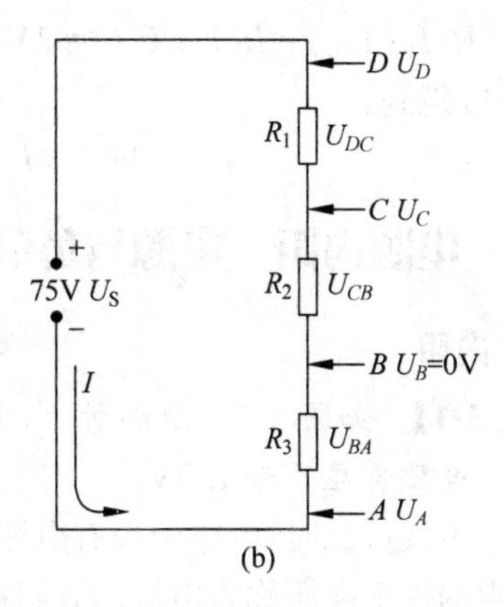

图 2.5-10　例题 2.5-6 图

$$U_1 + U_2 + U_3 + \cdots + U_n = 0$$

所以

$$(+U_{DC}) + (+U_{CB}) + (+U_{BA}) + (-U_S) = 0$$

由于串联电路电流处处相等，而 $R_1 = R_2 = R_3 = R$，所以电压

$$U_{BA} = U_{CB} = U_{DC} = \frac{U_S}{3} = \frac{75}{3} = 25(\text{V})$$

电位 $U_B = U_B - U_A = U_{BA} = 25(\text{V})$

电位 $U_C = U_C - U_A = U_{CB} + U_B - U_A = 25 + 25 - 0 = 50(\text{V})$

电位 $U_D = U_D - U_A = U_{DC} + U_C - U_A = 50 + 25 - 0 = 75(\text{V})$

当选择 B 为参考点，并且 $U_B = 0\text{V}$ 时，根据基尔霍夫电压定律：

$$U_1 + U_2 + U_3 + \cdots + U_n = 0$$

所以

$$(+U_{DC}) + (+U_{CB}) + (+U_{BA}) + (-U_S) = 0$$

由于串联电路电流处处相等，而 $R_1 = R_2 = R_3 = R$，所以电压

$$U_{BA} = U_{CB} = U_{DC} = \frac{U_S}{3} = \frac{75}{3} = 25(\text{V})$$

电位 $U_A = U_A - U_B = -25 - 0 = -25(\text{V})$

电位 $U_C = U_C - U_B = 25 - 0 = 25(\text{V})$

电位 $U_D = U_D - U_B = U_{DC} + U_C - U_B = 25 + 25 - 0 = 50(\text{V})$

通过上面的例题可以看到，参考点的选择不同，其电位值就不同，而电阻两端的电压则保持不变。

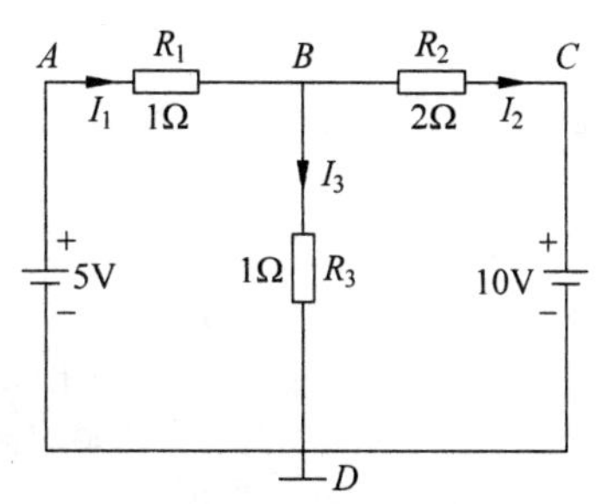

图 2.5-11　例题 2.5-7 图

【例题 2.5-7】　电路如图 2.5-11 所示，求支路电流 I_1、I_2、I_3。

解：根据基尔霍夫电流定律

$$I_1 = I_2 + I_3 \quad ①$$

对回路 $ABDA$、$BCDB$ 列出基尔霍夫电压方程

$$U_{AB} + U_{BD} - U_{AD} = 0 \quad ②$$

$$U_{BC} + U_{CD} - U_{BD} = 0 \quad ③$$

而 $U_{AB}=R_1I_1$；$U_{BD}=R_3I_3$；$U_{AD}=5\text{V}$；$U_{BC}=R_2I_2$；$U_{CD}=10\text{V}$ 代入上述方程，并求解联立方程，可以得到：

$$I_1=1\text{A};\quad I_2=-3\text{A};\quad I_3=4\text{A}$$

2.5.4 电源内阻 电源与负载的匹配

1. 电源内阻

【实验 2.5-1】 如图 2.5-12(a)所示，用电压表测量开路电路中的电池电压。

【结果】 电压表显示为 1.5V。

在电压源不接负载时，电路中没有电流，这时，电压源产生的电压全部在输出端上。电压源内部产生的这个电压称为电源的开路电压 U_S。

【实验 2.5-2】 将上述实验电路串入电流表后闭合，如图 2.5-12(b)所示，用电流表测量电路中的电流。

【结果】 电流表的读数为 30A。

根据欧姆定律，其回路中的电阻为

$$R_i=\frac{U_S}{I}=\frac{1.5}{30}=0.05(\Omega)$$

可见，电压源中存在电阻，我们把电源中存在的电阻称为电源内阻，一般用 R_i 表示，如图 2.5-12(b)所示。

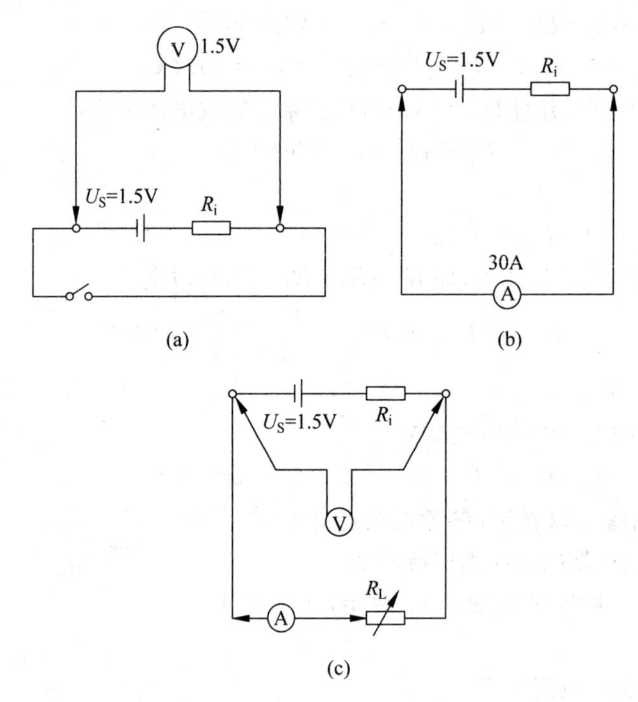

图 2.5-12 电源内阻对负载电压的影响
(a) 开路电压；(b) 短路电流；(c) 电路中接入负载

【实验 2.5-3】 将上述电路再串入 $R_L=10\Omega$ 的负载电阻，然后调节负载电阻的大小，并测量不同负载情况下的电池两端的电压，如图 2.5-12(c)所示。

【结果】 随着负载电阻的变化，回路中的电流也发生变化，电池两端的电压也随之变化。其原因分析如下。

当电压源接有负载时，则回路中有电流通过，这时，输出端的电压将减小，这表明电动势的一部分被电源的内阻本身占用了。因为所有的电压源都有内阻 R_i，在电压源带负载时，内阻造成了电源内部的电压降。通过对不同负载情况下的电压源输出电压的变化情况进行研究可知：电压源可以用一个无内阻的理想电压源与其内阻相串联来等效，如图 2.5-12(c)所示。这种表示形式称为电压源的等效电路或等效电压源。

等效电压源由电源的电动势和电源的内阻串联组成，可以用下面的数学公式表示：

$$U = U_S - IR_i$$

式中，U 为输出端电压；U_S 为电动势；IR_i 为负载电阻上的电压降。

实际的电压源，其输出电压随负载电流的增加而减小。

【例题 2.5-8】 一个蓄电池在无负载时的电压为 13V，其内阻为 0.5Ω。计算当负载电流为 10A 时的输出电压值？

解：因为 $U=U_S-IR_i$，所以 $U=13-10\times0.5=8(\text{V})$。

电压源内阻产生的电压降是无益的，但又无法避免。理想的电压源应该是输出电压恒定不变，并且与负载大小无关。通过采用适当的措施(例如稳压电源电路)，可以基本实现这个要求。

电源接上负载后，整个电路的总电阻为负载电阻(外电阻)与电源内阻的串联。由于内阻上的电压降，使电源的输出电压总是小于电动势。

【例题 2.5-9】 一个手电筒电池的电动势 $U_S=4.5\text{V}$，已知其内阻为 $R_i=0.9\Omega$，当它带负载后的输出端电压为 $U=4\text{V}$，则负载电流应为多大？

解：因为 $U=U_S-IR_i$，所以

$$I = \frac{U_S - U}{R_i}$$

$$I = \frac{4.5-4}{0.9} = 0.55(\text{A})$$

2. 电源与负载的匹配

电源向负载输出电压和电流的同时，也向负载输出功率。如果按电源内阻来选择负载电阻，使负载获得最大功率，这就是功率匹配。

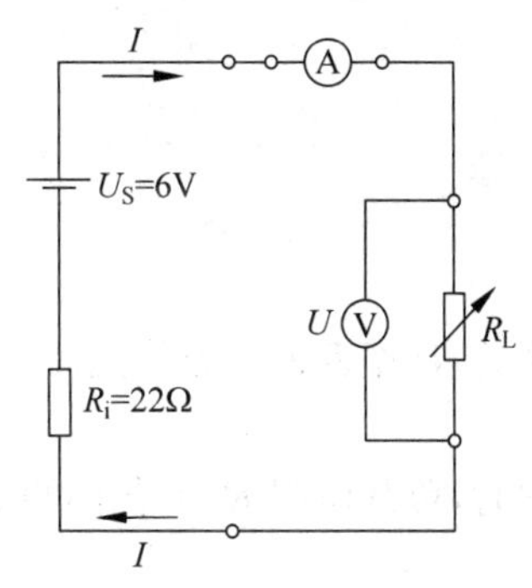

图 2.5-13　电源与负载匹配实验电路

【实验 2.5-4】 按图 2.5-13 连接实验电路，将表 2.5-1 提供的各负载电阻接入电路，并用电压表、电流表测量出负载上的电压和电流，计算出功率值填入表 2.5-1。注意：为了说明功率匹配，我们选择 $R_i=22\Omega$，表示电源 U_S 的内阻。

表 2.5-1　实验测量值

R_L/Ω	0	6.9	13.2	22	33	43	55	65	∞
I_L/mA	273	208	170	136	109	92	78	69	0
U_L/V	0	1.43	2.25	3.0	3.6	3.97	4.29	4.48	6
P/mW	0	298	383	408	392	365	334	309	0

根据实验结果,用描点法画出负载功率、负载电压和负载电流曲线,如图 2.5-14 所示。从这些曲线中可以看出电源内阻与负载电阻之间的各种匹配关系。

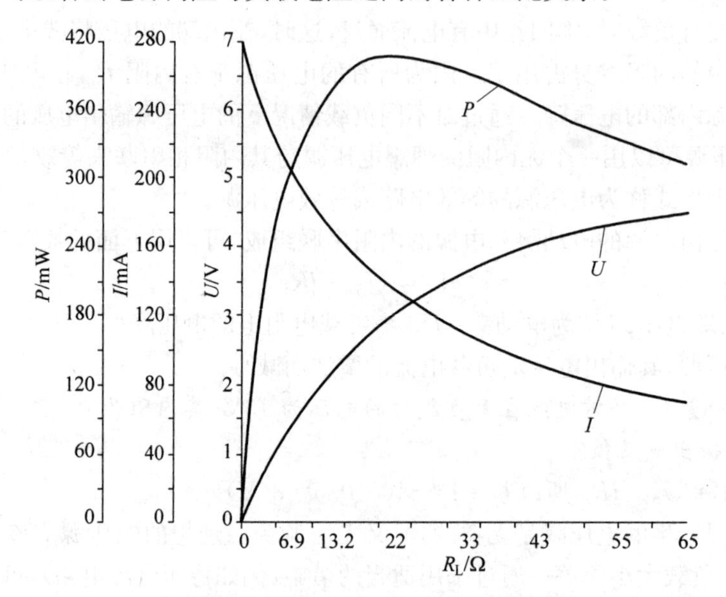

图 2.5-14 电源内阻与负载匹配关系曲线

当负载电阻与电源内阻相等时,负载电阻上获得了最大功率。

我们也可以利用计算的方法证明这一结论。

$$P = I^2 R_L$$

$$I = \frac{U_S}{R_i + R_L}$$

$$P = \left(\frac{U_S}{R_i + R_L}\right)^2 R_L$$

$$P = \frac{U_S^2 R_L}{(R_i - R_L)^2 + 4R_i R_L}$$

因此,功率匹配的条件是

$$R_i = R_L$$

此时,负载电阻 R_L 上获得的最大功率为

$$P_{max} = \frac{U_S^2}{4R_L}$$

式中,P_{max} 为最大输出功率;R_L 为负载电阻;R_i 为内阻。

【例题 2.5-10】 一个电压源,空载时的电压为 $U_S=10V$,内阻 $R_i=100\Omega$。计算:在功率匹配时,负载电阻应该选择多大?负载电阻上获得的最大功率为多大?

解:因为负载获得最大功率的条件为:$R_i=R_L$,所以,$R_L=100\Omega$。

负载电阻获得的最大功率为:$P_{max}=\frac{U_S^2}{4R_L}=\frac{10^2}{4\times 100}=0.25(W)$。

在功率匹配时,电压源的效率只有 50%,另 50%消耗在电源内阻上,因此这种匹配通常应用在小功率的情况下,例如,放大器与扬声器之间的匹配,无线电接收机输入端与天线的匹配,话筒与放大电路的匹配等。在功率匹配时,电压源的输出电压仅为空载时的一半。

2.6　电容及电容器

当用绝缘物质将两片导体隔开，并把它连接在电路中时，就会发现：导体与绝缘物组合成的这一元件可以存储电荷。因此，把该元件呈现的这种特性称为电容。电容可以将电荷能量存储在静电场中。为了弄清电容的含义，必须了解静电场的基本规律。

2.6.1　平行板电场

从"静电与传导"中已知：异性电荷相互吸引，同性电荷相互排斥。电荷之间的这种相互作用表明：在电荷周围存在着一种特殊形式的物质，这种物质称为电场。电场随着电荷的产生而产生，不能被人的眼睛所看到。为了研究电场的特点，必须把电场形象化，英国物理学家法拉第(Michael Faraday)提出了用电力线表示电场的思想。

1. 电场的表示

如图 2.6-1(a)所示，用电力线表示了正、负点电荷电场。如图 2.6-1(b)所示，用电力线表示了异性电荷、同性电荷之间形成的电场。

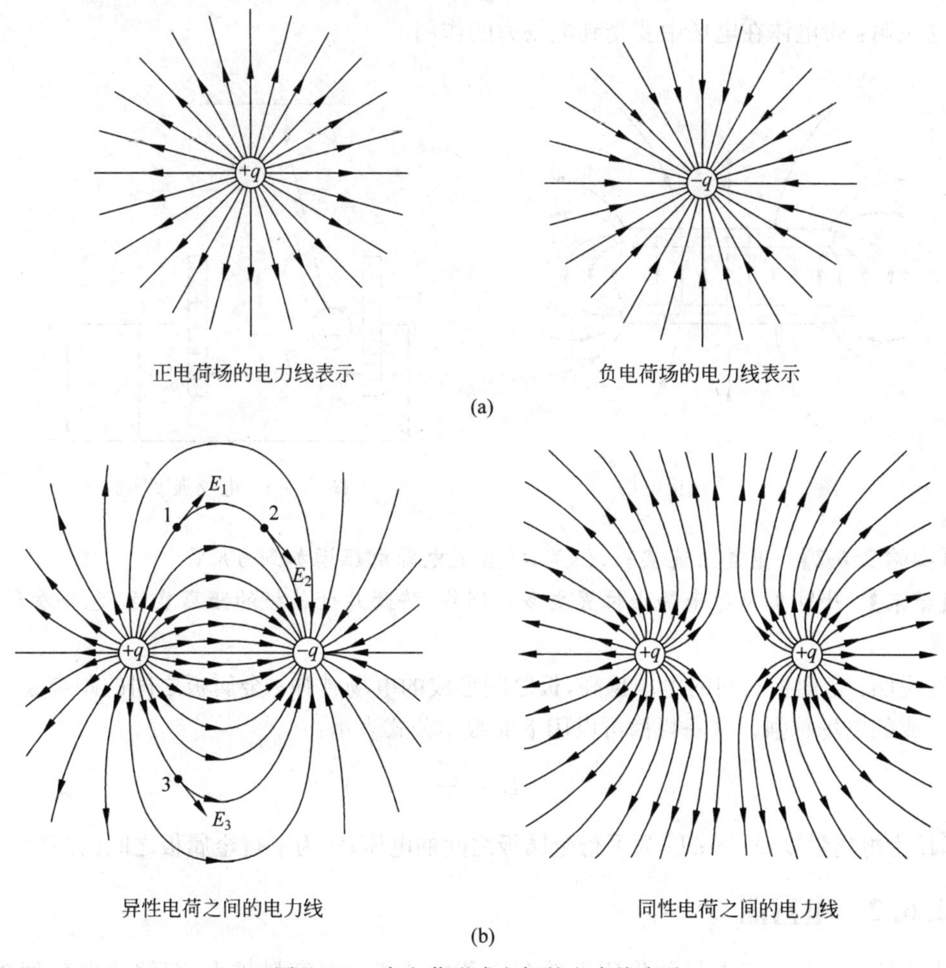

图 2.6-1　点电荷形成电场的电力线表示

从图 2.6-1 中我们可以总结出用电力线表示电场的原则：

(1) 电力线从正电荷出发,到负电荷终止,方向由正电荷指向负电荷；

(2) 电力线必须垂直于电荷体表面,并且任何两条电力线不能相交。

2. 平行板电场

如图 2.6-2 所示是用电力线表示的两片导体之间形成的电场,称之为平行板电场。从图中可以看到,电力线从正电荷板出发,到负电荷板终止；电力线垂直于上下两片平行导体板；两片平行板之间的电力线是平行的,并且它们之间的距离相等。这说明：平行板之间的电场是均匀的。

平行板的上板带有正电荷,下板带有负电荷,正、负电荷之间形成电场。那么,电场的强弱如何来衡量呢？在电学中用电场强度(E)来衡量,它的大小反映了电场的强弱。下面我们用实验说明影响平行板电场强度的因素。

【实验 2.6-1】 将两片同样大小的金属板以大约 20cm 的间隔平行放置。然后,将它们分别接到 250V 直流电源的正、负端。在平行金属板中间,用一根一端绝缘的细铜丝把一个聚苯乙烯小球固定并悬挂起来。在极板两端并联一块电压表,再使这一小球带上正电荷。

【结果】 这个小球偏离原来的位置,如图 2.6-3 所示。

这说明：带电体在电场中要受到电场力的作用。

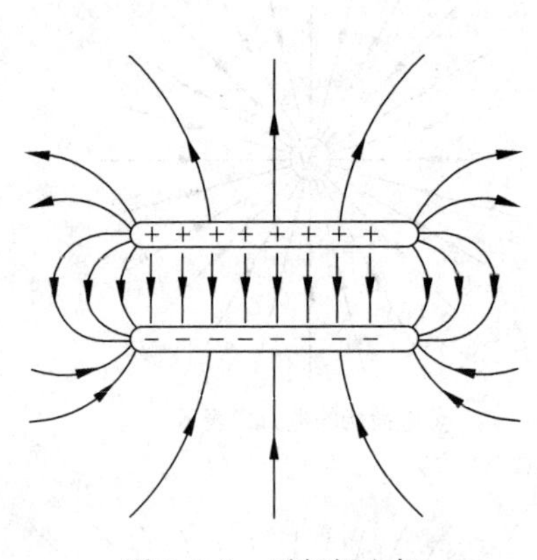

图 2.6-2 平行板电场

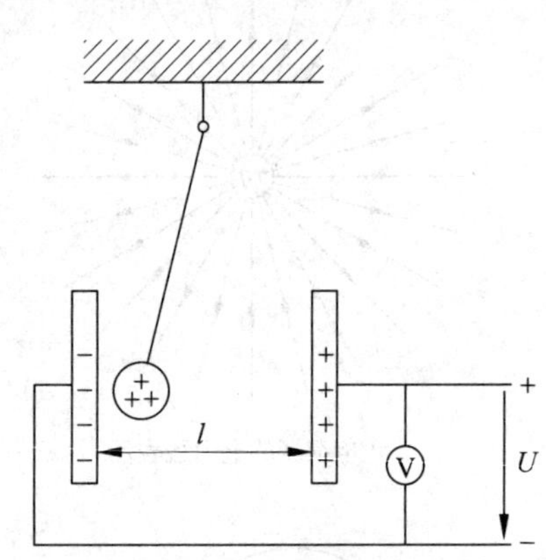

图 2.6-3 电场强度实验

【实验 2.6-2】 重复上述实验,但是,将直流电源电压增加到 500V。

【结果】 小球偏离原来静止位置更多。同样,将两片金属板的距离靠近,也会看到同样的效果。

这说明：金属板之间的电压越高,板之间形成的电场越强；金属板之间的距离越小,板之间形成的电场越强。这一规律可以用下面数学公式表示：

$$E=\frac{U}{l}$$

式中,E 为电场强度,V/m；U 为平行金属板之间的电压；l 为平行金属板之间的距离。

2.6.2 电容器

电容器是一种在静电场的作用下储存电荷的装置。电容量越大,存储的电荷就越多。

最基本的电容器是由中间夹以绝缘材料的两片导体组成，即：平行板电容器。

在电子理论中曾经阐明：原子由原子核及围绕原子核作高速运动的电子组成。由于电子处于原子核的束缚下，因此它们不能到达带正电荷的导体板。被原子核束缚的电子在正电荷板吸引力和负电荷板排斥力的作用下向正电荷板偏移，这将使电子轨道发生变形，这一效果如图 2.6-4 所示。图 2.6-4(a)是导体板上不带电的情况，此时，两片导体板之间没有电场，电子轨道不发生变形。图 2.6-4(b)是导体板上带电的情况，此时，两片导体板之间存在均匀电场，电子轨道向正电荷板方向拉长。

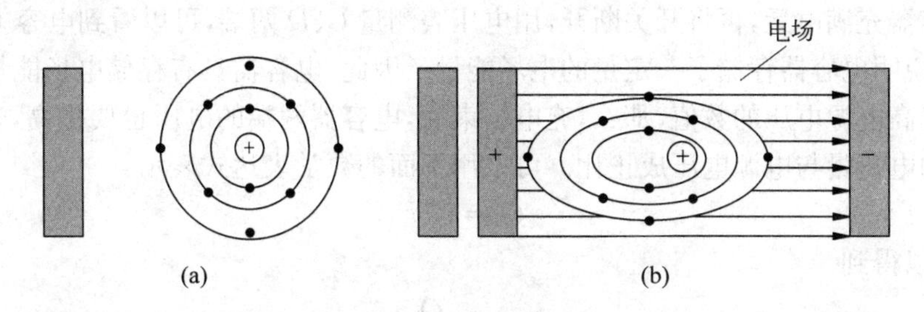

图 2.6-4　电场对电子轨道的作用

电子轨道的变形需要能量，这一能量来自两片带电导体板之间的静电场。由于能量不能被消灭，所以，只要电荷板上的电荷存在，电子轨道的变形就存在。同样，使变形的电子轨道恢复正常状态，就需要将电荷板上的电荷中和，这一过程也需要能量。因此，这一作用效果类似于拉伸的弹簧中存储的能量。可见，电容器可以存储电能。

1. 结构　符号

图 2.6-5 所示是简单电容器的结构和符号。电容器由两片平行板导体和绝缘材料构成，平行板称为极板，绝缘材料称为电介质。在图 2.6-5(b)中，两条垂直线表示电容器的引线，两条水平线表示电容器的极板。注意：在实际电容器中，两个平行极板可以做成各种形状，这主要是为了增加极板的横截面积。

2. 电容器的特性

【实验 2.6-3】 如图 2.6-6 所示，将一片金属平板与电源的正极相联，另一片金属板与电源的负极相联。当开关闭合时，将观察到下面的现象。

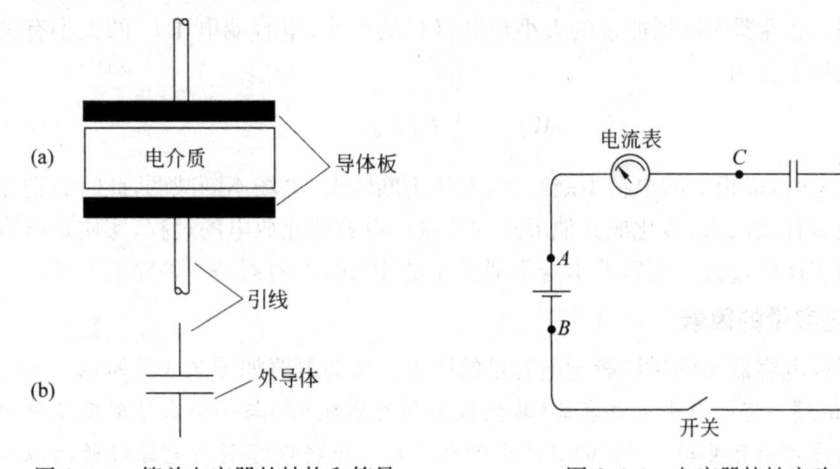

图 2.6-5　简单电容器的结构和符号　　图 2.6-6　电容器特性实验电路

【结果】 电流表的指针首先偏转到最大，然后又慢慢地回零。

实验结果表明：在闭合开关时，电子从电源的负极流向电容器 D 侧的极板，并在 C 侧极板上感应出等量的正电荷，这样就在电路中形成了电流。此时，两片金属板上分别带上了正、负电荷。当两片金属板上积累的异性电荷产生的电压降与电源电压达到平衡时，电路中就不再有电子的流动。此时，如果用电压表测量 C、D 之间和 A、B 之间的电压，就会发现两个电压完全相等。上述过程称为电容的充电过程。这说明：充满电荷的电容器具有隔直流的作用。

当电容器充满电后，再将开关断开，用电压表测量 C、D 两端，可以看到电容上的电压仍然存在，这说明电容器存储了一定量的电场能量。因此，电容器具有存储电场能量的特性。

假设提高电源电压的数值，那么，充电结束后，电容器两端的电压也要提高，这说明：极板上所带的电荷量与电源电压成正比。可以用下面的数学表达式表示：

$$Q = CU$$

经变形，可以得到

$$C = \frac{Q}{U}$$

即：电容量在数值上等于在单位电压的作用下，极板上存储的电荷量。

式中，C 为电容，F(法拉)，电容的常用单位还有 μF(微法)、nF(纳法)、pF(皮法)，其换算关系为：$1\text{F} = 1\times10^6\mu\text{F} = 1\times10^9\text{nF} = 1\times10^{12}\text{pF}$；$Q$ 为电荷量，C(库仑)；U 为电压，V(伏特)。

【实验 2.6-4】 将实验 2.6-3 充满电荷的电容器通过一个电阻短路，观察电流表上的现象。

【结果】 电流表指针从偏转最大，到逐渐变为零。

实验表明：电容器两片金属板上的异性电荷通过外接电路互相中和，从而引起回路中的电子流动，当极板上的电荷全部中和完毕时，回路中就不再有电子流动。这一过程称为电容的放电过程。注意：在使用曾被充过电的电容器之前，应该首先使电容器放电。特别是容量较大的电容器，必须通过电阻进行放电，否则会发生电击事故。

电容器充电时，两极板上电荷 Q 逐渐增多，端电压也成正比逐渐增大，两极板上的正、负电荷就在电介质中建立电场。电场是具有能量的，所以电容器在储存电荷的同时，也储存了电场能量，即电容在充电过程中，将吸取的电能储存在电容器的电场中。

实验证明：电容器中电场能量的大小与电容 C 的大小、电容端电压 U 的大小有关。电容器储存的电场能量为

$$W_C = \frac{1}{2}CU^2$$

电容器放电时，极板上的电荷不断减少，电压不断降低，电场不断减弱，此时会把充电时储存的电场能量释放出来，转化成其他形式的能量。电容器充放电的过程，实质是电容器与外部进行能量交换的过程。电容器本身不消耗能量，因此，电容器是一种储能元件。

3. 影响电容量的因素

我们以平板电容器为例讨论影响电容量的因素。实验电路如图 2.6-7 所示。

【实验 2.6-5】 将一个平板电容器(其极板面积为 200cm^2)与一个零位刻度在中间的高灵敏电流表通过转换开关与 500V 的直流电源相连接。先将电容器与电源接通，然后，借助

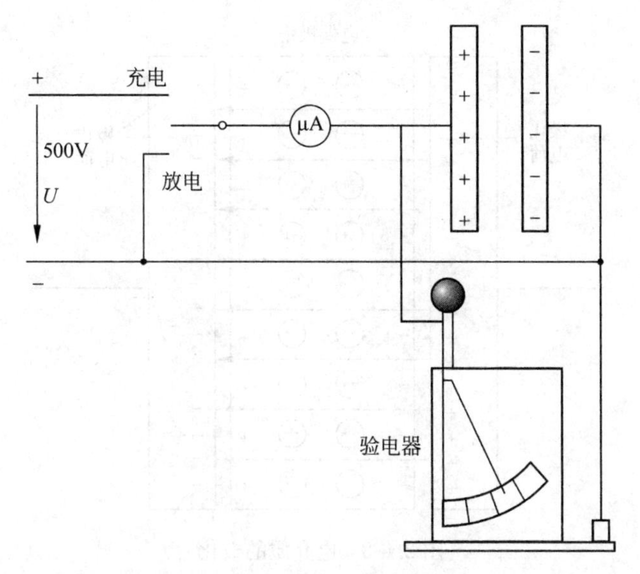

图 2.6-7　影响电容器因素实验电路

转换开关将电容器短路。注意观察电流表的偏转指示。然后再将平板的面积增加一倍，重复上述实验。

【结果】 对于电流表指针的偏转幅度来说，后者是前者的两倍。

实验结果表明：在相同的电压时，电容器极板的面积(A)越大，则电容器的电容量(C)以及储存的电荷量就越大。

【实验 2.6-6】 将一个两极板之间距离可变的平板电容器，通过一个开关与 500V 的直流电源连接。在电容器的两端并联一个验电器，接通电路，然后通过开关将电容器与电源断开。此时，再增大两极板之间的距离，观察验电器的指针显示。

【结果】 验电器指针的偏转幅度随着两极板间的距离增大而减小。

要使电容器极板上储存一定的电荷，则需要一个相应的电压，此电压随极板之间距离的增大而增大，因此，在电压一定的情况下，电容器极板间的距离增大，将使电容器的容量减小。

【实验 2.6-7】 将上述平板电容器中插入硬纸板或有机玻璃，重复上述两个实验。并观察电流表和验电器的指示。

【结果】 极板中插入电介质后，电流表和验电器的指针偏转幅度都大于实验 2.6-5 和实验 2.6-6 中的数值。

可见，电容量与电介质材料(ε)有关。如前所述，将绝缘材料放入平行板电场中，电场将使材料的电子轨道发生变形，产生电荷位移，成为电偶极子，这一过程称为电介质的极化。

如图 2.6-8 所示，电介质的极化可使两片金属板上的电荷增加，从而使电容器的容量增加。

从上述实验可以看到，一个电容器存储的电荷量取决于下面三个因素：

(1) 电容器两片极板的面积；

(2) 两片极板之间的距离；

(3) 两片极板之间材料的介电常数。

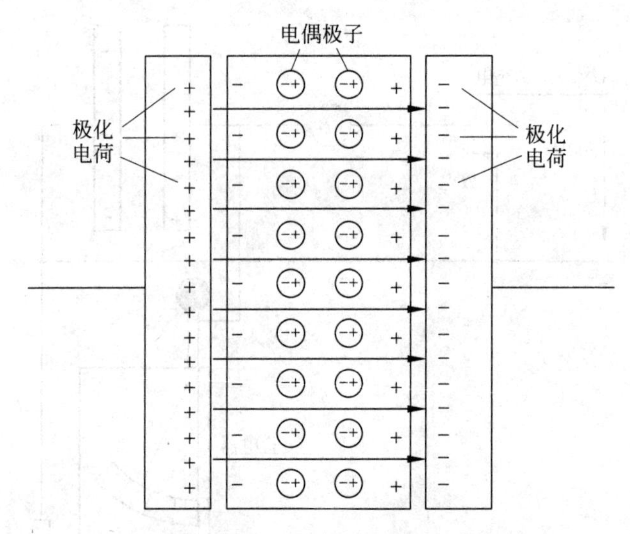

图 2.6-8 电介质的极化

可见，平行板电容器的极板面积越大，极板间的距离越小，以及材料的介电常数越大，则电容器的容量就越大。

在电容器中，插入的电介质不同，容量就不同。这种不同介质对电容器容量产生影响的特性可以用介电常数(ε)来衡量。材料的介电常数一般用真空中的介电常数(ε_0)和相对介电常数(ε_r)的乘积表示，即：$\varepsilon=\varepsilon_0\varepsilon_r$。表 2.6-1 列出了常用材料的相对介电常数。

表 2.6-1 不同介质的介电常数

电介质名称	相对介电常数(ε_r)	电介质名称	相对介电常数(ε_r)
氧化铝	6～9	聚苯乙烯	2.5
玻璃	5～16	石英	2～4
云母	6～18	氧化钽	26
硬纸板	4	变压器油	2.2～2.4
陶土	50000	纤维素纸	4

因此，平行板电容器的电容量可以用下面的数学表达式表示：

$$C=\frac{\varepsilon_0\varepsilon_r A}{l}$$

式中，C 为电容量，F；A 为电容器极板面积，m^2；l 为极板间的距离，m；ε_r 为相对介电系数；ε_0 为真空介电常数，$\varepsilon_0=8.85\times10^{-12}$ F/m。

【例题 2.6-1】 一平板电容器由两块面积为 $200cm^2$ 的极板组成，它们间的距离为 2mm，当其介质为硬纸板($\varepsilon_r=4$)时，此电容器的电容量为多大？

解：因为 $C=\frac{\varepsilon_0\varepsilon_r A}{l}$，所以

$$C=\frac{8.85\times10^{-12}\times4\times2\times10^{-2}}{2\times10^{-3}}=3.54\times10^{-10}(\text{F})=354(\text{pF})$$

通过上面的计算可以看到，一般电容器的容量是相当小的，要想增大电容量，根据平行板电容器容量的计算公式，可以增加极板的面积(A)，减小极板之间的距离(l)，选用介电常

数(ε)比较大的电介质。以上三种途径都可以使电容量增加。但是,增加极板面积就会带来电容器体积的大大增加;减小极板之间的距离又会带来电容器耐压值的降低;选择介电常数大的材料可以在一定程度上增大电容量。因此,在实际中,增加电容量一般采用多种方法。下面就是一个通过改进电容器结构增加电容量的例子。

4. 多片平行板电容器

如果电容器由多个极板组成,则总极板的面积将增大,这样可以使电容器的容量增大。如图 2.6-9 所示,该电容器由 11 个极板组成,我们将奇数极板连接在一起,再将偶数极板连接在一起,然后分别引出两条引线,并且相邻极板之间用高介电常数的电介质填充,那么,这个电容器可以存储的电量相当于 10 个两极板电容器的电量。可见,电容器的容量增加了。这种电容器的容量计算公式为

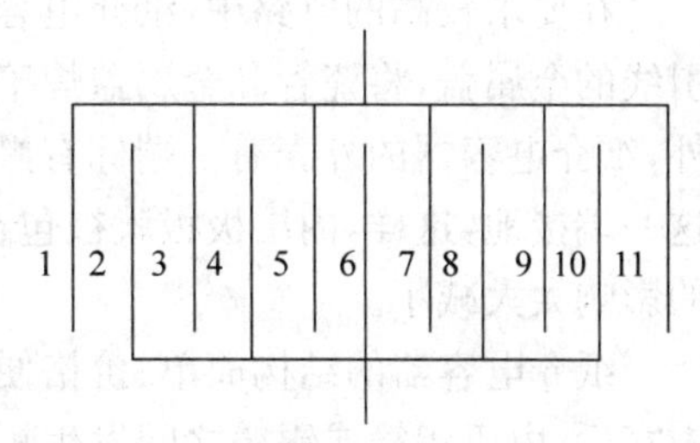

图 2.6-9　多极板电容器的结构

$$C=(n-1)\frac{\varepsilon_0\varepsilon_r A}{l}$$

式中,n 为极板的数量。

云母电容器采用的就是这种结构,它在多极板之间插入云母片,构成云母电容。另外,调谐用的空气式可变电容器也是这种结构。详细描述见电容器的种类。

2.6.3　电容器的种类

电容器的种类很多,主要分成两大类:一类是固定电容器;另一类是可变电容器。下面介绍各种电容器的结构、主要参数及特点。

1. 固定电容器

顾名思义,固定电容器的容量固定不变,不能调节。由于制作电容器所使用的电介质材料不同,因此固定电容器又分为:纸介电容器、金属膜电容器、陶瓷电容器、云母电容器、电解电容器和作为表面安装器件(SMD)的电容器等。

纸介电容器和金属膜电容器都是卷包式电容器。在卷包式电容器中,金属薄片和介质都制成长条带形,然后卷在一起,其结构如图 2.6-10 所示。通常将这卷包放在一个杯状的金属壳内,为了防潮,再浇注一些绝缘材料将其密封起来。

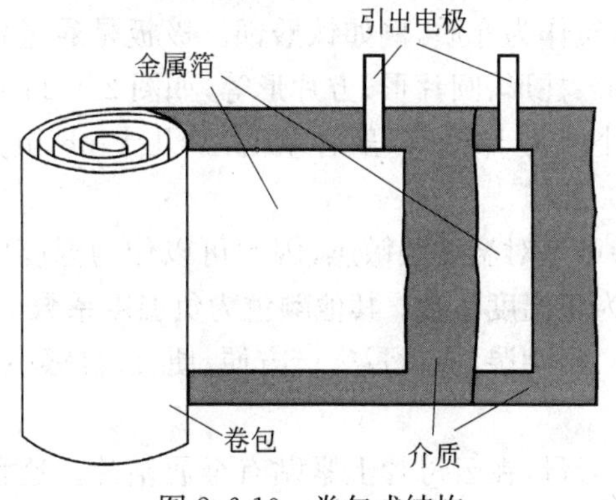

图 2.6-10　卷包式结构

1）纸介电容器

纸介电容器的介质是两层或多层蜡纸，极板用两条长铝箔或锡箔作成，将引出电极焊在金属箔上，然后卷起来，装到纸壳或玻璃壳中，在真空状态下浸在绝缘液体中（沥青或火漆）进行密封和绝缘处理。其容量值一般为“几十 pF 至几 μF”数量级，耐压为“200～600V”，误差为“±20%”。

在要求较高的电路中，纸介电容的卷包可以装在瓷管中，里面灌入电容油，两端装上带引线的金属盖，将瓷管和金属盖焊牢密封，就构成了瓷管纸介电容器，它的特性比较好。另外，纸介电容器的外壳有一端标有黑圈，表示该端的引线从电容器的外层极板引出，应该把这一端接地，这样，内层极板就被包在外层极板内，可以起到屏蔽作用，从而使外电路对电容的影响大大减小。

纸介电容器的结构简单、价格便宜、耐压值比较高，但损耗比较大。另外，这种电容器被击穿后，由于铝箔或锡箔之间发生短路，则不能再继续使用。

2）金属膜电容器

这里介绍两种金属膜电容器，一种是金属膜纸介电容器；另一种是金属膜有机介质电容器。

金属膜纸介电容器的结构与纸介质电容器相似，但是，其极板不是用铝箔或锡箔制成的，而是用真空蒸发的方法在纸介质上形成金属膜，其厚度为 $2.5\times10^{-5}\sim1\times10^{-4}$ mm。由于金属膜很薄，这样制成的电容器可以在电容量一样大的情况下缩小其体积。另外，这种电容器的一个很大的优点是其自愈性能，当电容器内部某处被击穿时，在击穿处便会出现电弧，使该处的金属膜被蒸发，形成无金属区。这样就可以防止金属膜之间因短路而进一步损坏电容器。这种电容器一般用于整流电路。由于纸介质有容易吸潮的缺点，因此，在潮湿的地方，可以采用抗潮湿性能强的有机质薄膜作为电介质。

金属膜有机质介质电容器的结构与上述电容器完全相同，只是用有机质薄膜取代了纸介质。常用的有机薄膜有聚丙烯、聚酯、聚碳酸酯等。例如，金属膜有机介质电容器同样是用真空蒸发的方法在有机质薄膜（涤纶薄膜）上形成金属薄膜，这样制成的电容器同样可以缩小体积。为了防潮湿和防止机械变形，金属膜有机介质电容器外面涂有多层漆壳，引出端接在卷包的两端，这样既能提高接触的可靠性，又能减小长引线所引起的电感作用。有机薄膜电容器的损耗因数很小，且电容量的稳定性和绝缘电阻都很大。其耐压值高达“5kV”，容量为“0.01～0.25μF”。金属膜有机介质电容器尤其适用于安装在印刷电路板上。

3）陶瓷电容器

陶瓷电容器以陶瓷物质作为介质，例如钛酸钡。极板是通过化学的方法在陶瓷上喷涂上银层而形成，外形有管形、柱形、圆片形、方片形等，如图 2.6-11 所示。陶瓷电容器的容量可以达到很小的数值，最小值为 1pF。一般容量值为“几十 pF 至 1 或 2nF”，耐压值一般在 250～500V，最高可达到 30kV。

陶瓷电容器的最大特点是对温度很敏感，因此可以作为温度电容使用。外壳的颜色代表温度系数。蓝色、灰色为正温度系数；其他颜色为负温度系数。

陶瓷电容器的体积小、耐潮湿，成批量生产方便、便宜、自感小，常用于高频设备中。

4）云母电容器

云母电容器的介质是云母，在云母片上紧贴有金属箔片。这种电容器可由两片或多片

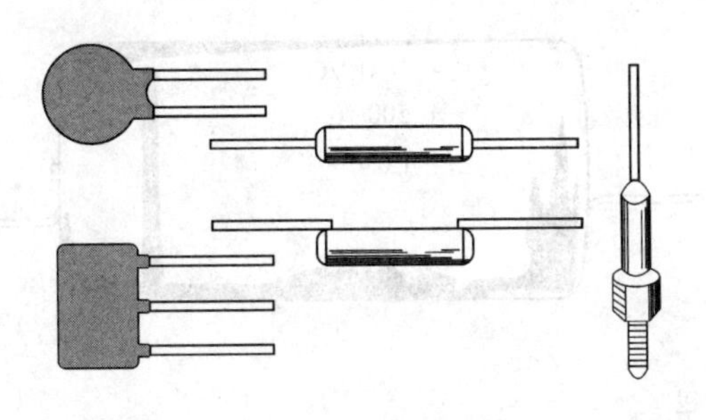

图 2.6-11 陶瓷电容器

组成。从金属箔片上接出引线，然后，用胶木粉压制成小方块，如图 2.6-12 所示。云母电容器的容量比较小，其容量值一般为“几十 pF 至几 nF”的数量级。绝缘性能好，耐压值可以达到 1000V 以上。性能稳定可靠，受温度影响小，误差范围在±2%以下。总之，云母电容器是一种高质量的电容器，主要应用于发射和测量技术中。

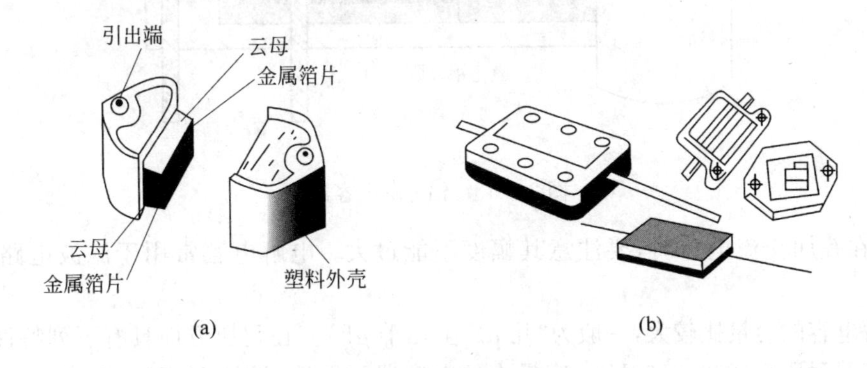

图 2.6-12 云母电容器
(a) 结构；(b) 种类

5) 电解电容器

电解电容器用一层薄的氧化膜来作为电介质，这样就减小了极板之间的距离，从而可以制成体积小而容量大的电容器。

铝电解电容器是由中间夹纸的两层铝箔卷包而成，如图 2.6-13 所示。作为阴极的铝箔带表面一般较粗糙，这样可以增加有效面积以增加电容量；另一条铝箔带作为阳极的引出端。中间的纸带用来吸附液态的电解液，电解液本身起到了阴极的作用。电解电容器的卷包封装在杯状铝壳内，里面充有电解液。固态电解质电容器中起到阴极作用的是固体电解质，通常由附有二氧化锰的玻璃纤维丝编织而成，其中二氧化锰就是电解质。

阳极氧化膜的形成称为“赋能”，即在作为阳极的铝箔和电解液之间加上一个直流电压，这样在铝箔上就形成了氧化铝薄膜，这层膜就是电介质。而对于无极性的电解电容器来说，其两层铝箔都需进行氧化处理，这样其体积也相应增大。

有极性的电解电容器只允许按电容器标注的极性施加直流电压。

在有极性的电解电容器施加的直流电压上还可以叠加一个交流电压，但叠加后的最高电压不得超过电容器上的标称电压值。如果有极性的电解电容器上的直流电压极性接反了，将造成阳极氧化膜层脱落，导致金属箔片短路，此时将产生大量的热，从而导致电容器损

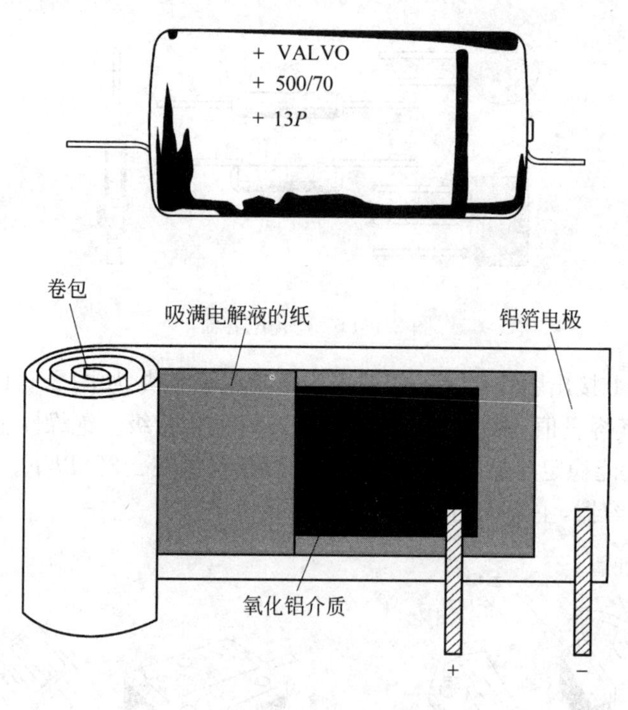

图 2.6-13　铝电解电容器

坏,所以在叠加交流电压时,要注意其幅度不能过大。电解电容常用于滤波电路和耦合电路。

电解电容的容量比较大,一般为"几 μF 至几千 μF"。在耐压方面具有下列特性:容量小的电容器耐压高(200～600V);容量大的电容器耐压低(最低 1.5V);误差为－20%～50%,可见误差比较大。铝电解电容还具有损耗大、绝缘电阻低、漏电大、寿命短等缺点。

钽电解电容器由表面粗糙的钽箔作为阳极,与阴极薄膜及一层多孔隔膜包卷在一起构成,如图 2.6-14(a)所示。将此卷包在电解液中浸透,然后装入金属或塑料的圆柱形壳内密封。同样,钽电解电容器也是利用氧化的方法,在作为阳极的钽箔上形成一层氧化钽膜来作为介质。

烧结式钽电解电容器如图 2.6-14(b)所示,其阳极由钽粉末烧结而成,并通过相应的氧化处理,在其表面形成氧化钽膜来作为介质。采用液态电解质的烧结式钽电解电容器的阴极由硫酸或氯化锂溶液制成。采用固态电解质的钽电解电容器中,将多孔的阳极浸透硝酸锰的溶液,并用热分解的方法在小孔内形成固态的二氧化锰半导体电解质,并在其外表面形成二氧化锰薄膜。用紧贴电解质的金属外壳引出电极作为阴极。由于钽电解电容器中用作介质的氧化膜其相对介电常数很大,所以是目前体积很小而容量比较大的一种电解电容器。由于钽及其氧化物的特点,与铝电解电容相比钽电解电容具有体积小、容量大、性能稳定、寿命长、绝缘电阻大的优点。钽电解电容同样可用作耦合电容和滤波电容。

6) 表面安装技术(SMD)使用的电容器

这种电容器是体积尺寸很小的元件,可以直接在印刷电路板的表面安装。SMD 技术就是 surface mounted device 的缩写。这种电容器较适合于自动化插件的装配处理工艺。这种电容器由于体积尺寸很小以及没有引脚的分布电感作用,所以很适用于高频技术中。

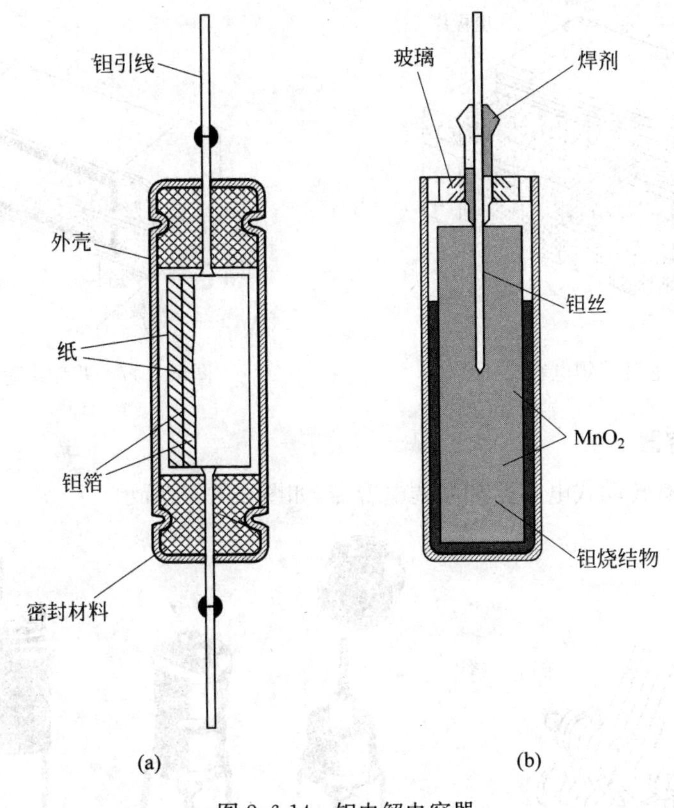

图 2.6-14　钽电解电容器

芯片式铝电解电容器如图 2.6-15 所示，是一种采用电解液的卷包式电容器，电容器的极片由表面经喷砂粗糙处理的铝箔做成。

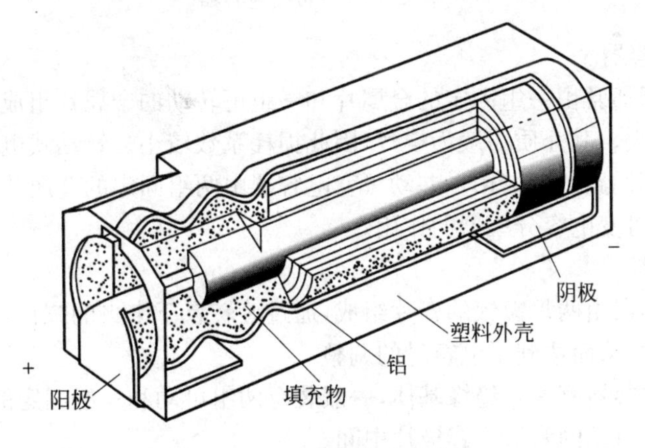

图 2.6-15　芯片式铝电解电容

芯片式钽电容器如图 2.6-16 所示，有一个矩形的与钽丝烧结的阳极，阳极由电解的介质层包裹而成。

芯片式陶瓷多层电容器如图 2.6-17 所示，以陶瓷薄膜作为介质层，电极片采用了筛网印刷技术来形成。通过焙烧处理，陶瓷保持了其特殊的性能。

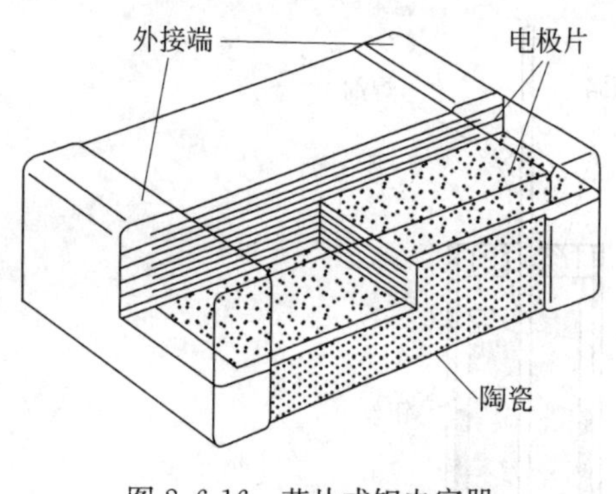

图 2.6-16 芯片式钽电容器

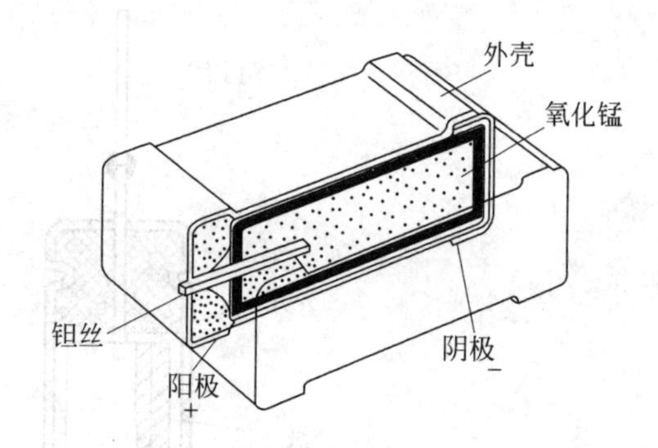

图 2.6-17 芯片式陶瓷多层电容器

2. 可变电容器

可变电容器有转动式电容器和微调电容器，如图 2.6-18 所示。

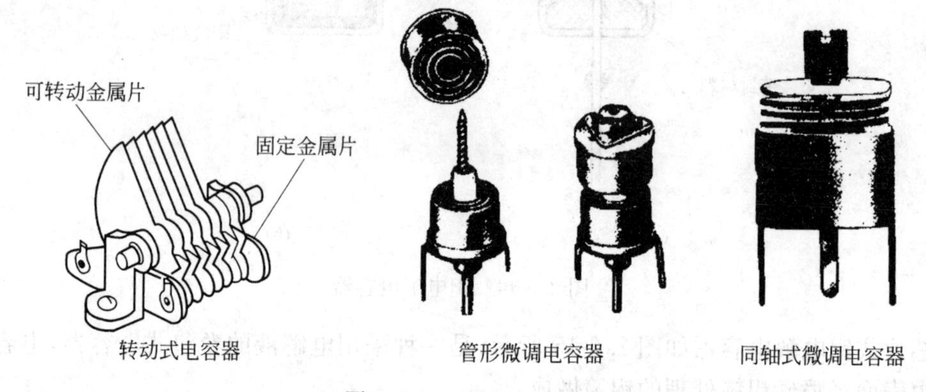

图 2.6-18 可变电容器

1）转动式电容器

转动式电容器通常由一组固定的金属片和一组可转动的金属片组成。当金属片完全转入时，电容量为最大。其介质一般为空气，因此损耗系数较小。转动式电容器常在广播和电视技术中作为振荡回路的调谐用。差动可变电容器由两组固定的金属片和中间一可转动的金属片组成，起到可变电容分压器的作用。

2）微调电容器

片式微调电容器由两片镀银的瓷片组成，通过旋转置于中央的螺钉，可使两金属镀层的重合面积发生变化，从而达到了电容量的调整。

薄膜式微调电容器有一个绝缘基体，一般装有两组可动和一组固定的电容极片，固定的一组电容极片处于可动的两级电容极片中间。

同轴式微调电容器由固定的和可动的同轴金属圆环组成，这些金属圆环由铝压铸而成。旋转可动的金属圆环使之在轴向移动，便可调整电容量。

管形微调电容器是在圆管形瓷管外紧紧包了一层黄铜，在圆管内有一个可转动的、用温度系数较小的铜或黄铜制成的螺丝。旋转圆管内的螺丝使之成活塞状的相对运动，便可对电容器的电容量进行微调。

微调电容器可用于电容量的一次性设定，在广播、电视和测量设备中用于微调。

3. 各种电容器的符号

电容器的符号如图 2.6-19 所示。为了从事民航维修业人员的工作需要，这里给出的电路符号是波音飞机电路图中所使用的符号。

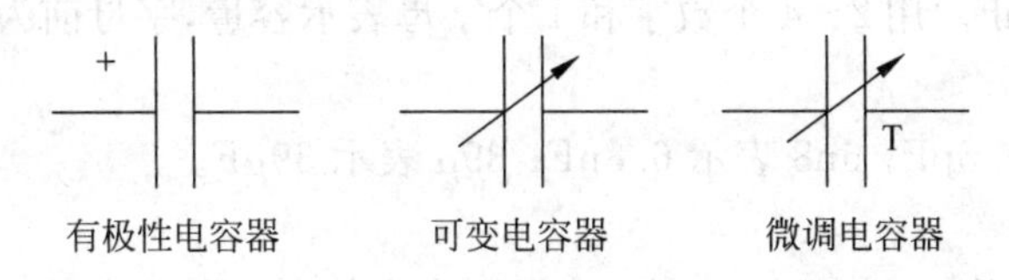

图 2.6-19　各种电容器符号

2.6.4　电容器的额定值和器件上的表示方法

在使用电容器时，首先考虑的就是电路中所需要的电容量的大小、误差范围及耐压值。这三个数值在出厂时，以一定的方式标注在电容器上，这些数值就是电容器的额定值。

1. 电容器的额定值

1）额定容量值

电容量的额定值：在 20℃时，测定的电容器的容量值。实际电容器的取值按 IEC 规定的系列标准。电容量的取值规则与电阻相同，这里不再详述。额定电容量可以多种方式标注在电容器上。

2）额定电压值

额定电压值是：在 40℃时，电容器上所能承受的最大直流电压值或交流电压的峰值。连接在电路中的电容器，其工作电压不得超过其额定值，否则，电介质将被击穿，使电容器的极板发生短路，烧毁电容器。例如，一个电容器能够承受 500V 的直流电压，但是，它承受不了有效值为 500V 的交流电压，因为交流电的峰值是有效值的$\sqrt{2}$倍，即：峰值为 704V。因此，在工程上规定：额定电压至少大于电容器实际工作电压的 50％(有关交流电的知识将在后续章节中阐述)。

2. 电容器额定值表示方法

1）额定容量表示法

电容器额定容量常见的表示方法有 4 种，即直标法、数码表示法、字母表示法和色环表示法。

(1) 直标法

将容量值直接标在器件上，通常在容量小于 10000pF 时，用 pF 做单位；在容量大于 10000pF 时，用 μF 做单位。为了简便起见，100pF～1μF 的电容常常不标注单位。

(2) 数码表示法

一般用三位数来表示容量的大小，其单位为 pF，前面的两位数表示电容值的有效数字，第三位数表示有效数字后面要加多少个零(即乘以 10^x，x 为第三位数字)。数码表示法有一种特例，如果第三位数为“9”，则说明该电容的容量在 1～9.9pF 之间，这个“9”就是 10^{-1}的意思。

例如，223 为 22×10^3pF＝22000pF＝0.022μF。

339 则为 33×10^{-1}pF＝3.3pF。

在电容器中，采用数码表示法是很常见的。

(3) 字母表示法

字母表示法是国际电工会推荐的标注方法。使用的标注字母有 4 个，即 p、n、μ、m，分别表示 pF、nF、μF、mF。用 2～4 个数字和 1 个字母表示容量，字母前为容量的整数，字母后为容量的小数。

例如，1p5 表示 1.5pF；6n8 表示 6.8nF；39μ 表示 39μF。

(4) 色环表示法

虽然电容的额定值可以印刷在外壳上，但是许多体积比较小的电容器用色环标注其电容的额定值。色环代表的含义基本上与电阻色环的含义相同。电容器的种类很多，虽然色环颜色代表的含义相同，但是，表示的形式有所不同。比如说，云母电容器的外形是小方块，用六个色点表示。而管形纸介电容器是一个小圆柱形，与电阻器的形状类似。表 2.6-2 是电容器上的色环含义。

表 2.6-2　色环电容器的额定值

颜色	额定电容量			第四环误差/%	额定电压	
	第一环数字	第二环数字	第三环乘数		第一环数字	第二环数字
黑	0	0	1	±20	0	0
棕	1	1	10		1	1
红	2	2	10^2		2	2
橙	3	3	10^3	±30	3	3
黄	4	4	10^4	±40	4	4
绿	5	5	10^5	±5	5	5
蓝	6	6	10^6		6	6
紫	7	7			7	7
灰	8	8			8	8
白	9	9		±10	9	9

2) 额定容量表示法

额定电压值可能直接写在电容器上，或用英文字母标注在壳上。表 2.6-3 列出了英文字母代表的额定电压值。

表 2.6-3　电容器的额定电压

英 文 字 母	U/V	英 文 字 母	U/V
a	500-	g	700-
b	125-	h	1000-
c	160-	u	250～
d	250-	v	350～
e	350-	w	500～
f	500-		

注：表中“-”代表直流，“～”代表交流。

电容器的误差也可能直接写在电容器上，或用大写英文字母标注在壳上。表 2.6-4 列出了大写英文字母代表的电容误差值。

表 2.6-4　电容器的误差值

大写字母	误差 $C>10pF/\%$	大写字母	误差 $C>10pF/\%$
D	±5	N	±30
F	±1	P	+100/−0
G	±2	Q	+30/−10
H	±2.5	R	+30/−20
J	±5	S	+50/−20
K	±10	T	+50/−10
M	±20	Z	+100/−20

2.6.5　电容器的并联 串联 混联

电容器的连接方式与电阻一样，也有并联、串联和混联。下面我们就分别讨论电容器在各种连接方式下的特点及应用。

1. 电容器的并联

如图 2.6-20(a)所示，电容 C_1、C_2 以并联的方式连接在电源电压(U)上。我们可以将两个电容等效成一个电容，用 Q_t 表示其所带电量，用 C_t 表示其电容，并画出其电路，如图 2.6-20(b)所示。假设两个电路中的电源电压相同，那么，其总电荷量相同。因此，Q_t 等于 Q_1 与 Q_2 之和。可以用下列数学表达式表示：

$$Q_t = Q_1 + Q_2$$

而我们知道，$Q_t = C_tU$，$Q_1 = C_1U$，$Q_2 = C_2U$，所以，$C_tU = C_1U + C_2U$；由于电源电压相同，将 U 消去后，得到

$$C_t = C_1 + C_2$$

式中，C_t 为总电容。

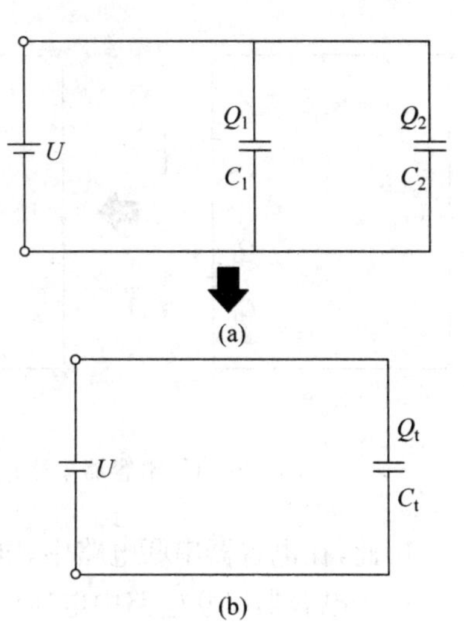

图 2.6-20　电容器并联连接

上式是两个电容器并联后，总电容的计算公式。如果有 n 个电容器并联，那么，其总电容的计算公式为

$$C_t = C_1 + C_2 + \cdots + C_n$$

可见，在电容器并联连接时，其总电容等于各分电容之和。

实际上，当电容器并联时，其效果相当于增大了两个极板的面积，从而使极板上存储电荷的能力增加，所以总电容量增加。

注意：应用电容器的并联增大电容时，不能忽视电容器的耐压值，即其额定电压值。任一电容器的耐压均不能低于外加的工作电压，否则会被击穿。所以，并联电容器的耐压值等于各电容中最小的那个耐压值。

2. 电容器的串联

我们用处理电容器并联电路的方法来分析电容器串联电路。如图 2.6-21(a)所示，电容 C_1、C_2 以串联的方式连接在电源电压(U_t)上。我们同样可以将两个电容等效成一个电

容，其所带电量用Q_t表示，电容用C_t表示，并画出其电路，如图 2.6-21(b)所示。在电容器并联电路中，电容两端的电压(U)是相等的，它作为一个公共量。那么，在电容器串联时，电压之间的关系是怎样呢？

从图 2.6-21(a)中可以看出，电源电压等于两个电容器上的电压之和，即：$U_t=U_1+U_2$。

为了更好地理解电容器串联后的电荷分布情况，必须分析清楚单个电容器上的电荷形成过程。如图 2.6-22 所示，当电源电压U_t加入时，电子从负极流向P_{11}板，从而在P_{12}板上感应出等量的正电荷，结果使P_{12}板上的电子移动到P_{21}板，这样使得整个电路中电容极板上所带的电荷量相同。因此，在电容器串联电路中，每个电容器上所带的电量相同，这就是电容量的独立性。这一重要的关系可以表示为

$$Q_t=Q_1=Q_2=Q$$

式中，Q为每个电容器上所带的电量。

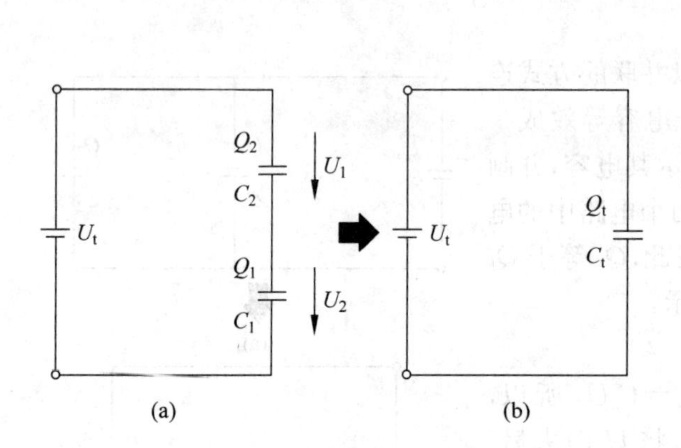

图 2.6-21 电容器串联连接

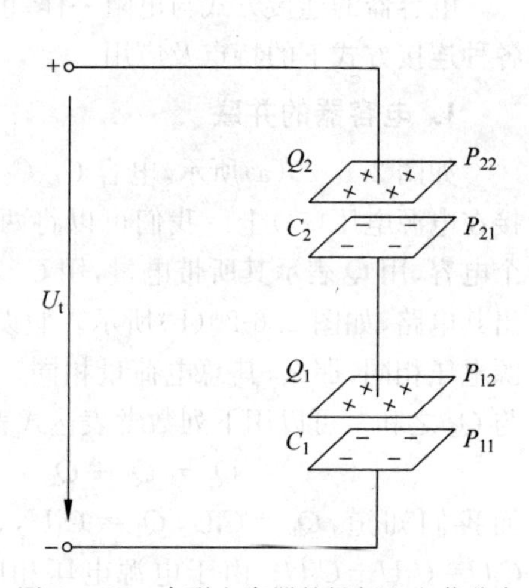

图 2.6-22 串联电容器的极板上电荷分布

因此，在电容器串联电路中，电容器上所带的电量(Q)是相等的，是一个公共量。

由于电容器串联电路中电压的关系为

$$U_t=U_1+U_2$$

所以：$\dfrac{Q}{C_t}=\dfrac{Q}{C_1}+\dfrac{Q}{C_2}$，将公共量$Q$消去，于是得到

$$\frac{1}{C_t}=\frac{1}{C_1}+\frac{1}{C_2}$$

式中，C_t为总电容。

上式是两个电容器串联后，总电容的计算公式。如果有n个电容器串联，那么，其总电容的计算公式为

$$\frac{1}{C_t}=\frac{1}{C_1}+\frac{1}{C_2}+\cdots+\frac{1}{C_n}$$

可见，在电容器串联连接时，其总电容的倒数等于各分电容的倒数之和。其总电容量总是小于串联连接中的最小电容量。

当电容器串联连接时，其效果相当于增大了两个极板之间的距离。这样，总电容量将减

小。因此，总电容量比任何一个电容器的容量都小。

当两个电容器 C_1 和 C_2 串联时，根据电荷相等的原则，可以列出：

$$C_1U_1 = C_2U_2$$

所以

$$U_1 : U_2 = \frac{1}{C_1} : \frac{1}{C_2}$$

可见，电容器串联时，容量越大的电容器所分得的电压越小。

注意：电容器串联时，由于电压与其容量成反比，一定要注意它们各自所获得的电压是否在各自的耐压值之内，否则容易造成电容器击穿。

【例题 2.6-2】 有两个电容器，$C_1 = 150\mu F$、额定工作电压（耐压值）450V，$C_2 = 30\mu F$、额定工作电压（耐压值）250V，求：(1)并联时的总电容和允许工作电压；(2)串联时的总电容和允许工作电压。

解：(1) 并联时的总电容

$$C = C_1 + C_2 = 150 + 30 = 180(\mu F)$$

并联时的耐压值取最小的那个值，即 250V。

(2) 串联等效电容为

$$C = \frac{C_1C_2}{C_1 + C_2} = \frac{150 \times 30 \times 10^{-12}}{(150 + 30) \times 10^{-6}} = 25(\mu F)$$

串联时电压与电容量成反比，所以应保证 C_2 的电压不超过其耐压值，即：$U_{C2} = 250V$

$$U_{C1} = \frac{U_{C2}C_2}{C_1} = \frac{250 \times 30}{150} = 50(V)$$

故两电容器串联后允许的总电压为

$$U = U_{C1} + U_{C2} = 50 + 250 = 300(V)$$

3. 电容器的混联

如果在一个电容器电路中，其连接方式既有并联，又有串联，那么这种电容器的连接方式称为混联。如图 2.6-23 所示，对于混联电路，只能将它们分别考虑，即：将电路中的并联部分和串联部分单独考虑，其总电容的计算公式与电容器并联和串联的公式相同。

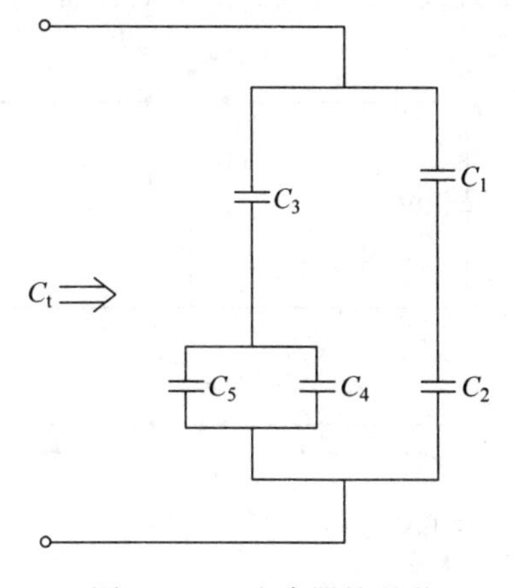

图 2.6-23　电容器的混联

2.6.6　电容器的充电和放电规律

在实际电路中，电容器作为电路中的一个重要元件要与其他元件连接，从而完成某种特定的电路功能，因此，必须对电容器的充、放电规律加以分析。

为了更好地理解电容器与其他元件连接后，电容器所发挥的作用，首先分析纯电容电路的充电、放电过程。

1. 电容器的充电过程

如图 2.6-24 所示，该电路是一个纯电容通过多位开关与电源相连接的例子（假设电源内阻为零）。在图 2.6-24(a)中，一个未充电的电容器与一个四位开关相联，当开关接在位置1时，电路处于断路状态，电容两端没有电压，此时为初始状态，电容器的两个极板之间没有静电场，极板呈中性。

当开关接在位置2时，电源电压加在电容器的两个极板之间，此时为电容器的充电状态。在这种条件下，电容器被即刻充满电荷。如图2.6-24(b)所示，电子将出现在整个电路中，从电源的负端流出到达电容器的负极板，并在电容器的正极板上感应出等量的正电荷，电容器正极板上的电子流向电源的正端。此时，若将电流表串联在电路中，电流表的指针将会摆动，这就是电容器充电时电路中出现的短暂的电涌电流，即充电电流。

当电容器充满电荷时，其两端的电压在数值上与电源电压相等。此时，电容器两个极板之间的电场强度最强。因此，在电介质中存储的电场能量达到最大。充满电的电容器存储的电能最多。

当电容器充满电时，将开关换到位置3，如图2.6-25(a)所示。此时，该极板上的电子被隔离，由于电子的排斥作用，将没有电子再回到正极板，电容器上将保持一定量的充电电荷。在此应该说明：电容器充满电之后，其上保持电荷量的多少，取决于绝缘材料的绝缘程度。如果把绝缘材料理想化，即：认为绝缘材料可以完全绝缘，那么，电容器上将一直保持满电荷量。但在实际中，没有理想绝缘介质材料，都存在漏电现象，即：有很小的漏电流流过电介质。最终，这一电流将使已充在电容器上的电荷逐渐放掉。基于这一原因，任何电容器都不能将电容器上的电荷永久地保存住。一个高质量的电容器可以将充在其上的电荷保存一个月或更长时间。由于电容器中可以存储电能，因此，带有电荷的电容器可以等效为电源。

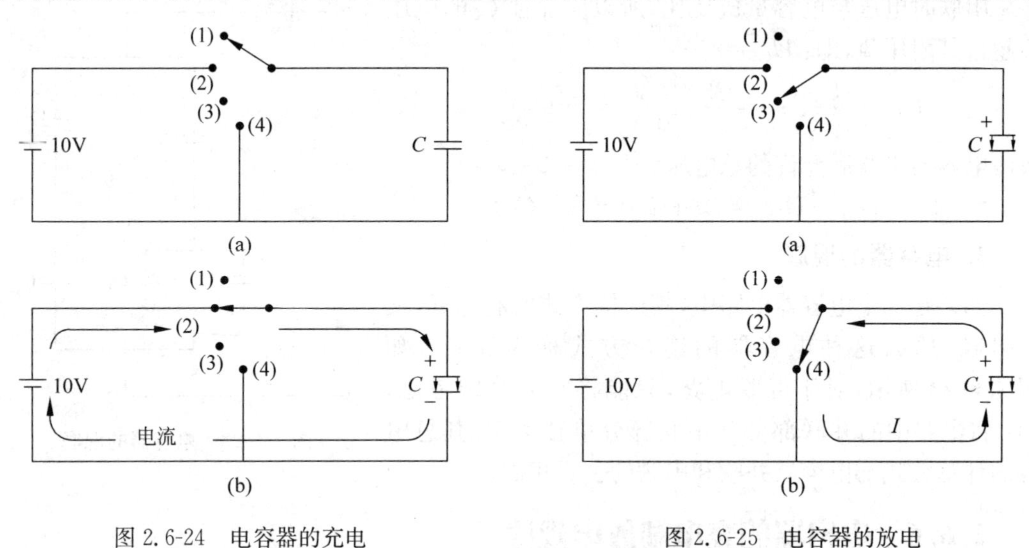

图2.6-24 电容器的充电

图2.6-25 电容器的放电

2. 电容器的放电过程

电容器的放电是指电容器通过外电路使两个极板上的电荷得到中和，使极板呈电中性，即极板上不带剩余电荷。为了加快这一过程，可以通过将两个极板短路的方法来完成，如图2.6-25(b)所示。在电容器充满电荷的基础上，将开关放于位置4，此时，负极板上的过量电子通过导线流向正极板，从而使异性电荷相互中和。在电容器放电的过程中，电介质中变形的电子轨道恢复到正常位置，并将存储的电能释放给电路。可见，电容器的一个重要特性就是：电容器不消耗电能。电容器放电时会把从电源中获得的电场能量重新释放出来。

3. *RC* 串联电路的充放电过程

上面研究了纯电容电路的充、放电过程。接下来将讨论在直流电路中，电容器与电阻连接后所呈现出的一些重要特性。

欧姆定律阐明：电阻两端的电压等于流过电阻的电流乘以电阻值。这表明电阻两端的电压仅在有电流流过电阻时产生。

电容器具有存储电荷的能力。当电容器未被充电时，两个极板上的自由电子数量相同；当电容器被充电以后，一个极板上的自由电子数量多于另一个极板。通过两个极板上电子数量之差可以衡量电容器上的电荷数量。在充电过程中，电容器两个极板上积聚了等量的正、负电荷，极板之间建立起电压。当电容两端的电压等于电源电压时，充电过程结束。此时，电容器上的电荷量与电容量和端电压存在如下的关系：

$$Q = CU$$

式中，Q 为电荷量，C(库仑)；C 为电容量，F(法拉)；U 为电压，V(伏特)。

因此，电压越大，电容器上的电荷量就越多。

如图 2.6-26(a)所示，这是电容器和电阻元件组成的 *RC* 串联电路。在电源和 *RC* 串联电路之间接入开关 S_1 和 S_2。在 S_1 闭合的瞬间，电容器两端还没有电压，电源电压全部降在电阻上，因此最初的充电电流为$\frac{U}{R}$。随着时间的进行，充电电流沿顺时针方向从电源正极出发，经电容、电阻回到电源的负极。随着电容器极板上电荷的积聚，电容上的电压逐渐升高，当电容器 C 两端的电压达到电源电压时，充电电流降为零，充电结束。图 2.6-26(b)画出了在这一时刻，电源电压(U)、充电电流(i_c)、电阻两端电压(u_R)和电容两端电压(u_C)的瞬时值。

由图可见，随着充电的继续，电容器两端的电压正比于电荷量的增加逐渐升高。电容器上的电压与电源电压的极性相反，这将使得两个电压相互抵消。由于电阻两端的电压 $u_R = U - u_C$，而电源电压 U 是固定的，所以，随着电容两端电压(u_C)的逐渐升高，电阻两端的电压和充电电流(i_c)逐渐减小。

当充电过程结束后，电容两端的电压等于电源电压。在这一时刻，电阻两端的电压为零，充电电流为零。

当同时断开 S_1、闭合 S_2 时，如图 2.6-26(a)所示，放电电流(i_d)使电容器放电。由于放电电流(i_d)与充电电流(i_c)的方向相反，所以电阻上的电压极性与充电时相反，但是电压幅度以及变化的规律相同。在放电期间，电容两端的电压与电阻的电压大小相等，方向相反。电容器两端的电压从初始值开始下降，然后，缓慢地接近于零，如图 2.6-26(c)所示。可见，电容器上的电压不能突变。

4. 时间常数

【实验 2.6-8】 将一个 0.22μF 的电容器、一个 4.7kΩ 的电阻与函数发生器按图 2.6-27 实验电路连接。设定函数发生器，使其输出 6V/100Hz 的方波。使用方波作为电源可以省去控制电容器充放电所需要的开关。输出 6V 时，模拟电容器充电；输出 0V 时，模拟电容器放电。连接示波器，接通函数发生器的电源开关，用 A 通道观察方波，用 B 通道观察电容器上的电压。然后，将电容器与电阻的位置对调，用 A 通道观察方波，用 B 通道观察电容器

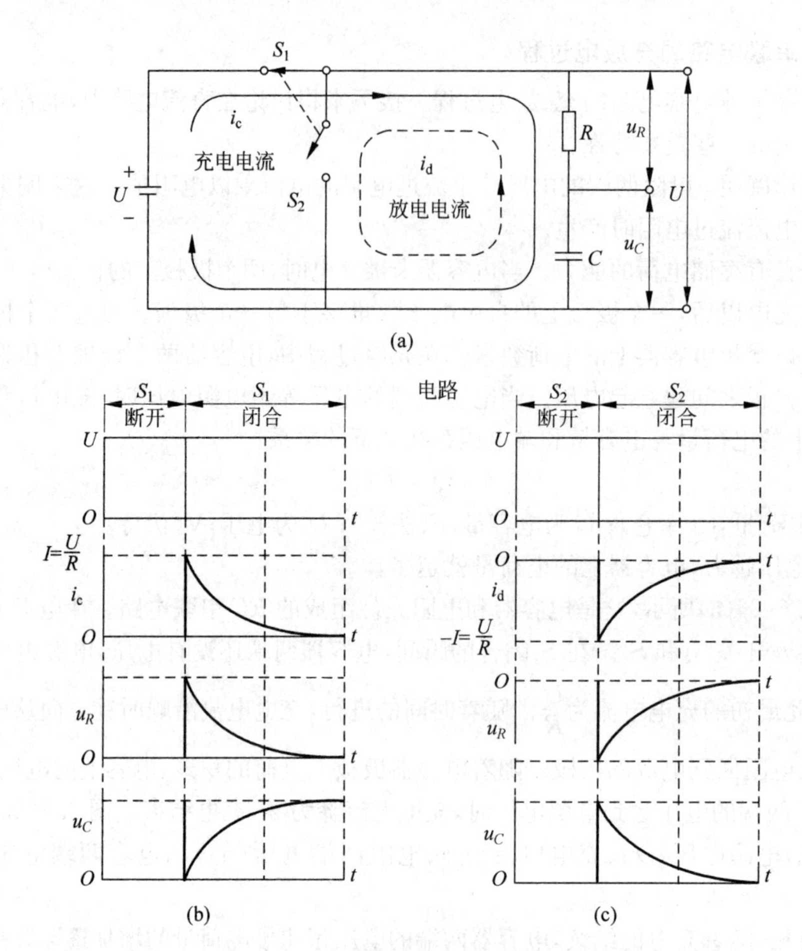

图 2.6-26　RC 串联电路的充放电过程

上的电流。

注意：示波器不能直接测量电流，这里用电阻上的电压反映电流的变化规律。

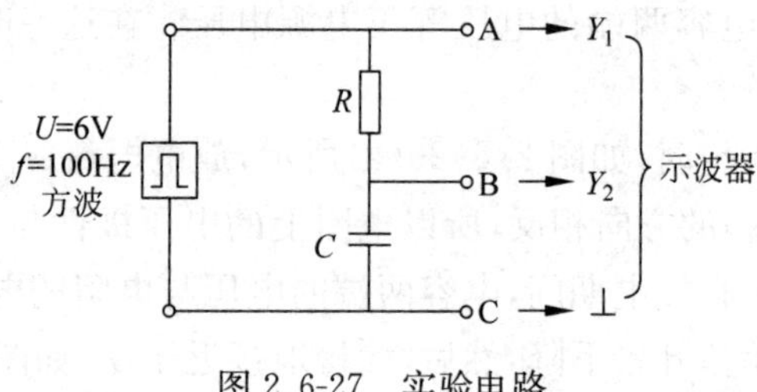

图 2.6-27　实验电路

【结果】　在示波器上观察到电容器两端电压和流过电容器电流的充放电曲线，如图 2.6-28 所示。

【实验 2.6-9】　将上述电路中的 4.7kΩ 固定电阻换成 10kΩ 的可调电阻，并从小到大调整，观察充放电曲线的变化。

【结果】　电阻越大，电容器两端电压到达最大值所需要的时间越长。

可见，电容器的充电时间与电阻成正比。

【实验 2.6-10】 将上述电路中的可调电阻固定，将 0.22μF 的电容器换成 10μF，观察充放电曲线的变化。

【结果】 电容量越大，电容器两端电压到达最大值所需要的时间越长。

可见，电容器的充电时间与电容量成正比。

【实验 2.6-11】 将上述电路中的可调电阻固定，电容器为 10μF，将输出方波幅度调整到 12V，观察充放电曲线的变化。

【结果】 充电电压升高，电容器两端电压到达最大值所需要的时间没有改变。

可见，电容器的充电时间与所加电压无关。

从上述 4 个实验可以得知，电容量(C)、电阻(R)的大小影响着电容器充放电时间的长短。因此，我们把 R 与 C 的乘积称为电路的时间常数，用"τ"来表示，其数学表达式为

$$\tau = RC$$

式中，τ 为时间常数，s(秒)；R 为电阻，Ω(欧姆)；C 为电容，F(法拉)。

在上面实验中，通过示波器我们已经观察到了电容器充放电曲线的变化规律，经过数学分析可以发现，其变化曲线遵循 e 函数(指数函数)曲线的变化规律(e=2.718)。我们仅将数学表达式总结如下。

充放电的初始电流值与电源电压之间的关系：

$$I = \frac{U}{R}$$

充电电压和电流的表达式为

$$u_C = U(1 - e^{-\frac{t}{\tau}})$$

$$i_C = Ie^{-\frac{t}{\tau}}$$

放电电压和电流的表达式为

$$u_C = Ue^{-\frac{t}{\tau}}$$

$$i_C = -Ie^{-\frac{t}{\tau}}$$

式中，u_C 为电容器两端的瞬时电压；U 为电源电压或电容器充电结束后的电压；i_C 为流过电容器的瞬时电流；I 为充放电的初始电流值；R 为充放电回路中的电阻；τ 为时间常数；t 为时间。

我们可以将 $t=\tau$、2τ、3τ、4τ、5τ 代入到电容电压的充电表达式，计算结果如下：

$t=\tau$ 时，$u_C=63.2\%U$，即：电容器两端电压被充到 63.2%的电源电压；

$t=2\tau$ 时，$u_C=86.5\%U$，即：电容器两端电压被充到 86.5%的电源电压；

$t=3\tau$ 时，$u_C=95\%U$，即：电容器两端电压被充到 95%的电源电压；

$t=4\tau$ 时，$u_C=98\%U$，即：电容器两端电压被充到 98%的电源电压；

$t=5\tau$ 时，$u_C=99\%U$，即：电容器两端电压被充到 99%的电源电压。

可见，在 5τ 之内，电容器上的充电电压不可能充到 100%电源电压。但是，我们发现在 $t=3\tau$ 时 $u_C=95\%U$。如果将上述时间值分别代入到电容器放电表达式，也会得到同样的结果。因此，在电学上规定：充放电时间 t 为 $3\tau \sim 5\tau$ 时，认为电容器的充放电过程结束。

图 2.6-28 画出了电容器充放电电压、电流的变化规律及每个时刻的电压、电流值。

从曲线可以看出，无论是充电还是放电，电容上的电压都按照指数规律变化。在充电开

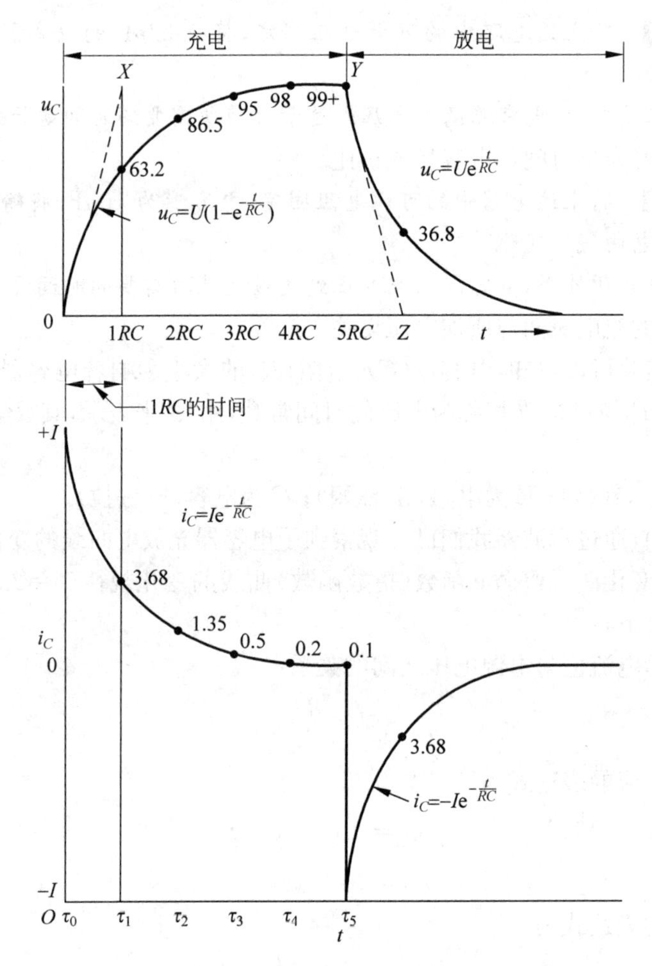

图 2.6-28 电容电压、电流变化的规律和时间常数

始时，电容的电压不能突变，充电电流达到最大值。随着充电的进行，电容电压逐渐上升，充电电流逐渐下降。经过 3τ～5τ 后，电容电压基本达到电源电压，充电电流也下降到零。

反之，当电容器通过电阻放电时，刚开始的放电电流达到负的最大值，然后随着电容电压的下降，放电电流也逐渐减小，直到两者同时为零，电容器中的电场能量转换为电阻上的热能消耗掉。

2.6.7 电容器的简易检测方法

在没有特殊仪表的情况下，固定电容器的好坏及质量高低可以用万用表的电阻挡进行判断，这种方法称为简易测量。

1. 较大容量电容器的检测

电容量较大（$1\mu F$ 以上）的固定电容器可用万用表的欧姆挡（$R\times1000$ 量程）测量电容器两端。对于良好电容器，表针应向小电阻值侧摆动，然后慢慢回摆至"∞"附近，这时迅速交替表笔再测一次，表针摆动基本相同，表针摆幅越大，表明电容器的容量越大。

若表笔一直接电容器两端时，表针最终应指在"∞"附近。如果表针最后指示值不为

“∞”，表明电容器有漏电现象；其电阻越小，漏电越大，该电容器的质量越差。如果测量时指针立即就指向“0”欧姆，不向回摆，就表示该电容已短路(击穿)。如果测量时表针根本不动，就表示电容器已经失效。如果表针摆动返回不到起始点，则表示电容器漏电很大，质量不佳。根据上述现象，还可以预先测量几个已知质量完好的电容器，记下摆幅，与被测电容器的表针摆幅作对比，这样，就可以大致估测其电容值。上述现象的产生，可以用电容器的充放电过程加以解释。

2. 较小容量电容器的检测

对于容量较小的固定电容器，往往用万用表测量时看不出表针摆动情况，即使用 $R\times1\text{k}$ 或 $R\times10\text{k}$ 量程也无济于事。这种情况可以借助于一个外加直流电压和万用表直流电压挡进行测量，测量电路如图 2.6-29 所示。

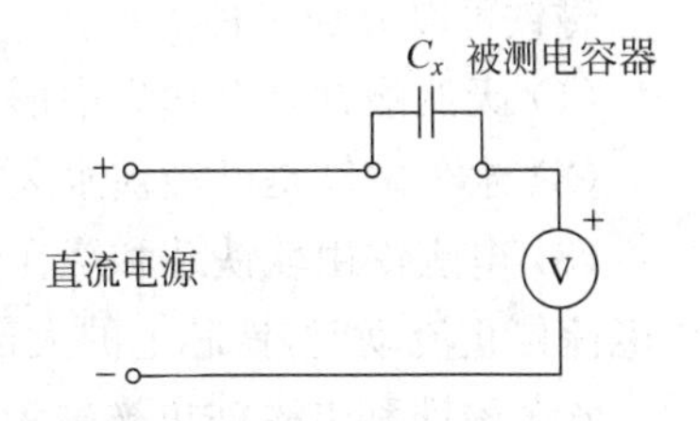

图 2.6-29　小电容器简易检测电路

具体做法是：把万用表调到相应直流电压挡，负(黑)表笔接直流电压负极，正(红)表笔串联电容 C_x 后接直流电压正极。一个良好的电容器在接通电源的瞬间，电表指针应有较大摆幅；电容器容量越大，表针摆幅也越大。然后表针逐渐返回零位。如果电源接通瞬间表针不摆，说明电容器断路；如果表针一直指示电源电压值，而不向回摆动，则说明电容器已短路(击穿)；如果表针能向回摆动，但不返回零位，说明电容器有漏电现象存在，指针返回零位越远，表明漏电现象越严重。

需要指出的是，测量时所用的直流电压值，不能超过被测电容的耐压值，以免因测量不当而造成电容器的击穿损坏。

准确测量电容器应采用电容电桥或 Q 表，上述简易检测方法只能粗略判断电容器的好坏。

2.7　磁路

在自然界中，如果某种物质具有吸引铁、钢、镍或钴等材料的特性，那么，就认为这种物质具有磁性。因为铁、钢、镍、钴是磁性材料。上述现象说明：具有磁性的物质与铁、钢、镍、钴磁性材料之间存在着力的作用，这一作用力称为磁力。磁力是一种看不见的力，可以用其产生的效应来描述。

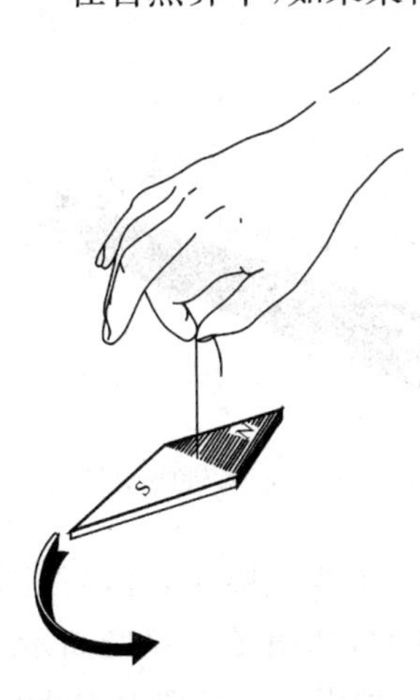

图 2.7-1　磁针的自由运动

被磁化的钢针，其两端的吸引力最强，越向中间吸引力越弱，在正中间时吸引力为零。通常把吸引力最强的两端称为磁极。所有磁铁都至少有两个磁极。如果一个磁针从中间用绳悬挂起来，那么，它将在水平面内以绳为中心轴自由地旋转，磁针将停止在大约南-北方向上。磁针的一端总是指向北，所以称这一磁极为磁北极(N 极)；另一端总是指向南，则称该磁极为磁南极(S 极)。如图 2.7-1 所示。

磁场环绕在磁铁的周围，但是人的眼睛却看不见。为了更形象地表示磁场，人们采用了假想的磁力线。它表示了磁力在周围空间的作用情况。磁力线从磁铁的北极出发，进入南极，通过磁铁本身又回到磁铁的北极，从而形成了一个闭合的环路。

磁路是在磁力的作用下建立起的一条完整的磁力线通路。大多数磁路主要由能传导磁通的磁性材料组成。磁路与电路类似，只有在闭合的回路中才有磁通的流动。但磁通也能通过空气闭合，这一点与电路不同。

2.7.1 磁学基本理论

磁铁可以分成三种类型：

(1) 天然磁铁是自然界中形成的一种矿石，称为磁铁石；

(2) 永久磁铁是已经被永久磁化的硬钢条或磁性合金条(铁、镍、铝及钴的合金)；

(3) 电磁铁由软铁芯和绕在铁芯上的绝缘线圈组成。当电流流过线圈时，铁芯被磁化。当电流停止流动时，铁芯上的大部分磁性将消失。

永久磁铁和电磁铁也被称为人工磁铁。它与天然磁铁有比较大的区别，本节主要讨论“人工磁铁”。

1. 天然磁铁

人们发现自然界中的某种石头(磁铁石，Fe_3O_4)能够吸起小铁块的事实已经过去了很多个世纪。古希腊人称这种物质为“magnetite”或“magnetic”。

古代的中国人利用天然磁铁发明了指南针，但当时还不知道地球本身就是一块磁铁，并且，磁石也让人迷信和敬畏。

图2.7-2是天然磁铁吸引铁钉的实例。

2. 永久磁铁

如今，天然磁铁应用已较少了。因为，各种形状或磁性更强的永久磁铁可以通过人工的方法制造出来。一般的永久磁铁由特殊的钢和合金制成。例如：铝镍钴合金(alnico)。这一单词由铝、镍、钴三个英文单字的前两个字母组成。永久磁铁如图2.7-3所示。

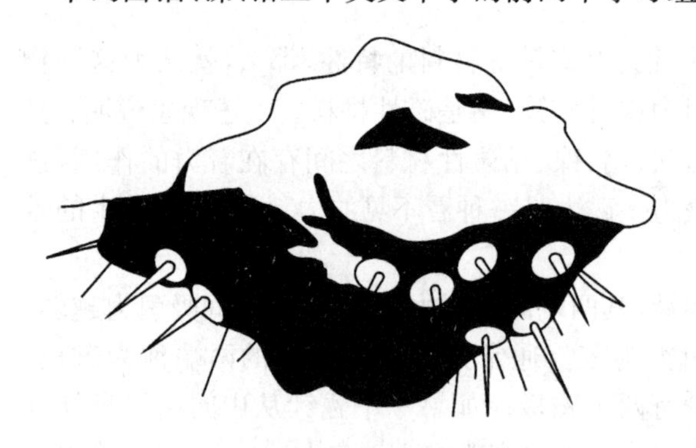

图2.7-2 天然磁铁吸引铁钉

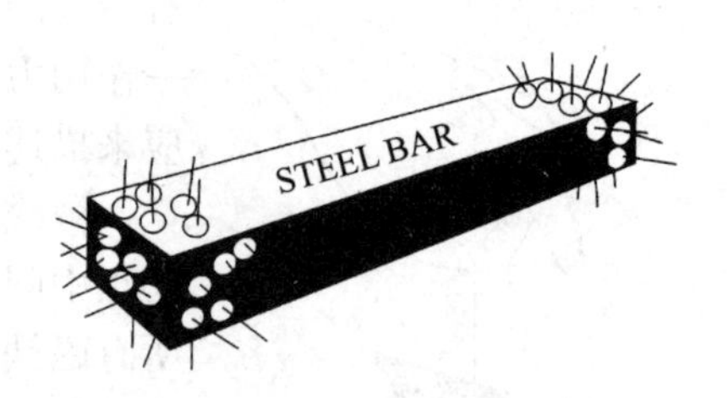

图2.7-3 人工条形磁铁吸引铁钉

铁、钢或铝镍钴合金条可以被磁化。其方法之一是：将其插入绝缘线圈中，并给线圈通入强直流电，如图2.7-4(a)所示。方法之二是：用条形磁铁抚摩它，如图2.7-4(b)所示。经过上述方法处理后，钢、铁或铝镍钴合金条同样也具有了磁性。这种用“抚摩”产生磁性的方法称为感应。

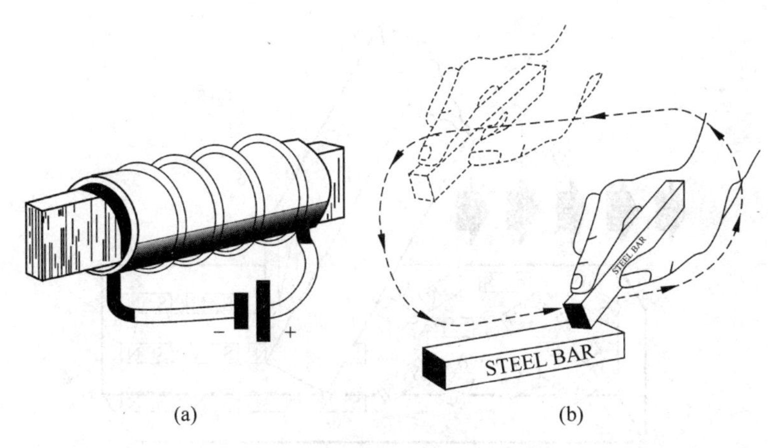

图 2.7-4　磁化的方法
(a) 通电线圈的方法；(b) 抚摩的方法

根据磁铁在磁化力去除之后保持磁性的能力，人工磁铁也可以分为“永久磁铁”和“非永久磁铁”。硬钢和合金不容易被磁化，这是因为磁力线较难渗透到这些物质中，或者说在磁力线通过钢时很容易散布开。然而，这类物质一旦被磁化，大部分的磁性将被保持。因此，称其为永久磁铁。永久磁铁广泛应用于电子仪表、电话、扬声器以及永磁式发电机中。

相反，某些物质很容易被磁化，例如：软铁、淬火的硅钢。但是在磁化力去除之后，这些物质只能保持很少的磁性。因此，称其为非永久磁铁。硅钢以及类似的材料常常作为变压器、发电机和电动机的铁芯，因为变压器的工作要求磁通的方向总在改变，而发电机和电动机正常运行时要求励磁磁场的强度能够很容易地改变。在磁化力去除之后，保存在非永久磁铁中的磁被称为剩磁。在自激励直流发电机中，剩磁是很重要的。这一点将在后续章节中论述。

3. 磁性的本质

最通俗的磁学理论认为物质是以分子排列的。这就是韦伯理论(Weber)。这一理论认为，所有的磁性物质由磁铁分子组成。这种最小的磁铁分子也可以看成是小磁铁，称之为分子磁体。

在未被磁化的物质中，由于磁铁分子的不规则排列，使得分子磁体产生的磁作用力相互抵消。因此，此时的磁性物质不显磁性。在已经被磁化的物质中，大多数磁铁分子有规律地排列成行，每一个分子磁体的北极都指向一个方向，南极都指向另一个方向。所以，被磁化的磁性材料一端呈磁北极；另一端呈磁南极。韦伯理论如图 2.7-5 所示，图中一个钢条采用抚摩的方法被磁化。当钢条被磁铁沿同一方向抚摩几次之后，磁铁北极的磁力使钢条内部的磁铁分子有规则地排列，从而使钢条变成磁铁。钢条上形成的磁极取决于磁化力的方向。

下面的例子可以证明韦伯理论。当一个磁针被持续地加热或震动之后，它就不能自动地对准地球磁场的南-北极，这是因为磁铁分子的有序排列被破坏，此时磁铁已经失去了磁性。另外，在具有磁铁的测量仪器被震动之后，将出现测量数值不准确的现象。这也是磁铁磁性减弱或失去磁性造成的。因此，在使用这类仪器时，应该按照操作规程工作，严禁震动这类仪器。

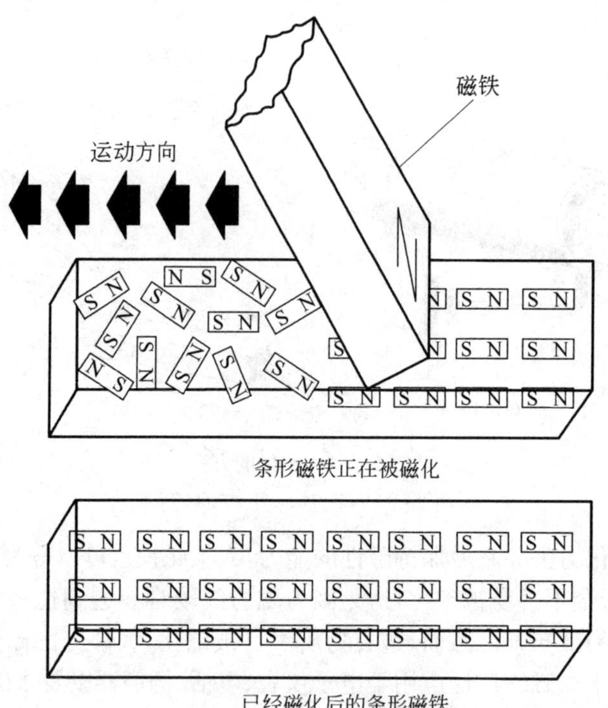

图 2.7-5 分子磁体从无序到有序排列

4. 磁畴理论

现代磁学理论的基础是电子旋转原理。我们已经知道,所有的物质都由原子组成,每个原子中都包含有一个或多个电子轨道。电子围绕着原子核运动,同时也自转。根据电子与原子核之间的距离,电子轨道分成许多层。原子的结构就像太阳系一样,电子绕原子核的运动就相当于行星绕太阳的运动,这种运动称为公转。电子的自身旋转相当于行星的自转。

电子的"公转"和"自转"构成了分子回路电流,这些电流将产生磁场,即:原子磁体。原子磁场的强度由每个方向上旋转电子的数量决定。如果在一个原子中,正向旋转的电子与反向旋转的电子数量相同,那么,不同旋转方向的电子产生的磁场相互抵消。此时,原子不带磁性。然而,如果在一个方向上旋转电子的数量多于另一方向,那么,原子就具有磁性。

一块铁条就是由上述大量原子组成的。在铁条内部,每个原子产生的磁场相互作用,原子周围产生的小磁力影响相邻的原子,于是产生了一小组并联原子磁场。这些磁极朝向同一个方向,这一组具有相同磁极的磁原子称之为磁畴。

这种因电子的自转产生的原子磁体排列成磁畴的形式如图 2.7-6 所示。各个磁畴都含有一定数量、按一定方向排列的原子磁体。磁畴之间通过布洛赫壁相互分隔(布洛赫,Bloch——物理学家),形成晶体结构,由于各个磁畴都按自己的方向排列,所以整个材料的磁性作用全部抵消,对外不显示磁性。

如果通过磁场的作用对物质进行磁化,这时物质内部的布洛赫壁便会移动,使各磁畴内的原子磁体都按一定的方向排列分布。磁化的作用越强,布洛赫壁的位移就越大,按一定方向排列的原子磁体也越多。如果所有的布洛赫壁都移动到晶体边缘,那么整个晶体就相当

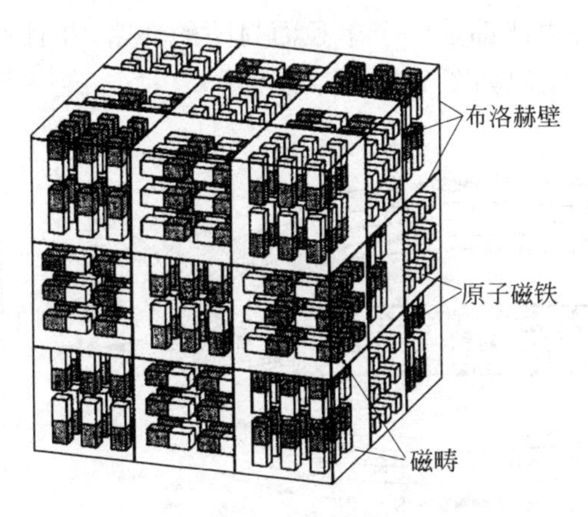

图 2.7-6　磁畴

于由一块磁畴组成了，这时如果再继续增强磁化作用，那么所有电子都朝着同一方向旋转，即所有的原子磁体都按磁化的方向排列，这就说明铁磁性材料（例如：铁）已达到磁饱和状态。

如果将作用于铁磁性材料的磁场减小，例如把磁铁移开铁磁性材料一定的距离，这时材料内的布洛赫壁又重新移回原来的位置，大部分的原子磁体又恢复到原来的方向。材料的磁性也将减弱。

5. 磁力线与磁场

如果将一块条形磁铁浸没在铁屑中，那么，许多铁屑被吸引在磁铁的两端，而中间没有。如图 2.7-7 所示。

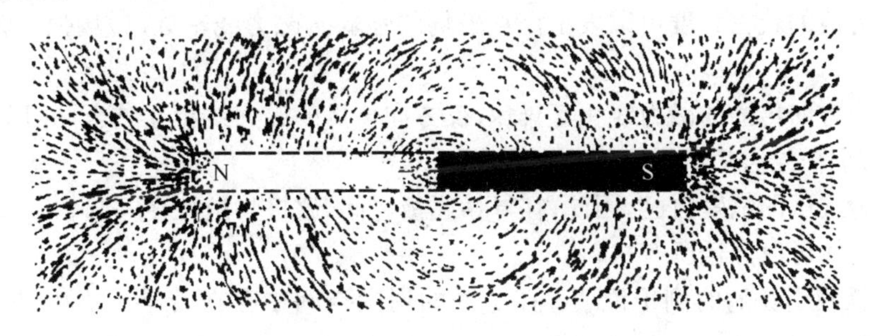

图 2.7-7　铁屑在条形磁铁周围的分布

前面已经阐述：磁铁的两端吸引力最强，我们称为磁极。在靠近磁铁的不同点放上小磁针，就可以观察到磁力线的方向。由于小磁针本身就是磁铁，所以，小磁针的 N 极总是指向磁铁的 S 极。如图 2.7-8(a)所示。在磁铁的中间，磁针的指向与条形磁铁平行。

将小磁针放在条形磁铁附近的几个特殊点上，在每一点上小磁针都反映了该点的磁场方向。把磁场用线表示，并将方向用箭头标注，就会发现箭头方向与小磁针的 N 极指向相同，这些带箭头的线称为磁力线。磁力线并不是真实存在的，是人们假想出来的，它描述了磁场的分布情况。

从图 2.7-8(a)可以总结出磁力线的分布规律：在磁铁的外部空间中，磁力线从 N 极出发，穿过外部空间进入 S 极；在磁铁内部，从 S 极通过磁铁本身回到 N 极。这样，就形成了一个闭合的环路。每条磁力线都是一个单独而封闭的环路，并且不与其他磁力线相交叉。马蹄形磁铁的磁力线分布情况如图 2.7-8(b)所示。

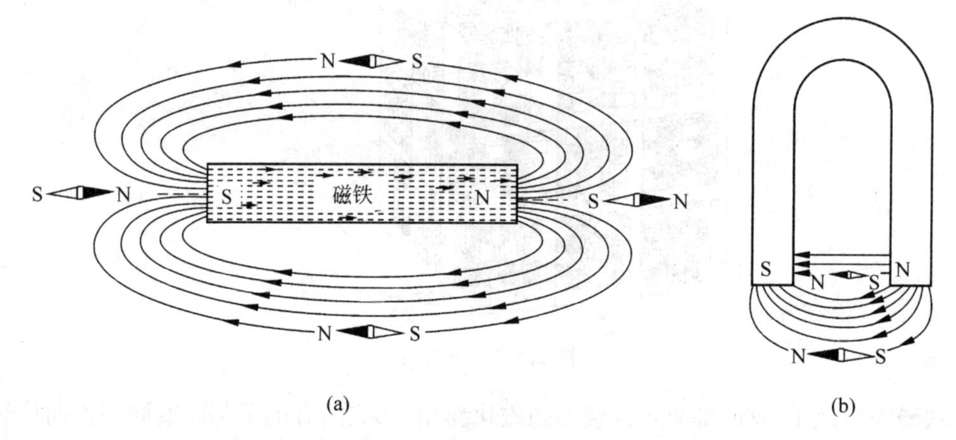

图 2.7-8　磁力线的分布

(a) 条形磁铁周围的磁力线的分布；(b) 马蹄形磁铁周围的磁力线分布

虽然磁力线是人们假想的，但是许多磁场现象都可以用它来解释。我们可以把磁力线比喻成橡皮筋。当对它施加拉力时，橡皮筋就向外扩张；当取消拉力时，橡皮筋又收缩。磁力线的特性可以总结如下：

(1) 磁力线是连续的、封闭的环路。

(2) 磁力线之间不相交。

(3) 磁力线上任意一点的切线方向，就是该点的磁场方向(小磁针 N 极的方向)。

(4) 磁力线的疏密程度可以表示该点磁场的强弱。磁力线密处，磁场强；磁力线疏处，磁场弱。

(5) 同一方向传播的磁力线相互排斥，反方向传播的磁力线相互结合，并形成一条磁力线，其传播方向由结合后的磁力线方向决定。

(6) 磁力线试图缩短自己，因此，在异性磁极之间，磁极将被拉在一起。

(7) 磁力线可以穿透所有材料。

前面磁铁吸引铁屑的例子说明：在磁铁的周围空间中存在着某种吸引铁屑的特殊物质，这种物质称为磁场。法拉第(Michael Faraday)是第一位把磁场看成应力场的科学家。

为了形象地描述磁场而引出了磁力线这一概念，这与用电力线描述电场相类似。如果我们把一些小磁针放在一根条形磁铁周围，那么，在磁力线作用下，小磁针将组成图 2.7-9 所示的形状，连接小磁针在各点上 N 极的指向，就构成了一条由 N 极到 S 极的光滑曲线，此曲线就是磁力线，又称为磁感线。

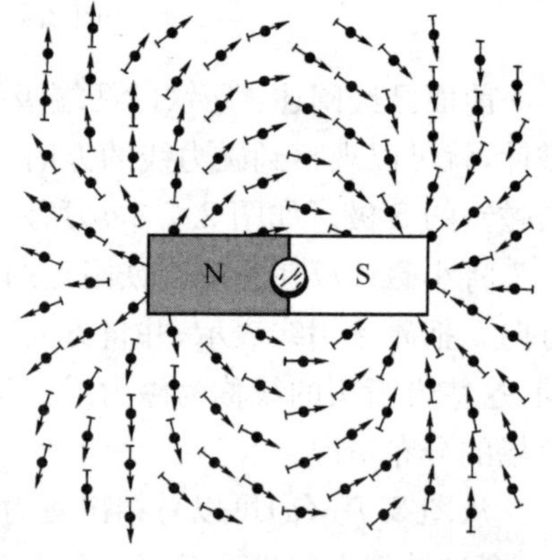

图 2.7-9　磁铁周围磁力线分布

【实验 2.7-1】 将条形磁铁放在磁场实验器上，观察实验器上的小磁体的分布。

【结果】 小磁体像图 2.7-9 一样，有规则地、对称地分布。

通过上面实验我们可以总结出磁场所具有的特性：

(1) 在没有其他磁物质的影响下，磁场是对称分布的；

(2) 磁力线从N极流出，S极流入，方向是从N极指向S极。

6. 吸引与排斥定律

【实验 2.7-2】 将一个条形磁铁置于两个滚子上，如图 2.7-10 所示。将另一块磁铁的S极靠近可滚动磁铁的N极，然后，再用N极去靠近可滚动磁铁的N极。

【结果】 当两块磁铁以不同的磁极靠近时，将产生吸引力；当两块磁铁以相同的磁极靠近时，磁铁之间将产生排斥力。

可见，异性磁极相互吸引，同性磁极相互排斥。

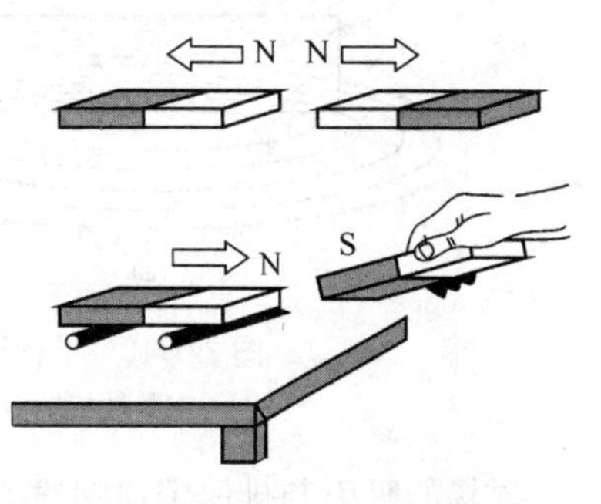

图 2.7-10 吸引与排斥

上述现象可以用磁力线的分布加以分析。在相邻的异性磁极之间形成的磁力线分布如图 2.7-11(a)所示。在相邻的S极与N极之间形成的气隙中，异性磁力线相结合，即：两条磁力线合并为一条，因此产生了吸引力。同性磁极之间形成的磁力线分布如图 2.7-11(b)所示。磁力线在任何点上都不相交，并且在相邻的N极与N极形成的气隙中，磁力线之间是相互排斥的。

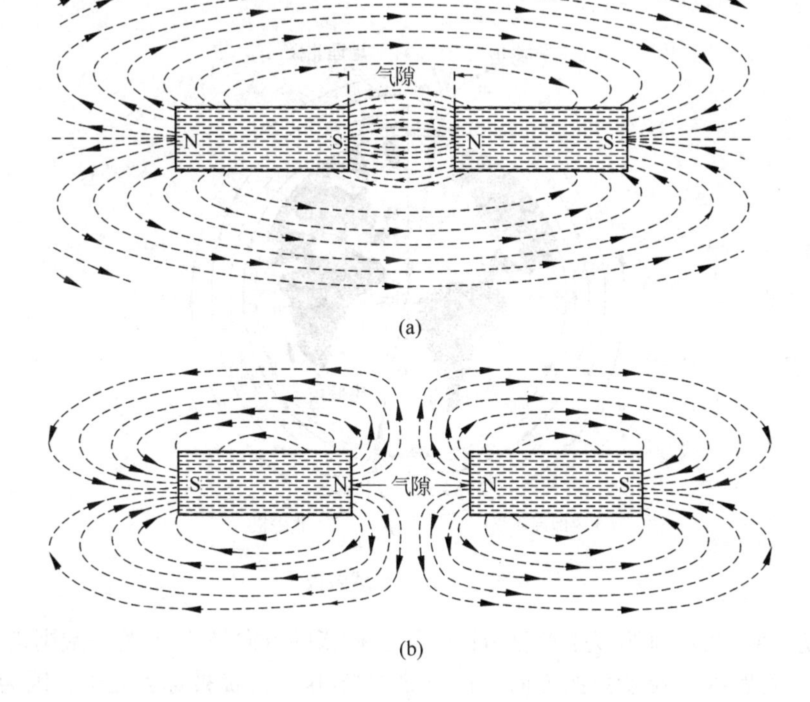

图 2.7-11 异性磁极、同性磁极之间的磁力线分布

(a) 异性磁极相互吸引；(b) 同性磁极相互排斥

图 2.7-12 画出了平行靠近的两个条形磁铁之间形成的磁力线分布。图 2.7-12(a)是异性磁极之间相互靠近的情况；图 2.7-12(b)是同性磁极之间相互靠近的情况。

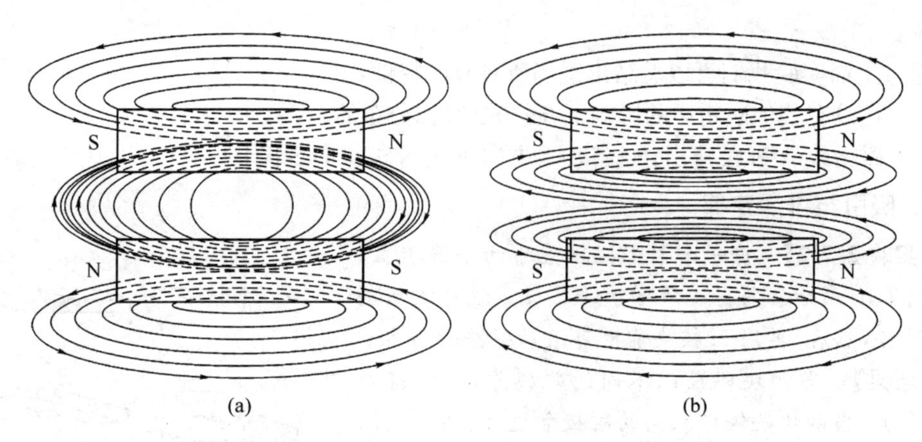

图 2.7-12 平行靠近的两个条形磁铁形成的磁力线分布情况

(a) 异性相吸——磁力线分布；(b) 同性相斥——磁力线分布

磁场的吸引与排斥定律阐述了两个磁极之间的相互作用情况。实际上,磁极之间的吸引力或排斥力直接随磁极的磁性强度和磁极之间距离的平方而变化。

7. 地球磁场

前面已经提到,地球是一个巨大的磁场。地球的磁极分布如图 2.7-13 所示。地理南-北极也在地球转轴的两端。磁轴与地轴并不重合,因此,磁极和地理南-北极也不在地球上的同一位置。

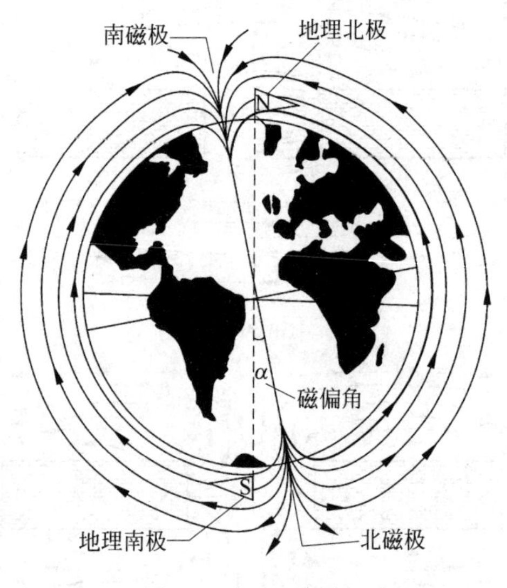

图 2.7-13 地球磁极

早期使用罗盘的人们认为:罗盘指针的 N 极所指的方向是北极,另一端则指的是南极。一些地图上,在罗盘 N 极所指的方向上标出北磁极,这一磁极被称为北极。因为它与地理北极很接近。

当人们认识到地球是一个磁铁,并且磁铁具有异性相吸的特性时,就将北半球的磁极更改为南磁极,将南半球的磁极更改为北磁极。因此罗盘指针的 N 极指向的实际上是南磁极。由于地球是一个磁铁,所以磁力线从北磁极到南磁极形成了一个闭合的环路。由于磁轴与地轴并不重合，所以罗盘指示出的并不是真正的南-北方向，而是磁南-北方向。于是，在磁轴与地轴之间形成了一个夹角，这个夹角被称为磁差或磁偏角。

2.7.2　磁化与去磁　磁屏蔽　磁性材料

1. 磁化

当磁场对磁性材料作用时，磁性材料中的分子磁体有序地排列，于是磁性材料对外就显示出磁性，这一磁性材料从不带磁性到具有磁性的过程被称为磁化。磁化的两种基本方法已经在前面描述，这里不再重复。

2. 去磁

人们可以通过对磁铁震动、加热或加交流电的方法将磁铁上的磁性去掉，这一过程称为去磁。因为上述方法可以破坏磁铁内部有序排列的磁畴，从而使磁铁失去磁性。

通常磁铁的温度达到相应的居里温度(法国物理学家)时，磁铁便失去了磁性。常用磁性材料的居里温度如表 2.7-1 所示。

表 2.7-1　常用铁磁材料的居里温度

材　　料	居里温度/℃
铁	769
镍	356
钴	1075
软磁性铁磁材料	50～600

还有一种常用的去磁方法是：交流去磁法。将磁铁置于接通交流电的线圈中，然后使电流逐渐减小，再将磁铁慢慢地从通有交流电的线圈中取出来。这样磁铁上的磁性就去除了。在实际中，磁头消磁器以及磁带的去磁都是采用交流去磁的方法。

3. 磁屏蔽

我们知道，利用绝缘材料可以将电流隔离，而对于磁通的隔离还没有提及。如果将一个非磁性材料放在磁场中，对磁通的影响是不明显的。这说明磁通可以穿透非磁性材料。例如，将一块玻璃板放在马蹄形磁铁的磁极之间，我们发现，磁极之间的磁场强度没有明显的变化。尽管玻璃在电路中是良好的绝缘物质，可以阻断电流，但是它不能将磁场隔离。如果将磁性材料(软铁)放在磁场中，磁通将改变其流通路径，它将沿磁导率高的物质流动，如图 2.7-14 所示。磁导率就是物质通导磁通的能力，它决定着某种物质被磁化时的难易程度。

由于一些电子仪器的机械敏感部件一般是由钢制成的，而钢是磁性材料。因此，它可能受到外磁场的影响，这一影响将引起仪器的指示误差。因为仪器的机械装置和磁通不能被隔离开，所以有必要将仪器周围的磁通方向改变，即：让外部磁通不穿过仪器。在实际的仪器中，可以用软铁罩罩住仪器，使磁通流过软铁，而不流过软铁罩内的仪器。这种方法称为磁屏蔽。如图 2.7-15 所示。磁通全部分布在软铁上，它不会影响软铁罩内的仪表。软铁罩相当于一堵墙，将磁通挡在了仪器的外面，这样仪器的指示就准确了。可见，高磁导率的物质可以将磁场隔离。

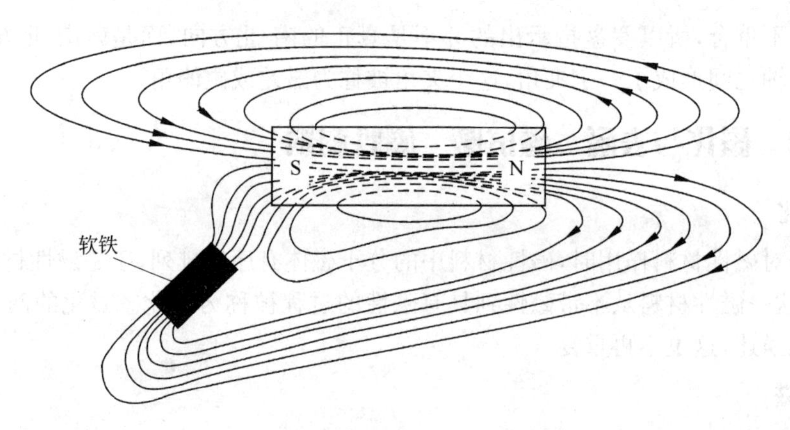

图 2.7-14 磁性材料对磁力线的影响

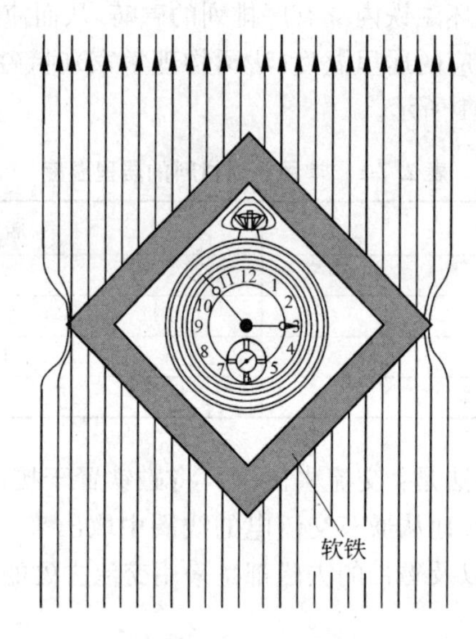

图 2.7-15 磁屏蔽

4. 磁性材料的种类

早期将材料仅仅分为磁性材料和非磁性材料。随着研究的不断发展,磁性材料可以进一步分为三种,即:铁氧化磁性材料、顺磁性材料、反磁性材料。

铁氧化磁性材料是电子领域中应用最广泛的一种重要材料。例如比较容易被磁化的铁、钢、钴、铝镍钴合金和坡莫合金,特别是这些合金,其磁化后产生的磁场很强。例如磁化后的铝镍钴合金产生的磁力可以举起 500 倍的自身重量。铁氧化磁性材料都具有高磁导率和高电阻率。

顺磁性材料即使在很强的磁场作用下,也只具有很小的磁性。例如铝、铬、铂和空气,它们内部磁畴中的原子磁体的作用力不能完全被外加磁场作用力所抵消,所以顺磁材料所呈现的天然磁性是很弱的。

反磁性材料在很强的磁场作用下,也只具有很小的磁性。例如铜、银、金、水银和硅。在这种材料中,其内部分子的磁化作用力的方向与外部磁场作用力的方向相反,所以外部磁场对它的磁化作用很微弱。

顺磁性材料的磁导率稍高于反磁性材料。但是，它们的磁导率都比较低。由于它们很难保存磁性，所以这些材料都被作为非磁性材料使用。

5. 磁铁的形状

因为磁铁的用途相当广泛，所以根据使用的需要，磁铁可以被制成各种各样的形状。但应用较多的形状主要有三种：条形磁铁、马蹄形磁铁和环形磁铁。

条形磁铁在学校和实验室中最常见。它用于研究磁的特性及效应。环形磁铁用于计算机存储器的铁芯。在电子仪表中使用最广泛的则是马蹄形磁铁。体积同样大的马蹄形磁铁比条形磁铁提供的磁场强度强，这是因为马蹄形磁铁的磁场集中在一个比较小的区域。因此，在电子测量仪表中经常使用这种形状的磁铁。

6. 磁铁的存储

磁铁的磁性会自然消失，从图 2.7-16(a)中可以看出，条形磁铁的左边是 N 极，右边是 S 极。条形磁铁的磁力线分布在该图中已经画出。当外部磁场与条形磁铁的磁场方向相反时，将使条形磁铁内部的小磁畴改变方向，从而使磁铁被部分去磁。

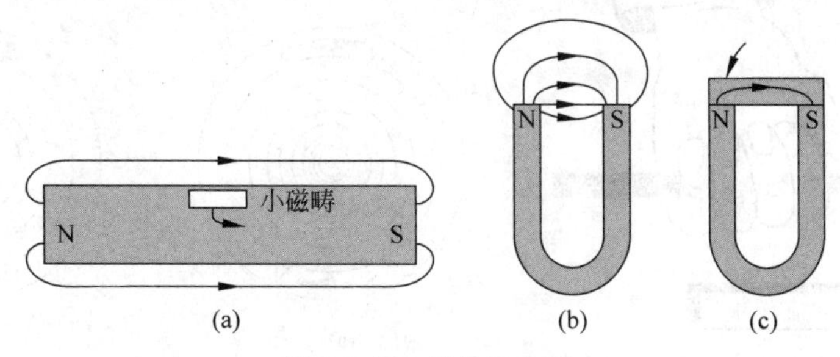

图 2.7-16　磁铁的存储

对于 U 形磁铁来说，如图 2.7-16(b)所示，外磁场对它的去磁作用将减小。如果再用软铁条，跨于 U 形磁铁的两极之间，如图 2.7-16(c)所示，磁力线被封闭在一个闭合的磁路中，这样，自然去磁现象将会大大减小。因此，在进行磁铁的长期存储时，为了防止磁性的自然减弱，通常将磁铁做成 U 形，并在其两端加上一块软铁，将外部去磁磁场的影响减到最小。

2.7.3　电磁现象

前面我们重点讨论了永久磁铁的特性及规律。然而，磁和电之间的联系很紧密。实验证明：在通电导体的周围将产生磁场。因此，我们必须研究它们之间存在的内在联系。

1. 通电导体周围产生的磁场

1819 年丹麦物理学家奥斯特(Hans Christian Oersted)断定磁与电之间确实存在着联系。他发现电流的流动将伴随着某种磁效应的出现，而这种现象很明显地遵循着一定的规律。如果将一个小磁针放在通电导体的附近，那么小磁针将在与导体垂直的平面内被调正，这说明小磁针受到磁力的作用。这种力的出现可以在图 2.7-17 所示的实验中看到。力的大小和方向可以由纸板上放置在不同位置上的小磁针来确定。

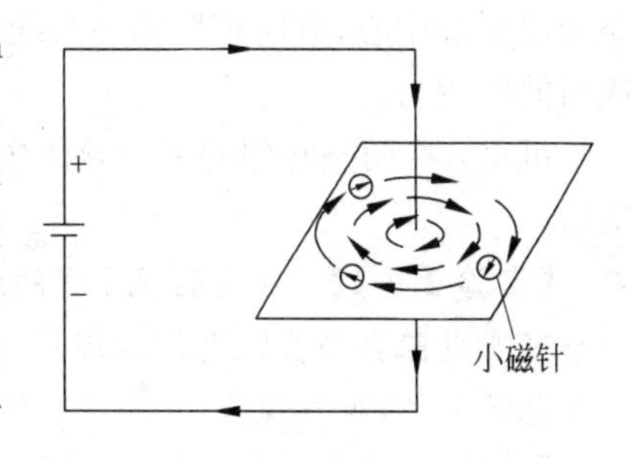

图 2.7-17　通电导体周围产生的磁场

假设力的方向与小磁针 N 极的方向相同，那么小磁针组成的图形显示出：磁力线以圆形环绕在导体周围。当电流向上流动时，磁力线沿逆时针方向旋转；当电流向下流动时，磁场沿顺时针方向旋转(磁力线方向是从上向下看)。可见，磁力线的旋转方向与电流的流向有关。

2. 右手螺旋法则

围绕在导体周围的磁力线方向与流过导体的电流方向之间的关系，我们可以用右手螺旋法则确定。右手螺旋法则指出：用右手握住导体，拇指指向电流的方向(从"·"到"×")，其余四指的绕行方向表示磁力线的旋转方向。如图 2.7-18 所示。可见，与上面实验中小磁针的 N 极指向是相同的。

一般用箭头表示导线上的电流方向。在导线横截面中的"·"表示电流朝向观察者流出，可以理解为箭的"头"部；在导线横截面中的"×"表示电流背向观察者流入，可以理解为箭的"尾"部。如图 2.7-19 所示。

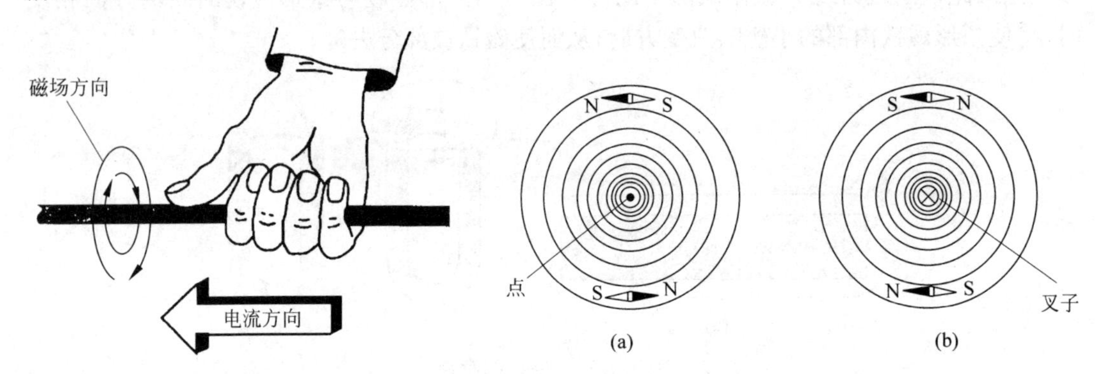

图 2.7-18　右手螺旋法则

图 2.7-19　电流方向与磁场方向之间的关系

(a) 电流流出；(b) 电流流入

3. 两条通电导体之间的相互作用

【实验 2.7-3】 将两条很薄的金属带用绝缘夹平行地固定住。再用导线把两条金属带并联起来，然后，通过一个可变电阻与直流电源相连接，这样可以使两条金属带中流过方向相同、大小相等的电流。闭合电源开关，观察现象。

【结果】 两条金属带相互吸引。

沿垂直方向从下向上看两条金属带截面中的电流流向如图 2.7-20 所示。用右手螺旋法可以判断出两条金属带周围的磁力线分布情况：磁力线呈环状围绕着两条金属带，在两条金属带的中心，方向相反的磁力线合并构成短磁力线，于是在两条金属带之间产生了相互吸引的作用力。

可见：在两条相邻的平行导体中，当流过两条导体的电流方向相同时，平行导体会相互吸引。

【实验 2.7-4】 在实验 2.7-3 的基础上，去掉金属带一端的并联导线，然后，将这一端接一个可变电阻再与直流电源相连接，这样使两条金属带中流过方向相反、大小相等的电流。闭合电源开关，观察现象。

【结果】 两条金属带相互排斥。

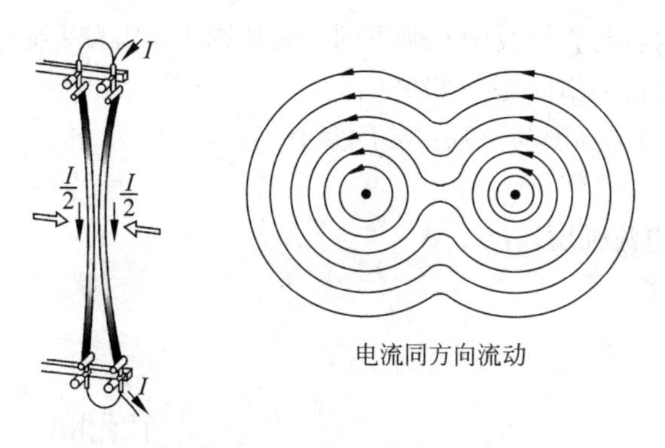

图 2.7-20　同向电流的磁场

磁力线从两条金属带之间穿过，在两条金属带的中心，磁力线的方向相同。越接近中心，磁力线越密，结果使两条金属带之间的磁力线受到挤压，因此磁力线的反作用力将使两条金属带分开，从而产生了相互排斥的作用力。如图 2.7-21 所示，画出了两条金属带周围的磁力线分布。

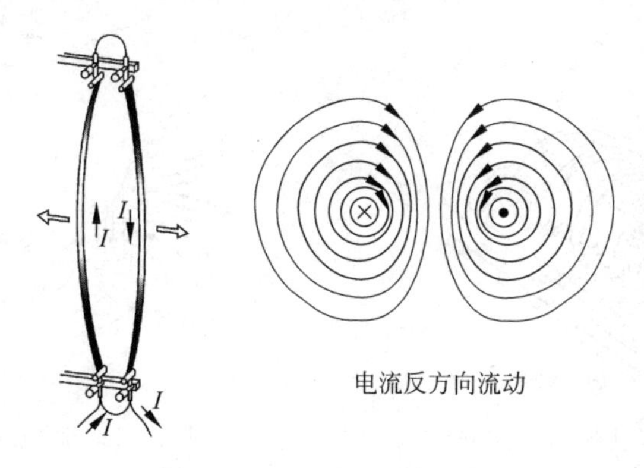

图 2.7-21　反向电流的磁场

可见：在两条相邻的平行导体中，当流过两条导体的电流方向相反时，平行导体会相互排斥。

4. 通电线圈产生的磁场

【实验 2.7-5】　将一根导线弯曲成螺旋形环后，通过一个可变电阻与直流电源相连接，再将一个小磁针在螺旋环的导线周围移动。

【结果】　通电的螺旋环所产生的磁场与一块条形磁铁相似，它也有 N 极和 S 极。

如果将多个螺旋环前后组合起来，便得到一个线圈，如图 2.7-22 所示。在线圈绕组导线之间的磁场相互合并，而整个线圈却产生出一个与条形磁铁相似的磁场。

在线圈的外面，磁力线方向从 N 极到 S 极，在线圈的内部，磁力线方向从 S 极到 N 极，同时，线圈内部的磁场是均匀的。

【实验 2.7-6】　利用小磁针来测定通电线圈所产生磁场的极性，然后改变通电线圈中电流的方向，再重新测定其磁场的极性。

【结果】　线圈产生的磁极极性与电流方向有关。

它们之间的关系可以由右手螺旋法则确定，如图 2.7-23 所示。在判断线圈产生的磁场时,右手螺旋法则的内容与直导线中有所不同。其法则为:用右手抓住线圈,四根手指围绕的方向是电流方向,拇指的指向是N极方向。

通电线圈产生的磁场强度与下列主要因素有关:

(1) 线圈的匝数;

(2) 流过线圈的电流强度;

(3) 线圈的长宽比。

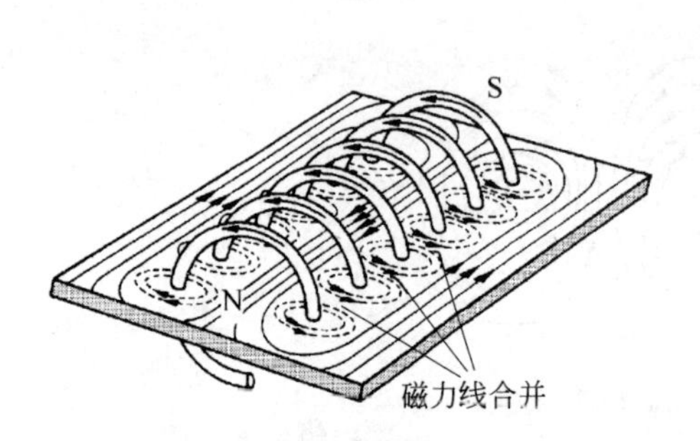

图 2.7-22　通电线圈产生的磁场

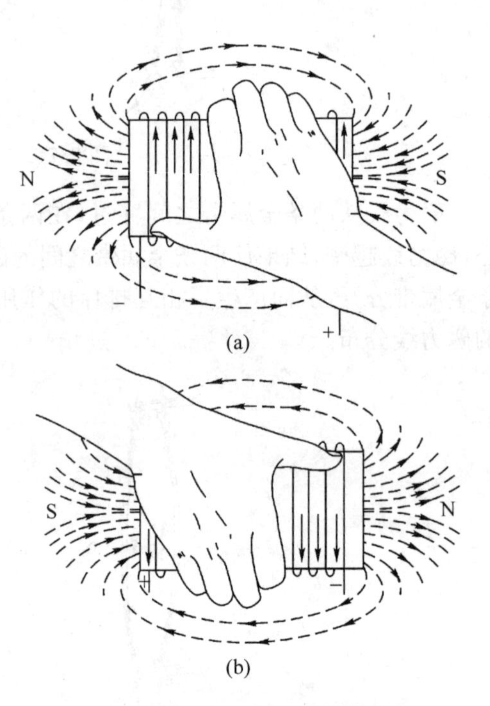

图 2.7-23　通电线圈上磁极的判定

2.7.4　磁学物理量

【实验 2.7-7】 在一块能插入一个600匝线圈内的铁块上,挂一个测力计。将线圈与一个可变电阻、一个电流表串联后接在直流电源上。通过可变电阻将线圈内的电流调整到2A,记下此时测力计上的显示值。再将线圈换成1200匝,并把电流调整到1A,再重复上述实验。

【结果】 在两种情况下测力计上显示的数值是一样的。

通有2A电流、匝数为600匝的线圈对铁块产生的作用力,与通有1A电流、匝数为1200匝的线圈所产生的作用力相同。即:电流强度与线圈匝数的乘积相等,则磁场的作用力也相等。

1. 磁动势

电流与线圈匝数的乘积称为磁动势,可以用下面的数学公式表示:

$$F = N \cdot I$$

式中,F为磁动势,At(安匝);I为电流强度,A(安培);N为线圈匝数。

如图2.7-24所示,大的环形线圈的中心平均磁力线长度大于小的环形线圈中心平均磁力线长度。

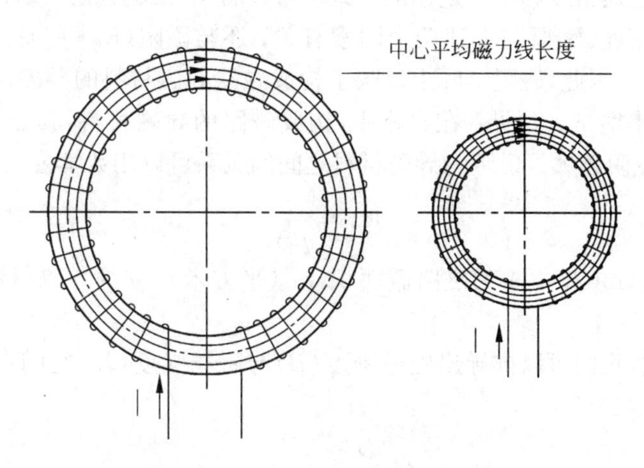

图 2.7-24　大、小环形线圈磁场强度

由此可知，当两线圈产生的磁场强度相等时，大的环形线圈与小的环形线圈相比，需要更大能量(即：更大的磁动势)；反之，当线圈的磁动势相等时，则大的环形线圈中的磁场强度肯定小于小的环形线圈中的磁场强度。

单位长度上磁动势的大小称为磁场强度，可以用下面的数学表达式表示：

$$H=\frac{F}{l}$$

式中，H 为磁场强度，A/m(安培每米)；F 为磁动势；l 为中心平均磁力线长度，m。

从上面的公式可以看出，在磁动势相等的情况下，线圈中的磁力线长度越短，则线圈中的磁场强度越强。

2. 磁通密度

与磁场方向垂直的单位面积($1\mathrm{m}^2$)上的磁通量称为磁通密度。用英文大写字母“B”表示，也被称为磁感应强度。磁通量指的是一个线圈或磁铁中磁力线的总根数，它们之间的关系可以用下面的数学表达式表示：

$$B=\frac{\Phi}{A}$$

式中，B 为磁通密度，T(特斯拉)；Φ 为磁通量，Wb(韦伯)；A 为面积(线圈截面积)，m^2(平方米)。

从公式中可以看出，单位面积上的磁通量越大，其磁通密度就越大。从前述内容可知，磁通量(或磁力线)是由磁动势产生的，那么磁通量的大小与哪些因素有关呢？

我们知道：电路中的电流是由欧姆定律决定的，磁路与电路相类似，磁路中的磁通量由罗兰定律决定。罗兰定律阐明：磁路中的磁通量(Φ)与磁动势(F)成正比，与磁阻(R_m)成反比。用数学公式表示为

$$\Phi=\frac{F}{R_\mathrm{m}}$$

而磁场强度(H)也与磁动势(F)成正比，因此，磁场强度越大，磁通密度(磁感应强度)也越大。即：磁通密度与磁场强度成正比。

从磁场强度、磁通密度和罗兰定律的公式中可以看出，磁场强度(H)仅与线圈的匝数和电流有关，而磁通密度(B)既与上述两个因素有关；还与磁阻(R_m)有关。磁阻是磁路中阻碍磁通流动的能力。因此，磁阻实际上反映了构成磁路导磁材料的导磁能力。这一能力由材料的磁导率(μ)来衡量。可见：在磁路中，构成磁路的导磁材料，其磁导率越大，磁阻越小；磁导率越小，磁阻越大。磁阻与导磁材料之间的关系可以用数学公式表示为

$$R_m = \frac{l}{\mu A}$$

式中，l 为磁路长度，m(米)；A 为磁路截面积，m^2(平方米)；μ 为导磁材料的磁导率，H/m(亨利每米)。

根据以上公式，我们可以推导出磁通密度(B)与磁场强度(H)之间在单位长度上的关系式：

$$B = \mu H$$

下面我们用实验证明上述结论。

【实验 2.7-8】 将一个300匝的空芯线圈通过一个可变电阻、一个电流表与直流电源相连接。将电流调至1A。然后将此通电线圈移近一些铁制的小物品(大头针或曲别针)，观察现象。

在此之后，再将铁芯插入线圈中，在电流强度保持不变的情况下，重复上述实验，并观察现象。

【结果】 带有铁芯的线圈比空芯线圈更能吸引这些铁制的小物品。

通过铁芯能大大地增强通电线圈的磁场作用力，在磁动势相同的情况下，带有铁芯的线圈的磁通密度，远远大于空芯线圈的磁通密度。可见：铁芯可以增强通电线圈的磁通密度。

3. 磁化曲线

在通电线圈产生磁场的作用下，铁芯中磁畴间的布洛赫壁发生位移，随着磁动势以及线圈中磁场强度的增加，越来越多的布洛赫壁发生位移，直至达到一定的磁场强度时，铁芯中的磁畴壁全部发生位移，这时的铁芯就相当于只有一个单一方向的磁畴。这时所有的原子磁体全部都按线圈磁场方向进行磁化和排列，从而使铁芯也具有了磁性，这样磁通密度就增强了。

若磁场强度继续增加，但所有的原子磁体基本上都已按同一方向排列了，即铁芯的磁化作用不会再随磁动势的增加而有明显的增长了，铁芯就达到了饱和状态。

在磁场强度相等的情况下，铁芯的磁化状况因各种材料的不同而有所区别。材料的磁化状况可用磁化曲线来表示。磁化曲线表明了线圈中铁芯的磁通密度与磁场强度的相互关系，如图 2.7-25 所示。

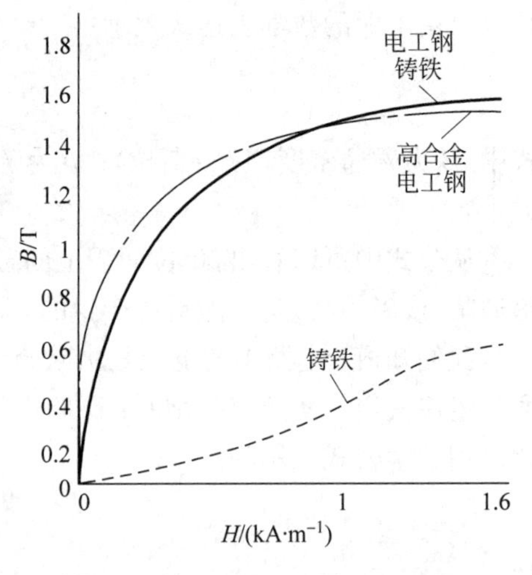

图 2.7-25 不同材料的磁化曲线

4. 磁导率

磁导率是磁通密度与磁场强度之比，是真空中的磁导率(μ_0)与磁导系数(μ_r)的乘积，真空的磁导率 $\mu_0 = 4\pi\times10^{-7}$ H/m，是一个常数。用数学公式表示为

$$\mu = \frac{B}{H}$$

$$\mu = \mu_0 \cdot \mu_r$$

磁导系数 μ_r 表明了在磁动势(磁场强度)相等时，带铁芯线圈的磁通密度与无铁芯线圈的磁通密度的比值。空气的磁导系数为1，而铁磁材料的磁导系数则往往是几千倍甚至更大，如表2.7-2所示。

表 2.7-2　铁磁材料的磁导系数

材　　料	磁导系数 μ_r
铁钴合金	2000～6000
纯铁	6000
铁硅合金	10000～20000
铁镍合金	15000～300000
软磁性铁氧体	10～40000

各种材料的磁导率并不是恒定不变的，它们往往随着磁场强度的变化而变化，如图2.7-26所示。

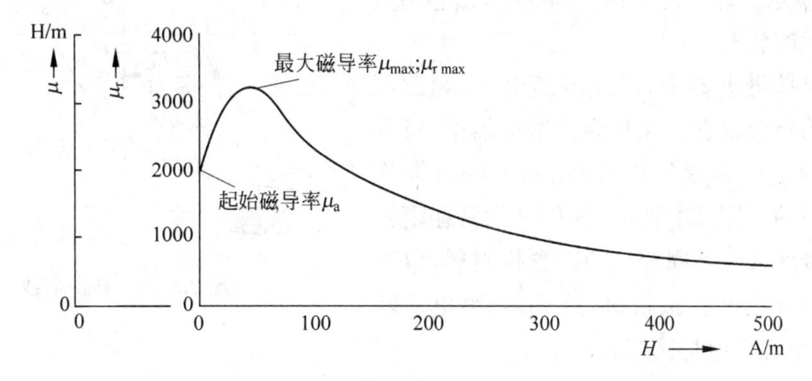

图 2.7-26　磁导率随磁场强度的变化曲线

磁化曲线的起始点称为起始磁导率 μ_a。不同材料起始磁导率的数值是不同的，如表2.7-3所示。

表 2.7-3　铁磁材料的起始磁导率

名称	合金成分	起始磁导率 μ_a/(mH/m)
高导磁合金	Fe、Ni	3.14
强导磁合金4510	Fe、Ni、Mn	4.15
坡莫合金C	Fe、Ni	12.57
软磁合金	Fe、Ni、Cu、Cr	15
合金1040	Fe、Ni、Cu、Mo	46.5

5. 磁滞回线

如果不断增加空芯线圈的电流，线圈中的磁通密度呈线性地增长。而线圈带有铁芯时则随着电流的增长，铁芯中的磁畴壁会渐渐移开，原子磁体逐渐按磁化方向排列，这时，线圈铁芯中的磁通密度相应地随铁芯的磁化曲线变化关系而增长。如果线圈中的铁芯是未经过磁化的，则按起始磁化曲线变化，如图 2.7-27 所示。以后如果将线圈中的电流减小，但磁通密度并不随之相应地减小，因为磁畴壁移回原来位置的速度较慢，而且并不是所有的原子磁体都能返回到起始磁化时的方向。因此，当线圈中的电流（磁场强度）为零时，只有部分磁畴壁移回到原来的位置，这样铁芯中仍有部分剩余的磁性（剩磁）存在。

这时如果在线圈中接上反向电流，那么剩磁在电流较小时就能消失，即所有的原子磁体都已返回到起始磁化前的位置和方向，整个铁芯对外不显示磁性。人们将这种磁通密度为零时线圈所产生的磁场强度，称为矫顽磁场强度。

如果反向电流再继续增大时，磁通密度就以相反的方向增长。若再将反向电流减小，磁通密度仍然缓慢地减小，铁芯中仍然存在剩磁。

如果电流方向又重新颠倒，则随着电流的增大，克服了矫顽磁场强度使磁场消失后，磁通密度又按新的方向开始增长，直至到达磁饱和。这样所形成的闭合磁化曲线，称之为磁滞回线，如图 2.7-27 所示。即当磁场强度为零时，铁芯仍然处于带磁性的状态。

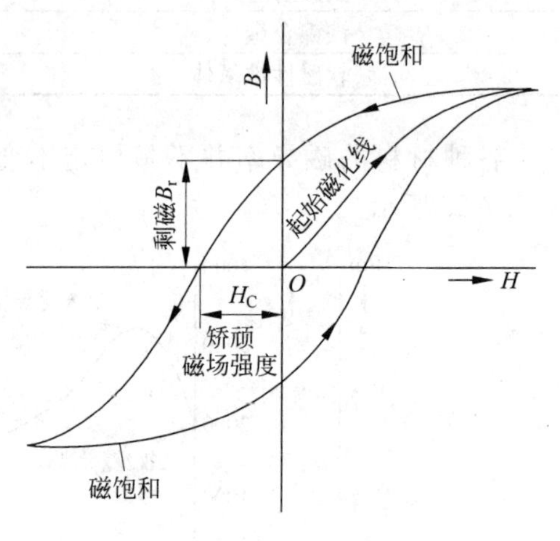

图 2.7-27　磁滞回线

在磁保持继电器中，当线圈断电后，剩磁可保持衔铁的吸合状态。在吸附式继电器中，可采用硬磁性材料嵌入衔铁中，以增强这种吸合作用。在一般的通用继电器中，人们又常常在衔铁与铁芯的接触部位处固定一块非磁性材料，以阻止铁芯与衔铁之间直接接触，这样，当继电器断电后，衔铁能可靠地与铁芯分离。

在直流发电机中，利用剩磁可以使发电机的输出电压逐渐升高，从而达到额定输出值。这一点将在后续章节中详细阐述。

如果将带铁芯的线圈接上交流电压，那么，在交流电压作用的每个周期内，铁芯的磁滞回线都要经历一次图 2.7-27 所示的过程。由于铁芯内部原子磁体不断地改变其方向，它们之间的摩擦运动会产生热量，使铁芯发热，这种能量消耗称为磁滞损耗。可见，铁芯的反复磁化需要消耗电能。

不同的铁磁材料，其磁滞回线的现状也不同，磁滞回线狭长，剩磁、矫顽力均很小的铁磁性材料，如硅钢片、铁镍合金等。其特点是易磁化也易去磁，由于这些材料磁滞损耗小，常用来做电机、变压器、继电器、电磁铁等电器的铁芯。如图 2.7-28(a)所示。

在很小的外磁场作用下就能磁化，一经磁化便达到饱和值，去掉外磁场，磁性仍能保持在饱和值，这种材料称为矩磁材料。根据这一特点，矩磁材料主要用来做记忆元件。如

图 2.7-28(b)所示。

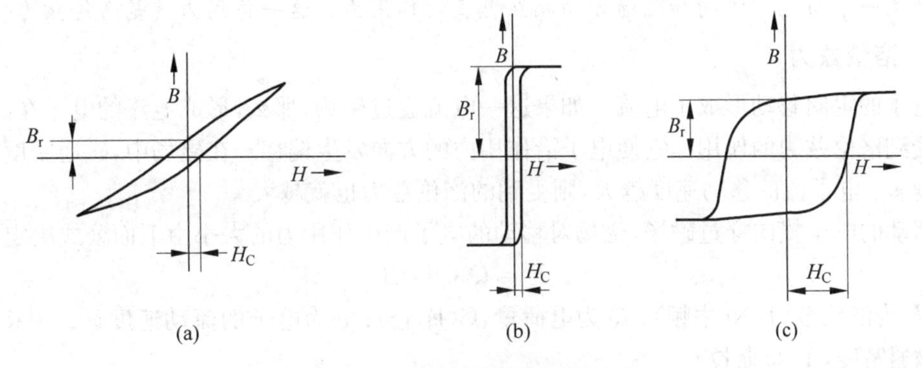

图 2.7-28　不同材料的磁滞回线

而永久磁铁的材料应具有较大的剩磁，同时其磁性不应在受到外界磁场的影响下而消失，另外，还要求它必须具有较大的矫顽磁力，如图 2.7-28(c)所示。

利用线圈对某一材料退磁时，既可以利用逐步减小线圈中交流电流的方法，也可采用把需要退磁的物体慢慢地从线圈中的磁场中逐渐移开的方法。这两者都可以使材料的磁滞回线渐渐变小，如图 2.7-29 所示，最后达到非磁性的状态。如果是硬磁性材料需要进行退磁，则必须重复多次地进行退磁，才能使材料达到非磁性的状态。

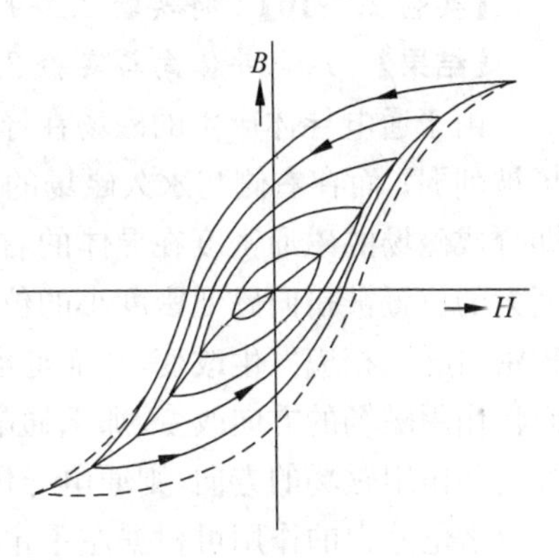

图 2.7-29　退磁时的磁化曲线

2.7.5　通电导体在磁场中的运动

【实验 2.7-9】　将一根铝质导体固定在两条可摆动的金属带上，悬挂在马蹄形磁铁的两个磁极之间，如图 2.7-30 所示。将这根导体通过悬挂的金属带与一个可调的电压源相连接，并缓慢地加大导体中的电流。

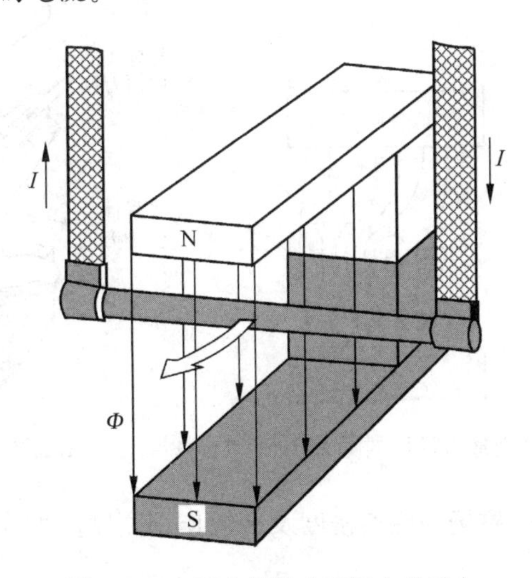

图 2.7-30　通电导体在磁场中的受力

【结果】 当导体中有电流通过时,处于磁场中的导体会向外运动。即通电导体在磁场中会产生一个与电流方向和磁场方向相互垂直的作用力。这一作用力就是洛伦兹力。

1. 洛伦兹力

电子的定向移动形成了电流。如果这一电流通过磁场,那么,形成电流的电子在磁场中就会受到洛伦兹力的作用。它使电子沿作用力的方向发生偏移。在磁场中,磁通密度越大、电子越多、电子流的移动速度越大,则受到的洛伦兹力也就越大。

移动的电子横向穿过磁场,磁场对移动的电子产生作用力的大小由下面公式决定:

$$F = Q \cdot v \cdot B$$

式中,F 为洛伦兹力,N(牛顿);Q 为电荷量,C(库仑);v 为电子的流动速度,m/s(米/秒);B 为磁通密度,T(特斯拉)。

【实验 2.7-10】 将实验 2.7-9 中的电源反向连接,重复上述实验的过程。

【结果】 通电导体向与实验 2.7-9 相反的方向运动。

由于通电导体产生的磁场在导体的左侧与永久磁铁的磁场方向相反,从而使原来的磁场被削弱;而在右侧与永久磁场的方向相同,从而使原来的磁场被增强,如图 2.7-31 所示。即合成磁场的磁通密度在导体的右侧远大于导体的左侧,这样,电流(通电导体)将从磁通密度大的位置被挤向磁通密度小的位置。若将电流的方向改变,则通电导体两侧磁通密度的疏密情况也相应发生改变,从而通电导体的运动方向也发生改变。如果保持电流方向不变,而将作用磁场的方向改变,那么通电导体的运动方向同样也发生改变。假如同时改变电流方向和作用磁场的方向,则通电导体的运动方向保持不变。

洛伦兹力的作用可根据左手定则来确定。左手定则指出:伸出左手,拇指与其余四指成 90°角。磁力线穿过手心,四指指向导体中的电流方向,那么,拇指则指向通电导体的运动方向。如图 2.7-32 所示。只要运动的电子处于磁场中,就会受到洛伦兹力的作用,即电子穿过有效作用磁场产生的位移与磁场的有效作用宽度相等,其作用力的时间也等于电子穿过有效作用磁场的时间。

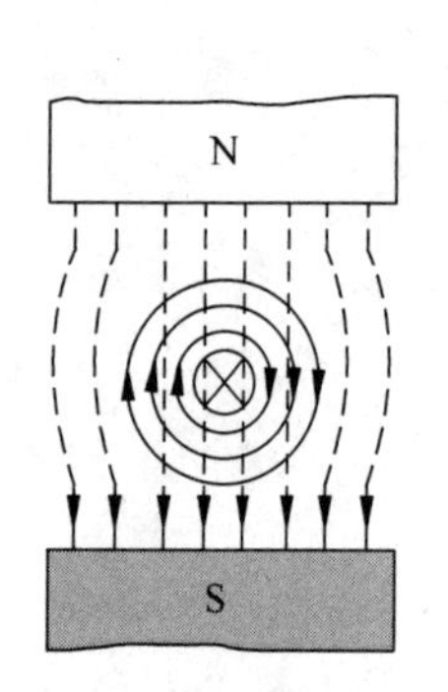

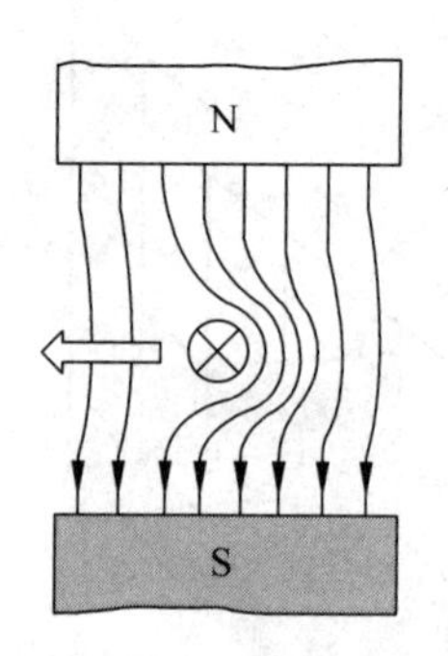

图 2.7-31 合成磁场及通电导体的受力

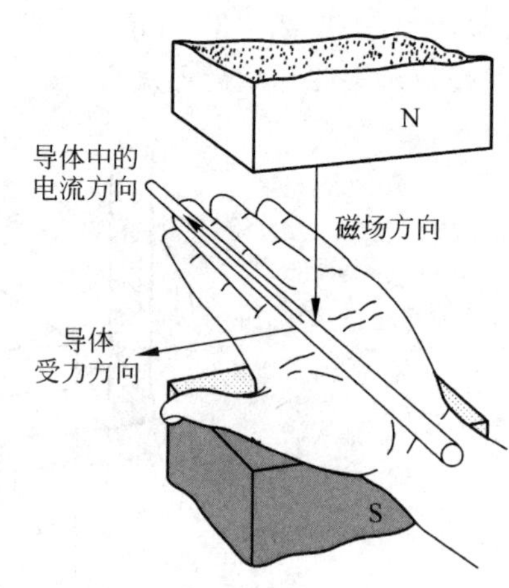

图 2.7-32 左手定则

洛伦兹力随电流强度、磁场的磁通密度及有效作用宽度的增大而增大。这一规律可以用下面数学公式表示:

$$F = I \cdot l \cdot B$$

如果同时有多根通电导体处于磁场中,且它们的电流强度及方向都相同,则它们所受到的作用力将随着导体数量的增加而增大,因此,其确定洛伦兹力的公式应该加入导体的数量。

$$F = I \cdot l \cdot B \cdot N$$

式中,F 为洛伦兹力;I 为电流强度;l 为磁场的有效作用宽度;B 为磁通密度;N 为导体的数量。

在生产和生活实际中,许多电气设备都是依据洛伦兹力工作的,如电视机中的显像管和电动机,就是利用了电流在磁场中受到电磁力这一原理工作的。

2. 通电线圈在磁场中的作用

【实验 2.7-11】 将一个线圈接于一个中间带绝缘物的金属环上,悬挂于马蹄形磁铁的两个磁极之间,将金属环与直流电源连接。如图 2.7-33 所示。

【结果】 线圈产生旋转。

线圈中的电流所产生的磁场与马蹄形磁铁的磁场相互作用构成一个合成磁场,如图 2.7-34 所示。在这个合成磁场的作用下,线圈产生旋转,直至线圈的平面与马蹄形磁铁的磁场方向相垂直。线圈的旋转方向取决于线圈中的电流方向和马蹄形磁铁的磁场方向。合成的磁场穿过线圈作用于线圈平面的垂直轴,由此产生了一个转矩。

$$M = F \cdot d$$

式中,M 为转矩,N·m(牛顿·米);F 为线圈一侧的洛伦兹力,N(牛顿);d 为线圈的直径,m(米)。

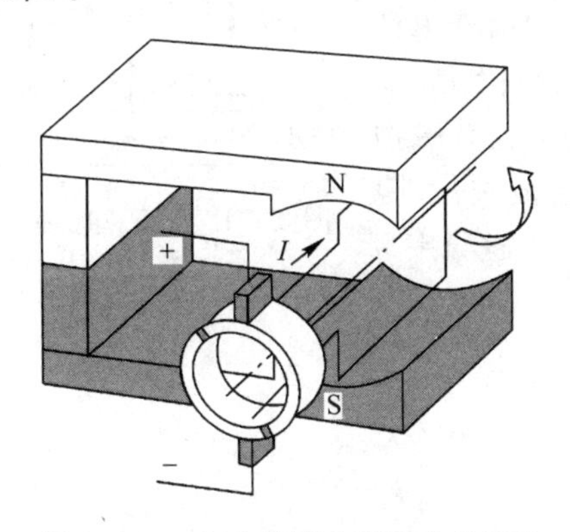

图 2.7-33　通电线圈在磁场中的运动

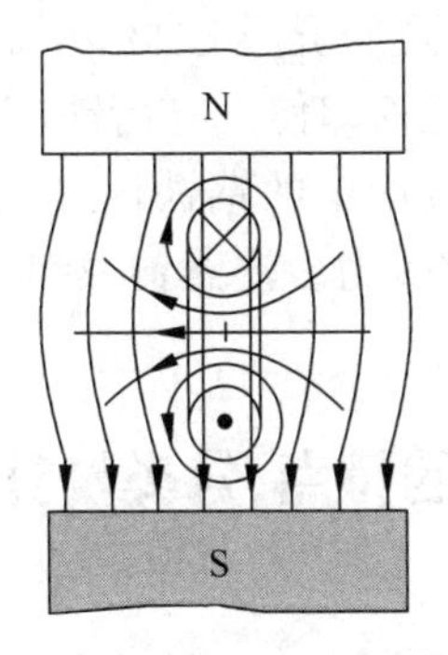

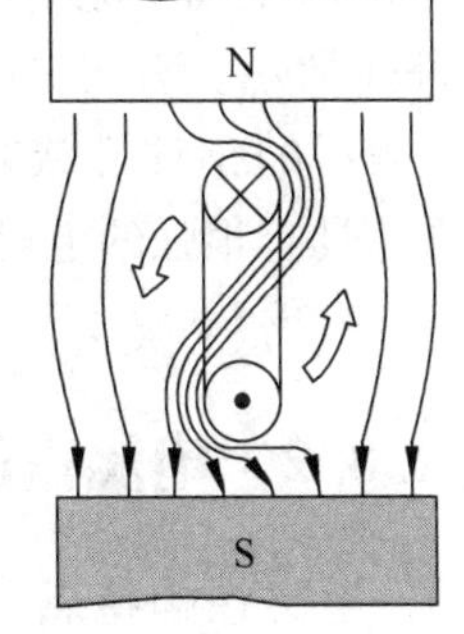

图 2.7-34　通电线圈在磁场中产生的力矩

在磁场中通电线圈会产生旋转,其旋转方向取决于线圈中的电流方向和磁场的方向。

如果要想使线圈不停地持续旋转,则必须通过电流换向器(整流子)来向线圈提供电流。用于线圈绕组的电流换向器由两片铜质的半圆环(整流片)组成,其中一个半圆环与线圈的始端连接,另一个则与线圈的末端连接。线圈与电流换向器同时旋转,线圈中的电流是通过两个固定的电刷与整流子的接触来引入的。在线圈转动时,当它正好转过 90°的最大角度时,则线圈中的电流便改变方向,使得线圈继续朝原来的方向旋转。即通过换向器作用,可以使 N 极下的导体中的电流始终向里流动,S 极下的导体中的电流始终向外流动,这样就可以使两个导体边产生方向不变的转矩。

在直流电动机中，线圈通常都是绕在由电工钢片叠合而成的圆柱形叠片式铁芯上，每组线圈的始端和末端都与对应的整流片连接，并通过电刷与外电路相连。人们尽可能地增加线圈和整流片的数量，这样就不会同时出现反方向旋转的可能性了。(有关电动机的知识将在后续章节中详细阐述。)

2.8 电磁铁

2.8.1 电磁铁的结构和工作原理

利用电流产生磁场的原理和磁场能吸引铁磁材料的特性而制成的一种电器叫做电磁铁。

电磁铁的形式很多，但基本组成部分相同，一般都是由励磁线圈、铁芯和衔铁三个主要部分组成，如图 2.8-1 所示。励磁线圈由漆包线或纱包线以多层绕制在线圈骨架上，并经绝缘处理后套在铁芯上，有单层绕组和多层绕组结构。少数特制电磁铁没有衔铁，而是把工件当作衔铁(如图 2.8-2(c)所示平面磨床的电磁吸盘)。

当励磁线圈通过一定数值的电流时，铁芯被磁化并对衔铁产生电磁吸力，将衔铁吸向铁芯。线圈断电后，电磁力消失，衔铁借助反作用弹簧的作用力返回原来位置(复位)。

电磁铁的励磁线圈通电后为什么能产生吸力呢？由于线圈通电后，在其周围就会产生磁场，如果在线圈内放入软磁材料做成的铁芯，则铁芯被磁化后产生磁性。对于电磁铁来说，励磁线圈通电后产生的磁通经过铁芯和衔铁形成闭合磁路，使衔铁也被磁化，并产生与铁芯不同的异性磁极，从而产生电磁吸力，如图 2.8-1 所示。有的电磁铁即使没有衔铁，靠近它的其他铁磁物质(被搬运的钢铁件或被加工的钢铁件等)也同样会被磁化，因此，铁芯具有很强的电磁吸力。注意铜或铝制工件由于磁导率 μ 极小不能被铁芯吸引。

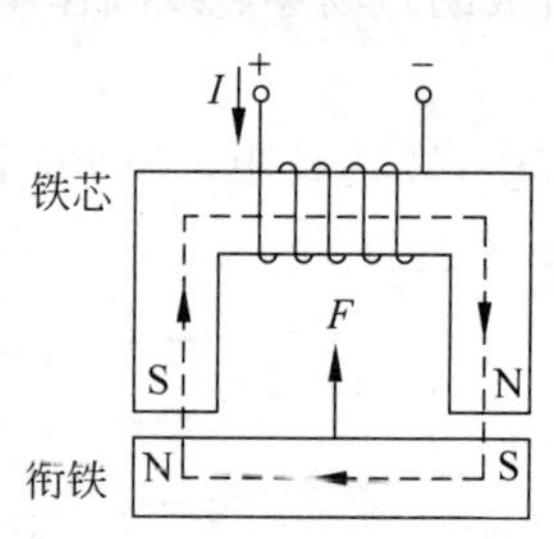

图 2.8-1 电磁铁原理图

2.8.2 电磁铁的特点、分类及其应用

1. 电磁铁的特点

电磁铁是电磁电器中常用的部件，具有以下特点。

(1) 衔铁动作迅速、灵敏、容易控制。

(2) 铁芯采用软磁材料制作，剩磁小，当励磁电流通过线圈时，铁芯呈现磁性，当线圈电流中断时，铁芯的磁性基本消失，可以确保衔铁释放。

(3) 励磁电流方向改变时，电磁铁的极性也发生改变。利用该特点可以制成极化继电器。

(4) 励磁电流越大，线圈匝数越多，磁性越强，对衔铁的吸力越大。

2. 电磁铁的分类及其应用

电磁铁按照励磁电流的性质可分为直流电磁铁和交流电磁铁两大类。按照用途和结构特点，又可分起重用电磁铁和控制、保护用电磁铁，如图 2.8-2 所示。

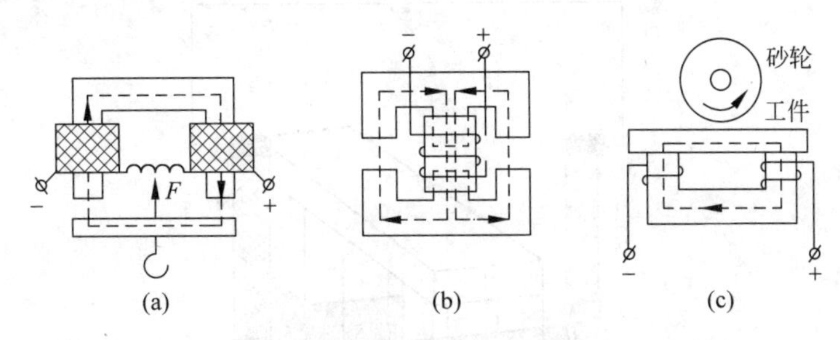

图 2.8-2　几种形式的电磁铁

由于电磁铁具有动作迅速、灵敏、易控制等优点，在日常生活和工农业生产、特别是远距离控制以及自动化、半自动化设备中，常用电磁铁代替人工去完成各种搬运、控制和保护的任务。例如起重吊车上的制动电磁铁；起重各种材料的起重电磁铁；电力传动中的电磁离合器；作为机械工具用的电动锤；磨床上作夹具用的电磁吸盘等。就是在原子能工业中，巨大的回旋加速器也需要一个很大的电磁铁。在电力工业和电力拖动中，电磁铁的应用就更为广泛，例如作为低压开关使用的接触器、各种电磁阀，控制用的磁力起动器、中间继电器、时间继电器、保护用的过流继电器等，其核心机构都是电磁铁。

2.9　感应与电感

感应是通电导体中反抗电流变化的一种特性。没有人能够直接地看到电路中发生的感应现象。但在生活中，当我们用手推车运送重物时，都有这种感受：推一辆静止的手推车比推一辆正在向前行驶的手推车所用的力要大。这是因为重物具有惯性。惯性是反抗物体的速度发生改变的一种特性。而电路中的“惯性”是通过“感应”所表现出来的电流效应。

英国物理学家法拉第(Michael Faraday)于 1805 年就开始了电学方面的实验。自从 1819 年丹麦物理学家奥斯特发现了电流的磁效应之后，许多人都在寻求他的逆效应。这就是：电流既然能够产生磁场，那么，能不能反过来利用磁场的作用来产生电流呢？许多科学家做了各种试验，终于在 1831 年，法拉第完成了他关于磁性耦合线圈方面的实验，他发现了电磁感应现象，并总结出了法拉第电磁感应定律。

2.9.1　法拉第电磁感应定律

1. 导体在磁场中运动产生的感应电压

【实验 2.9-1】　将两条可以摆动的金属带与一根导体固定之后，悬挂在一个磁性很强的马蹄形磁铁的两个磁极之间。再将这两条金属带与一个零位刻度在中间的毫伏表相连接，然后，来回摆动处于磁场中的导体。如图 2.9-1 所示。

【结果】　只要导体在磁场中运动，则电压表上就会显示出电压。电压的方向取决于导体的运动方向。

在磁场中运动的导体会感应出一个电压，这一电压称为感应电压或动生电动势。人们把这一过程也称之为动感应。可见：如果使导体在磁场中作切割磁力线运动，则在导体中

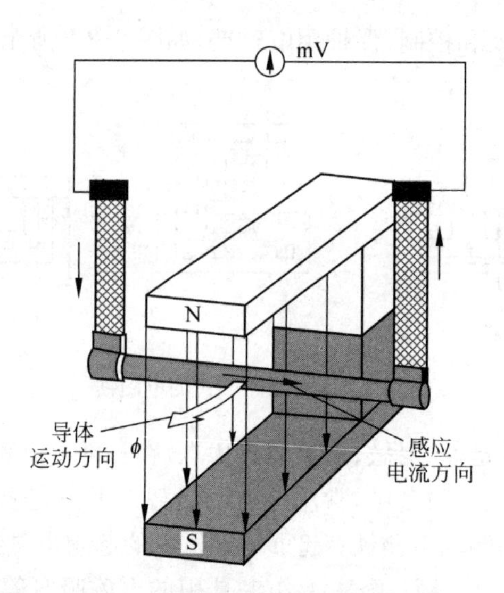

图 2.9-1　在磁场中运动的导体

会感应出电压。

【实验 2.9-2】 磁铁的两个磁极调换一下位置，重复实验 2.9-1。

【结果】 电压表所显示的电压方向正好与实验 2.9-1 的情况相反。

因此，感应电压的方向取决于导体的运动方向和作用磁场的方向。

上述现象我们可以通过电子在磁场中的受力情况加以解释。处于导体中的自由电子随导体而运动，当它们垂直于磁场运动时，则磁场中的洛伦兹力便对运动的电子产生作用。因此，处于导体中的自由电子便会向导体的一端偏移，如图 2.9-2 所示。这样，在导体的一端便会出现电子的聚集，而在导体的另一端则会有正电荷的聚集，于是在导体的两端就产生了感应电压。

如果将导体形成一个闭合回路，则在导体中的感应电压便会产生电流，该电流的方向可以用如图 2.9-3 所示的右手定则来确定，右手定则是这样规定的：伸出右手，拇指与其余四指成 90°角。磁力线垂直穿过手心，拇指指向导体的运动方向，那么，四指指向导体中产生感应电流的方向。

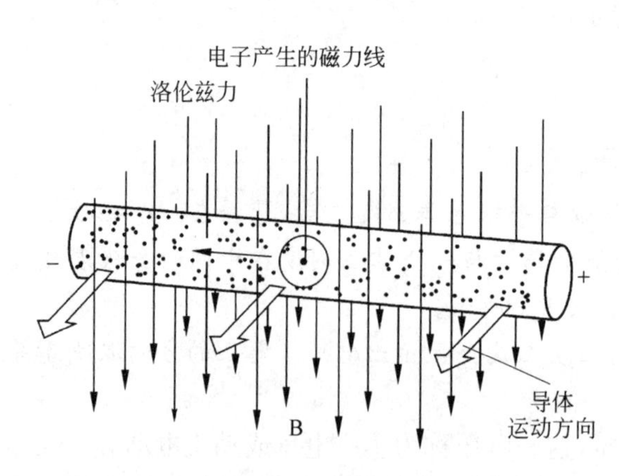

图 2.9-2　洛伦兹力使电子产生位移

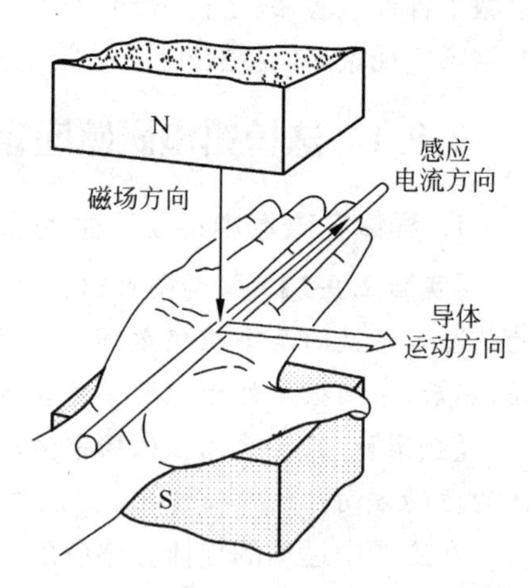

图 2.9-3　右手定则

2. 感应电压的大小

法拉第电磁感应定律指出：导体中产生感应电压的大小与磁通变化率成正比。这一定律可以用下面数学表达式表示：

$$e_i = N\frac{\Delta\Phi}{\Delta t}$$

式中，e_i 为感应电压，V；N 为线圈匝数；$\Delta\Phi$ 为磁通变化量，W；Δt 为磁通变化所需要的时间，s。

对一个运动的单匝导线环来说，我们可以将其感应电动势的公式具体化，如图 2.9-4 所示。推导过程如下：

其磁通的变化速度为：$\frac{\Delta\Phi}{\Delta t}=B\cdot\frac{\Delta A}{\Delta t}$，

而面积 $A=l\cdot s$，

则磁通变化率为：$\frac{\Delta\Phi}{\Delta t}=B\cdot l\cdot\frac{\Delta s}{\Delta t}$，

而$\frac{\Delta s}{\Delta t}=v$，则$\frac{\Delta\Phi}{\Delta t}=B\cdot l\cdot v$。

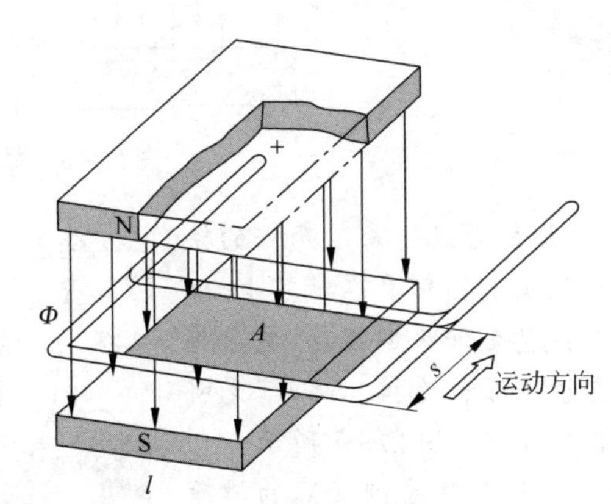

图 2.9-4　单匝线圈中产生的感应电压

如果是多个单匝导线环串联起来，即是一个线圈，则只需将感应电压的数值再乘以线匝的数目便可以了。因此，多个导线环串联产生的感应电压大小可以通过下面计算公式计算：

$$e_i = N\cdot B\cdot l\cdot v$$

式中，B 为磁通密度，T；l 为导体的有效长度，m；v 为导线移动的速度(与磁场垂直)，m/s；N 为导线的数目。

从上述公式可以看出：感应电动势与磁通密度、导线的数目、导体的有效长度和导线切割磁力线的速度成正比。

法拉第电磁感应定律描述了如何确定感应电压的大小，而没有确切地说明感应电压的方向如何确定。下面我们就讨论如何确定感应电压的方向。

2.9.2　楞茨定律

1833 年，俄国物理学家楞茨(Lenz)进一步概括了电磁感应的实验结果，得出了确定感应电压方向的法则,即楞茨定律。

【实验 2.9-3】 将一根导体与两条可摆动的金属带固定连接后,悬挂于一个U形铁芯的两个极靴之间,并在铁芯上套入两个串联起来的线圈,每个线圈为600匝,通过一个可变电阻和一个电流表,将线圈接到直流电源上,调节一个2A的电流,然后来回摆动导体,并将两条金属带相互短路。如图2.9-5所示。

【结果】 运动的导体受到一种制动作用。

通过感应电压所引起的电流,在导线周围产生一个磁场,它与电磁铁的磁场相互叠加,如图2.9-6所示。这样便对导体产生一个与运动方向相反的作用力。

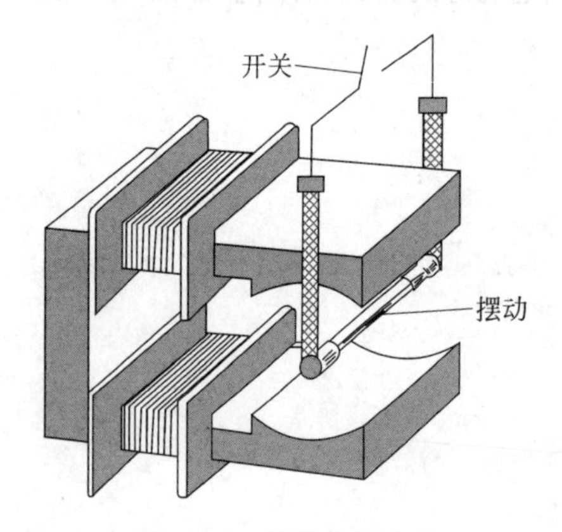

图2.9-5 楞茨定律实验

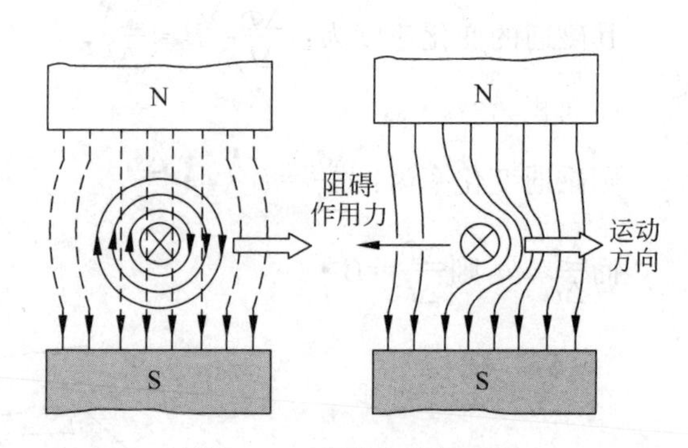

图2.9-6 楞茨定律的解释

【实验 2.9-4】 将一根大约为线圈长度两倍的铁芯插入线圈之中,再将一个铝质的圆环套在铁芯上,用线悬挂起来,并使铝环可在铁芯之间来回摆动,然后将线圈通过一个开关与直流电压源相连接。此时,先将线圈接通电流,稍后再将其断开。如图2.9-7所示。

【结果】 在电流接通时,铝环将受到线圈的排斥而向外运动。而在电流断开时,铝环将受到线圈的吸引而向里运动。

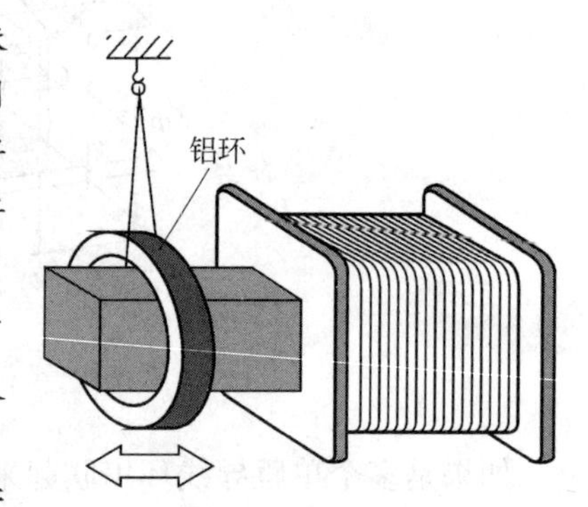

图2.9-7 铝环所受的作用力

这是因为,当电流接通时,在铝环中的感应电压产生一个感应电流,并由此而产生一个磁场。这个磁场正好与通电线圈所建立的磁场作用相反,两者相互排斥,因此铝环向外运动。

而当电流断开时,铝环中感应电流所产生的磁场作用恰恰又要反抗由于通电线圈切断电流所引起的磁场消退。因此,由感应而产生的电动势方向是这样确定的:在任何电路中,感应电动势产生的磁通总是反抗磁通量的变化。这就是楞茨定律。铝环中产生的感应电动势方向可以根据楞茨定律和右手螺旋法则判定。

因此,感应电压的大小和方向可以用下面数学公式表示:

$$e_i = -N\frac{\Delta\Phi}{\Delta t}$$

式中的“—”号反映了楞茨定律的内容,负号后面的表达式反映了法拉第电磁感应定律的内容。在具体计算时，这个负号常常不考虑，因为通常所要计算的是感应电压的数值。

2.9.3　涡流

【实验 2.9-5】　如图 2.9-8 所示，将一块可以来回摆动的铝片悬挂在一个磁性很强的电磁铁的两个磁极之间，先将铝片来回摆动，然后将电磁铁的线圈接通直流电压。

【结果】　当电磁铁线圈没有接直流电压时，铝片可以自由地摆动；当电磁铁线圈接通直流电压时，铝片的摆动受到很强的制动作用。

铝片在电磁铁产生的磁场中运动时，在铝片的内部感应出电压，而铝片本身就像一个闭合的导线匝。由于铝片的电阻很小，所以会产生很大的电流，这个电流在铝片内部没有固定的电流通路，在铝片内形成不规则的电流流动，因此称之为涡流。这一涡流在磁场的作用下对运动的铝片产生了制动作用。因此，由导电材料制成的平板在磁场中运动时，在该平板中会产生涡流。

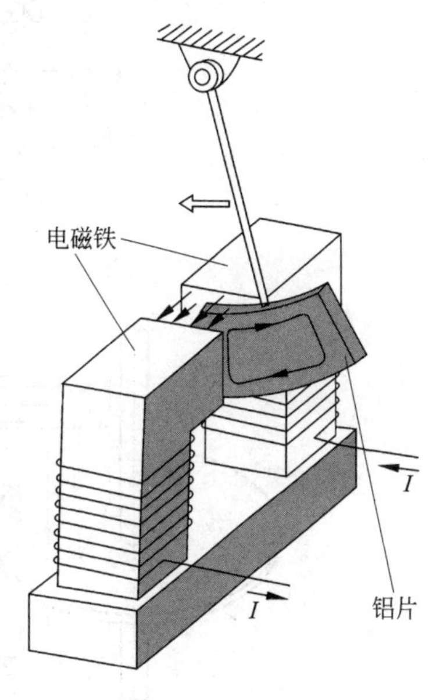

图 2.9-8　涡流实验

涡流也是一种电磁感应现象，不过它是一种特殊形式。如图 2.9-9(a)所示，在整块铁芯上绕有一组线圈，当线圈中通过方向交变的电流时，铁芯内会产生交变的磁通，这种交变磁通穿越铁芯，在铁芯中产生感应电动势。由于铁芯可看作一个闭合回路，因而在感应电动势作用下产生感应电流，即涡流。

在涡流流动时，由于整块铁芯的电阻很小，所以涡流往往可以达到很大的数值，使铁芯发热造成不必要的损耗，这种损耗成为涡流损耗。我们将涡流损耗和磁滞损耗一起称为铁损。

另一方面，根据楞茨定律可知，涡流产生的磁通有阻止原磁通变化的趋势，即涡流具有削弱原磁场的作用。这种作用称为去磁作用。

涡流造成的热能损耗与去磁作用都是电工设备中所不希望的，应该设法减小。通常是用增大涡流回路电阻的方法来减小涡流。如在低压电器、电机、变压器等电气设备的磁路中，通常使用相互绝缘的硅钢片作为铁芯，这一点，在变压器中将进一步讨论。

如图 2.9-9(b)所示。将涡流的区域分割减小，同时硅钢片材料的电阻率比较大，每片又经绝缘处理，从而大大增加了涡流回路的电阻，达到减小涡流的目的。

在电子仪表中常常采用涡流制动。例如一块铝质的圆片在磁场中转动，在圆片上将产生涡流，通过磁场对涡流的作用来实现对圆片的制动。在电度表中就是通过一块铝质的圆盘在磁铁的两个磁极之间转动来产生制动作用的，如图 2.9-10 所示。测量仪表的指针偏转运动，也常常是通过涡流所产生的磁场来产生阻尼作用的，如将一个闭合的铝质框架在磁铁的两个磁极之间运动就会产生这样的作用效果。

涡流产生的热能也被用来加热金属，高频感应炉就是一例。其主要结构是把一个高频(几千赫兹)大电流(几百至几千安培)的交流电源施加到绕制在坩埚外面的线圈上，在坩埚内放入需要融熔化的有色金属块。由于线圈中通入的是高频大电流，将产生一个强大的交

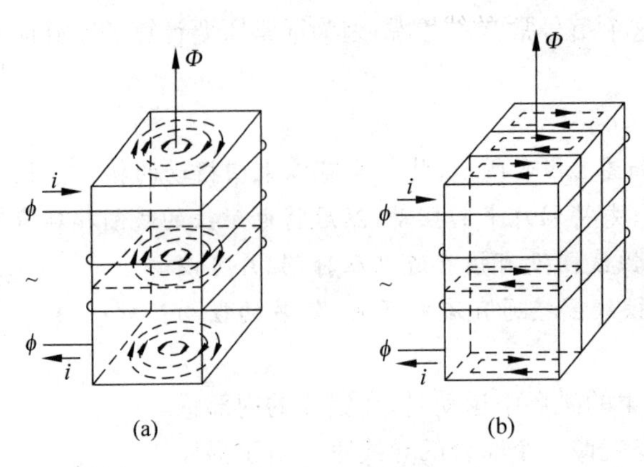

图 2.9-9 涡流

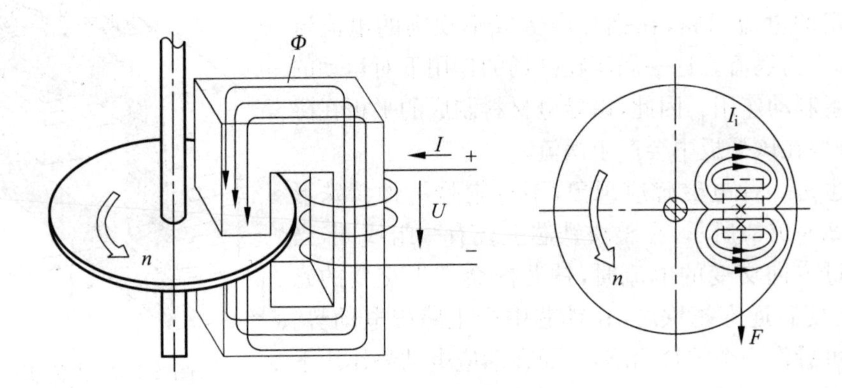

图 2.9-10 涡流在电度表中的应用

变磁场，置于坩埚内的金属块因有交变磁通穿越而产生很大的涡流，此涡流导致金属自身高温加热熔化。

2.9.4 自感和电感的单位

1. 自感

前面已经阐述，通电直导线或线圈的周围都会产生磁场。然而，在其内部流动的电流发生变化时，周围的磁场也将发生变化。而当该磁场的变化，将在直导线或线圈中产生感应电压。这一电压不是由外界磁场变化引起的，而是由于直导线或线圈本身的电流变化引起的，因此我们称这一感应电压为自感电压。而产生自感电压的这一过程被称为自感现象。

【实验 2.9-6】 将一个 300 匝的线圈套入一个 U 形铁芯，并通过一块轭铁把铁芯的磁路闭合。实验电路如图 2.9-11 所示。将线圈与一个额定值 4.5V 的灯泡串联；再用一个可变电阻也和一个额定值 4.5V 的灯泡串联，然后，将这两个串联支路并联，再通过一个开关与直流电源连接。将开关接通后，先通过可变电阻把两个灯泡的亮度调整到一样大，再将开关断开。

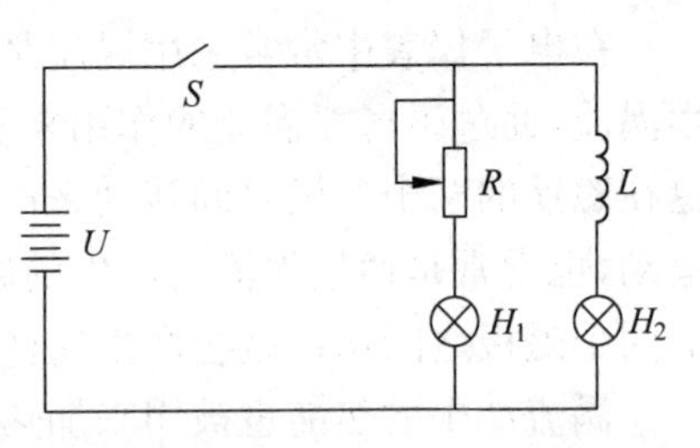

图 2.9-11 线圈自感实验电路

闭合开关，注意观察两个灯泡被点亮的先后次序。

然后，再分别用 600 匝、1200 匝的线圈替换 300 匝的线圈，并重复上述实验。

【结果】 在开关接通后，与线圈串联的灯泡要比与电阻串联的灯泡延迟一段时间才被点亮。并且其延迟时间随线圈匝数的增加而增加。

上述实验表明：在开关闭合后，线圈与灯泡的串联支路中的电流是逐渐增大的，因此线圈中的磁通也是逐渐增大的，这样就在线圈中产生了自感电压，并且这一电压逐渐减小，可使得灯泡 H_2 上的电压逐渐增大，因此灯泡的亮度逐渐增强。

可见：自感电压是由于流过线圈自身电流的变化产生的。

根据楞茨定律可知，自感电压的方向阻碍磁通的变化，因此导致灯泡 H_2 上的电压在开关接通瞬间小于灯泡 H_1 上的电压，于是，就出现了与线圈串联的灯泡被延迟点亮的现象。

另外，线圈匝数对延迟时间的影响则说明：匝数越多产生的自感电压越大。

【实验 2.9-7】 将实验 2.9-6 中的 U 形铁芯去掉，重复实验 2.9-6 的过程。

【结果】 与线圈串联的灯泡被点亮的延迟时间大大缩短。

这一现象说明：铁芯材料也影响着自感电压的大小。

因此，自感电压的大小我们可以用下面公式表示：

$$u_i = L \cdot \frac{\Delta I}{\Delta t}$$

式中，ΔI 为电流变化量；Δt 为电流变化所需要的时间；L 为自感系数。

我们用自感系数表示上述实验中提到的线圈匝数、铁芯材料等因素。实际上线圈上磁通变化量还与线圈的截面积 A、平均磁力线长度 l 有关，可以用下面公式表示：

$$L = N^2 \cdot \frac{\mu_0 \mu_r A}{l}$$

从上述公式可以看出：对于空心线圈来说，当线圈的尺寸、匝数确定以后，线圈的自感系数就是一个常数。但对于带铁芯的线圈来说，由于铁磁材料的磁导系数不是常数，因此线圈的自感系数也不是常数。

线圈的自感系数统称为电感。空心线圈的自感系数与电流的大小无关，称为线性电感。带铁芯的线圈的自感系数随电流的大小而变化，称这种电感为非线性电感。在本书中只讨论线性电感的特性。

2. 电感的单位及其符号

法拉第在英国从事关于电磁方面研究工作的同时，亨利(Joseph Henry)在纽约也独立地进行着同样的研究工作。而亨利先于法拉第发现了线圈的自感特性。因此，电感的单位为 H(亨利)，是用“Henry”命名的。其常用单位还有 mH(毫亨)、μH(微亨)。它们之间的换算关系如下：

$$1\text{H} = 1\times 10^3\,\text{mH} = 1\times 10^6\,\mu\text{H}$$

1H(亨利)的含义：在一个线圈中，如果电流在 1s 内变化 1A，从而使线圈上产生 1V 的感应电压，那么，该线圈的电感就为 1H。

在图 2.9-11 的自感现象实验中，当开关 S 闭合时，灯泡 H_2 逐渐变亮。对于这一现象也可以这样进行解释：在接通电源的初始过程中，电源提供的电能没有立即全部转换为光能和热能，那么，那部分能量到哪里去了呢？实验证明，这部分能量以磁能的形式存储在线圈中，因此，电感线圈也是储能元件，并且，电感线圈中流过的电流越大，其线圈中存储的磁能就越大。可见，利用电感线圈可以将电能转换为磁能。电感线圈中磁能(W_L)的大小与流过线圈的电流平方(I^2)和线圈的电感量(L)成正比，可以用下面公式表示：

$$W_L = \frac{1}{2}LI^2$$

从前面分析可知：空心线圈或带铁芯的线圈可以存储磁场能量。它与电阻、电容一起构成了电路中的三大基本元件。其电路符号如图 2.9-12 所示。

图 2.9-12　电感的符号

理想电感不消耗电能，只具备存储磁能的能力。但是，实际电感线圈是由导线绕制的，导线总有一点电阻，因此有电流时要消耗电能。然而，导线的电阻很小，一般情况下可以忽略不计。在本书中，如果不作特殊说明，那么，所有电感都被当作理想电感。

2.9.5　电感在直流电路中的特性

1. 电感在直流电路中的特性

如果将直流电源直接在一个纯电感的两端，那么，电流将在电感中流动，其稳态电流值等于电源电压与电源内阻的比值。由于线圈中自感电压的作用，电感上的电流是逐渐建立的。当电流开始流动时，产生磁力线切割电感线圈，于是在电感上产生了与电源电压方向相反的感应电压。这一反向感应电压将使电流延迟一段时间到达其稳态值。当电源电压变为零时，磁力线消失，电感线圈再次受到切割，从而在电感上又产生一个感应电压，这一电压将反抗电感线圈中电流的减小。一般来说，电源的内阻很小，上述变化过程很快，不容易被看到。因此，在电路中加入一个电阻以增加延迟时间，这样可以清楚地看到电感中电流的变化过程。

【实验 2.9-8】 将一个 100mH 的电感与一个 1kΩ 的电阻串联，然后连接到电压为 6V、频率为 1kHz 的方波上，如图 2.9-13(a)所示。用示波器观察电感上的电压随电源电压的变化规律。再将电阻与电感的位置对换，观察流过电感上的电流随电源电压的变化规律。

【结果】 在示波器上观察到电感电流的增加与衰减曲线，如图 2.9-13(b)、(c)所示。

当方波电压从 0 变为 U 时，电流试图在电路中流动，但是由于电感上建立起了反向感应电压，在初始时刻，其感应电压等于电源电压，因此电感中没有电流流动，电阻 R 上没有电压。如图 2.9-13(b)所示。

当电流逐渐增加时，电阻上的电压 u_R增加；电感上的电压 u_L减小。实际上，电感电压的减小，就意味着流过电感上的电流在增加。当 u_L 为零时，电感电流不再增加，达到稳态值。如果忽略电源内阻的影响，其稳态电流值为电源电压与电阻的比值。可见，电感上的电流 i_G是逐渐增加的，这一过程类似于电容器的充电过程。

由此我们得出电感中电流的特性：电感中流动的电流不能突变。

电感就像机械力学中的惯性一样。在电感电路中，电流的增加过程可以比喻成水面上静止的船将要向前运动的过程。船将要开始运动的瞬间，一个恒定的作用力作用在船上。在这一时刻，船的速度变化率最大(加速度最大)，所有的这些作用力用于克服船的惯性。当船向前运动使其速度增加以后，作用力仅用于克服船体与水之间的阻力。当速度平稳后，加

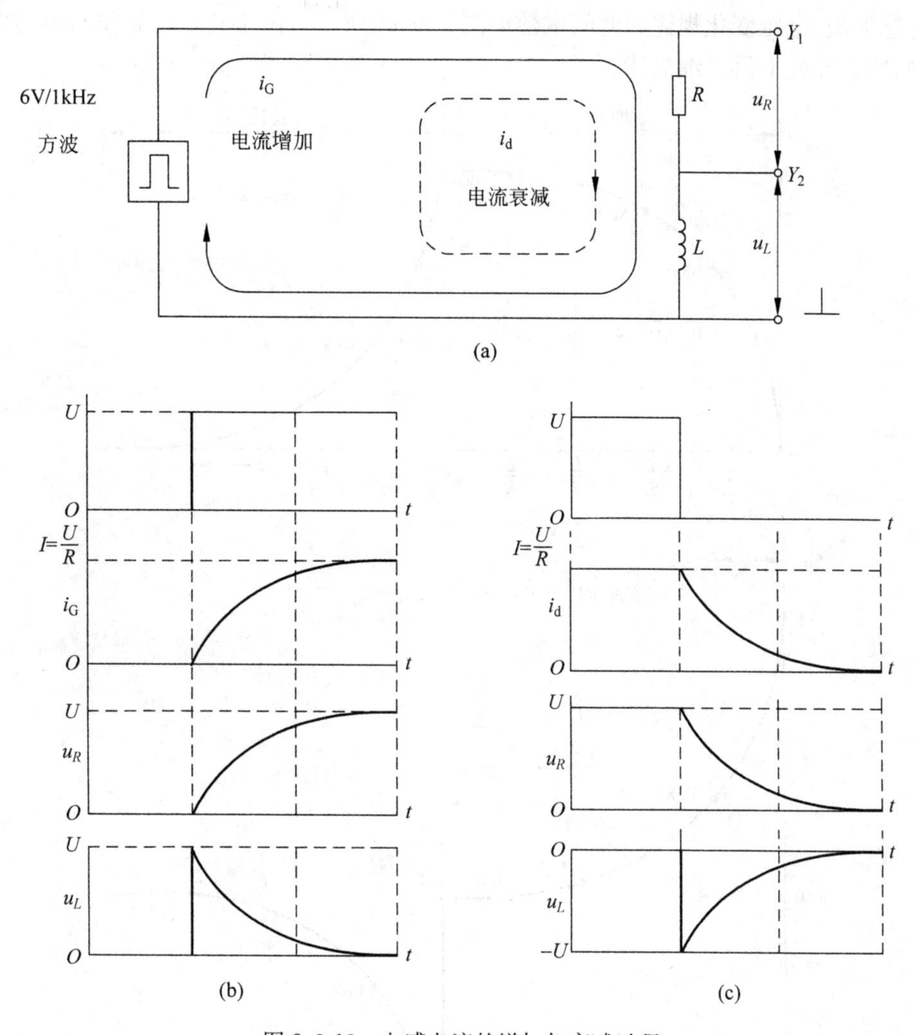

图 2.9-13　电感电流的增加与衰减过程

(a) 电路；(b) 电流增加；(c) 电流衰减

速度为零，船匀速向前运动。可见，加速度相当于电感上的电压，船运行的速度相当于电感中流动的电流。

当方波电压从 U 变为 0 时，围绕在电感周围的磁力线消失，此时电感上感应出一个感应电压 u_L，其大小与电源电压的幅度相等，方向与前一时刻的电源电压相反。于是，这一感应电压将引起电路中的电流 i_d。电阻上的电压开始等于 U，然后很快降为零；电感两端的电压 u_L 开始为 $-U$，最终也为零。如图 2.9-13(c)所示。这一过程类似于电容器的放电过程。

2. 时间常数

与电容电路一样，在电感电路中时间常数也是这样定义的。即：当通过电感的电流增加到电流最大值的 63.2%时(或下降到 36.7%)所需要的时间，称为 RL 串联电路时间常数，用 τ 表示，其计算公式为

$$\tau=\frac{L}{R}$$

电感电流、电压变化规律和时间常数如图 2.9-14 所示。由于其变化规律与电容电路完全相同,所以此处不再详细描述。

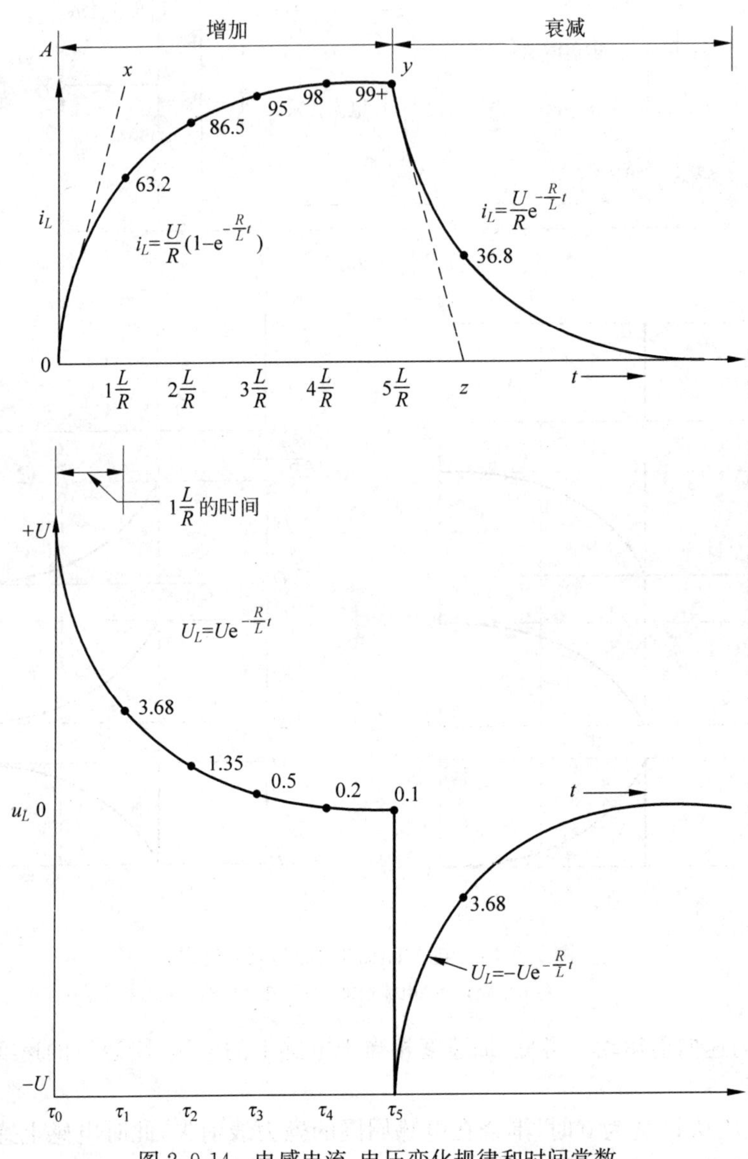

图 2.9-14 电感电流、电压变化规律和时间常数

2.9.6 互感

如前所述,当接通和断开一个线圈的电流回路时,线圈中的磁通发生变化,由此会在线圈上会感应出电压来,这种现象称为自感。

如果使一个通电线圈产生的磁通穿过另一个线圈,则在第一个线圈中的磁通变化会在第二个线圈上感应出电压来。人们将这一过程称之为静感应,也常称为互感。

可见:在线圈中的任何磁通变化,都会在线圈上感应出电压。

下面我们对互感作进一步的讨论。

【实验 2.9-9】 将第一个线圈通过一个可变电阻、一个电流表与直流电压源相连接。再将另外一个线圈与一个零位指针刻度在中间的毫伏表相连接，然后，将它靠近第一个线圈放置。第二个线圈可先后选用 300 匝、600 匝、1200 匝的不同圈数。然后将第一个线圈中的电流以较快或较慢的速度增大、减小，观察第二个线圈中的电压变化。

【结果】 在第二个线圈中将感应出电压。其感应电压随线圈的匝数以及电流变化速度的增大而增大。

【实验 2.9-10】 将两个线圈都套于同一个铁芯上，重复实验 2.9-8 的过程。

【结果】 产生的感应电压比前一个实验时大得多。

可见，利用铁芯，将使线圈中的磁通变化量增大。线圈匝数越多，磁通变化量越大，磁通变化所用的时间越短（即变化速度越快），则在线圈中感应出的电压越大。

两个通有电流的线圈（或称为载流线圈）之间通过彼此的磁场相互联系的物理现象称为磁耦合。图 2.9-15(a)为两个有耦合的电感 L_1 和 L_2，线圈中的电流 i_1 和 i_2 称为施感电流，我们将施感电流 i_1 对线圈 2 的作用称为互感，反之亦然。线圈的匝数分别为 N_1 和 N_2。根据两个线圈的绕向、施感电流的参考方向和两个线圈的相对位置，按右手螺旋法则可以确定出电流产生的磁通方向和彼此交链的情况。假设线圈 1 中的电流 i_1 产生的磁通为 Φ_{11}，下标“11”中的第一个 1 表示该磁通所在线圈的编号，第二个 1 表示产生该磁通的施感电流所在线圈的编号。Φ_{11} 的方向，如图 2.9-15(a)中所示。

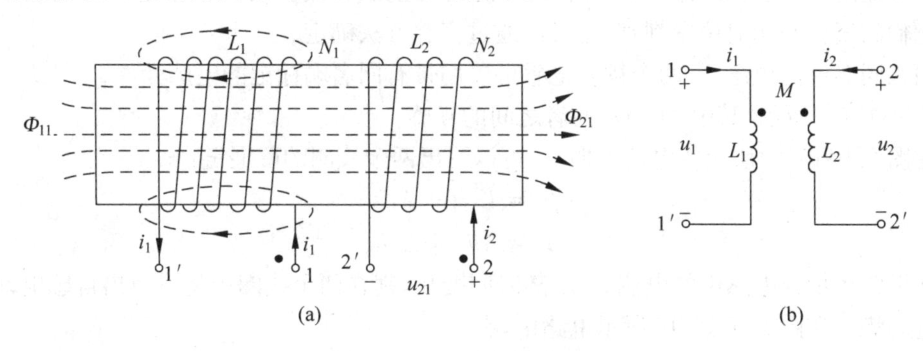

图 2.9-15　两个线圈的互感

磁通与线圈匝数的乘积称为磁通链，用字母 ψ 表示，即有 $\psi=N\Phi$。用 ψ_{11} 表示电流 i_1 在线圈 1 中的磁通链，称为自感磁通链，ψ_{21} 表示电流 i_1 与线圈 2 交链的磁通链，称为互感磁通链；用 ψ_{22} 表示电流 i_2 在线圈 2 中产生的自感磁通链，ψ_{12} 表示电流 i_2 与线圈 1 交链的互感磁通链。每个线圈中的磁通链等于自感磁通链和互感磁通链两部分的代数和。因此，线圈 1 和 2 中的总磁通链分别为

$$\psi_1 = \psi_{11} \pm \psi_{12}$$
$$\psi_2 = \psi_{21} \pm \psi_{22}$$

当周围空间是同性磁介质时，每一种磁通链都与产生它的施感电流成正比。因此，自感磁通链可写成：

$$\psi_{11} = L_1 i_1$$
$$\psi_{22} = L_2 i_2$$

互感磁通链：

$$\psi_{12} = M_{12} i_2$$
$$\psi_{21} = M_{21} i_1$$

式中,M_{12}、M_{21}为互感系数,单位:H,$M>0$。

可以证明,$M_{12}=M_{21}$。所以,当只有两个耦合电感时,可以用M表示两者之间的互感。耦合电感之间的互感系数M的大小与线圈匝数、线圈的尺寸、介质的磁导率、两线圈之间的相对位置有关。

两个耦合线圈中的磁通链可以表示为

$$\psi_1 = L_1 i_1 \pm M i_2$$
$$\psi_2 = \pm M i_1 + L_2 i_2$$

上式表明,耦合线圈中的磁通链与施感电流呈线性关系。互感磁通链M前的"±"号说明磁耦合中的两种情况:"+"号表示互感磁通与自感磁通方向相同,使总磁通增大;"−"号表示互感磁通与自感磁通方向相反,使总磁通减弱。

在互感的实际应用电路中,为了便于反映上述两种情况,常采用"同名端"标记法。对两个有耦合的线圈,各取一个接线端,并用相同的符号标记,如"·"、"*"等,这一对端子称为同名端。当一对施感电流i_1和i_2从同名端流入(或流出)各自的线圈时,互感磁通与自感磁通方向相同。例如,图2.9-15(a)中的端子1、2为同名端,在图中用"·"表示。如果电流i_1从端子1流进,电流i_2从端子2流出,则互感将起削弱作用。两个耦合电感的同名端可以根据它们的绕向和相对位置判别,也可以通过实验方法确定。

引入同名端的概念后,两个耦合电感可以用带有同名端标记的电感元件L_1和L_2表示,如图2.9-15(b)所示,其中M表示两者之间的互感。

在图2.9-15(b)所示的电流方向下,可以写出两个线圈的磁通链:

$$\psi_1 = L_1 i_1 + M i_2$$
$$\psi_2 = M i_1 + L_2 i_2$$

如果两个耦合电感中的电流i_1、i_2随时间变化,则在两个线圈中将感应出自感电动势和互感电动势。在图2.9-15(b)所示电路中,有

$$u_1 = \frac{\Delta\psi_1}{\Delta t} = L_1 \frac{\Delta i_1}{\Delta t} + M \frac{\Delta i_2}{\Delta t}$$
$$u_2 = \frac{\Delta\psi_2}{\Delta t} = L_2 \frac{\Delta i_2}{\Delta t} + M \frac{\Delta i_1}{\Delta t}$$

上式中,第一项为每个线圈的自感电动势,当电压与电流参考方向相同时,取"+"号;第二项为两个线圈之间的互感电动势,在图示的同名端和电压、电流参考方向下,取"+"号。

2.9.7 电感的连接

当电感被屏蔽之后,或者未被屏蔽的电感相距足够远时,相邻电感之间的互感作用可以被忽略。在这种条件下,电感可以像电阻、电容那样以相同的方法连接在一起。因此,电感之间也存在着串联、并联和混联的连接方式。

1. 无耦合电感的连接

1) 电感的串联

无耦合电感串联连接时,其等效的总电感量等于各分电感量之和。我们可以用下面公

式表示：

$$L_T = L_1 + L_2 + L_3 + \cdots + L_n$$

式中，L_T 为总电感量；L_1、L_2、…、L_n 为各分电感量。

2）电感的并联

当两个或两个以上无耦合电感以并联方式连接时，总电感如同电阻并联一样，其总电感量小于最小电感量。用公式表示为

$$\frac{1}{L_T} = \frac{1}{L_1} + \frac{1}{L_2} + \frac{1}{L_3} + \cdots + \frac{1}{L_n}$$

式中，L_T 为总电感量；L_1、L_2、…、L_n 为各分电感量。

由于电感连接后的规律与电阻基本相同，所以在此不再做详细的描述。有关电感的应用将在后续章节阐述。

2. 互感线圈的串联与并联

1）互感线圈的串联

具有互感的两个线圈串联时，由于线圈存在着绕向问题，会出现两种接法。一种接法如图 2.9-16 所示，两线圈异名端相连接，电流从同名端流进或流出，这时总磁场是增强的，其等效电感是增加的，这种串连接法叫顺接，也叫顺向串联。另一种接法如图 2.9-17 所示，两线圈同名端相连接，一个线圈的电流从同名端流进，另一个线圈的电流从同名端流出，这时两个电流产生的磁场总是相互削弱的，其等效电感也是减小的，这种连接方式叫反接，也称反向串联。对比以上两种接法可知：两线圈串联时，顺串的等效电感大于反串的等效电感，顺串时电感增加，反串时电感减小。

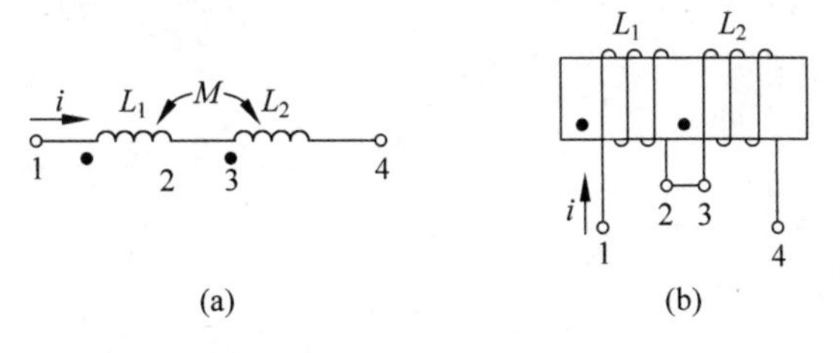

图 2.9-16　耦合电感的顺串

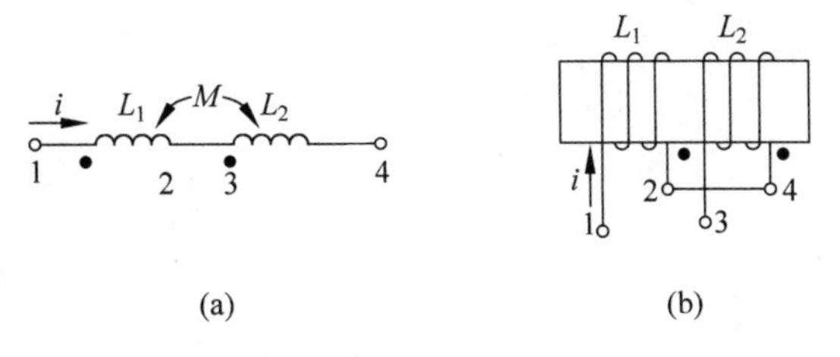

图 2.9-17　耦合电感的反串

2）互感线圈的并联

当具有互感的两个线圈并联时，一种接法是将对应的同名端连接在同一侧，如图 2.9-18 所示，电流均从两线圈的同名端流进或流出，这种接法叫顺向并联。另一种接法是对应的同名端接在异侧，如图 2.9-19 所示，电流从异名端流进或流出，这种接法叫反并。可以证明：

当两个具有互感的线圈并联时,顺并时的等效电感大于反并时的等效电感。

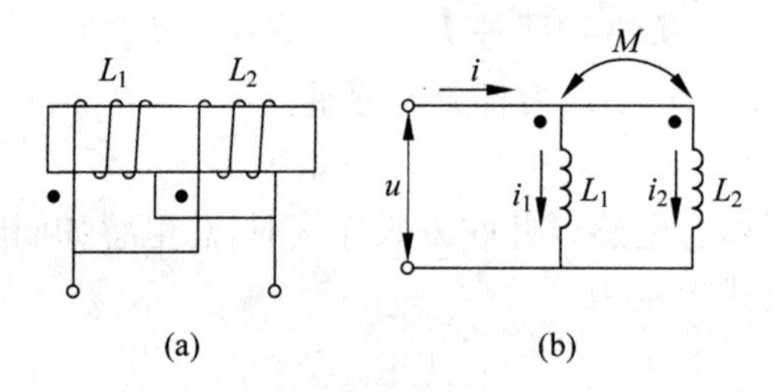

图 2.9-18　耦合电感的顺并

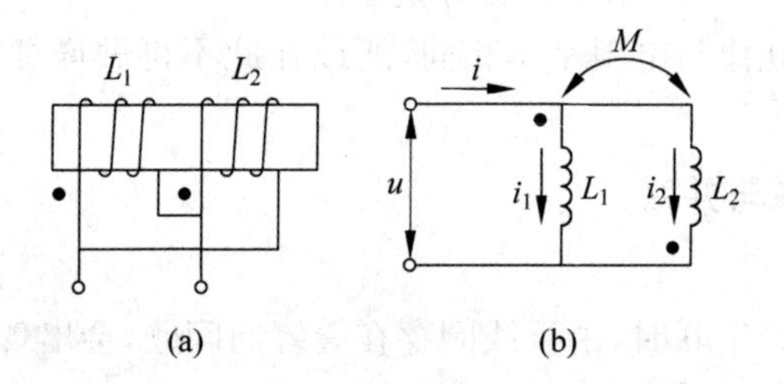

图 2.9-19　耦合电感的反并

互感与自感一样也各有利弊。例如各种变压器,是利用互感原理工作的。但在电子设备中,若线圈的位置摆放不当,各个线圈之间会因互感耦合而产生干扰,严重时会造成整个电路无法工作。为此可能需要加大线圈之间的距离或相互垂直安放,以避免相互影响。必要的话,需要进行磁屏蔽。

第3章

交流电路

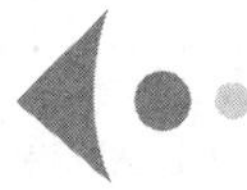

3.1 单相交流电

在电学发展的早期，提供电能的电源只有电池，所以早期的电气设备只能使用直流电源。

随着电能的广泛应用，直流电源供电的缺点逐渐显现出来。在利用直流电源供电时，由于不同用电器的工作电压不同，就必须将一固定的直流电压变换为多个电压值供不同的用电器使用，然而，在直流电压的变换过程中，将会产生较大的损耗，这就是直流电源供电的缺点之一。例如，240V 的直流电压可以将一个额定电压为 240V 的灯泡点亮。如果想利用该直流电压将额定电压为 120V 的灯泡点亮。那么，就要利用串联分压的方法，使串联电阻上分去 120V 的电压，这样才能使 120V 的灯泡正常工作，但此时，分压电阻上消耗的电能较大。在本例中，分压电阻与灯泡消耗的电能相等。

直流电源供电的另一个缺点是大量的电能在传输过程中会消耗在输电线上。这是因为任何输电线上都有电阻存在。如果传输电流很大，那么电阻上消耗的电能就多。要想降低这一损耗，根据 $P=IU$ 这一公式，就必须采用高压输电。然而，在实际中，大多数负载并不需要很高的工作电压，因此，高压输电的方法不适用于直流电源供电系统。

与直流电压不同。交流电压的大小和方向是随时改变的。因此，交流电压可以通过变压器进行升压或降压。这一特点使得在传输线上采用高电压低电流的方法传输电能得以实现，从而达到最大效率的传输，所以现代供电系统都采用交流系统。当交流电能到达用电设备一端时，再利用变压器将高电压变换到负载所需要的电压。这样就解决了直流系统中的两大主要缺点。基于交流电本身固有的这些优点及其多用性，交流供电系统已经取代了直流系统。

除直流电流、电压以外，还存在着许多种类型的电流和电压的形式。如图 3.1-1 所示。

图 3.1-1(a)画出的是直流电压，其特点是电压的幅度和方向恒定。图 3.1-1(b)画出的一些图形的电压的幅度周期性地随时间变化，称为波形，图中画出的是方波、锯齿波和正弦波，当然，在这些波形中，正弦波是最经常使用的。

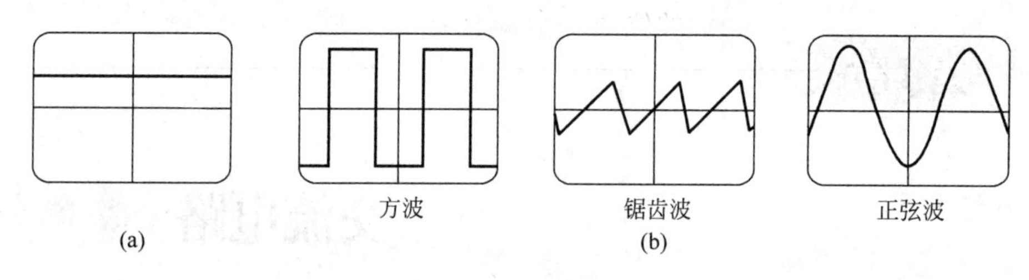

图 3.1-1 电压波形

(a) 直流电压；(b) 交流电压

3.1.1 交流电的产生

交流电由交流发电机产生。发电机是一种将机械能转换为电能的装置。由于后续章节中我们将详细阐述发电机的工作原理，所以在此只对发电机的基本原理进行简单的描述。发电机利用电磁感应原理发电。在对磁学的讨论中我们知道：导体在磁场中运动切割磁力线会产生感应电压；而置于变化磁场中的导体也会产生感应电压。发电机就是按照上述原理制成的。

如图 3.1-2 所示，一个悬挂的导线环(导体)在永久磁铁的两个磁极之间正在逆时针转动(运动)。为了便于解释，我们把导线环的一半涂黑。在图 3.1-2(a)中注意：黑边此时平行于磁力线运动，因此它不切割磁力线。同样，白边虽然向相反的方向运动，但是它也不切割磁力线。因此，此时导线环上没有感应电压产生。当导线环转到图 3.1-2(b)所示的位置时，黑白两边每秒钟切割的磁力线根数最多，这是因为导线环黑白两边的运动方向与磁力线方向垂直。因此，此时导线环上的感应电压最大。

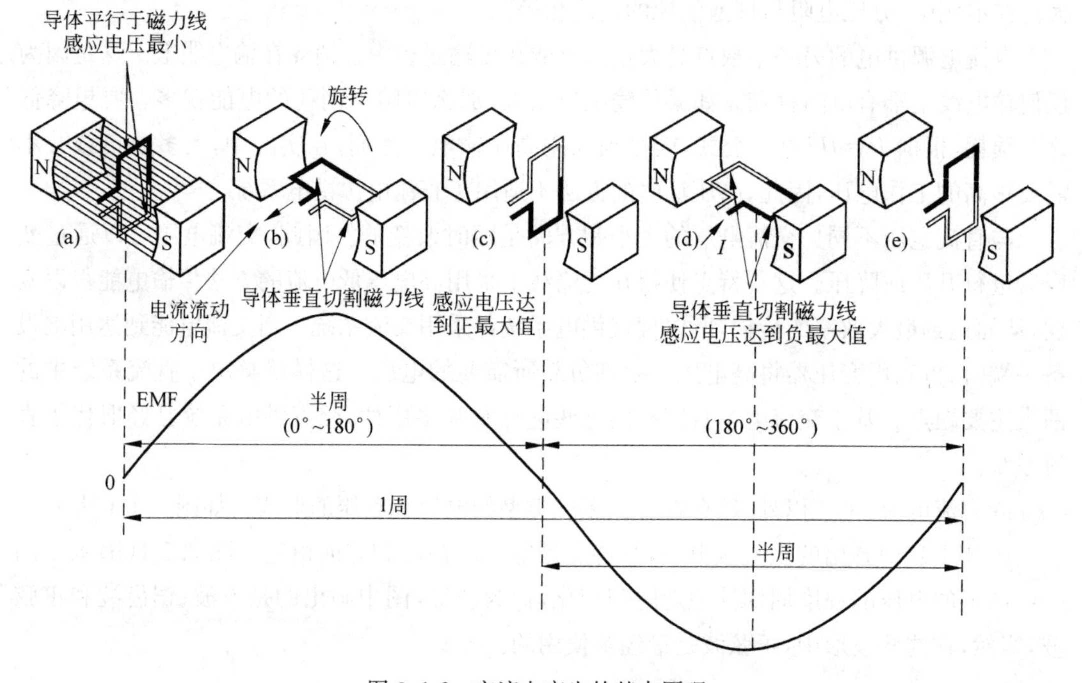

图 3.1-2 交流电产生的基本原理

当导线环继续向图 3.1-2(c)的位置旋转时，黑白两边每秒钟切割磁力线的根数越来越少，因此感应电压从最大值逐渐减小。当导线环正好到达图 3.1-2(c)的位置时，黑白两边的运动方向又与磁力线方向平行，此时导线环上的感应电压为零。至此，导线环已经在永久磁场中转过了半周(180°)，形成了正弦曲线的上半部分。同理，当导线环再继续旋转，就形成了正弦曲线的下半部分。可见，正弦曲线的两个半周组成完整的一周。

3.1.2　正弦交流电的三要素

1. 频率

在讲解频率的概念之前，首先应该了解“周”的含义。周实际上指的是在一个周期时间内的两个完整的半周，它没有特定的时间单位。结合图 3.1-2 的正弦曲线，可以更好地理解“周”的含义：周指的是电压或电流从零变到正峰值再变到零，然后再到负峰值，再返回到零的一个完整过程。

导线环中产生的感应电流方向可以通过右手定则来判断。如果导线环以稳定的速率旋转，并且磁场强度是均匀的，那么正弦电压每秒钟完成的周数和输出电压就是一个固定的值。随着导线环在磁场中的不断旋转就产生出了一系列的正弦波电压，也就是交流电压。可见，导线环旋转的机械能在磁场的作用下转换成了电能。

频率是指交流电流或电压每秒钟完成的周数，它的单位是“赫兹”，用 Hz 表示。其常用单位还有 kHz、MHz 和 GHz。它们之间的换算关系为

$$1\text{Hz} = 1 \times 10^{-3}\text{kHz} = 1 \times 10^{-6}\text{MHz} = 1 \times 10^{-9}\text{GHz}$$

在一个两磁极的发电机中(图 3.1-2)，导线环每旋转 1 周，交流电流或电压的方向改变 1 次用 1Hz 表示。如果在 1s 之内导线环旋转 2 周，那么其频率就是 2Hz。可见，一个两磁极发电机产生的交流电频率与每秒钟导线环旋转的周数相等。即：频率由导线环旋转的速度决定。

如果一台交流发电机有四个磁极(两对磁极)如图 3.1-3 所示，那么，导线环每旋转 1 周所产生的交变电将变化 2 周。当黑边转到磁极 S_1 和 N_2 之间时，产生出半个周波的感应电压。当黑边转到磁极 N_2 和 S_2 之间时，感应电压反向。当黑边转到磁极 S_2 和 N_1 之间时，感应电压再次反向。可见，在导线环旋转 1 周时，感应电压在滑环上反向 2 次。也就是说在一个四磁极的发电机中，导线环旋转 1 周，其产生的交流电变化 2 周。假定导线环旋转 1 周的时间需要 1s，那么 1s 将使交流电变化 2 周，因此这种发电机产生交流电的频率是 2Hz。可见，发电机产生交流电的频率不仅与单位时间内导线环旋转的速度有关，还与发电机内的磁极对数有关。我们可以用下面的公式计算发电机的输出频率：

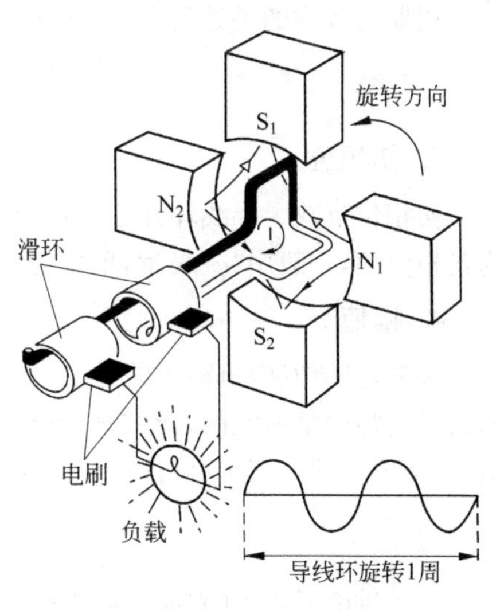

图 3.1-3　具有两对磁极的交流发电机

$$f = p \cdot n$$

式中,f 为频率,Hz; p 为磁极对数; n 为转速,r/s(转/秒)。

由于导线环转速常常用“每分钟的转数”来衡量,所以上述公式也可以写成:

$$f = \frac{p \cdot n}{60}$$

此时,式中 n 的单位 r/min(转/分钟)。

我国的市电频率是 50Hz,而美国商用交流电频率为 60Hz,在大多数飞机上使用的交流电源频率为 400Hz。

2. 周期

任何正弦波变化 1 周都用一定的时间表示。如图 3.1-4 所示,画出了 2 周正弦波,其频率为 2Hz。由于这一正弦波在 1s 之内变化 2 周,所以正弦波变化 1 周所用的时间是 0.5s。周期是这样定义的: 波形完成 1 周的变化所需要的时间被称为周期。图 3.1-3 所示正弦波的周期是 0.5s。

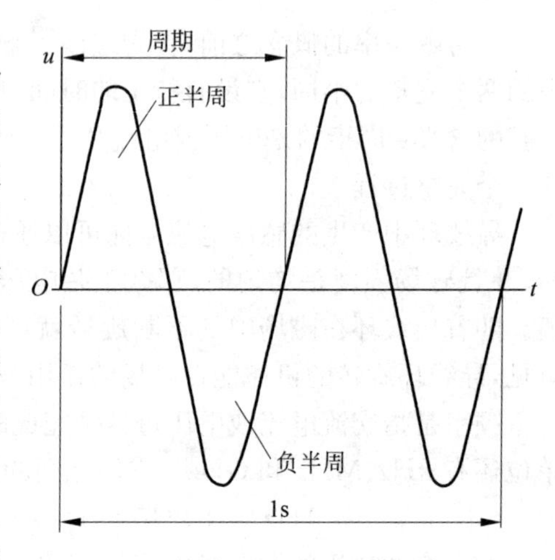

图 3.1-4 正弦波的周期

周期用“T”表示,其单位为“秒”,用“s” 表示。周期的常用单位还有 ms、μs 和 ns,其换算关系为:

$$1\text{s} = 1 \times 10^3 \text{ms} = 1 \times 10^6 \mu\text{s} = 1 \times 10^9 \text{ns}$$

在图 3.1-4 中,一个周期之内,波形由两个变化的脉冲波形组成,电压为正值的脉冲被称为正半周; 电压为负值的脉冲被称为负半周。正弦波两个半周的形状、面积相同,而极性相反。

周期与频率的关系为

$$T = \frac{1}{f}$$

3. 初相位

初相位反映了导线环开始旋转的起始点。由于相位是用角度来表示的,所以它也被称为初相位角,一般用“φ”表示,单位为“度”或“弧度”。

4. 幅值

通常,交流发电机输出的是幅值恒定、大小按正弦规律变化的交流电压。因为发电机内部的磁场强度是恒定的,导线环的转速也是恒定的。因此其输出的感应电压的幅值(最大值)也是恒定的。其大小可以由下面的公式计算出来:

$$U = N \frac{\Delta\varphi}{\Delta t}$$

以上讨论了频率(周期)、初相位和幅值的概念。实际上,频率反映的是交流电变化的快慢,而初相位反映的是其初始值,幅值则反映的是正弦量的大小。因此,我们把频率(周期)、初相位和幅值称为正弦交流电的三要素。它们是正弦交流电之间相互区别的依据。

3.1.3　正弦交流电的波形分析

交流电的电流和电压按照正弦波的规律周期性地变化。电子首先朝一个方向运动，然后又朝另一个方向运动。可见，正弦波的振幅和方向都是变化的。

1. 正弦曲线的矢量表示

正弦曲线可以简单地用矢量表示，如图 3.1-5(a)所示。一个带方向箭头的直线，我们称之为矢量。如果将矢量的一端 O 固定，将带箭头的一端以 O 为圆心，以恒定的速度逆时针旋转，则带箭头线段在纵轴上的投影(电压或电流幅度)将随旋转角度而发生变化。将这一垂直距离与旋转角度(时间)的关系画在直角坐标系上便得到了正弦曲线。可见，矢量可以用来表示正弦曲线。我们把矢量旋转形成的圆形称为矢量圆图。

矢量旋转的速度实际上反映了正弦曲线的频率。随着矢量的旋转，其转过的角度不断增加。矢量旋转的速度可以用角度变化的速度表示。在电学中，旋转角度的单位是 rad(弧度)。1rad(弧度)被定义为：1 个单位长度的矢量，当其转过的弧长等于该矢量的长度时，其扇形中心角的角度称为 1rad。1 个单位长度的矢量在 1s 内所转过的弧度我们称之为角频率。它与交流电的频率存在着下列关系：

$$\omega = 2\pi f$$

式中，ω 为角频率，s^{-1}；f 为频率，Hz。

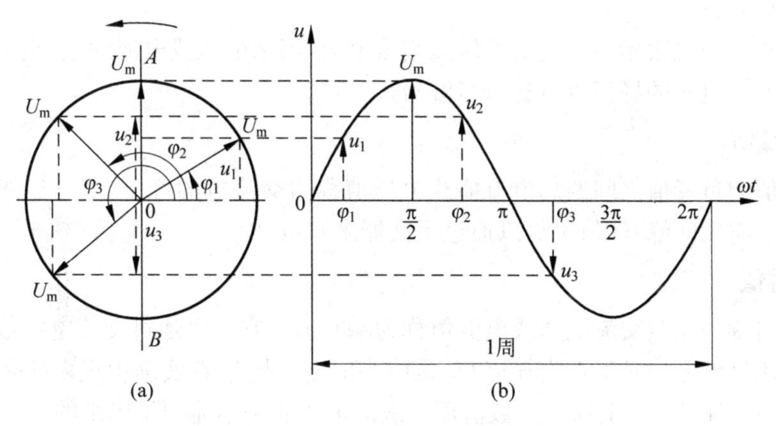

图 3.1-5　正弦交流电的两种表示方法

(a) 矢量图；(b) 正弦曲线图

2. 正弦交流电压的数学表达式

正弦交流电压可以用下面的数学表达式表示：

$$u = U_m \sin(\omega t + \varphi_0)$$

式中，u 为瞬时电压，V；U_m 为振幅(电压最大值)；φ_0 为初相角，rad；ω 为角频率，s^{-1}。

图 3.1-5(b)画出了初相角为 φ_1、φ_2、φ_3 时矢量图与正弦波形之间的对应关系。

从上述数学表达式也可以看到正弦交流电的三个要素，即：振幅 U_m、角频率 ω(频率)和初相位在波形中所起的作用。上述三个数值确定以后，一个正弦交流电的电流或电压值随着时间的推移，在电流或电压轴上就有了一个确定的值。为了利用这些数值对交流电路做进一步定量分析，需要继续讨论正弦波的值。

3.1.4 正弦交流电的值

在正弦交流电的曲线中可以看到，其幅度是周期性变化的。在某一时刻，幅度达到最大值。而某一时刻又为零值等。因此我们必须对诸多的数值进行定义。如图 3.1-6 所示。

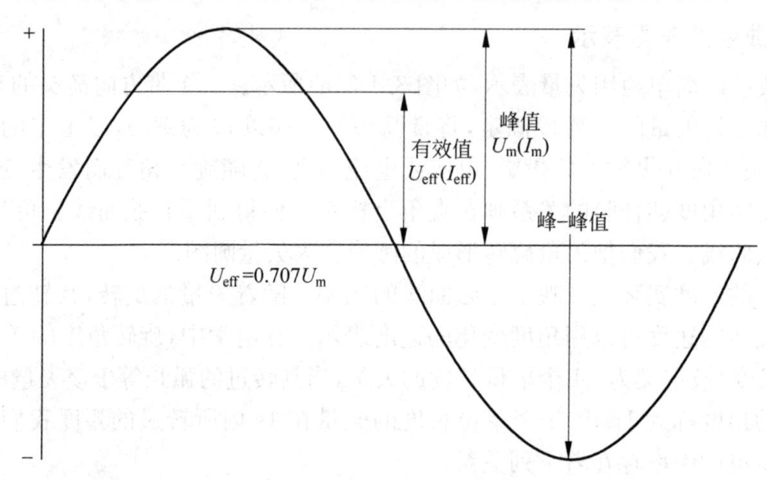

图 3.1-6 正弦交流电值的定义

1. 峰值

如果用正弦曲线表示一个交流电压或交流电流，那么电压或电流的正、负最大值称之为交流电的峰值。电压的峰值可以通过示波器来测量。

2. 峰-峰值

在正峰值与负峰值之间的总电流值或电压值称为交流电的峰-峰值。显然，峰-峰值是峰值的 2 倍。电压的峰-峰值也可以通过示波器来测量。

3. 瞬时值

在任一时刻的正弦交流电压或电流值称为瞬时值。它可以通过交流电的数学表达式计算出来。采用这种方法必须首先知道 U_{m}、$\omega(f)$ 和 φ_0。当然，在实际中更多的是利用示波器测量其瞬时值。注意：以上这三个数值用一般的电压表是不能测量出来的。

4. 有效值

交流电之所以被广泛地应用，并且作为众多电子设备的供电电源，正是因为交流电与直流电作用在用电设备上时，会产生同样的效果。由于用来表示交流电压的数值很多，那么，哪一数值作用在电子设备上与同值的直流电压的作用效果相同呢？这正是我们要寻找的答案。例如一个 100W 的灯泡刚好能被峰值为 120V 交流电压点亮，它当然也可以被 120V 直流电压点亮。但所不同的是正弦波电压只有在峰值时才达到 120V，它不能像直流电压一样，始终给灯泡提供 120V 的电压。因此，这一灯泡在这两种电源的作用下，其产生的效果肯定不同。

灯泡发光，说明灯丝中有电流流过，灯泡消耗了电能产生了光能及热能。可见，灯泡的耗散功率取决于流过灯丝的电流。这样我们就找到了交流电流与直流电流的等效方法。交流电在灯泡上产生的瞬时功率为：$P=u\cdot i=R\cdot i^2$，R 表示灯丝电阻。如果画出正弦交流

电流瞬时值的平方 i^2 的曲线，则可以得到一个频率为 i 两倍的正弦曲线，如图 3.1-7 所示，并且都是正值。从曲线上可以看出，在一个周期之内正弦电流的平方所围成的面积可以填补成一个矩形面积，它就等于直流电流的平方。即：$I^2=\frac{I_m^2}{2}$，我们把这个数值的平方根称为正弦交流电流的有效值，也称为均方根值(RMS)，用“I_{eff}”表示。同理，正弦电压的有效值用“U_{eff}”表示。可见，交流电量的有效值可以由能产生同样效应的一个直流电量值表示。正弦交流电的有效值与峰值之间存在下列关系：

$$\left.\begin{aligned} I_{eff} &= \frac{I_m}{\sqrt{2}} \\ U_{eff} &= \frac{U_m}{\sqrt{2}} \end{aligned}\right\}$$

在工程上所说的正弦电压、电流的大小都指的是有效值。例如我国的市电电压为 220V，指的就是有效值。飞机上的交流供电电压为 115V，指的也是有效值。一般的交流测量仪表测量出的数值也是有效值。交流电气设备铭牌上的额定电压、额定电流都是有效值。

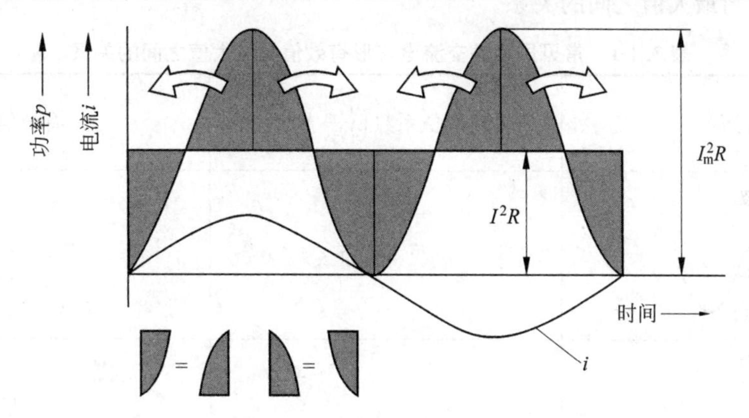

图 3.1-7　交流电有效值的等效

【例题 3.1-1】　一个应急发电机内有 8 个磁极，发电机转速为 750r/min，额定输出电压是 220V。计算：

(1) 发电机发出的交流电的频率；

(2) 角频率；

(3) 周期；

(4) 峰值电压。

解：

(1) $f=p\cdot n/60=4\times750/60=50(\text{Hz})$

(2) $\omega=2\cdot\pi\cdot f=2\times3.14\times50=314(\text{s}^{-1})$

(3) $T=\frac{1}{f}=\frac{1}{50}=0.02(\text{s})$

(4) $U_{eff}=0.707U_m$

$$U_m=\frac{U_{eff}}{0.707}=\frac{220}{0.707}=311(\text{V})$$

前面已经提到，交流电的波形除正弦波之外还有其他形式，例如方波、三角波和脉冲波等。在衡量这些交流电的作用效果时，同样要使用它的有效值。由于非正弦波交流电的有效值计算起来比较烦琐，所以我们利用实验的方法可以测量出其有效值与最大值的关系。

【实验 3.1-1】 用信号发生器产生一个三角波并在示波器上显示其波形。将三角波的最大值调整到 $U_m=10V$，再用电压表测量该三角波的电压有效值 U_{eff}。

【结果】 电压表上指示的数值为 $U_{eff}=5.77V$。

可见，$\frac{U_m}{U_{eff}}=\frac{10}{5.77}=1.73$，更准确地说三角波的有效值与最大值之间的关系可以用下面公式表示：

$$U_{eff}=\frac{U_m}{\sqrt{3}}$$

从上述得出的结论可以看出，当幅值相同时，三角波的有效值小于正弦波的有效值。这是因为三角波所包围的面积小于正弦波。

利用同样的方法可以得到方波和脉冲波的这一关系。表 3.1-1 列出了常见周期性交流电波形有效值与最大值之间的关系。

表 3.1-1 常见周期性交流电波形有效值与最大值之间的关系

波形	峰值系数$\left(\frac{U_m}{U_{eff}}\right)$	有效值
正弦波	$\sqrt{2}=1.41$	$U_{eff}=\frac{U_m}{\sqrt{2}}$
三角波	$\sqrt{3}=1.73$	$U_{eff}=\frac{U_m}{\sqrt{3}}$
方波	1	$U_{eff}=U_m$
脉冲波 (τ, T)	1…10	$U_{eff}=\sqrt{\frac{U_m^2\cdot\tau}{T}}$

3.1.5 正弦交流电的相位差与叠加

1. 相位差

如果将一个正弦电压加到一个电阻上，那么流过电阻上的电流也是正弦波。因为欧姆定律指出电流与电压成正比。图 3.1-8 在同一时间轴上画出了电流和电压的波形。注意：电压正向增加，电流随之正向增加；电压反向增加，电流也随之反向增加。在所有时间内，电压和电流波形同步变化，因此称这两个波形同相。

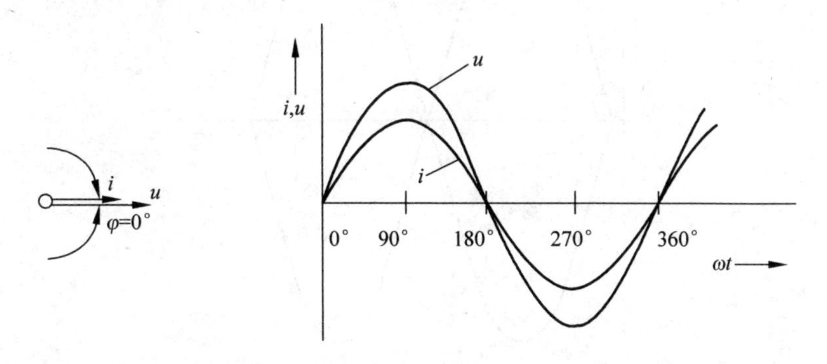

图 3.1-8　电阻上的交流电压和电流同相

图 3.1-9 画出了两个相位不同的电压波形。在起始点 0°，u_1 到达正峰值，电压 u_2 为零。由于这两个波形不是在同一时刻到达最大值和最小值，因此称这两个波形之间存在相位差。该图中两个波形之间的相位差为 90°。

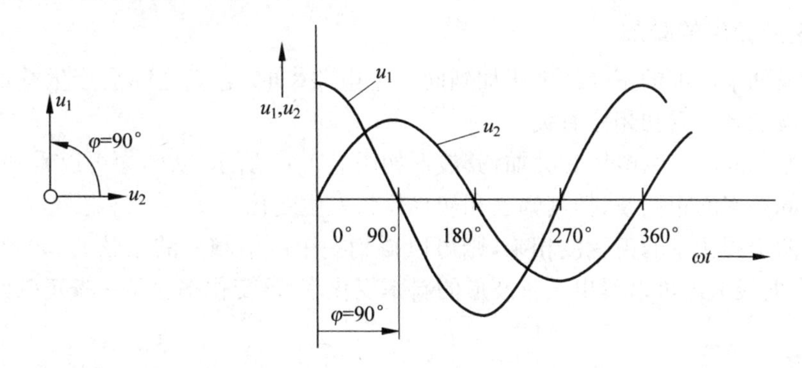

图 3.1-9　u_1 电压超前于 u_2 电压 90°

为了更进一步地描述两个波形之间的相位关系，引入了超前和滞后两个名词。一个波形超前或滞后于另一个波形的大小用角度来衡量。对于图 3.1-9 所示的两个波形来说，可以这样描述：u_2 电压滞后于 u_1 电压 90°或 u_1 电压超前于 u_2 电压 90°。相位差一般用 $\Delta\varphi$ 表示，$\Delta\varphi=\varphi_1-\varphi_2$。其中 φ_1 表示 u_1 的初相位，φ_2 表示 u_2 的初相位。因此，我们可以对 $\Delta\varphi$ 的数值加以讨论：

相位差的取值范围为：$0°<\Delta\varphi<180°$。

当 $\Delta\varphi>0°$时，u_1 电压超前于 u_2 电压；

当 $\Delta\varphi<0°$时，u_1 电压滞后于 u_2 电压；

当 $\Delta\varphi=0°$时，u_1 电压与 u_2 电压同相；

当 $\Delta\varphi=90°$时，u_1 电压与 u_2 电压正交，如图 3.1-9 所示；

当 $\Delta\varphi=180°$时，u_1 电压与 u_2 电压反相位，如图 3.1-10 所示。

在电子电路中，“正交”和“反相位”两种情况是应用最多的。在后续教材中我们会在具

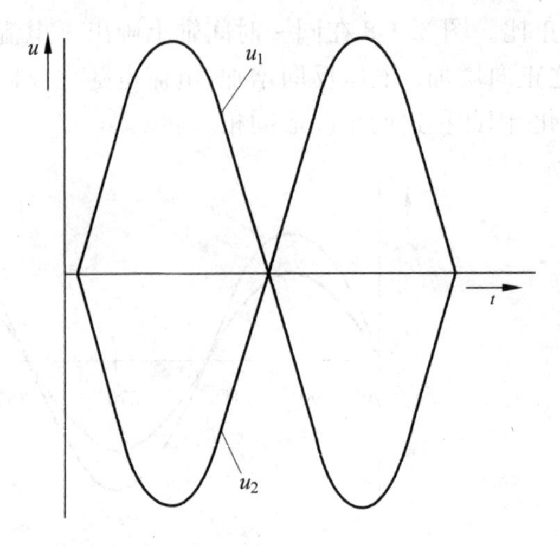

图 3.1-10　u_1、u_2 电压反向

体的电路中加以详细的描述。应当注意,研究两个正弦波的相位差,一般是指两个频率相同的正弦波。因为这样的两个正弦波之间的相位差总是常数。而频率不同的两个正弦波之间的相位差不再是一个常数,它是随时间变化的。因此,研究其相位差的意义不大。

2. 正弦交流电的叠加

当两个或两个以上的正弦波电压加到同一个电路中时,它们之间会产生叠加。其叠加结果与正弦波的频率和初相位有关。

两个频率相同的正弦电压相叠加,其波形如图 3.1-11 所示,从图中可以看到,叠加后的波形仍然是同频率的正弦波,但其幅度和初相位将发生变化。

如果将两个同频率的正弦波相乘,则可以得到一个两倍频率的正弦波,如图 3.1-12 所示。此外,在曲线上还可以看出正弦波形的斜率变化率,该变化率也是一条正弦曲线。

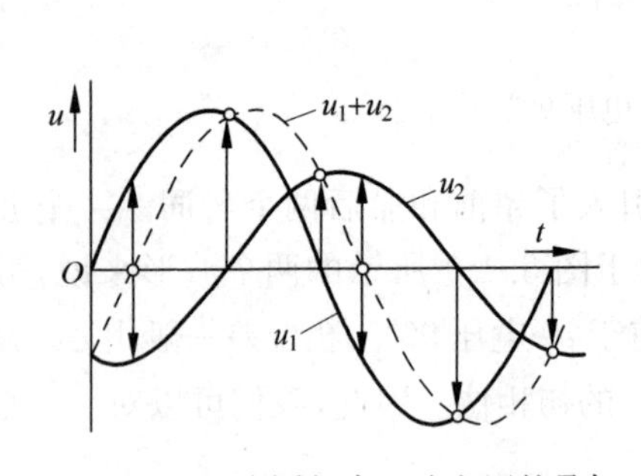

图 3.1-11　两个同频率正弦电压的叠加

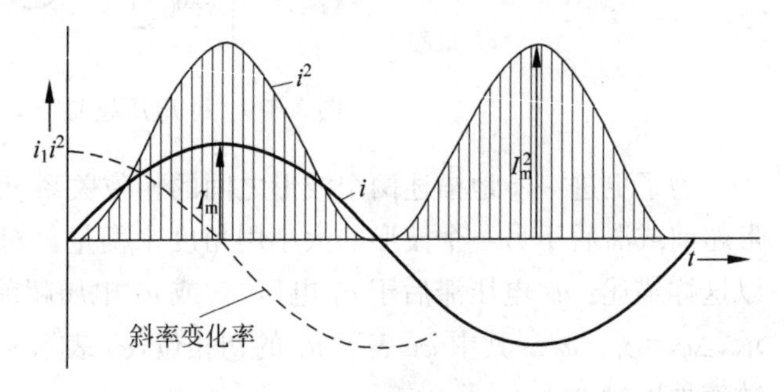

图 3.1-12　正弦波相乘后的频率变化及其斜率变化率

将频率不同的正弦电压叠加后,则其合成波形不再是正弦电压,而是一个非正弦电压。如图 3.1-13 所示,方波是由无数个不同频率的正弦波(谐波)与一个与方波相同频率的基波叠加后组成的(谐波频率是基波频率的奇数倍)。从这一例子可以想到,所有非正弦交流波形都是由很多不同频率的正弦波叠加合成的。反过来说,一个方波中包含着许多单一频率下的正弦波。这一波形合成与分解的概念很重要,在无线电中应用相当广泛。

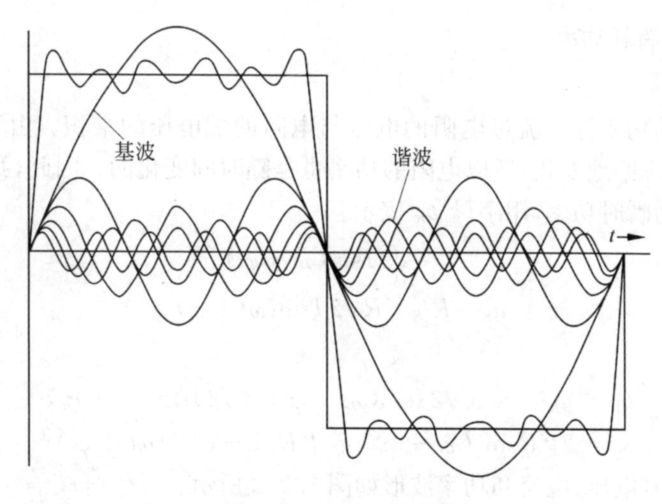

图 3.1-13 方波的合成

3.2 阻抗的概念及其计算

3.1 节讨论了直流电路中电阻、电容及电感的作用和工作特点。在这一节中，主要阐明交流阻抗的含义及电阻与电抗组成电路的作用、各电量的计算方法和电抗电路的应用。

3.2.1 交流电路中的电阻

1. 电阻在交流电路中的特点

关于电阻在交流电路中的特点，可以通过下面的实验加以说明，实验电路如图 3.2-1 所示。

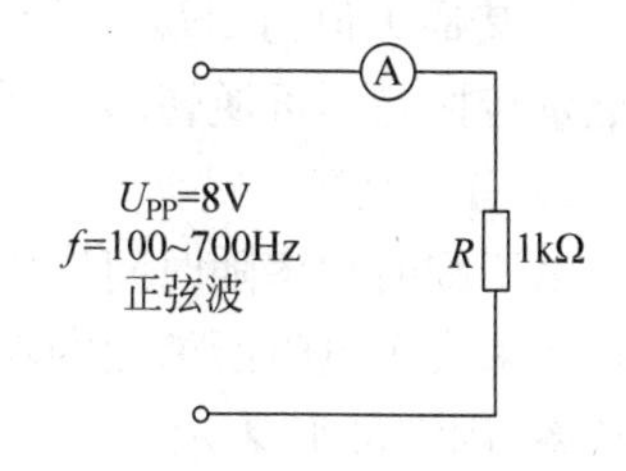

图 3.2-1 交流电路中的电阻

【实验 3.2-1】 用信号发生器产生一个峰峰值 $U_{PP}=8V$，频率 $f=100\sim700Hz$ 的正弦信号。将它通过一个开关串接一个电流表和一个 1kΩ 的电阻，并形成一个闭合的回路。将开关接通，在 100～700Hz 的范围内，调整信号发生器的频率旋钮，观察电流表的读数。

【结果】 电流表的指针没有变化。

上述结果说明，交流信号的频率不能改变电阻的阻值。可见，电阻在直流电路和交流电路中的作用是一样的。

2. 电阻上的伏安关系

在交流电路中，电阻上的伏安关系可用下式表示：

$$I_R=\frac{U_R}{R}$$

式中，I_R 为流过电阻的电流有效值，A；U_R 为电阻两端的电压有效值，V；R 为电阻，Ω。

可见，在交流纯电阻电路中，电压与电流的有效值之间符合欧姆定律。

3. 电阻上的消耗功率

1）瞬时功率

电阻上消耗的功率等于流过电阻的电流与电阻的端电压的乘积。由于交流电路的电压、电流都随时间不断地变化，所以电阻的功率也是随时间变化的。因此，我们将电压、电流瞬时值的乘积称为瞬时功率，用字母 p_R 表示。

设
$$i_R=\sqrt{2}I\sin(\omega t+\varphi_i)$$
则
$$u_R=Ri_R=R\sqrt{2}I\sin(\omega t+\varphi_i)$$

瞬时功率为

$$\begin{aligned}p_R &= u_R i_R = R\sqrt{2}I\sin(\omega t+\varphi_i)\times\sqrt{2}I\sin(\omega t+\varphi_i)\\ &= 2I^2R\sin^2(\omega t+\varphi_i) = I^2R[1-\cos2(\omega t+\varphi_i)]\end{aligned}$$

在纯电阻电路中，其电压、电流和功率波形如图 3.2-2 所示。

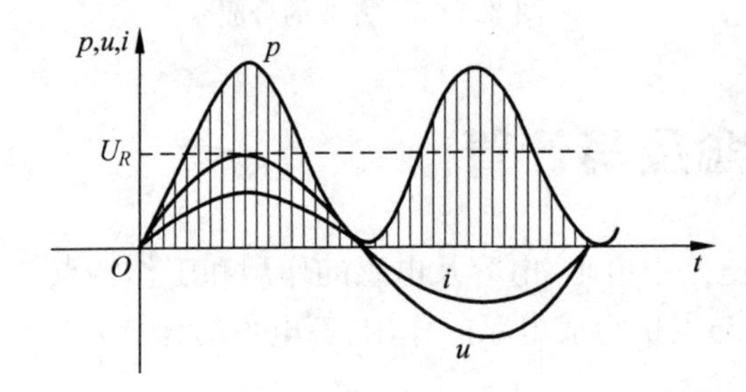

图 3.2-2 纯电阻电路的功率波形

由图 3.2-2 和函数式都可以看出，在纯电阻电路中，由于电流、电压同相，所以瞬时功率 $p_R\geqslant0$，其最大值为 $2U_RI$，最小值为 0。这表明，电阻总是消耗功率，把电能转换为热能，这种能量转换是不可逆转的。所以，电阻是一种耗能元件。

2）有功功率

由于瞬时功率随时间作周期性变化，测量和计算都很不方便，所以在实际应用中常用平均功率来表示电阻所消耗的功率。瞬时功率在一个周期内的平均值称为平均功率，又叫有功功率，用字母 P 表示。

纯电阻电路的平均功率可用功率曲线与 t 轴所包围的面积的代数和来表示。由图可以看出，平均功率在数值上等于瞬时功率的平均高度。即等于瞬时功率最大值的一半。由此可知，纯电阻电路的有功功率(平均功率)为

$$P=\frac{1}{2}\times\sqrt{2}U_R\times\sqrt{2}I=U_RI=I^2R=\frac{U_R^2}{R}$$

我们平常说的负载消耗的功率 40W 日光灯、25W 电烙铁、3kW 电炉等都指的是有功功率(平均功率)。

3.2.2 交流电路中的电抗

1. 电容器的交流阻抗

1）容抗

在直流电路中，电容器有隔断直流电流的作用。那么，在交流电路中，电容器是否也具

有隔交流电流的作用呢？下面用实验加以说明。实验电路如图 3.2-3 所示。

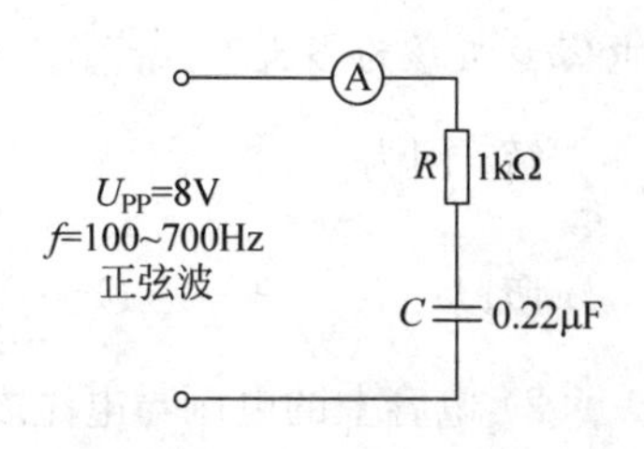

图 3.2-3 电容电抗实验电路

【实验 3.1-2】 用信号发生器产生一个峰峰值 $U_{PP}=8V$，频率 $f=100\sim700Hz$ 的正弦信号。将它通过一个开关串接一个电流表、一个 1kΩ 的电阻和一个 0.22μF 的电容，并形成一个闭合的回路。将开关接通，在 100～700Hz 的范围内，调整信号发生器的频率旋钮，观察电流表的读数。然后，将 0.22μF 的电容分别换成 0.47μF 和 1μF 的电容器，重复上述实验过程。再观察电流表的读数。

【结果】 (1) 电流表的指针随着频率的变化而变化，频率升高电流增大；频率减小电流减小。

(2) 随着电容值的增加，电流增加；电容值的减小，电流减小。

上述结果说明，交流电流可以通过电容器，流过电容器的电流随着频率、电容值的变化而变化。因此，在交流电路中，电容器与电阻的作用类似。将电容器对交流电流的阻碍作用称为电容的电抗，也称为容抗。用 X_C 表示。

从上述实验可以得出：在交流电路中，电容器的容抗(X_C)与交流电的频率(f)成反比；与电容量(C)成反比。如图 3.2-4 所示。

这一关系可以用下面的公式表示：

$$X_C=\frac{1}{\omega C}=\frac{1}{2\pi fC}$$

式中，X_C 为容抗，Ω；ω 为角频率，s^{-1}；f 频率，Hz；C 为电容量，F。

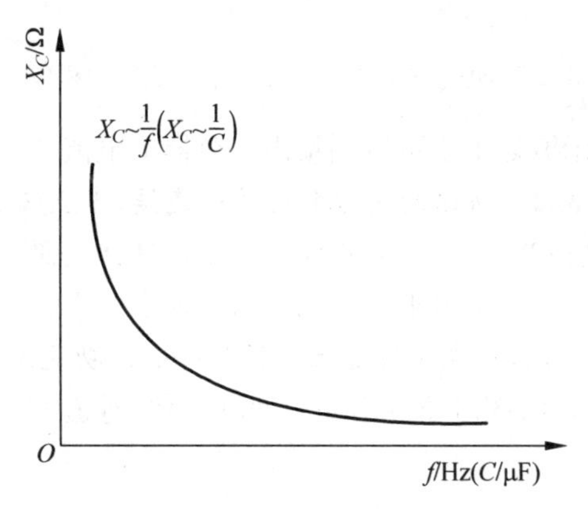

图 3.2-4 容抗与频率和电容值的关系

需要注意的是：电容电路中的电子流不能穿过电容器中的电介质流动。在交流电的一个半周，围绕在电容器周围的电子流，使负电荷聚集在电容器的一个极板上，另一个极板上聚集着正电荷；在下一个半周时，电容器极板上聚集的电荷极性相反。这样，电容器极板上的电荷极性随着交流电频率的变化而变化，因此，在交流电容电路中总是有交流电流的流动。

可见：电容器具有隔直流、通交流的作用。

【例题 3.2-1】 已知一个电容器在频率为 1000Hz 时的容抗为 1591.5Ω，则该电容器的

电容量应该为多大?

解:因为
$$X_C=\frac{1}{2\pi fC}$$

所以
$$C=\frac{1}{2\pi fX_C}=\frac{1}{2\pi\times 1000\times 1591.5}=0.1(\mu\text{F})$$

2) 电容上的电压与电流之间的相位关系

如果将一个电容器与一个交流电压连接,就会形成交替的充、放电。充、放电电流的强度与电压的变化速度成正比。即

$$i=C\frac{\Delta u}{\Delta t}$$

对于正弦交流电压来说,当正弦曲线过零时,其电压变化率最大;而当正弦曲线达到最大值时,其电压变化率为零。根据上述规律可以画出电容器上的充、放电电流和电压的关系曲线,如图 3.2-5 所示。可见,理想电容器上的电流超前于电压 90°。

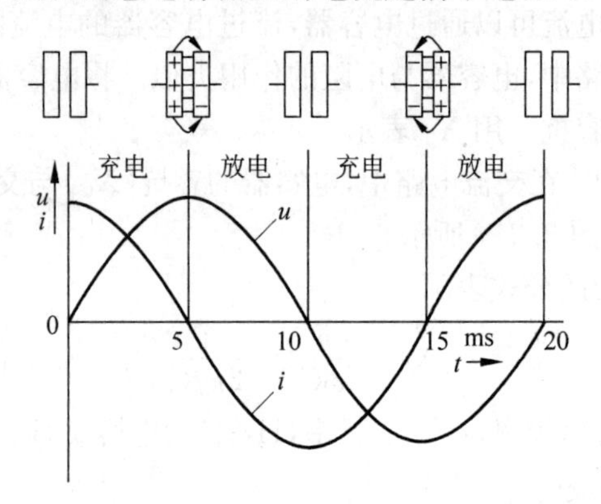

图 3.2-5　理想电容器上电流与电压之间的相位关系

通过实验的方法,在示波器上也可以测量出电容器上电流、电压的这种相位关系。

【实验 3.2-3】 按图 3.2-6 所示的实验电路进行连接,A 点接示波器的 Y_1 通道,B 点接示波器的 Y_2 通道,C 点接公共端。Y_1 通道测量出的是 1kΩ 电阻上的电压,利用它反映回路中电流的变化(因为电阻上的电流与电压同相)。Y_2 通道测量出的是电容上的电压变化,但此处将公共端选在 C 点,所以,应在示波器上选择"inverse"功能。

示波器上测出的波形,如图 3.2-7 所示。可见,Y_1 通道波形的相位角超前于 Y_2 通道 90°。

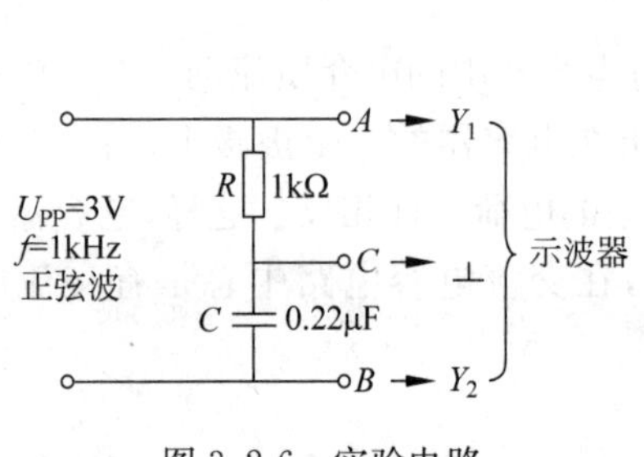

图 3.2-6　实验电路

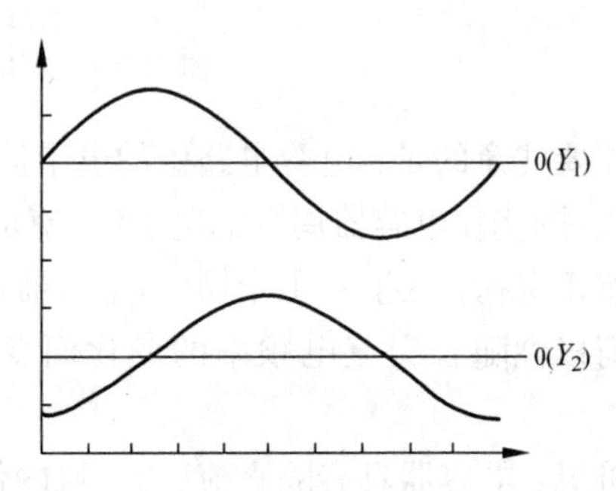

图 3.2-7　示波器上测出的电流、电压波形

3）电容上的伏安关系

在交流电路中，容抗对交流电流具有阻碍作用，因此，将容抗看作电阻就可以写出电容上的伏安关系表达式：

$$I_C = \frac{U_C}{X_C}$$

式中，I_C 流过电容器的电流有效值，A；U_C 为电容器两端的电压有效值，V；X_C 为容抗，Ω。

可见，在交流电路中，电容上的电压与电流的有效值之间符合欧姆定律。

4）纯电容电路的功率

纯电容电路的瞬时功率为

$$p_C = u_C i$$

设　　$u_C = U_m \sin\omega t$，　则 $i = I_m \sin(\omega t + 90°) = I_m \cos\omega t$

所以

$$p_C = u_C i = u_m \sin\omega t \times I_m \cos\omega t$$
$$= 2U_C I \times \frac{1}{2}\sin 2\omega t = U_C I \sin 2\omega t$$

由上式可知，纯电容电路的瞬时功率 p_C 随时间按正弦规律变化，其频率是电流频率的 2 倍，最大值为 $U_C I$。其电压、电流及功率波形如图 3.2-8 所示。

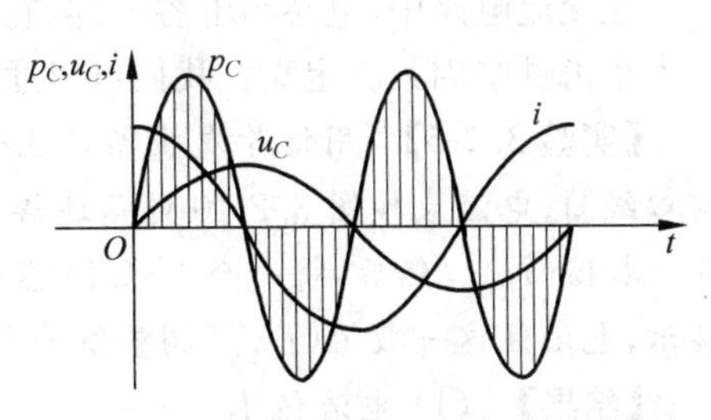

图 3.2-8　纯电容电路的功率波形

纯电容电路的功率曲线一半为正，一半为负，它们与 t 轴所包含的面积代数和为零，即 $P_C = 0$。这说明纯电容元件在交流电路中不消耗功率，即有功功率为零。

电容器是储能元件，它与电源之间存在着能量交换。当其电压增大时电容器中储存的电场能也增大，此时瞬时功率为正，表明电容器从电源吸取电能，把它转化为电场能储存在电容器两极板之间。当其电压下降时，电容器的电场能也减小，此时瞬时功率为负，表明电容器将储存的电场能释放出来返还给电源。由于电容器与电源之间进行的是可逆的能量互换，它并不消耗功率，所以纯电容电路的有功功率为零。

为了反映电容电路中能量互换的规模，把电容器与电源之间能量交换的最大值，即瞬时功率的最大值，称为无功功率，用 Q_C 表示，单位为 var（乏）。其表达式为

$$Q_C = U_C I$$

根据欧姆定律，有

$$Q_C = U_C I = I^2 X_C = \frac{U_C^2}{X_C}$$

2. 电感器的交流阻抗

1）感抗

【实验 3.2-4】　将一个插入铁芯的 1200 匝的线圈与一个灯泡串联，然后连接在 10V 的直流电源上，如图 3.2-9(a)所示。闭合电源开关，观察灯泡是否亮。

将上述电路的 10V 直流电源换成 14V/50Hz 的交流电源，如图 3.2-9(b)所示。再闭合

电源开关,观察灯泡是否亮。

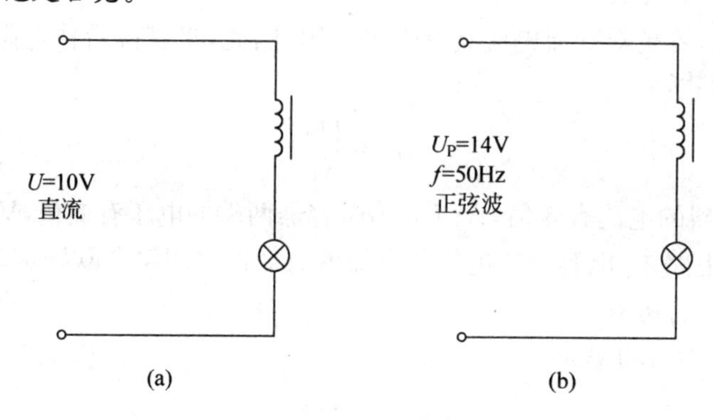

图 3.2-9　实验电路

【结果】 图 3.2-9(a)中的灯泡亮;图 3.2-9(b)中的灯泡不亮。

可见,一个电感线圈具有很小的直流电阻,而具有较大的交流电阻。电感线圈对交流电的阻碍作用,我们称之为感抗。用 X_L 表示。

在交流电路中,电感与电容一样,它对交流电流呈现出阻碍作用。然而,这一阻碍作用的大小由哪些因素决定呢?我们可以通过下面的实验加以说明。

【实验 3.2-5】 用信号发生器产生一个 5V/50Hz~150Hz 的正弦电压。将 1200 匝的空心线圈、电流表按图 3.2-10 电路连接。接通交流电源开关,观察电流表上的指示,并记住这一数值(I_1)。然后,将一个 U 形铁芯插入线圈,用轭铁将铁芯磁路闭合,观察电流表上的指示,也记住这一数值(I_2)。调整信号发生器上的频率旋钮,观察电流表上的指针变化。

【结果】 (1) 电流值 $I_1>I_2$;

(2) 频率升高,电流值减小;频率降低,电流值增大。

通过上述实验现象可以看到,铁芯插入线圈将增加线圈的电感量。而电感量和频率的增加,将使交流电感回路中的电流减小,这说明对电流的阻碍作用增强。因此,感抗的大小与电感线圈的电感量和交流电的频率成正比。如图 3.2-11 所示。这一规律可以用下面公式表示:

$$X_L = \omega L = 2\pi f L$$

式中,X_L 为感抗,Ω;ω 角频率,s^{-1};f 频率,Hz;L 电感,H。

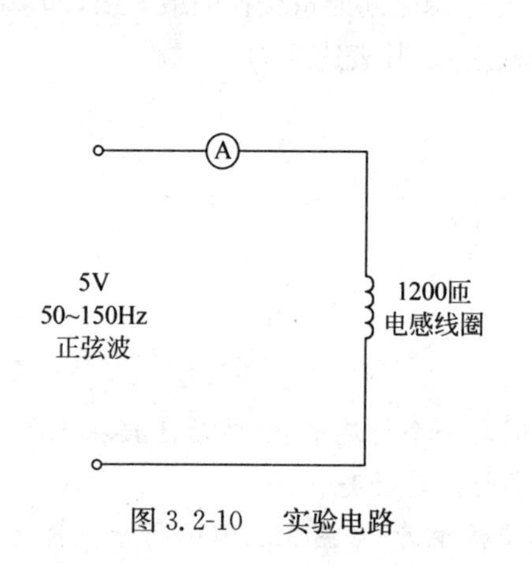

图 3.2-10　实验电路

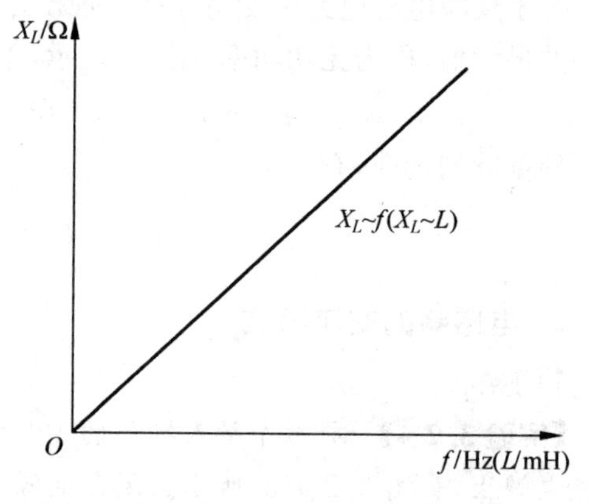

图 3.2-11　感抗与频率和电感量的关系

【例题 3.2-2】 一个线圈的电感量为 31.5mH，计算它在 1000Hz 时的感抗。

解：因为 $X_L=2\pi fL$，所以

$$X_L=2\pi\times1000\times3.15\times10^{-2}=197.8(\Omega)$$

当线圈与交流电源接通时，线圈吸收电能，并在其上建立了磁能。当交流电压过零时，线圈上的磁能又转换成相同的电能重新送回电源。这样在交流电的一个变化周期内电感上消耗的功率平均值为零。因此，我们把这一来往循环的功率也成为无功功率。用 Q_L 表示。其计算公式为：$Q_L=U_L\cdot I_L$。

2）电感上的电流与电压的相位关系

如果将一个线圈与一个正弦交流电压相联，将有正弦交流电流流过线圈，线圈两端的电压与线圈中的电流变化率成正比，即：$u=L\dfrac{\Delta i}{\Delta t}$。当交流电流过零时，其电流变化率最大，线圈两端的电压达到最大。当交流电流达到最大时，其电流变化率为零，线圈两端的电压为零，如图 3.2-12 所示。可见，理想电感上的电压超前于电流 90°。

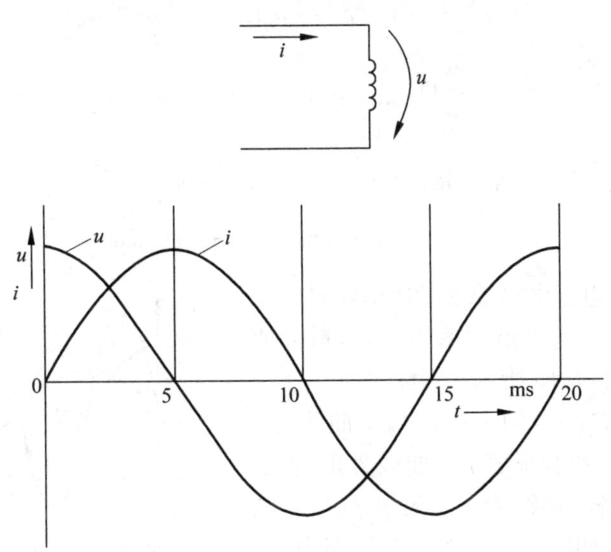

图 3.2-12　理想电感上的电流与电压之间的相位关系

通过实验的方法，在示波器上也可以测量出电感上电流、电压的这种相位关系。

【实验 3.2-6】 按图 3.2-13 所示的实验电路进行连接，A 点接示波器的 Y_1 通道，B 点接示波器的 Y_2 通道，C 点接公共端。Y_1 通道测量出的是 1kΩ 电阻上的电压，利用它反映回路中电流的变化(因为电阻上的电流与电压同相)。Y_2 通道测量出的是电感上的电压变化，但此处将公共端选在 C 点，所以，应在示波器上选择“inverse”功能，测出的波形，如图 3.2-14 所示。

3）电感上的伏安关系

在交流电路中，感抗同样对交流电流具有阻碍作用，因此，将感抗看作电阻就可以写出电感上的伏安关系表达式：

$$I_L=\frac{U_L}{X_L}$$

式中：I_L 为流过电感器的电流有效值，A；U_L 为电感器两端的电压有效值，V；X_L 为感抗，Ω。

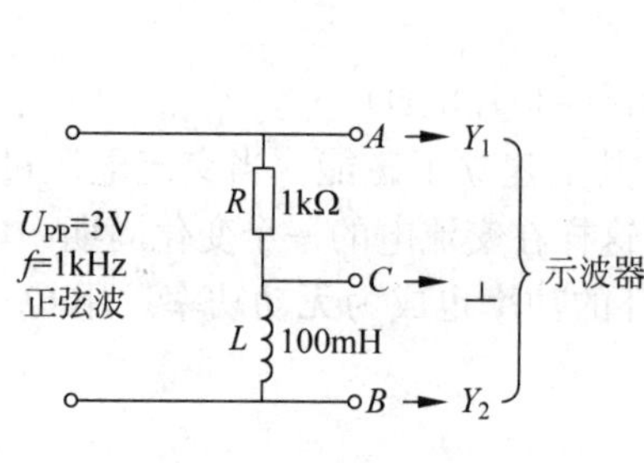

图 3.2-13 实验电路

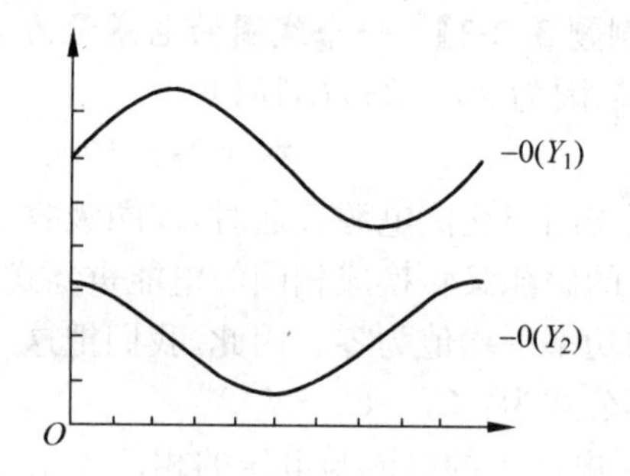

图 3.2-14 示波器上测出的电流、电压波形

可见,在交流电路中,电感上的电压与电流的有效值之间符合欧姆定律。

4）电感电路的功率

纯电感电路的瞬时功率为

$$p_L = u_L i$$

设 $i = I_m \sin\omega t$,则

$$u_L = U_m \sin(\omega t + 90°) = U_m \cos\omega t$$

所以

$$p_L = u_L i = U_m \cos\omega t \times I_m \sin\omega t$$

$$= 2U_L I \times \frac{1}{2}\sin 2\omega t = U_L I \sin 2\omega t$$

由上式可知,纯电感电路的瞬时功率随时间按正弦规律变化,其频率是电流频率的 2 倍,最大值为 $U_L I$。波形如图 3.2-15 所示。

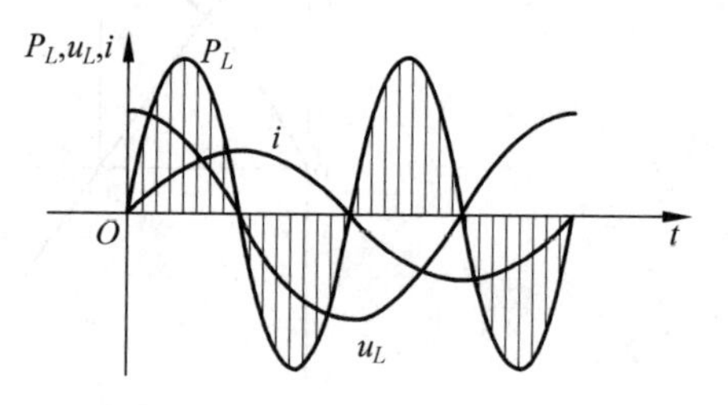

图 3.2-15 纯电感的功率波形

有功功率(平均功率)的大小用功率曲线与 t 轴所包围的面积的代数和来表示。曲线为正,表示 $p_L>0$,电路吸取功率；曲线为负。表示 $p_L<0$,电路释放功率。从图中可以看出,在一个周期内,曲线面积的代数和为零。这说明纯电感电路的有功功率(平均功率)为零,即 $P_L=0$,纯电感在交流电路中不消耗功率。

为了反映电感电路中能量互换的规模,把电感元件与电源之间能量互换的最大值,即瞬时功率的最大值,称为无功功率,用 Q_L 表示,单位为 var(乏)。其表达式为

$$Q_L = U_L I$$

根据欧姆定律,有

$$Q_L = U_L I = I^2 X_L = U_L^2 / X_L$$

注意：无功功率的“无功”是相对于“有功”而言的,其含义是“互换”而不是“消耗”。不可把“无功”理解为“无用”。无功功率用来表征储能元件在电路中能量交换的最大速率。

3.2.3 阻抗的串、并联电路

从前面对电抗的分析可知,由电阻与电抗组成的串联和并联电路是与频率有关的电路。

1. 电阻和电抗的串联电路

1）*RC* 串联电路

在由电阻和电容器构成的串联电路中，电流和电压矢量如图 3.2-16(b)所示。由于电容器两端的交流电压滞后于电流 90°，电阻两端的电压与电流同相。因此，以电流矢量为基准，可以画出电容电压矢量 U_C 和电阻电压矢量 U_R。可见，在矢量图中，电阻电压矢量与电容电压矢量相互垂直。

矢量可以平移，即矢量 U_C 可以平移到矢量 U_R 的终端。在矢量图中，电压 U、U_R 与 U_C 构成了一个直角三角形。通过勾股定理可以求解这个电压三角形。因此，*RC* 串联电路的总电压等于电阻上电压与电容上电压的平方和。即有

$$U=\sqrt{U_R^2+U_C^2}$$

式中，U 为总电压，V；U_R 为电阻电压，V；U_C 为电容器电压，V。

由于电阻、电容组成的串联电路中，电流处处相等。所以，阻抗矢量图与电压矢量图一样。如图 3.2-16(c)所示。因此，*RC* 串联电路的总电阻等于电阻与容抗的平方和。

$$Z=\sqrt{R^2+X_C^2}$$

式中，Z 为阻抗，Ω；R 为电阻，Ω；X_C 为容抗，Ω。

根据欧姆定律，*RC* 串联电路的回路电流可以通过下面公式计算：

$$I=\frac{U}{Z}$$

式中，I 为串联回路电流，A；U 为总电压，V。

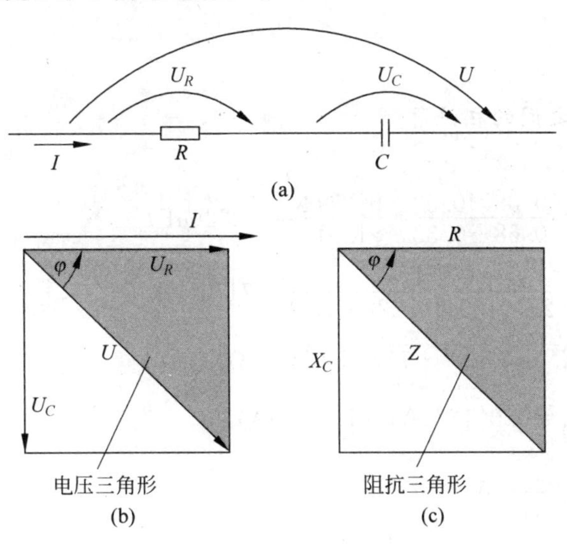

图 3.2-16 *RC* 串联电路和矢量图

【例题 3.2-3】 一个 5.6kΩ 的电阻与一个 4.7nF 的电容器串联后，接在 10V、10kHz 的正弦电压上，则 Z、I、U_R 和 U_C 分别是多少？

解：$X_C=\dfrac{1}{\omega C}=\dfrac{1}{2\pi\times10\times10^3\times4.7\times10^{-9}}=3.39(\text{k}\Omega)$

$Z=\sqrt{R^2+X_C^2}=\sqrt{5.6^2+3.39^2}=6.55(\text{k}\Omega)$

$I=\dfrac{U}{Z}=\dfrac{10}{6.55}=1.52(\text{mA})$

$U_R=IR=1.53\times5.6=8.57(\text{V})$

$U_C=IX_C=1.53\times3.39=5.19(\text{V})$

相位角 φ 表明了 RC 串联电路中总电压 U 和电流 I 之间的相位差，由图 3.2-16(b)、(c)的电压三角形和阻抗三角形可以计算出 φ 值。

在 RC 串联电路中，总电压 U 总是滞后于电流 I 一个 φ 角。从矢量图上可以看出，电阻值越大、电容量越大、频率越高，相位角 φ 就越小。在 RC 串联电路中，总电压滞后于回路电流一个小于 90°的相位角。其相位角 φ 可以通过下面公式计算出来。

$$\tan\varphi=\frac{U_C}{U_R}$$

$$\tan\varphi=\frac{X_C}{R}$$

$$R=Z\cos\varphi$$

$$X_C=Z\sin\varphi$$

式中，φ 为相位角，(°)；X_C 为容抗，Ω；R 为电阻，Ω；U_C 为电容上的电压，V；U_R 为电阻上的电压，V；Z 为阻抗，Ω。

【例题 3.2-4】 在 RC 串联电路中，$C_1=0.68\mu\text{F}$，$C_2=0.33\mu\text{F}$，$R=400\Omega$，$U=12\text{V}$，$f=100\text{Hz}$。

计算：

(1) 总阻抗；

(2) 电流；

(3) 电流与电压之间的相位角。

解：

(1) $C=\dfrac{C_1\cdot C_2}{C_1+C_2}=\dfrac{0.68\times0.33}{0.68+0.33}=\dfrac{0.2244}{1.01}=0.222(\mu\text{F})$

$X_C=\dfrac{1}{\omega\cdot C}=\dfrac{1}{2\pi\times100\times0.222\times10^{-6}}=7170(\Omega)$

$Z=\sqrt{R^2+X_C^2}=\sqrt{400^2+7170^2}=7181(\Omega)$

(2) $I=\dfrac{U}{Z}=\dfrac{12}{7181}=0.00167(\text{A})=1.67(\text{mA})$

(3) $\cos\varphi=\dfrac{R}{Z}=\dfrac{400}{7181}=0.0557$

$\varphi=86°48'$

2) RL 串联电路

我们知道，理想电感上的电压超前于电流 90°。因此，电阻与理想电感构成的串联电路中，电感上的电压也超前于电流 90°。在图 3.2-17(b)中，我们仍然以串联回路的电流 I 为基准，电阻上的电压 U_R 与电流同相，电感上的电压 U_L 超前于电流 90°，从而画出了 RL 串联电路中的电压三角形。由于串联电路电流处处相等，所以其阻抗三角形与电压三角形一样，如图 3.2-17(c)所示。利用勾股定理就可以求出 RL 串联电路中的总电压 U 和总阻抗 Z

之间的关系。

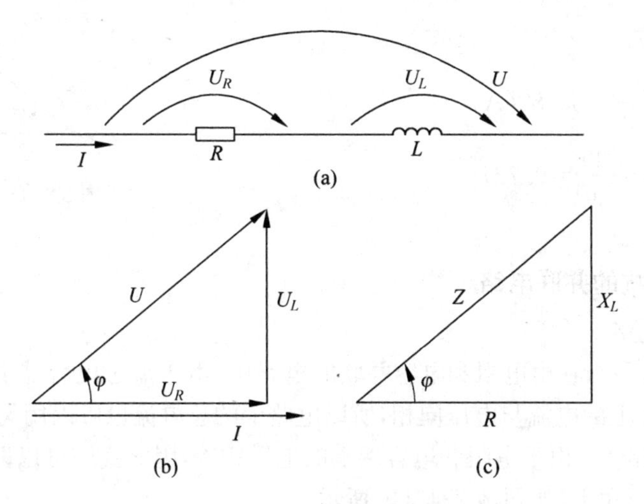

图 3.2-17　*RL* 串联电路和矢量图

在 *RL* 串联电路中，电流滞后于总电压一个相位角 φ。电感量越大、频率越高、电阻越小，这个相位角就越大。在 *RL* 串联电路中，总电压超前于回路电流一个小于 90°的相位角。

根据电压三角形和阻抗三角形，可以推导出 *RL* 串联电路中各电量的计算公式。

$$\begin{cases} U = \sqrt{U_R^2 + U_L^2} \\ I = \dfrac{U}{Z} \\ Z = \sqrt{R^2 + X_L^2} \\ \tan\varphi = \dfrac{U_L}{U_R} \\ \tan\varphi = \dfrac{X_L}{R} \\ R = Z\cos\varphi \\ X_L = Z\sin\varphi \end{cases}$$

式中，I 为回路电流，A；U 为总电压，V；φ 为相位角，(°)；X_L 为感抗，Ω；R 为电阻，Ω；U_L 为电感上的电压，V；U_R 为电阻上的电压，V；Z 为阻抗，Ω。

【例题 3.2-5】　如图 3.2-18 所示，一个 80Ω 的电阻与 240mH 的电感串联，再与交流 42V/50Hz 的电压相联。

计算：

(1) 感抗；

(2) 阻抗；

(3) 电流；

(4) 电流与电压之间的相位角；

(5) 画出阻抗三角形并标出相位角。

解：

(1) $X_L = \omega \cdot L = 2\pi \times 50 \times 0.24 = 75.4(\Omega)$

(2) $Z=\sqrt{R^2+X_L^2}=\sqrt{80^2+75.4^2}$

$=\sqrt{6400+5685}=\sqrt{12085}\approx 110(\Omega)$

(3) $I=\frac{U}{Z}=\frac{42}{110}=0.382(\mathrm{A})$

(4) $\cos\varphi=\frac{R}{Z}=\frac{80}{110}=0.727$

$\varphi=43°20'$

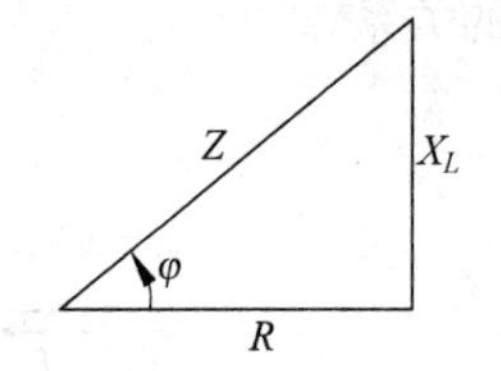

图 3.2-18 例题 3.2-5 图

2. 电阻和电抗的并联电路

1) RC 并联电路

如图 3.2-19 所示,在由电阻和电容并联的电路中,由于流过电容器上的电流超前于电压 90°,而流过电阻上的电流与电压同相,所以电路中的总电流也可以用勾股定理求出。

在 RC 并联电路中,由于电阻和电容两端的电压相等,因此我们可以以电压矢量作为基准,从而画出电流三角形,如图 3.2-19(b)所示。

我们知道,在并联电路中,各分支电流与各支路上的电导成正比。因此,可以通过电流三角形推出导纳三角形,如图 3.2-19(c)所示。

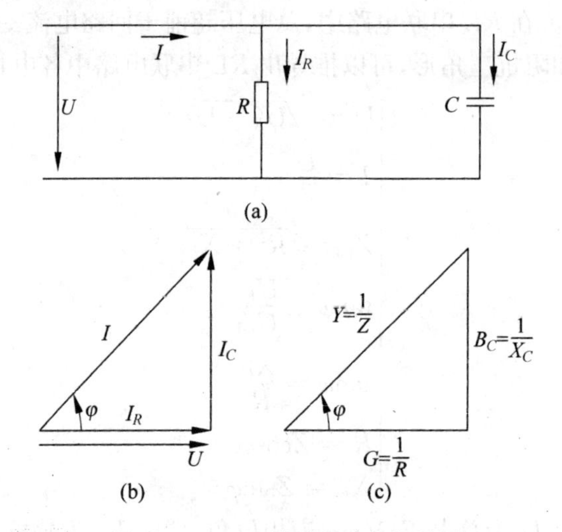

图 3.2-19 RC 并联电路和矢量图

通过矢量图可以推出下列计算公式:

$$\begin{cases} Y=\dfrac{1}{Z}=\sqrt{\left(\dfrac{1}{R}\right)^2+\left(\dfrac{1}{X_C}\right)^2}=\sqrt{G^2+B_C^2} \\ I=\sqrt{I_R^2+I_C^2} \\ \tan\varphi=\dfrac{I_C}{I_R} \\ \tan\varphi=\dfrac{R}{X_C} \\ G=Y\cos\varphi \\ B_C=Y\sin\varphi \end{cases}$$

式中，I 为回路电流，A；U 为总电压，V；Z 为阻抗，Ω；Y 为导纳，S；I_R 为电阻上的电流，A；I_C 为电容上的电流，A；G 为电导，S；B_C 为容纳，S；R 电阻，Ω；X_C 为容抗，Ω；φ 为相位角，(°)。

在 RC 并联电路中，总电流超前于电压一个小于 90°的相位角。

【例题 3.2-6】 一个 C=68nF 的陶瓷电容器和一个 1000Ω 的电阻并联，电源电压是 3.4V/2.3kHz。

计算：

(1) 电阻上的电流；

(2) 电容上的电流；

(3) 总电流；

(4) 阻抗；

(5) 电流与电压之间的相位差。

解：

(1) $I_R=\frac{U}{R}=\frac{3.4}{1000}=0.0034(\text{A})=3.4(\text{mA})$

(2) $X_C=\frac{1}{\omega\cdot C}=\frac{1}{2\cdot\pi\cdot 2.3\times10^3\times68\times10^{-9}}=1.02(\text{k}\Omega)$

$I_C=\frac{U}{X_C}=\frac{3.4}{1.02}=3.34(\text{mA})$

(3) $I=\sqrt{I_R^2+I_C^2}=\sqrt{3.4^2+3.34^2}=4.77(\text{mA})$

(4) $Z=\frac{U}{I}=\frac{3.4}{4.77}=0.713(\text{k}\Omega)=713(\Omega)$

(5) $\tan\varphi=\frac{I_C}{I_R}=\frac{3.34}{3.4}=0.9823$

$\varphi=44.5°$

2) RL 并联电路

如图 3.2-20 所示，在由电阻和电感并联的电路中，由于流过电感器上的电压超前于电流 90°，而流过电阻上的电流与电压同相，所以电路中的总电流也可以用勾股定理求出。

在 RL 并联电路中，由于电阻和电感两端的电压相等，因此我们可以以电压矢量作为基准，从而画出电流三角形，如图 3.2-20(b)所示。

我们知道，在并联电路中，各分支电流与各支路上的电导成正比。因此，可以通过电流三角形推出导纳三角形，如图 3.2-20(c)所示。

通过矢量图可以推出下列计算公式：

$$\begin{cases}I=\sqrt{I_R^2+I_L^2}\\ Y=\frac{1}{Z}=\sqrt{\left(\frac{1}{R}\right)^2+\left(\frac{1}{X_L}\right)^2}=\sqrt{G^2+B_L^2}\\ \tan\varphi=\frac{I_L}{I_R}\\ \tan\varphi=\frac{R}{X_L}\\ G=Y\cos\varphi\\ B_L=Y\sin\varphi\end{cases}$$

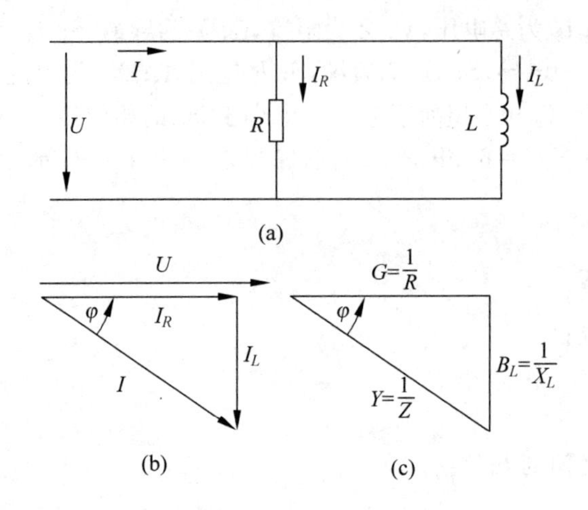

图 3.2-20 *RL* 并联电路和矢量图

式中,I 为回路电流,A; U 为总电压,V; Z 为阻抗,Ω; Y 为导纳,S; I_R 为电阻上的电流,A; I_L 为电感上的电流,A; G 为电导,S; B_L 为感纳,S; R 为电阻,Ω; X_L 为感抗,Ω; φ 为相位角,(°)。

在 *RL* 并联电路中,总电流滞后于电压一个小于 90°的相位角。

【例题 3.2-7】 一个 *RL* 并联电路,$L=0.75\text{H}$,$R=340\Omega$,$U=42\text{V}/50\text{Hz}$。计算: X_L; I_R; I_L; I; φ。

解: $X_L=\omega\cdot L=2\pi\times 50\times 0.75=236(\Omega)$

$$I_R=\frac{U}{R}=\frac{42}{340}=0.1235(\text{A})$$

$$I_L=\frac{U}{X_L}=\frac{42}{236}=0.178(\text{A})$$

$$I=\sqrt{I_R^2+I_L^2}=\sqrt{0.1235^2+0.178^2}$$

$$=\sqrt{0.01525+0.0317}=\sqrt{0.04693}=0.217(\text{A})$$

$$\tan\varphi=\frac{I_L}{I_R}=\frac{0.178}{0.1235}=0.569$$

$$\varphi=55.2°$$

3. *RCL* 串联电路

到现在为止,我们已经分别讨论了在交流电源作用下 *RC* 和 *RL* 组成的电路。但是,电阻、电容、电感同时连接于一个电路中的情况还没有进行讨论。下面首先讨论 *RCL* 串联电路。

如图 3.2-20 所示,以 $X_L< X_C$ 情况为例进行分析。由于 *RCL* 相串联,所以回路中的电流相等。我们以电流为基准可以画出 *R*、*C*、*L* 上电压之间的关系,其矢量图如图 3.2-20(b) 所示。电阻上的电压与电流同相,电感上的电压超前于电流 90°,电容上的电压滞后于电流 90°。

可见,在 *RCL* 串联电路中电感上的电压与电容上的电压相位相差 180°。

因此,将电容电压矢量 U_C 与电感电压矢量 U_L 相减后,平移到电阻电压的终端,从而构

成 RCL 串联电路的电压三角形，如图 3.2-21(c)所示。由于串联电路电流处处相等，所以，通过电压三角形就可以推出阻抗三角形，如图 3.2-21(d)所示。

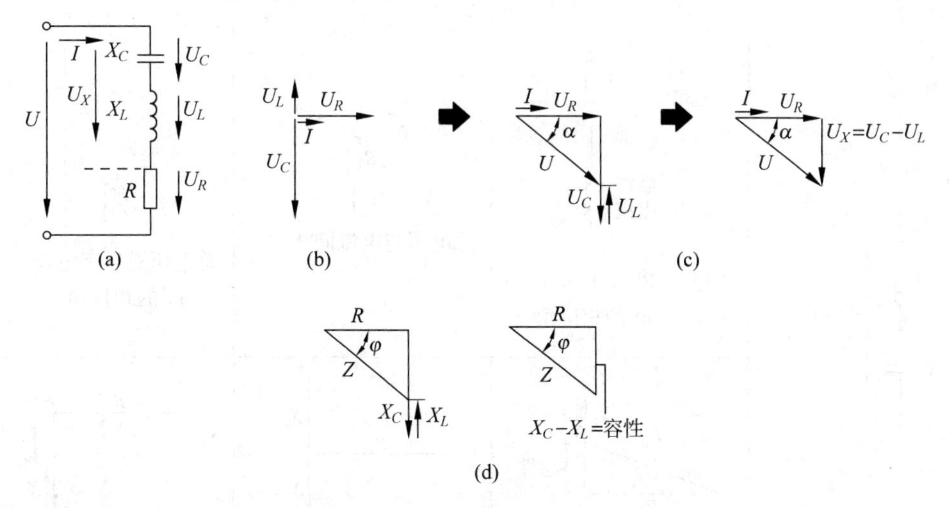

图 3.2-21 RCL 串联电路和矢量图

利用勾股定理和三角函数就可以计算出串联电路的总电压(总阻抗)以及电流与总电压(电阻与总阻抗)之间的相位差。

$$\begin{cases} U=\sqrt{U_R^2+(U_C-U_L)^2} \\ Z=\sqrt{R^2+(X_C-X_L)^2} \\ \tan\varphi=\dfrac{U_C-U_L}{U_R} \\ \tan\varphi=\dfrac{X_C-X_L}{R} \end{cases}$$

式中，U 为总电压，V；U_R 为电阻上的电压，V；U_C 为电容上的电压，V；U_L 为电感上的电压，V；R 为电阻，Ω；X_C 为容抗，Ω；X_L 为感抗，Ω；Z 为总阻抗，Ω；φ 为相位差，(°)。

【例题 3.2-8】 一个 RCL 串联电路，$R=120\Omega$，$C=2\mu F$，$L=2.5H$，交流电源为 24V/50Hz。求：Z；I；U_C；U_L；U_R。

解：$X_C=\dfrac{1}{2\pi fC}=\dfrac{1}{2\pi\times50\times2\times10^{-6}}=1592(\Omega)$

$X_L=2\pi fL=2\pi\times50\times2.5=785(\Omega)$

$Z=\sqrt{R^2+(X_C-X_L)^2}=\sqrt{120^2+(1592-785)^2}=816(\Omega)$

$I=\dfrac{U}{Z}=\dfrac{24}{816}=29(mA)$

$U_C=I\cdot X_C=0.029\times1592=46(V)$

$U_L=I\cdot X_L=0.029\times785=23(V)$

$U_R=I\cdot R=0.029\times120=3(V)$

例题 3.2-8 中的举例是 $X_L<X_C$ 的情况，回路的阻抗呈容性。$X_L=X_C$，$X_L>X_C$ 的情况，与上述分析方法完全相同，这里不再详述。详见表 3.2-1。

表 3.2-1 **RLC 串联电路的相位关系**

R、X_L、X_C 电抗	$X_L>X_C$	$X_L=X_C$	$X_L<X_C$
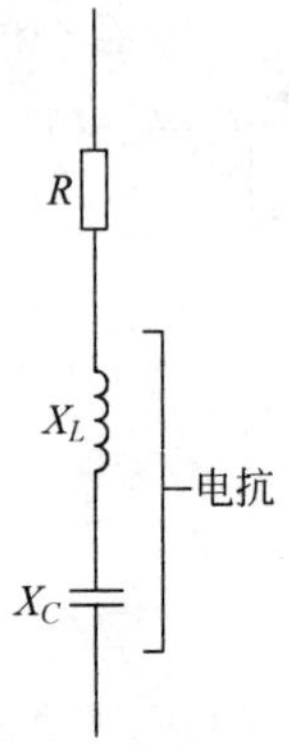	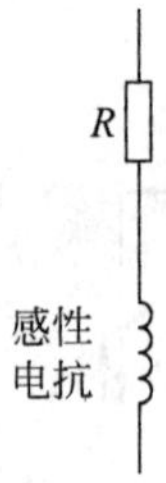 R 感性电抗 总电压超前于电流一个小于 90°的相位角	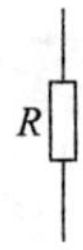 R 总电压与电流同相	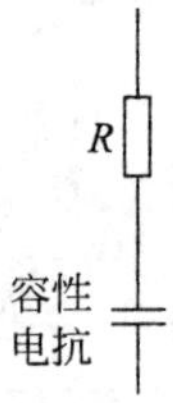 R 容性电抗 总电压滞后于电流一个小于 90°的相位角
	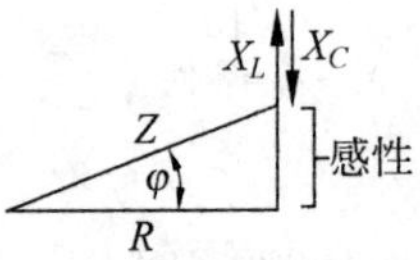 X_L X_C Z φ R 感性	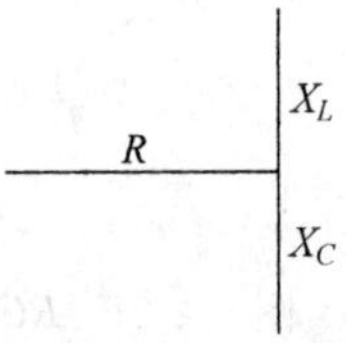 X_L R X_C	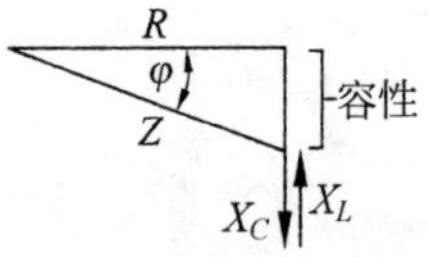 R φ Z 容性 X_C X_L

当 $X_L>X_C$ 时，总电压超前于电流一个小于 90°的相位角，回路的阻抗呈感性；

当 $X_L=X_C$ 时，总电压与电流同相，回路的阻抗呈纯电阻性；

当 $X_L<X_C$ 时，总电压滞后于电流一个小于 90°的相位角，回路的阻抗呈容性。

4. *RCL* 并联电路

在 *RCL* 并联电路中，容抗和感抗的数值同样存在上述三种情况，即

$$X_L > X_C, \quad X_L = X_C, \quad X_L < X_C$$

下面以 $X_L>X_C$ 情况为例进行分析，图 3.2-22 画出了 *RCL* 并联电路和矢量图。在并联时，由于 *R*、*C*、*L* 的端电压相等，所以我们以电压为基准画出 *R*、*C*、*L* 上电流之间的关系，其矢量图如图 3.2-22(b)所示。电阻上的电流与电压同相，电感上的电流滞后于电压 90°，电容上的电流超前于电压 90°。

可见，在 *RCL* 并联电路中电感上的电流与电容上的电流相位相差 180°。

因此，将电容电流矢量 I_C 与电感电流矢量 I_L 相减后，平移到电阻电流的终端，从而构成 *RCL* 并联电路的电流三角形，如图 3.2-22(c)所示。由于并联电路的端电压相等，所以，通过电流三角形就可以推出导纳三角形，如图 3.2-22(d)所示。

利用勾股定理和三角函数就可以计算出并联电路的总电流(总导纳)和总电流与电压(电导与总导纳)之间的相位差。

$$I = \sqrt{I_R^2 + (I_C - I_L)^2}; \qquad \tan\varphi = \frac{I_C - I_L}{I_R}$$

$$\frac{1}{Z} = \sqrt{\left(\frac{1}{R}\right)^2 + \left(\frac{1}{X_C} - \frac{1}{X_L}\right)^2}; \qquad \tan\varphi = \frac{\dfrac{1}{X_C} - \dfrac{1}{X_L}}{\dfrac{1}{R}}$$

$$Y = \sqrt{G^2 + (B_C - B_L)^2}; \qquad \tan\varphi = \frac{B_C - B_L}{G}$$

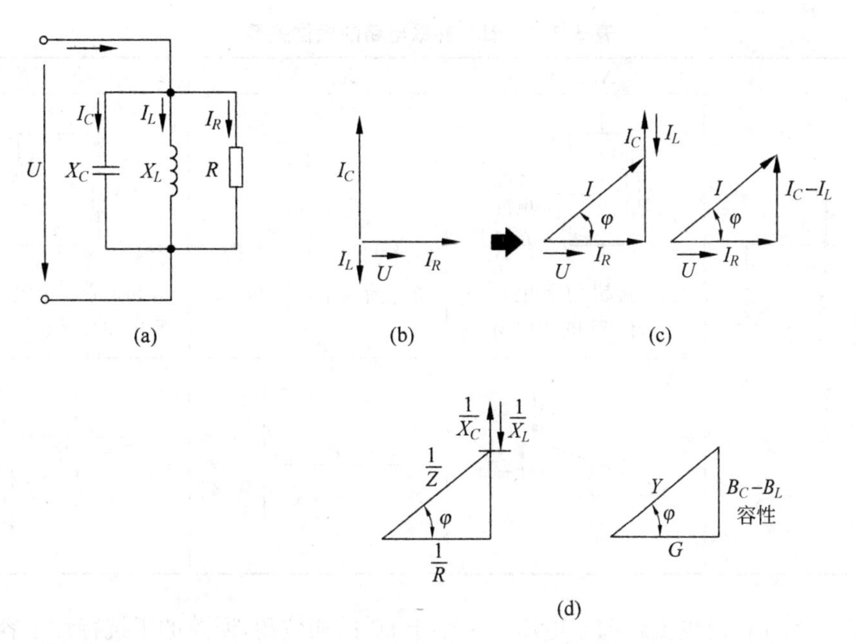

图 3.2-22 *RCL* 并联电路和矢量图

式中，I 为总电流，A；Z 为总阻抗，Ω；I_R 为电阻上的电流，A；Y 为总导纳，S；I_C 为电容上的电流，A；G 为电导，S；I_L 为电感上的电流，A；B_C 为容纳，S；R 为电阻，Ω；B_L 为感纳，S；X_C 为容抗，Ω；X_L 为感抗，Ω；φ 为相位差，(°)。

【例题 3.2-9】 *RCL* 并联电路，$R=220\Omega$，$C=1.3\mu F$，$L=0.6H$，交流电源为 24V/50Hz。计算：$I, I_C, I_L, I_R, \varphi$。

解：$X_C=\frac{1}{2\pi fC}=\frac{1}{2\pi\times 50\times 1.3\times 10^{-6}}=2450(\Omega)$

$X_L=2\pi fL=2\pi\times 50\times 0.6=188(\Omega)$

$$\frac{1}{Z}=\sqrt{\left(\frac{1}{R}\right)^2+\left(\frac{1}{X_L}-\frac{1}{X_C}\right)^2}=\sqrt{\left(\frac{1}{220}\right)^2+\left(\frac{1}{188}-\frac{1}{2450}\right)^2}=6.7\times 10^{-3}(S)$$

$Z=149(\Omega)$

$$I=\frac{U}{Z}=\frac{24}{149}=161(mA)$$

$$I_C=\frac{U}{X_C}=\frac{24}{2450}=9.8(mA)$$

$$I_L=\frac{U}{X_L}=\frac{24}{188}=128(mA)$$

$$I_R=\frac{U}{R}=\frac{24}{220}=109(mA)$$

$$\tan\varphi=\frac{I_L-I_C}{I_R}=\frac{128-9.8}{109}=1.08$$

$\varphi\approx 47°$

例题 3.2-9 中的举例是 $X_L<X_C$ 的情况，回路的阻抗呈感性。$X_L=X_C$，$X_L>X_C$ 的情况，与上述分析方法完全相同，这里不再详述。详见表 3.2-2。

表 3.2-2 RLC 并联电路的相位关系

	$X_L>X_C$	$X_L=X_C$	$X_L<X_C$
R X_L X_C	R 容性电抗	R	R 感性电抗
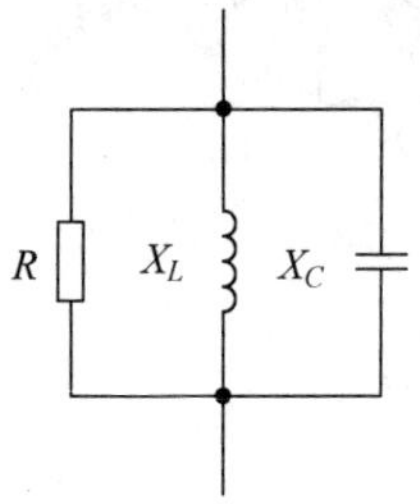	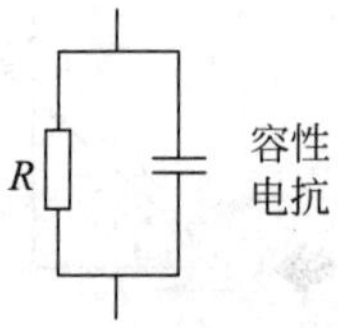 总电流超前于电压一个小于90°的相位角	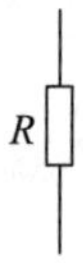 总电流与电压同相	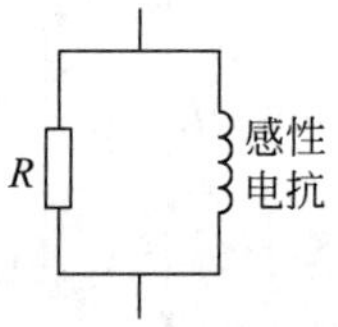 总电流滞后于电压一个小于90°的相位角
	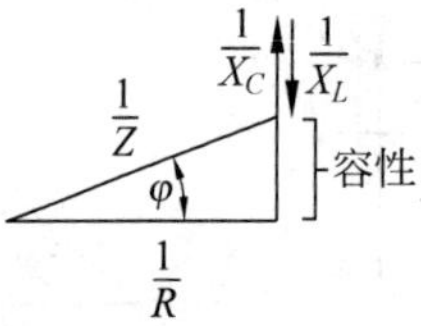 $\frac{1}{X_C}$ $\frac{1}{X_L}$ $\frac{1}{Z}$ φ 容性 $\frac{1}{R}$	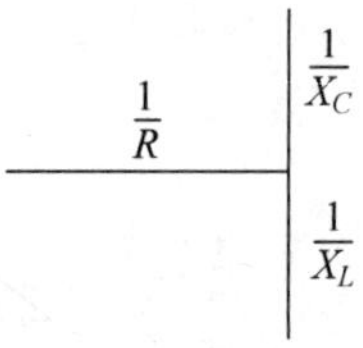 $\frac{1}{R}$ $\frac{1}{X_C}$ $\frac{1}{X_L}$	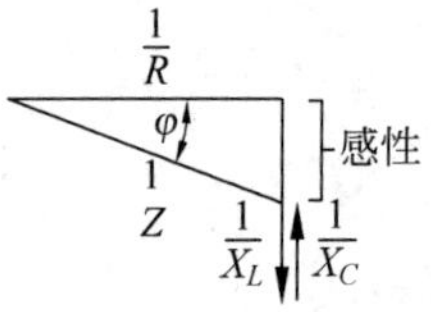 $\frac{1}{R}$ φ 感性 $\frac{1}{Z}$ $\frac{1}{X_L}$ $\frac{1}{X_C}$

当 $X_L>X_C$ 时，总电流超前于电压一个小于90°的相位角，回路的阻抗特性呈容性；

当 $X_L=X_C$ 时，总电流与电压同相，回路的阻抗特性呈纯电阻特性；

当 $X_L<X_C$ 时，总电流滞后于电压一个小于90°的相位角，回路的阻抗特性呈感性。

3.2.4 *RC RL RCL* 电路中的功率

任何 *RC*、*RL*、*RCL* 电路的工作都需要外加电源。我们把电源提供给电路的总功率称为视在功率，用“*S*”表示。其计算公式如下：

$$S=UI$$

式中，S 为视在功率，V·A；U 为电源电压的有效值，V；I 为电路中总电流的有效值，A。

在电力系统中，为了选定供电电源的容量，确定电器设备实际所消耗的功率是很重要的。一般我们把这一功率称为有功功率，用“*P*”表示。更具体地说，在 *RCL* 电路中，有功功率指的就是电阻 R 上消耗的功率。有关电阻上消耗功率的计算公式已经介绍过，在此不再重复。然而，在 *RCL* 电路中，还包含有 C、L 两个储能元件。它们从电源中吸收电能(功率)之后，随着电路的工作再将这一电能(功率)返还给电源，可见，储能元件不消耗电源提供的电能(功率)。因此，我们把 C、L 储能元件与电源之间所交换的功率值称为无功功率，用“*Q*”表示。其无功功率的计算公式已经介绍过，在此不再重复。

经过上述分析可以看到，电源提供给电路的视在功率，一部分被电器设备消耗，即：有功功率。另一部分是电源与储能元件之间相互交换的功率，即：无功功率。

下面以 *RL* 串联电路为例，对视在功率 S、有功功率 P 和无功功率 Q 之间的关系进行详细的讨论。

在 *RL* 串联电路中，其总电压与回路电流的相位不同。该电路的相位角既不是纯电阻电路($\varphi=0°$)，也不是纯电感电路($\varphi=90°$)，其电流总是滞后于电压一个小于90°的相位角。

图3.2-23画出了 *RL* 电路中电流与电压的相位关系及瞬时功率曲线。我们知道，瞬时功率等于瞬时电压 u 与瞬时电流 i 的乘积。曲线中画出的功率曲线有正、负两部分功率。正功率的阴影部分表示：电感上建立磁能所需要从电源中吸收的电能。负功率部分表示：

电感将其存储的磁能转换成返回主电源的电能。从曲线上可以看出，在一个周期之内，理想电感吸收和吐回的电能相等。因此，其有功功率为零。在图 3.2-23 中，将正、负两个阴影部分相抵消，剩下的就是电阻 R 上消耗的有功功率。

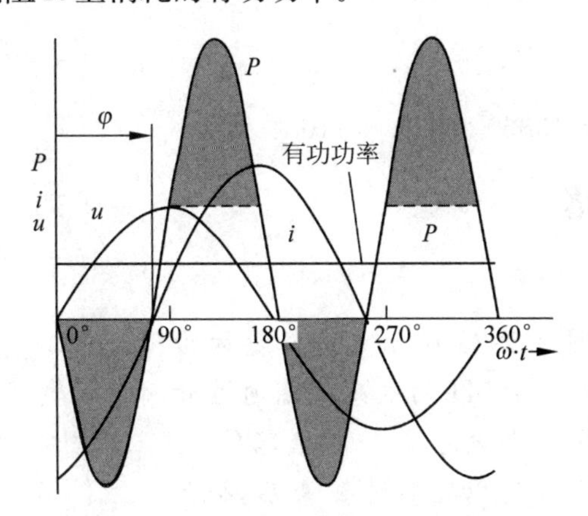

图 3.2-23　电流、电压存在相位差时的交流功率

然而，在图 3.2-23 上，很难读出视在功率 S、有功功率 P 和无功功率 Q 的具体数值。可以利用矢量图的方法来解决这一问题。

在 RL 串联电路中，由于电流处处相等，因此在三个功率中都包含电流 I 这一公共量。这样，我们可以通过电压三角形推出其功率三角形，如图 3.2-24 所示。功率三角形与电压三角形相同，根据矢量图和三角函数的知识，可以推导出下面的公式：

$$S=\sqrt{P^2+Q^2}$$

$$\tan\varphi=\frac{Q}{P}$$

$$\sin\varphi=\frac{Q}{S}$$

$$\cos\varphi=\frac{P}{S}$$

式中，$\cos\varphi$ 在电力工程中是一个很重要的参数，它是有功功率与视在功率之比，表明了视在功率转换为有功功率的程度，称之为功率因数，其数值在 0～1 之间。

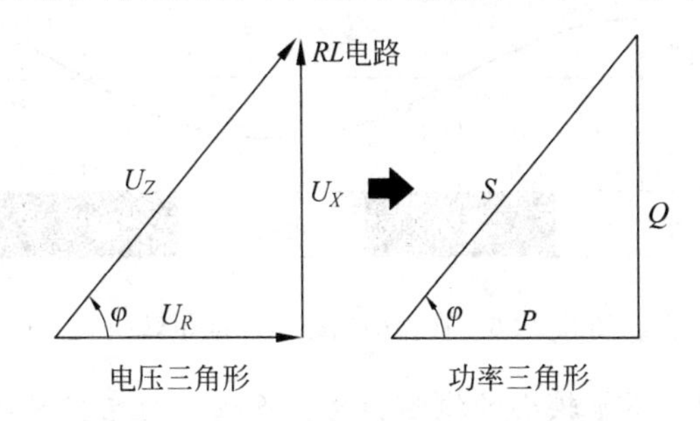

图 3.2-24　RL 电路的功率矢量图

其中，RC、RL、RCL 电路的 S、P、Q 之间的关系与上述分析相同，只不过在导出过程中使用的矢量图不同，但是计算公式完全相同，因此，此处不再详述。

【例题 3.2-10】 一个含有感性负载的串联电路,在提供 220V 交流电源电压时,其电流为 63A。功率因数为 0.8。计算该电路的有功功率是多少?

解:$S = U \cdot I = 220 \times 63 = 13860(\mathrm{V \cdot A})$

$$\cos\varphi = \frac{P}{S}$$

$$P = S \cdot \cos\varphi = 13860 \times 0.8 = 11088(\mathrm{W})$$

3.2.5 谐振电路

1. 振荡和谐振

【实验 3.2-7】 如图 3.2-25 所示。将容量约为 200μF 的电容器与一个大于 100H 的电感线圈通过开关 S_1 相连接,首先将开关 S_1 与电源接通,在电容 C_1 充上 10V 电压(从电压表 P_1 上可以观察到)。然后,将开关 S_1 接通电感,并用零位刻度在中间的电压表和电流表,测量电容器两端的电压及线圈中的电流。

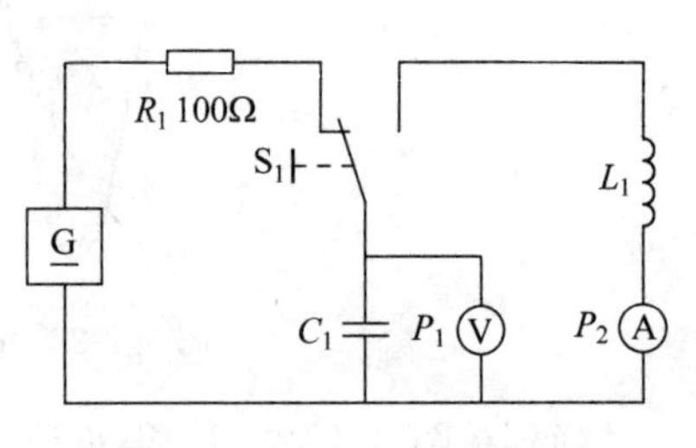

图 3.2-25 LC 振荡电路

【结果】 在电容器上出现的是频率保持不变,但幅度逐渐下降的交流电压。流过线圈的是一个滞后于电压的交流电流。

当充满电的电容器与线圈构成闭合回路时,电容器先通过线圈进行放电,这样在线圈中建立起磁场。根据电磁感应定律,在电容器放电过程中,线圈中的电流将在线圈上产生感应电压,这一电压又反过来对电容器进行反方向充电。当电容器充满电荷后,又通过线圈反方向放电,在线圈中又建立起磁场。因此,在这一电路中将重复上述过程。这时电路中的能量在电容器和线圈之间来回振荡,如图 3.2-26 所示。因此,我们将这种电路称之为**振荡回路**。

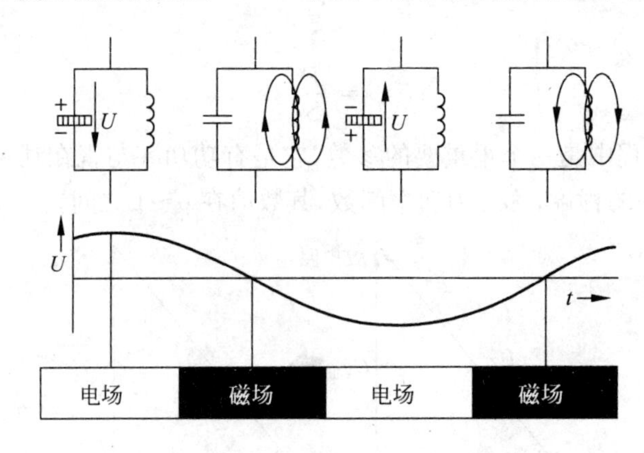

图 3.2-26 在振荡回路中的能量转换

【实验 3.2-8】 选用电感量较小的线圈和电容量较小的电容器来重复上述实验。

【结果】 电容量和电感量越小,振荡回路的固有频率越高。

在电容量和电感量较大的振荡回路中,电容器来回充、放电的时间要比电路元件参数较小时所需的时间来得长。所以电感量和电容量越大,振荡回路的固有频率就越低。

【实验 3.2-9】 如图 3.2-27 所示，将输出电压频率约为 200Hz 的方波信号发生器，通过一个微分电路和一个 18kΩ 的电阻，与 LC 并联电路相连接（$L_1 \approx 250\text{mH}$、$C_1 = 4.7\text{nF}$）并用示波器观察该 LC 并联电路的电压。

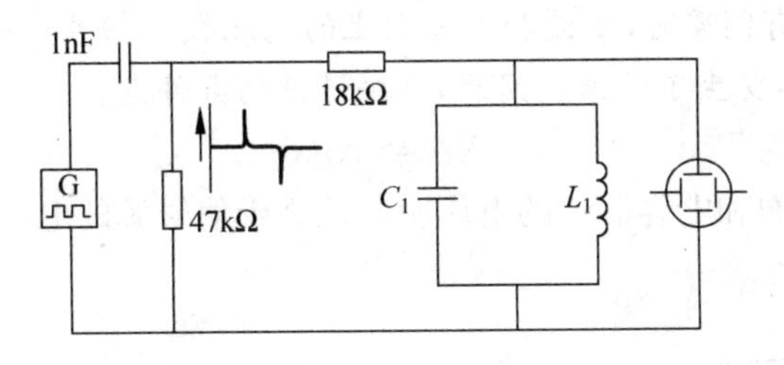

图 3.2-27　实验电路

【结果】 在由线圈和电容器组成的并联电路两端出现的是一个频率保持不变、幅度逐渐衰减的交流电压。

因为在微分电路的电阻上出现的是尖脉冲，它只是用来在极短的瞬间向振荡回路提供能量，因此，振荡回路按本身的固有频率形成了振荡，而振荡回路的损耗引起了振幅的衰减，如图 3.2-28 所示。

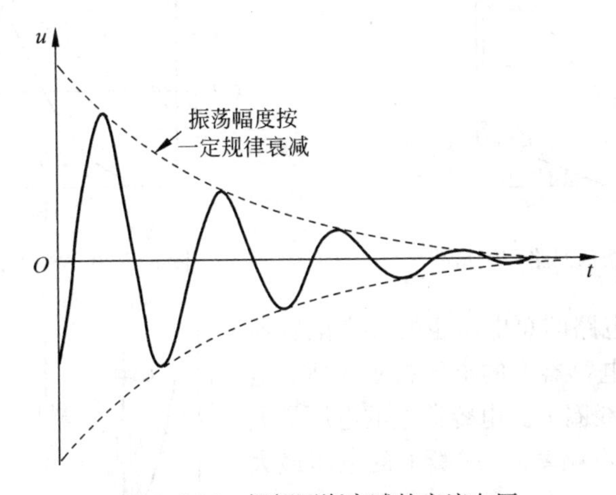

图 3.2-28　振幅逐渐衰减的交流电压

如果信号源的频率与振荡回路的固有频率相一致，则振荡回路便与信号源频率产生谐振。因此，也将这种振荡回路称为谐振回路。振荡回路也可以通过脉冲波来使之处于谐振状态，这时，振荡回路的固有频率必须是脉冲波电压频率的整数倍。在这种情况下，脉冲波电压中必然含有某一个谐波振荡，其频率正好与振荡回路的固有频率相同。

2. 串联谐振回路

串联谐振回路由线圈和电容器串联组成。线圈和电容器的损耗可以在电路中用一个串联电阻 R 表示，如图 3.2-29 所示。由于串联电路的电流处处相等，则损耗电阻上的电压与电流同相，电容器上的电压滞后于电流 90°，电感线圈上的电压超前于电流 90°。可见，这两个电压反相 180°。当这两个电压相等时，串联回路的阻抗呈电阻特性。这种状态称为串联谐振。

【实验 3.2-10】 将 $L=250\text{mH}$，$C=4.7\text{nF}$，$R=1\text{k}\Omega$ 组成串联振荡回路，并与一个低内

阻的正弦波信号发生器相连接。在不同的频率情况下，测量各个电压，同时注意保持信号发生器输出电压的恒定。

【结果】 在接近振荡回路的固有频率时，各个电压随频率的变化特别剧烈，如图 3.2-30 所示。在固有频率时，线圈和电容器上的电压数值相等。电路中的电流强度达到了最大值。这表明电路发生了谐振。因此，串联谐振的条件是：

$$X_{L0} = X_{C0}$$

在串联谐振时，线圈和电容器上的电压明显地高于信号源的电压，因此这种谐振也称为电压谐振。

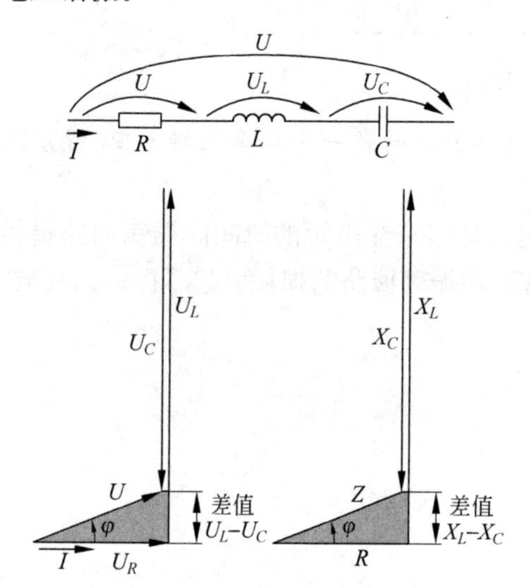

图 3.2-29 串联振荡回路和矢量图

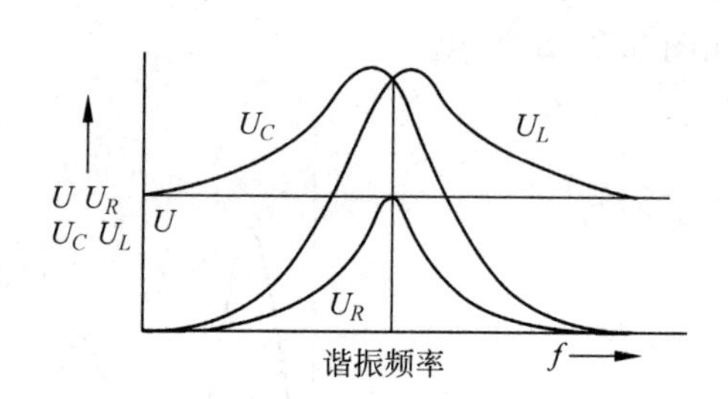

图 3.2-30 各电压与频率的关系

在频率较低时，电路的总电压主要加在电容器上。在频率较高时，电容器上的电压接近于零；电路的总电压主要加在线圈上。电容器上的电压最大值出现在略偏低于固有频率时，线圈上的电压最大值出现在略偏高于固有频率时。电阻上的电压最大值出现在固有频率上。

串联振荡回路的阻抗与频率有关，如图 3.2-31 所示。在频率较低时，电容器具有很大的容抗，因此在低于固有频率时，串联振荡回路具有 RC 串联电路的特性。

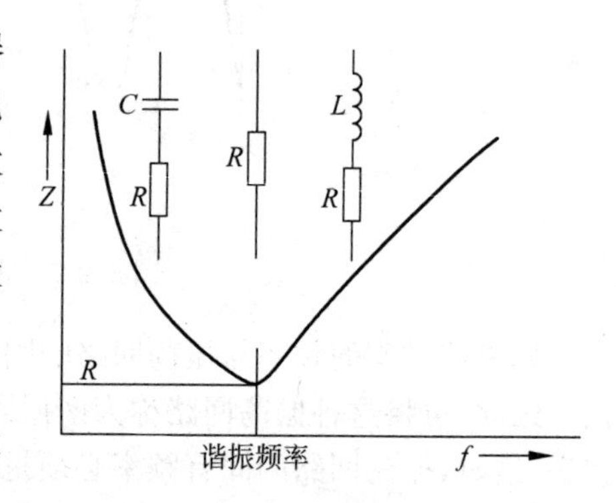

图 3.2-31 串联谐振回路的阻抗-频率特性

在频率较高时，线圈具有很大的感抗，因此在高于固有频率时，串联振荡回路起到了一个 RL 串联电路相似的作用。

在谐振时，不同性质的电抗互相抵消，此时，振荡回路只有一个最小的电阻，因此也被称为陷波电路。

串联谐振回路的谐振阻抗等于回路的损耗电阻。

可用下面公式表示：

$$Z_0 = R$$

式中，Z_0 为谐振阻抗，Ω；R 为串联损耗电阻，Ω。

3. 并联谐振回路

并联振荡回路由线圈、电容并联构成，其损耗可以通过一个并联电阻表示，其等效电路如图 3.2-32 所示，则并联振荡回路的各电路元件都处于同一个端电压作用下，流过电阻的电流与端电压同相。流过线圈的电流滞后端电压 90°，流过电容器的电流超前端电压 90°，这两个电流方向相反，如果它们的大小相等，则电路的阻抗特性呈纯电阻特性，我们称之为并联谐振。

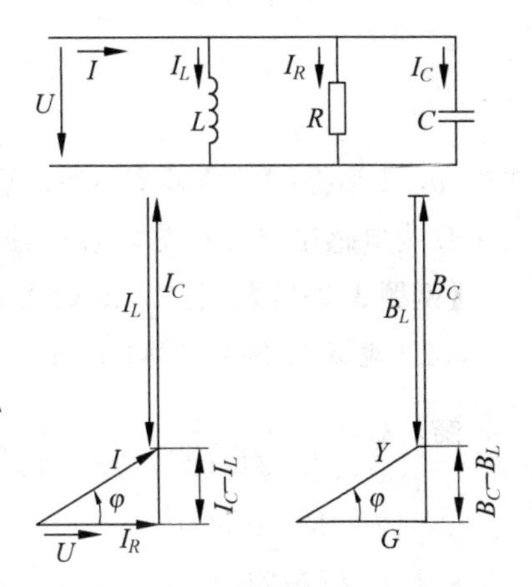

图 3.2-32 并联谐振回路和矢量图

【实验 3.2-11】 将一个由 $L=250\text{mH}$，$C=4.7\text{nF}$ 构成的并联振荡回路与正弦波信号源相连接。在不同的频率情况下，测量各支路中的电流。

【结果】 在接近固有频率时，流入并联振荡回路中的电流随频率的变化特别剧烈。

在固有频率时，线圈和电容器上流过的电流数值相等。电路中的电流强度达到了最小值。因此，并联谐振的条件是：$X_{L0}=X_{C0}$。

在并联谐振时，回路中电抗上的电流将远远大于电路中的总电流，我们称这种谐振为电流谐振。

在低于固有频率时，电路中的电流主要流过线圈，并联振荡回路呈电阻和线圈并联电路的特性。在高于固有频率时，流过电容器的电流增大，回路呈电阻和电容器并联电路的特性。如图 3.2-33 所示。在谐振时，流过线圈与电容器的电流数值相同，总电流由并联损耗电阻和电压来确定。并联振荡回路的阻抗在频率较低或较高时都十分小。在谐振时，并联振荡回路具有最大的电阻值，我们也称为带阻电路。

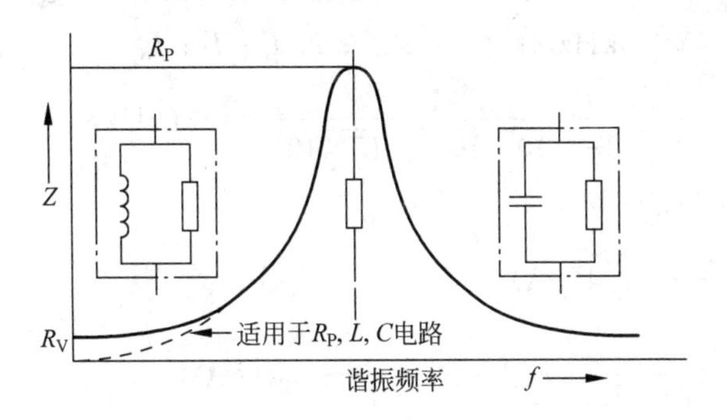

图 3.2-33 并联谐振回路的阻抗-频率特性

并联谐振回路的谐振阻抗等于回路的等效损耗电阻。

可用下面公式表示：

$$Z_0=R_P$$

式中，Z_0 为谐振阻抗，Ω；R_P 为并联损耗电阻，Ω。

4. 谐振频率（固有频率）

振荡回路在谐振时起到了一个电阻的作用，电路的总电压和总电流之间没有相位差。

具有较小损耗的串联和并联振荡回路,其谐振时的感抗与容抗都相等。

在 $X_{L0}=X_{C0}$ 时: $\omega_0 L=\frac{1}{\omega_0 C}$

$$f_0=\frac{1}{2\pi\sqrt{L\cdot C}}$$

式中,ω_0 为谐振时的角频率,s^{-1}; X_{L0}、X_{C0} 为谐振时的电抗,Ω; f_0 为谐振频率(固有频率),Hz; L 为电感量,H; C 为电容量,F。

【例题 3.2-11】 将15nF的电容器和10mH的线圈组成串联电路,其串联损耗电阻为10Ω,交流电源为24V/13kHz,计算: f_0; Z_0; I; U_C; U_L; U_R。

解: $f_0=\frac{1}{2\pi\sqrt{L\cdot C}}=\frac{1}{2\pi\sqrt{10\times10^{-3}\times15\times10^{-9}}}=13(\text{kHz})$

$Z_0=R=10(\Omega)$

$I=\frac{U}{Z}=\frac{24}{10}=2.4(\text{A})$

$X_C=\frac{1}{2\pi fC}=\frac{1}{2\pi\times1.3\times10^4\times1.5\times10^{-8}}\approx817(\Omega)$

$X_L=2\pi fL=2\pi\times1.3\times10^4\times1\times10^{-2}\approx817(\Omega)$

$U_C=I\cdot X_C=2.4\times817\approx1961(\text{V})$

$U_L=I\cdot X_L=2.4\times817\approx1961(\text{V})$

$U_R=I\cdot R=2.4\times10=24(\text{V})$

从例题3.2-11中可以看出,在 LC 串联谐振时,电抗上的电压可能很高,它可能损坏电抗元件和危及人身安全。

【例题 3.2-12】 将15nF的电容器和10mH的线圈组成并联电路,其并联损耗电阻为10MΩ,交流电源为24V/13kHz,计算: f_0; Z_0; I; I_C; I_L; I_R。

解: $f_0=\frac{1}{2\pi\sqrt{L\cdot C}}=\frac{1}{2\pi\sqrt{10\times10^{-3}\times15\times10^{-9}}}=13(\text{kHz})$

$Z_0=R_P=10(\text{M}\Omega)$

$I=\frac{U}{Z}=\frac{24}{1\times10^7}=2.4(\mu\text{A})$

$X_C=\frac{1}{2\pi fC}=\frac{1}{2\pi\times1.3\times10^4\times1.5\times10^{-8}}\approx817(\Omega)$

$X_L=2\pi fL=2\pi\times1.3\times10^4\times1\times10^{-2}\approx817(\Omega)$

$I_C=\frac{U}{X_C}=\frac{24}{817}=29.4(\text{mA})$

$I_L=\frac{U}{X_L}=\frac{24}{817}=29.4(\text{mA})$

$I_R=\frac{U}{R_P}=\frac{24}{1\times10^7}=2.4(\mu\text{A})$

从例题3.2-12中可以看出,在 LC 并联谐振时,流过电抗的电流可能高于总电流。

5. 频带宽度与品质因数

1）频带宽度

【实验 3.2-12】 将由 $L=250\text{mH}$ 和 $C=4.7\text{nF}$ 组成的串联振荡回路，通过一个 1000Ω 的电阻和一个电流表，与音频信号发生器相连接。并测量电流随频率变化的关系。

然后，再将由 $L=250\text{mH}$ 和 $C=4.7\text{nF}$ 和 $R_P=100\text{k}\Omega$ 组成的并联振荡回路，通过一个约为 $1\text{M}\Omega$ 的电阻，与音频信号发生器相连接。并利用电子电压表来测量振荡回路两端的电压随频率变化的关系。

【结果】 这两个实验都可以得出相似的特性曲线，如图 3.2-34 所示，这种曲线称为幅频特性曲线。

【实验 3.2-13】 重复实验 3.2-12 的过程。但要通过增大串联振荡回路的前置电阻，以及减小并联振荡回路的并联电阻来增大振荡回路的损耗。

【结果】 这两个谐振曲线都具有较平坦的变化过程。

可见，振荡回路的幅频特性曲线，在损耗较大时比损耗较小时平坦。

频带宽度指的是谐振曲线降到最大值的 70.7% $\left(\frac{1}{\sqrt{2}}\right)$倍时，所对应的频率之间的频率差，简称带宽，用“$\Delta f$”表示，如图 3.2-35 所示。它是用来对具有同样谐振频率的振荡回路进行比较的参数。

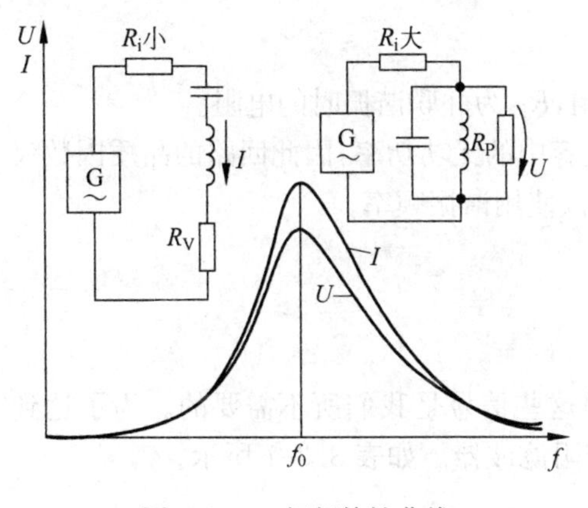

图 3.2-34　幅频特性曲线

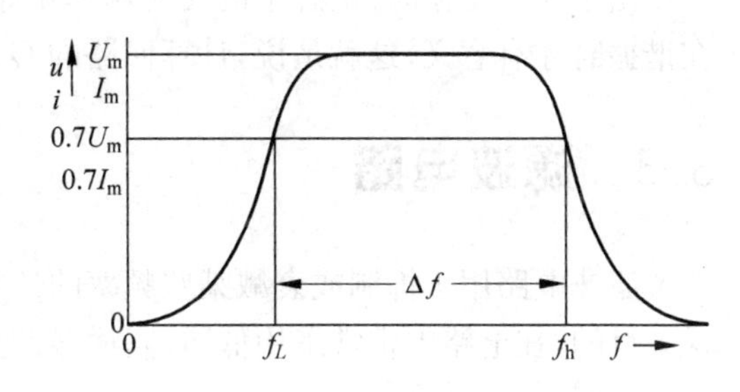

图 3.2-35　频带宽度

2）品质因数

在谐振回路中，用品质因数衡量一个回路中的损耗。它是一个没有单位的比值。计算公式在下面列出：

$$Q=\frac{f_0}{\Delta f}$$

式中，Q 为品质因数，Hz；f_0 为谐振频率，Hz；Δf 为带宽，Hz。

在图 3.2-36 中可以看出，在谐振频率一定时，损耗越大回路的带宽就越大，品质因数就越低；损耗越小回路的带宽就越小，品质因数就越高。

【例题 3.2-13】 某串联振荡回路的谐振曲线在频率为 470kHz 时达到最大值，在频率为 467kHz 和 473kHz 时降到了最大值的 70.7%，则该振荡回路的品质因数应为多少？

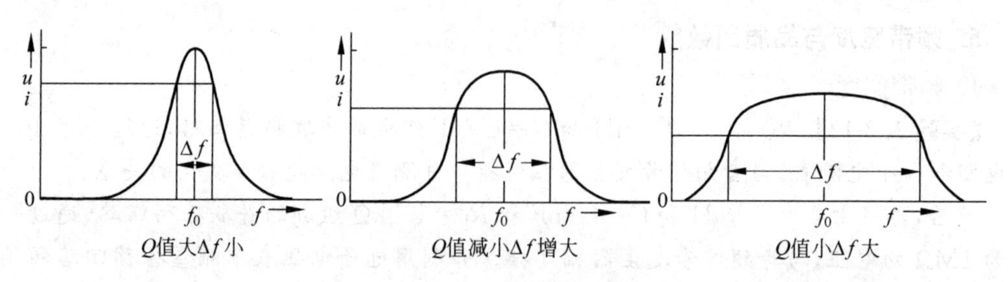

图 3.2-36 品质因数与带宽的关系

解：$Q=\frac{f_0}{\Delta f}=\frac{470}{473-467}=78.3$

实际上，所谓回路的品质因数也是“无功功率”与“有功功率”的比值。但是，这时的“无功功率”应该理解为电感中的无功功率或电容中的无功功率，而“有功功率”应该理解为回路中损耗的总功率。因此，它取决于回路中的损耗电阻。对于串联谐振回路来说，线圈的感抗或电容器的容抗与线圈损耗电阻的比值越大，则回路的品质因数就越高。可用下面公式进行计算：

$$Q=\frac{X_0}{R_V}$$

对于并联谐振回路来说，则品质因数可用下面公式进行计算：

$$Q=\frac{R_P}{X_0}$$

式中，X_0 为谐振时的电抗，R_V 为串联谐振时的电阻，R_P 为并联谐振时的电阻。

由于仅在谐振时，电感中的无功功率才等于电容中的无功功率，因此回路的品质因数仅在谐振时才有意义，这就是说，计算回路的 Q 值应该使用谐振频率。

3.3 滤波电路

滤波电路用于抑制或衰减某些频率的信号，而这些信号是我们所不需要的。为了达到这一目的，在电路中常常采用低通、高通、带通和带阻滤波器。如表 3.3-1 所示。

表 3.3-1 滤波器的种类

名称　符号	频率范围	说　明
U_1 ~ U_2 滤波器的一般符号	U_2 f	在滤波器输入端作用的是含有所有频率成分的电压信号
U_1 ≈ U_2 低通滤波器(LP)	SB指截止的频率范围 U_2 SB f	低通滤波器允许低频信号通过，但阻止高频信号到达输出端
U_1 ≈ U_2 高通滤波器(HP)	BP指允许通过的频率范围 U_2 BP f	高通滤波器抑制所有的低频信号，但允许高频信号到达输出端

续表

名称　　符号	频 率 范 围	说　　明
U_1 ≈ U_2 带通滤波器(BPF)	U_2 SB BP SB f	带通滤波器允许某一段限定频率范围内的信号到达输出端,其余频率的信号都被抑制
U_1 ≈ U_2 带阻滤波器(BSF)	U_2 BP SB BP f	带阻滤波器抑制某一段限定频率范围内的所有信号,其余频率的信号都能到达输出端

3.3.1　低通滤波器

1. *RC* 低通滤波器

【实验 3.3-1】 将由 $R=5.6\text{k}\Omega$ 与 $C=4.7\text{nF}$ 组成的串联电路与正弦波信号发生器相连接,如图 3.3-1(a)所示。从低向高调整频率旋钮,用高阻电压表测量电容器上的电压。

【结果】 在频率较低时,电容器上的电压幅度几乎与输入电压相同,而随着频率的升高输出电压幅度不断下降。

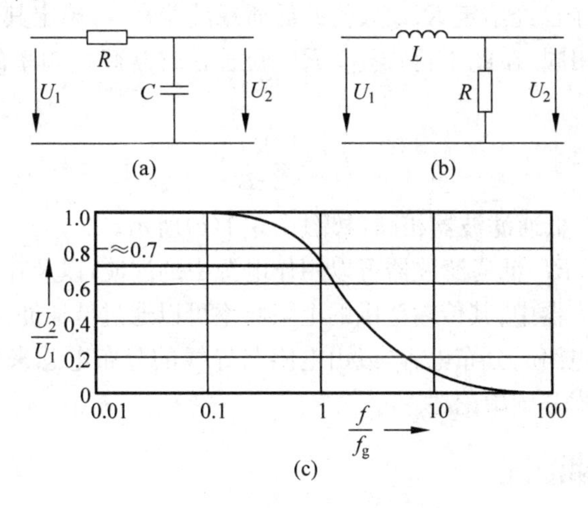

图 3.3-1　低通滤波器和通带曲线

这是因为随着频率的上升,电容器的电抗逐渐下降,所以输出电压也不断地下降。可见,这一电路对频率较高的信号产生抑制或衰减作用,而对频率较低信号衰减较小,因此称之为 *RC* 低通滤波器。然而,对于一个 *R*、*C* 值确定的电路来说,什么数值的频率可以通过,什么数值的频率不能通过呢?这就需要对该电路进行定量分析。

在工程上规定,当 $X_C \geqslant R$ 时,X_C 上获得的输出电压被认为有效。也就是说,在这一条件下,认为输入信号有效地通过了滤波器。并将 $X_C=R$ 所对应的频率称为截止频率,用 f_g 表示。

当 $X_C=R$ 时,
$$\frac{1}{\omega_g C}=R \Rightarrow \frac{1}{2\pi f_g C}=R$$

所以
$$f_g=\frac{1}{2\pi RC}$$

另外，
$$\frac{U_2}{U_1}=\frac{X_C}{\sqrt{X_C^2+R^2}}$$

所以
$$U_2=\frac{1}{\sqrt{2}}U_1$$

可见，当信号频率 $f=f_g$ 时，输出电压 U_2 是输入电压 U_1 的 0.707 倍。

在用通带曲线表示时，常常选用输入信号频率 f 与截止频率 f_g 的比值来代替频率变量，用输出电压 U_2 与输入电压 U_1 的比值来代替输出电压。这种用通带曲线表示法具有适用于任何元件参数和输入电压值的优点，如图 3.3-1(c)所示。

2. *RL* 低通滤波器

【实验 3.2-2】 将 $R=5.6\text{k}\Omega$ 与 $L=250\text{mH}$ 组成的串联电路与正弦波信号发生器相连接，如图 3.3-1(b)所示。从低向高调整频率旋钮，用高阻电压表测量电阻上的电压。

【结果】 输出电压的变化情况与实验 3.3-1 很相似。

随着频率的上升，线圈的感抗也随着增大，并且不断地增大对交流电流的阻碍作用，因此使得输出电压变小。可见，这一电路与 *RC* 低通滤波器具有相同的特点，因此称之为 *RL* 低通滤波器。对于一个已经给定 *R*、*L* 数值的低通滤波器来说，确定其有效信号频率范围的思路与 *RC* 电路完全相同，在此不再详述。*RL* 低通滤波器截止频率的计算公式仅在下面列出：

$$f_g=\frac{R}{2\pi L}$$

其通带曲线与 *RC* 低通滤波器相同，如图 3.3-1(c)所示。

RC 低通滤波器和 *RL* 低通滤波器可以用作电源中的滤波，以及在放大器中对高频信号进行抑制。在宽带放大器中，其传输范围的上限频率可以通过低通滤波器来限定，这种低通滤波器可以由电阻与电路的分布电容，或由电阻与导线的分布电感来构成。有关这方面的详细内容将在电子技术基础中论述。

3.3.2 高通滤波器

1. *RC* 高通滤波器

【实验 3.3-3】 重复实验 3.3-1，但请测量电阻上的电压，如图 3.3-2(a)所示。

【结果】 其输出电压在较低频率时几乎为零，并且随着频率的升高，输出电压将达到输入电压的最大值，如图 3.3-2(c)所示通带曲线。

在频率较低时，电容器的容抗很大，它阻止了电流的通过，这就是电阻上几乎没有电压的原因。

2. *RL* 高通滤波器

【实验 3.3-4】 重复实验 3.3-2，但请测量电感 *L* 上的电压，如图 3.3-2(b)所示。

【结果】 输出电压的变化情况与实验 3.3-3 很相似，如图 3.3-2(c)所示通带曲线。

在频率较低时，线圈的感抗很小，所以输出电压幅度也很小。在频率较高时，线圈上的

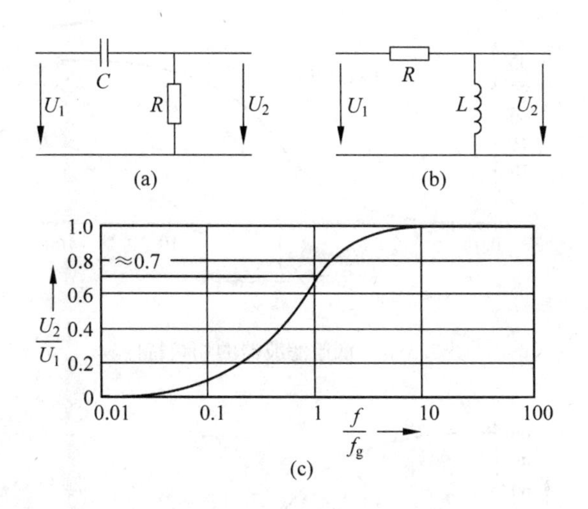

图 3.3-2 高通滤波器和通带曲线

感抗增大，所以滤波器的输出电压增大。

RC 高通滤波器和 *RL* 高通滤波器截止频率的计算公式与低通滤波器相同，唯一不同的是：对于高通滤波器来说，大于或等于截止频率的信号才被认为传输有效。

RC 高通滤波器常作为放大器的 *RC* 耦合电路。在传输变压器中常采用 *RL* 高通滤波器，它是由电压信号源的内阻和传输变压器的电感组成。

3.3.3 相频特性

【实验 3.3-5】 如图 3.3-3 所示，将一个由 $R=5.6\text{k}\Omega$ 与 $C=4.7\text{nF}$ 组成的低通滤波器与正弦波信号发生器相连接，然后用双踪示波器同时观察其输入电压和输出电压。将信号源的频率在 1～100kHz 之间变化，并且确定 U_1 与 U_2 之间的相移角。

【结果】 在频率较低时，输入电压与输出电压之间的相移角几乎为 0°。而随着频率不断升高，相移角也不断增大；当频率很高时，相移角接近于 90°，如图 3.3-4 所示。

RL 低通滤波器的相移角变化曲线与 *RC* 低通滤波器的情况相同。

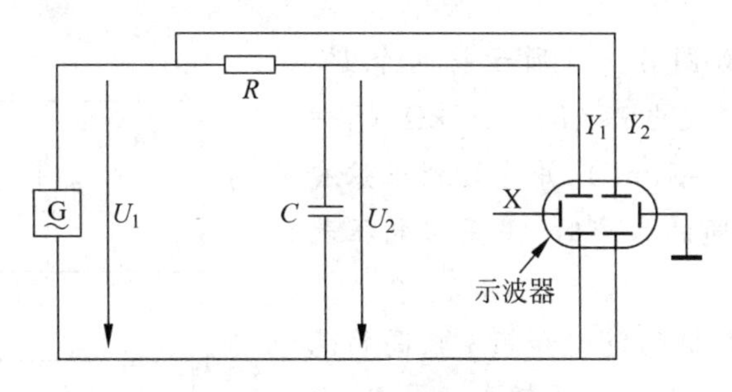

图 3.3-3 相位差测量电路

【实验 3.3-6】 用高通滤波器来重复实验 3.3-5 的过程。

【结果】 在频率较低时，输入电压与输出电压之间的相移角接近于 90°。而随着频率的不断升高，相移角则不断地减小；当频率很高时，相移角接近于 0°。如图 3.3-5 所示。

RL 高通滤波器的相移角变化曲线与 *RC* 高通滤波器的情况相同。低通滤波器，其输入

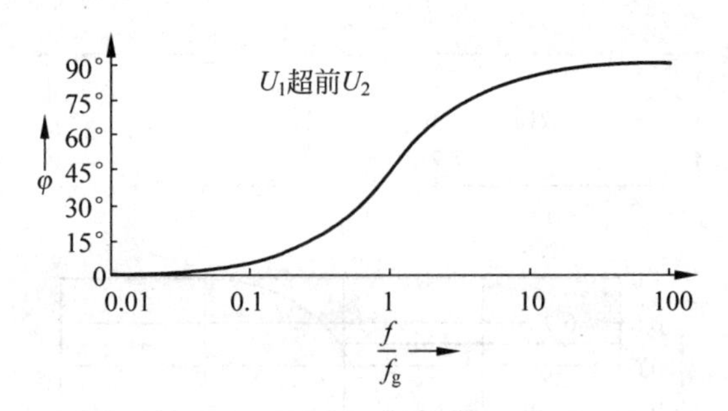

图 3.3-4 低通滤波器的相频特性

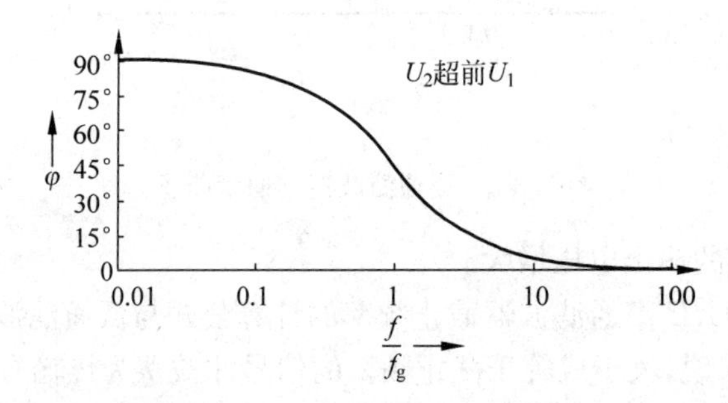

图 3.3-5 高通滤波器的相频特性

电压与输出电压之间的相移角随着频率升高而增大。在高通滤波器时，相移角则随着频率升高而减小。

在截止频率时，输入电压与输出电压之间的相移角为 45°。

【例题 3.3-1】 一个由 $R=4.7\text{k}\Omega$ 与 $C=27\text{nF}$ 组成的 RC 高通滤波器，求其截止频率是多少？

解：$f_g=\frac{1}{2\pi RC}=\frac{1}{2\pi\times4.7\times10^3\times27\times10^{-9}}=1255(\text{Hz})$

3.3.4 RC 带通滤波器

【实验 3.3-7】 如图 3.3-6 所示将两个 RC 电路构成一个 RC 滤波电路（$R_1=10\text{k}\Omega$、$C_1=100\text{nF}$、$R_2=1\text{k}\Omega$ 和 $C_2=10\text{nF}$），并连接到正弦波电压信号源上。在不同的频率时，用高阻电压表测量其输出电压。

【结果】 在频率较低的范围和频率较高的范围内，输出电压很小。而在中间的频率范围内，输出电压的幅度基本上接近于输入电压。

图 3.3-6 所示的滤波电路是由一个高通滤波器后面再串接一个低通滤波器而构成的。其中，由 R_2 和 C_2 组成的低通滤波器，其截止频率 f_h 远高于由 R_1 和 C_1 组成的高通滤波器的截止频

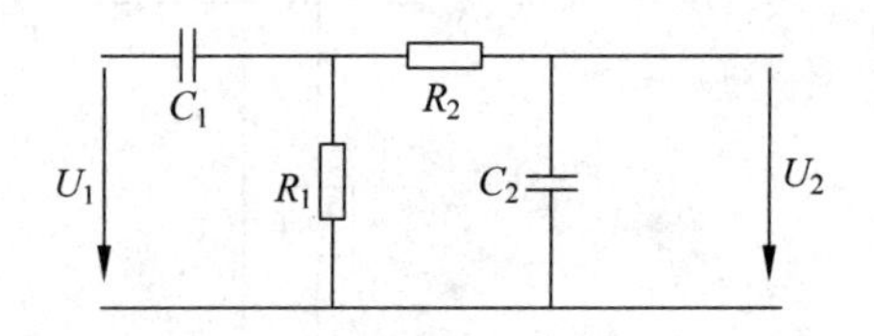

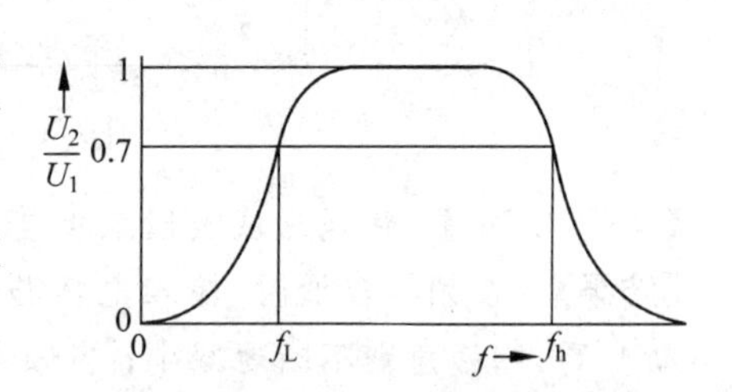

图 3.3-6 RC 带通滤波器

率 f_t。因此，高通滤波器抑制低端频率，低通滤波器抑制高端频率，这样便形成了带通滤波器。

带通滤波器只允许确定额率范围内的信号电压通过。

如果将一个下限截止频率为 300Hz、上限截止频率为 3000Hz 的 RC 带通滤波器，与一个低频放大器串联构成信号传输通路。该滤波器可以对低端频率和高端频率的信号电压进行抑制。用这种方法可以提高电话通信时的语音清晰度。

3.3.5 *RC* 带阻滤波器

如图 3.3-7 所示，这种滤波电路由一个 R_1C_1 并联电路和一个 R_2C_2 串联电路组成。在频率低时，R_2 相对于 C_2 的容抗来说很小，可忽略不计，而此时 C_1 的容抗比并联的电阻 R_1 大很多，相当于开路。所以在低频时一个由 R_1 和 C_2 构成的低通滤波器在起作用。当频率较高时，R_1 和 C_2 对分压不再有影响。所以，在较高频率时一个由 C_1 和 R_2 组成的高通滤波器起作用。

在中间的频率范围时，输出电压主要由 R_1 和 R_2 的分压比来确定。

带阻滤波器对一定频率范围内的信号进行抑制。

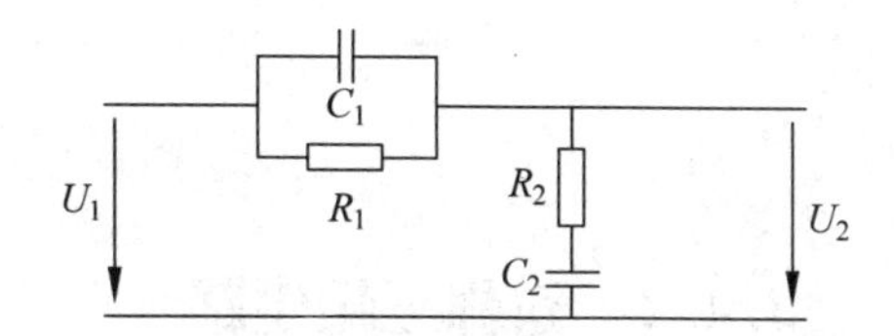

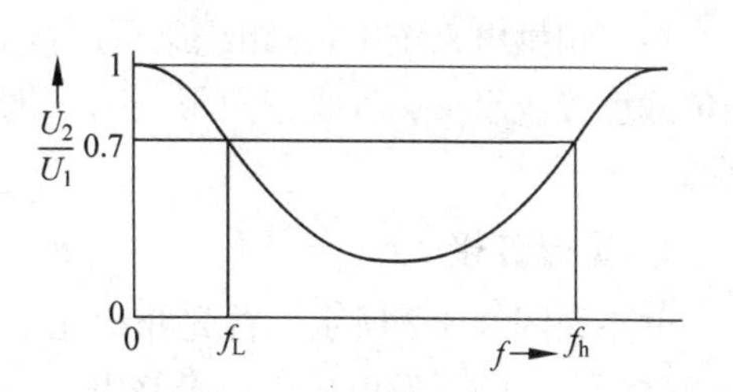

图 3.3-7　*RC* 带阻滤波器

3.4 正弦三相交流电

三相交流电路是由三相对称电源和三相负载组成的电路系统。现代飞机大多采用三相交流电源作主电源。与单相交流电源相比，三相电源具有体积小、重量轻等优点，同时三相交流电动机比单相交流电动机性能好，经济效益高。

3.4.1 对称三相电压及其特点

三相对称电压(电动势)是由三相交流发电机产生的。有关三相交流发电机的知识将第 4 章中讲述。

图 3.4-1 画出对称三相交流电的波形。

从图 3.4-1 可以看出，其波形为正弦波，且具有三个电压幅值相等、频率相同、相位互差 120°的特点。若以 u_a 为参考正弦量，则对称三相电压的瞬时值表达式为

$$u_a = \sqrt{2}U\sin\omega t$$

$$u_b = \sqrt{2}U\sin(\omega t - 120°)$$

$$u_c = \sqrt{2}U\sin(\omega t + 120°)$$

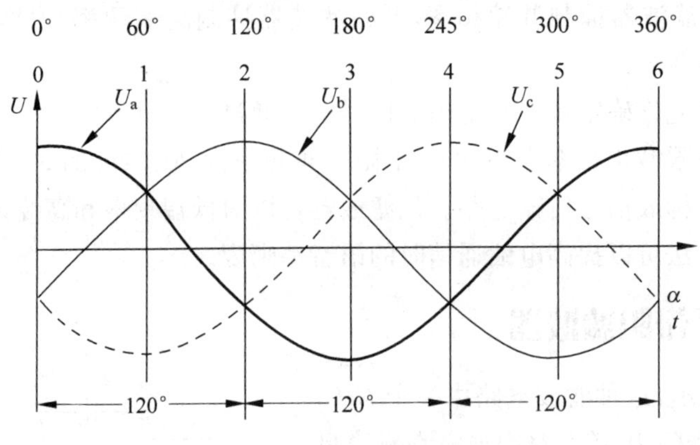

图 3.4-1 对称三相交流电波形

3.4.2 对称三相电路

在三相供电系统中，三相绕组可以接成星形(Y)或三角形(△)再向负载供电。同理，三相负载也接成星形(Y)或三角形(△)。对称三相电源和对称三相负载就组成了对称三相电路。

1. 星形连接

电路如图 3.4-2 所示。首先介绍几个常用的术语。三个端点 A、B 和 C 的引出线称为端线(俗称火线)。发电机中三个绕组末端 X、Y、Z 的连接点 N，称为三相电源的中点或中性点。三相负载星形连接点 N′，称为星形负载的中点或中性点。连接电源中点和负载中点的导线 NN′，称为中线(有时以大地作为中线，此时中线又称为地线)。这样，具有三根端线又有一根中线的三相电路，称为三相四线制。飞机上的供电系统采用的就是这一体制。如果不接中线，只有三根端线，则称为三相三线制。

在工程上把端线之间的电压称为线电压。这些电压方向按字母下标的次序来表示，例如 U_{AB}、U_{BC}、U_{CA}。每相绕组或每相负载上的电压，称为相电压，用 U_a、U_b、U_c 表示。流过中线的电流称为中线电流(I_N)，流过端线的电流称为线电流(I_1、I_2、I_3)。流过各相绕组或各相负载的电流称为相电流(I_a、I_b、I_c)。

显然，在星形连接时，线电流等于相电流。

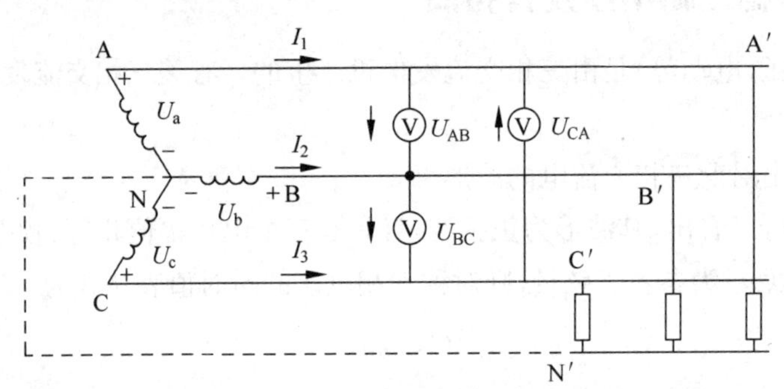

图 3.4-2 星形连接的三相电路

下面首先来分析发电机三相绕组作星形连接之后，线电压与相电压之间的关系。按照上述的标记法及参考方向，可以画出电压矢量图，如图 3.4-3 所示。

根据基尔霍夫电压定律及几何的方法，可以推导出线电压与相电压之间的关系。在图 3.4-3 中，利用基本三角函数可以得到下面表达式：

$$U_{AB} = 2U_a \cdot \cos 30^\circ$$

$$U_{AB} = \sqrt{3}U_a$$

同理，可以求得

$$U_{BC} = \sqrt{3}U_b$$

$$U_{CA} = \sqrt{3}U_c$$

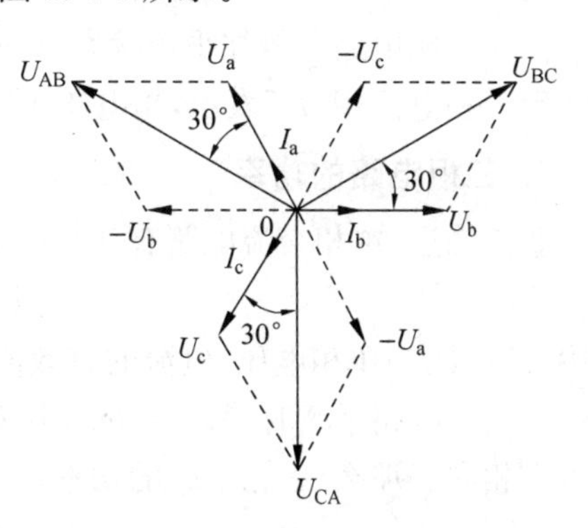

图 3.4-3　星形连接时线电压与相电压的关系

从上述推导可以得出下列结论：在星形连接中，线电压是相电压的$\sqrt{3}$倍，并且线电压超前于相电压 30°；线电流与相电流相等。

2. 三角形连接

如果把发电机中的三个绕组作三角形连接，就得到了一个三角形电源。负载也可以作三角形连接，将二者用导线联起来组成三相电路，如图 3.4-4 所示。显然，在三角形连接时，线电压等于相电压。

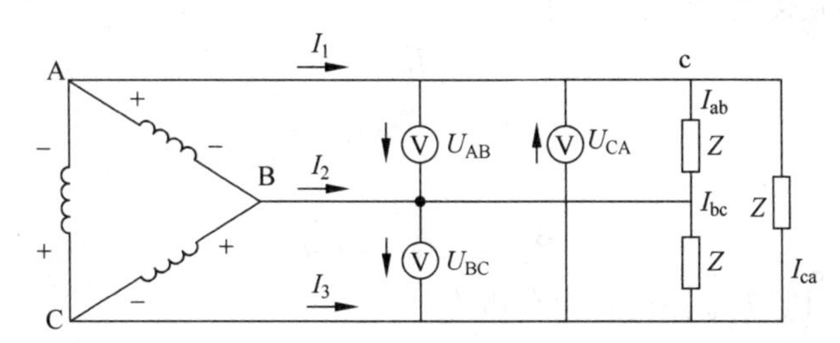

图 3.4-4　三角形连接的三相电路

根据基尔霍夫电流定律，并参照图 3.4-5 的矢量图，可以推导出线电流与相电流之间的关系。利用基本三角函数可以得到下面表达式：

$$I_1 = 2I_{ab} \cdot \cos 30^\circ$$

$$I_1 = \sqrt{3}\,I_{ab}$$

同理，可以求得

$$I_2 = \sqrt{3}\,I_{bc}$$

$$I_3 = \sqrt{3}\,I_{ca}$$

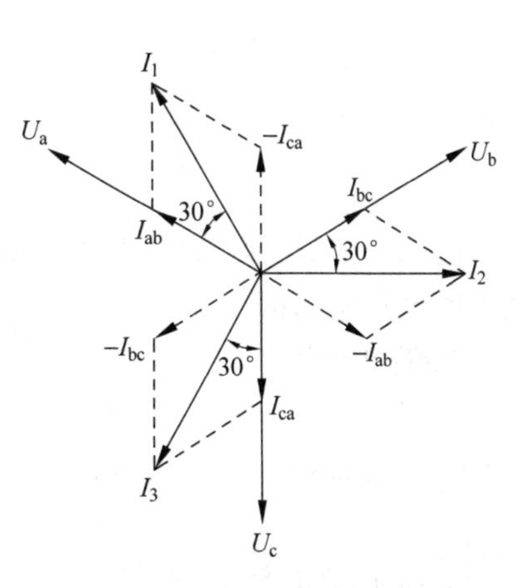

图 3.4-5　三角形连接时线电流与相电流的关系

从上述推导可以得出下列结论：在三角形连接中，线电流是相电流的$\sqrt{3}$倍；线电压与相电压相等。

在负载端作星形和三角形连接之后，如果三相负载是平衡的，即：负载的数值相同、性质相同。那么，其负载上线电压与相电压；线电流与相电流之间的关系与上述推导得出的结论完全相同，在此不再详述。

由于三相电路一般在平衡状态下使用，因此，其每相的相电流、相电压；线电流、线电压都相等。相电流用“I_p”表示，相电压用“U_p”表示，线电流用“I_l”表示，线电压用“U_l”表示。

3. 三相电路的功率

我们知道，单相交流电路有功功率的计算公式为

$$P = U_{eff} I_{eff} \cos\varphi$$

式中，U_{eff}、I_{eff}为单相电压、电流的有效值，φ为电压和电流之间的相位差。

当三相电路平衡时，每一相的电压和电流的幅值相同，阻抗角也相同。因此，各相的功率肯定相同。那么，三相电路的功率等于三倍的单相功率。可以用下面公式表示：

$$P = 3P_p = 3U_p I_P \cos\varphi$$

式中，P为三相功率，W；P_P为每一相的功率，W；U_p为负载上的相电压，V；I_p为负载上的相电流，A；$\cos\varphi$为每相负载的功率因数。

通过上述分析，我们可以看到：三相电源向负载提供的功率是单相电源所提供功率的3倍。

在一般情况下，相电压和相电流不容易测量。例如，三相电动机绕组接成三角形时，要测量它的相电流就必须把绕组端头拆开。因此，通常用测量出的线电压和线电流计算功率。

当三相平衡负载接成星形时，由于：

$$I_l = I_p$$

$$U_l = \sqrt{3} U_p$$

所以

$$P_Y = \sqrt{3} U_l I_l \cos\varphi$$

负载作星形连接时，P_Y为电路的三相有功功率。

如果三相平衡负载作三角形连接，由于

$$U_l = U_p$$

$$I_l = \sqrt{3} I_p$$

所以

$$P_\triangle = \sqrt{3} U_l I_l \cos\varphi$$

由以上分析可以看出，对于三相平衡电路来说，不论负载是接成星形还是三角形，计算功率的公式完全相同。即

视在功率为

$$S = \sqrt{3} U_l I_l$$

有功功率为

$$P = \sqrt{3} U_l I_l \cos\varphi$$

无功功率为

$$Q = \sqrt{3} U_l I_l \sin\varphi$$

注意：φ角是一相负载的相电流与相电压之间的相位差，而不是线电压与线电流之间

的相位差。

【例题 3.4-1】 一个三角形连接的火炉从 380/220V 电网上获取 9kW 的功率。为了减小功率，炉子可以将三角形连接转换成星形连接。画出电路框图并标注电量参数。

计算：

(1) 三角形连接的相功率；

(2) 相电阻；

(3) 星形连接的相功率；

(4) 星形连接的总功率。

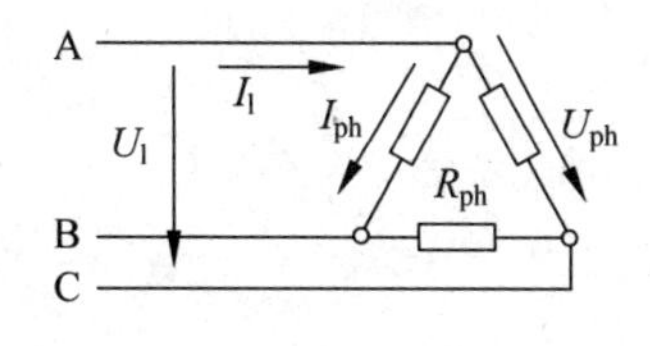

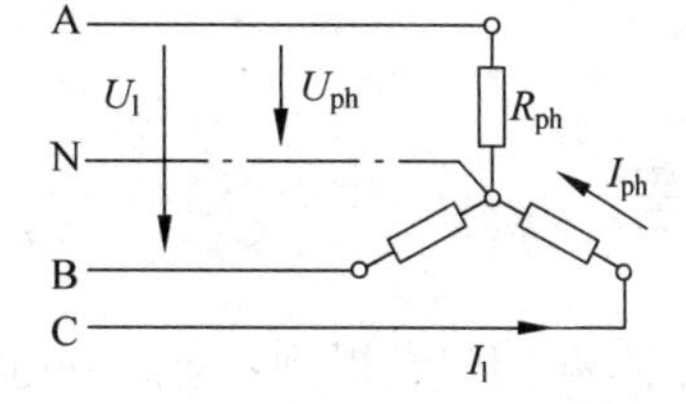

图 3.4-6　例题 3.4-1 图

解：(1) $P_{\triangle}=3\cdot P_{p\triangle}, P_{p\triangle}=\dfrac{P_{\triangle}}{3}=\dfrac{9}{3}=3(\text{kW})=3000(\text{W})$

(2) $R_p=\dfrac{U^2}{P_p}=\dfrac{380^2}{3000}=48.1(\Omega)$

(3) $P_{pY}=\dfrac{U_p^2}{R_p}=\dfrac{220^2}{48.1}=1000(\text{W})=1(\text{kW})$

(4) $P_Y=3\cdot P_{pY}=3\cdot 1=3(\text{kW})$

从上面例题中可以看出，在使用同一个三相电源时，负载从三角形连接转换到星形连接，其三相负载获得的功率将减小。它们存在着下列关系：

$$P_{\triangle}=3P_Y$$

上述公式说明，在同一个三相电源的作用下，负载以三角形连接时所获得的功率大。这就是一些三相交流马达要求以星形连接起动，然后再转换到三角形连接的原因。

第4章

变压器及电机

4.1 变压器

在交流理论中,我们曾经提到:交流供电系统优于直流电源系统的一个方面就是交流电压可以通过变压器的变换产生负载所需要的不同数值的交流电压。

变压器是静止的电气设备,可以将一定大小的交流电变换成所需要数值的交流电,例如,在飞机上将115V交流电变换成28V交流电。在电能转换过程中,交流电的电压和电流的幅值将发生变化,但其频率不发生改变。由于变压器结构简单、耐用,需要维护的项目少,效率高,所以它得到了广泛应用。

4.1.1 变压器的基本结构和工作原理

【实验4.1-1】 用一个U形铁芯,分别将两个900匝的线圈插入铁芯中,然后用条形铁芯将U形铁芯封闭。将其中一个线圈与直流(交流)电源串联连接,另一个线圈与一个1kΩ的负载电阻串联。然后,再将两块电压表分别并联于电源端和负载端,如图4.1-1所示。

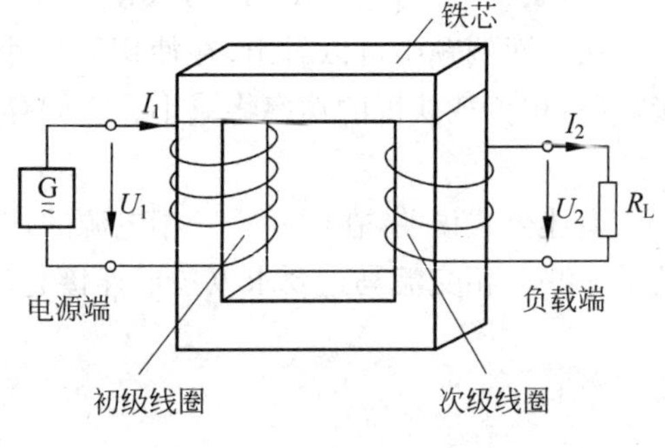

图4.1-1 变压器基本原理实验电路

首先连接6V的直流电源,将电源开关闭合,观察并联于负载端电压表的指示情况。

再连接6V/50Hz的交流电源,重复上述操作,观察并联于负载端电压表的指示情况。

【结果】

(1) 在连接直流电源时,只有当电源开关闭合和断开的瞬间,负载端电压表的指针才发生偏转,其余时间指示为零。

(2) 在连接交流电源且闭合电源开关之后,负载端的电压表上始终有电压指示。

上述装置称为变压器,与电源相联的线圈称为初级线圈,也称为一次绕组,与负载相联的线圈称为次级线圈,也称为二次绕组,两个线圈插在闭合的铁芯上。

可见,变压器由初级线圈、次级线圈及闭合的铁芯组成。其工作原理分析如下。

当电源开关没有闭合时,初级线圈中无电流流动,负载端的电压表指示为零。

初级线圈接直流电源时,在开关闭合的瞬间,初级线圈中从没有电流流动到突变为有一个恒定的电流流动，因此，初级线圈周围将产生磁场，而铁芯材料是由良导磁材料制成的，因此磁力线几乎全部分布在封闭的铁芯内，于是铁芯内的磁通从 0 突变为某一定值。可见，在铁芯内产生了磁通的变化。而次级线圈就置于这一变化的磁通中，根据电磁感应原理，在次级线圈上将产生感应电压。于是，在电压表上将有一个指示。但是，直流电压的幅值和方向是恒定不变的，在开关闭合很短时间以后，铁芯中的磁通将不发生变化，即磁通变化率为零，因此，次级线圈上将没有感应电压产生，于是电压表上的指示变为零。

在开关断开的瞬间，初级线圈中的电流突然消失，从而引起铁芯中的磁通从某一定值突变为零，此时铁芯中的磁通又发生了变化，于是次级线圈中又产生了感应电压，因此在电压表上又出现了一次电压指示。在开关断开之后，初级线圈中的电流保持为零，铁芯中的磁通变化也为零，因此电压表的指示又变为零。

初级线圈接交流电源时，开关闭合后，交流电流在初级线圈中流动。由于交流电的幅值和方向是变化的，所以在铁芯中产生了交变磁通。根据电磁感应原理，在次级线圈中将产生一个交变的感应电压。只要不切断交流电源，铁芯上就始终存在着变化的磁通，次级线圈中的感应电压就不会消失，如图 4.1-2 所示。注意：变压器的铁芯是闭合的，图中为了示意出磁通。

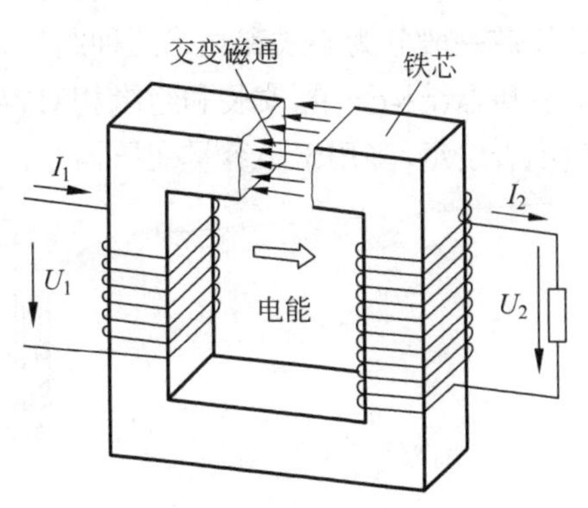

图 4.1-2　变压器中的能量流程

通过上述的分析可以得出如下结论：

（1）变压器可以转换交流电能；不能转换直流电能。

（2）在变压器中，初级线圈和次级线圈是通过铁芯来进行电磁耦合的。

在变压器的两绕组中，线圈匝数多的绕组工作电压高，称为高压绕组，线圈匝数少的绕组工作电压低，称为低压绕组。

4.1.2　变压器的铁芯与绕组

1. 铁芯

铁芯是变压器中的一个重要部件，初级线圈从交流电源中获取电能，以交变磁能的形式存在于铁芯中，而铁芯中不断变化的磁能又使次级线圈中产生感应电压。

可见，铁芯是电能⇒磁能⇒电能转换的媒介，它的质量好坏直接影响着变压器转换电能的效率。

【实验 4.1-2】 用一个实心铁芯和一个叠层式铁芯分别插入同样匝数的线圈，接上同样参数的初级电压，经过一段时间之后，测量其次级输出电压，并检查两个铁芯的温度。

【结果】 （1）实心铁芯的次级电压低，叠层式铁芯的次级电压高。

（2）实心铁芯的温度高，叠层式铁芯的温度低。

1）实心铁芯

当线圈上流过交流电流时，在铁芯中将产生交变磁通，于是在铁芯中也产生了感应电压。由于铁芯也是导体，所以将有涡流在铁芯中流动。然而，涡流产生的磁场与电源交变磁场的方向相反，这将引起铁芯中合成磁通强度的降低，从而使次级线圈中的感应电压下降。

而实心铁芯中涡流的流动又会使铁芯产生热损耗，所以实心铁芯发热严重。

2）叠层式铁芯

这种铁芯由相互绝缘的薄金属片叠在一起组成。由于其结构的变化，使涡流在铁芯中流动的通路被切断，而只在一个小薄片上流动。显然，薄片上的电阻远远大于实心铁芯的电阻，这样就减小了涡流，降低了涡流损耗。所以使用叠层式铁芯的变压器，其次级输出电压高，铁芯温度低。

为了进一步减小薄片上的涡流，可以在铁芯材料中加入 FeSi 或 FeNi 合金，以增加铁芯材料的电阻和磁导率，这种材料称为硅钢片。为减少磁路中的气隙，降低铁芯中的磁阻，硅钢片在叠装时，采用各层互相交错的叠装方式，如图 4.1-3 所示。

可见，变压器的铁芯要求具有尽可能好的导磁特性，尽可能高的电阻特性。常用变压器的铁芯一般分为心式和壳式两种结构，如图 4.1-4 所示。心式变压器是绕组包围着铁芯，这类变压器结构简单，安装和绝缘相对容易，多用于容量较大的变压器中。壳式变压器是铁芯包围着绕组，多用于小容量变压器中。

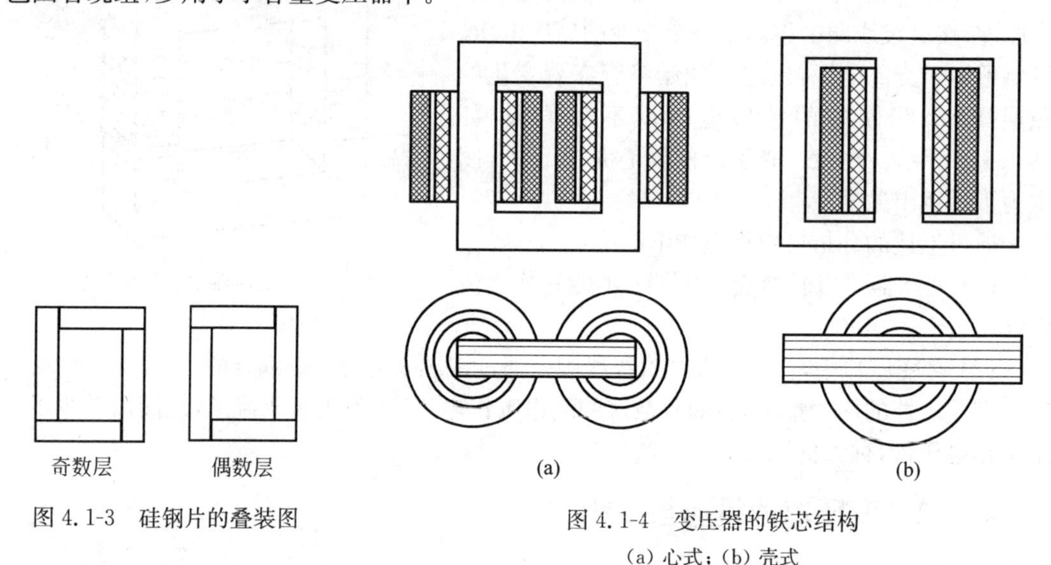

图 4.1-3　硅钢片的叠装图

图 4.1-4　变压器的铁芯结构

(a) 心式；(b) 壳式

2. 绕组

变压器的绕组是由铜或铝制成的，这两种材料被做成截面为圆形或矩形的导线，以及板材或薄膜，如图 4.1-5、图 4.1-6 所示。小型变压器的绕组通常固定在由热塑性塑料制成的线圈骨架上。绕组有很多层，它们在绕制时相互重叠。在一个确定的骨架上，线圈绕制的层数取决于线圈骨架的空间高度、导线直径以及薄膜的厚度。

在导线绕组中，每层绕组之间还有一层塑料薄膜绝缘层。当某一绕组层的始端与相邻绕组层的末端之间的峰值电压低于 50V 时，这层绝缘薄膜可以不用。而在高压绕组与低压绕组之间必须加入绝缘层。根据电压的大小，可以选用多层塑料薄膜或者压制纸板。在与电网连接的电源变压器中，常常在高压绕组与低压绕组之间加入一层保护隔离绕组，该绕组只有一个连接引出端，即在工作时不会有电流输出，该连接端与保护接地线相连接。这样，当高压绕组的绝缘遭到损害时，较高的电压就不会影响到低压侧。此外，这层绕组还起到了屏蔽隔离的作用。

从高、低压绕组的相对位置,变压器的绕线方式可分为同心式和交叠式两类。同心式的高、低压绕组套在同一个铁芯柱上。为了便于绝缘,通常低压绕组放置在内侧,高压绕组安放在外侧,如图 4.1-6(a)所示。交叠式绕组都做成饼式,高、低压绕组交互叠放,为减少绝缘距离,通常在最两端都放置低压绕组,如图 4.1-6(b)所示。

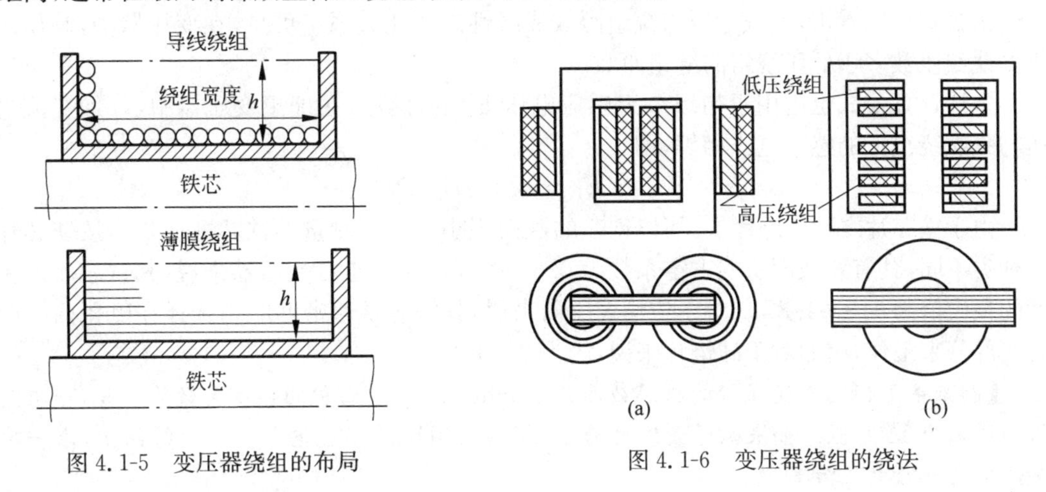

图 4.1-5　变压器绕组的布局

图 4.1-6　变压器绕组的绕法

4.1.3　理想变压器

为了描述变压器的特性,我们首先研究理想变压器。有些实际变压器,尤其是一些较大的变压器,其特性与理想变压器十分接近,而小型变压器则明显地与理想变压器有区别。所谓理想变压器,要满足以下三个条件。

(1) 变压器中没有任何损耗,包括铜损耗、铁芯损耗和磁场的损耗,其效率 $\eta=1$,因此,输出功率与输入功率相等;

(2) 所有通过一次绕组的磁力线,也同样通过二次绕组,即一次绕组与二次绕组之间是全耦合。

(3) 在理想变压器中,磁力线都分布在铁芯内,即没有漏磁通。

由于理想变压器的初、次级功率相同,所以空载时,理想变压器的一次绕组中没有电流。

理想变压器是一种假想的无损耗变压器,在两个绕组之间是无缺陷的磁耦合。

1. 空载电压

变压器的空载是指线圈匝数为 N_2 的二次绕组不接负载,这时二次绕组的电压称为空载电压。

二次绕组的空载电压 U_{02} 与该绕组上的感应电压 E_2 相同,即有

$$U_{02}=E_2=N_2\cdot\frac{\Delta\Phi}{\Delta t}=N_2\cdot A\cdot\frac{\Delta B}{\Delta t}$$

空载电压的峰值 $U_{02\text{m}}$ 取决于磁通的峰值 Φ_m,或者更确切地说,是取决于磁通密度的峰值 B_m、铁芯的截面 A 以及输入电流的角频率 ω 和二次绕组的匝数 N_2,即有

$$U_{02\text{m}}=\omega\cdot B_\text{m}\cdot A\cdot N_2$$

对于正弦波来说,其空载电压的有效值为

$$U_{02}=\frac{2\pi fB_{m}AN_{2}}{\sqrt{2}}=4.44fB_{m}AN_{2}$$

式中，U_{02}为二次绕组的空载电压，V；B_m 为磁通密度(峰值)，I；A 为铁芯截面积，m^2；f 为电源频率，Hz；N_2 为二次绕组匝数。

由公式可以看出，空载电压与绕组匝数成线性的正比关系。可见，在变压器中，高压绕组的绕组匝数多于低压绕组的绕组匝数。

上述计算公式也适用于初级绕组感应电压 E_1 的计算。在理想变压器中，外加交流电压与一次绕组上的感应电压相等，即

$$U_1=E_1=4.44fB_{m}AN_1$$

由于铁芯片之间有绝缘层，所以铁芯的截面积小于实际测量的铁芯截面积。按铁芯片的种类不同，其有效截面积的占空系数为0.8～0.95。对于电源变压器来说，其铁芯磁通密度的最大值为1.2～1.8T。对于传输变压器来说，其铁芯磁通密度应当选择在磁化曲线的直线部分来工作，例如对于硅钢片来说，约为0.6T。

【例题 4.1-1】 某变压器的铁芯截面为20mm×20mm，面积的占空系数为0.9；一次绕组的匝数为1600匝。如果磁通量密度为1.8T，将50Hz的交流电加在一次绕组上，求一次绕组上的电源电压为多少？

解： $A=20\times20\times0.9=360\text{mm}^2=3.6\times10^{-4}\text{m}^2$

$U_1=4.44fB_{m}AN_1=4.44\times50\times1.8\times3.6\times10^{-4}\times1600=230(\text{V})$

一次绕组上提供的电源电压为230V。

由变压器的电压表达式可以看出，一次侧电压和二次侧的空载电压都与线圈匝数成线性正比关系。

2. 电压、电流和阻抗变换

在理想变压器中，由于是全耦合，则作用在一次绕组和二次绕组中的磁通最大值 Φ_1 与 Φ_2 是相等的，即有

$$\Phi_1=\Phi_2=\Phi_m=B_m\cdot A$$

因此可以得出

$$\frac{U_1}{f\cdot N_1}=\frac{U_{02}}{f\cdot N_2}\Rightarrow\frac{U_1}{N_1}=\frac{U_{02}}{N_2}$$

式中，U_1 为电源电压；U_{02}为变压器二次侧的空载电压。

在理想变压器中，初、次级的电压之比等于匝数之比，即有

$$\frac{U_1}{U_2}=\frac{N_1}{N_2}=n$$

式中的 n 称为变比，等于初次绕线圈的匝数之比。

在变压器中，高压绕组的线圈匝数多于低压绕组的线圈匝数。若以高压绕组作为一次绕组，低压绕组为二次绕组，则变压器起降压作用；反之则为升压变压器。

在理想变压器中，输入的视在功率 S_1 等于输出视在功率 S_2，即有

$$S_1=S_2\Rightarrow U_1\cdot I_1=U_2\cdot I_2$$

由此可以得到

$$\frac{I_1}{I_2}=\frac{U_2}{U_1}\Rightarrow\frac{I_1}{I_2}=\frac{N_2}{N_1}=\frac{1}{n}$$

式中，I_1 为初级回路的电流，A；I_2 为次级回路的电流，A。

可见，在理想变压器中，电流与匝数成反比。

通过对上式的变换，可得出：$I_1 \cdot N_1 = I_2 \cdot N_2$。其中，电流与匝数的乘积为磁动势。因此在理想变压器中，初级绕组中的磁动势与次级绕组中的磁动势相等。

通过电压比除以电流比，则可以得出

$$\frac{U_1 \cdot I_2}{U_2 \cdot I_1} = \frac{N_1 \cdot N_1}{N_2 \cdot N_2} \Rightarrow \frac{U_1}{I_1} \cdot \frac{I_2}{U_2} = \frac{N_1^2}{N_2^2} \Rightarrow \frac{Z_1}{Z_2} = \frac{N_1^2}{N_2^2}$$

可见，理想变压器的初、次级阻抗之比等于其匝数之比的平方，即有

$$\frac{Z_1}{Z_2} = \frac{N^2}{N_2^2} = n^2$$

式中，Z_1 为初级回路的等效阻抗，Ω；Z_2 为次级回路的阻抗，Ω。

与电压变换比相似，匝数多的一侧，其等效阻抗也大。根据上面的公式可以将次级阻抗转换到初级，也可以将初级阻抗转换到次级。

因为阻抗包括电阻、容抗和感抗，所以它们都可以通过变压器进行转换。容抗 $X_C = \frac{1}{\omega C}$，感抗 $X_L = \omega L$，所以变压器可对电容量和电感量进行转换。将 X_C 和 X_L 代入阻抗与匝数的表达式，可以得到下面两个公式：

$$\frac{C_1}{C_2} = \frac{N_2^2}{N_1^2} = \frac{1}{n^2}, \quad \frac{L_1}{L_2} = \frac{N_1^2}{N_2^2} = n^2$$

式中，C_1 为初级回路的电容，F；C_2 为次级回路的电容，F；L_1 为初级回路的电感，H；L_2 为次级回路的电感，H。

【例题 4.1-2】 某变压器的匝数为 1600 和 320，其高压绕组与 230V 的电网电压相连接，在低压绕组上连接了一个 6.8μF 的电容器。试计算：

(1) 低压绕组的电压；(2) 变换到高压绕组一侧的电容量。

解：(1) 根据$\frac{U_1}{U_2}=\frac{N_1}{N_2}$，可以得到

$$U_2 = U_1 \cdot \frac{N_2}{N_1} = 230 \times \frac{320}{1600} = 46(\mathrm{V})$$

(2) 由 $\frac{C_1}{C_2}=\frac{N_2^2}{N_1^2}$，可以得到

$$C_1 = C_2 \cdot \frac{N_2^2}{N_1^2} = 6.8 \times \left(\frac{320}{1600}\right)^2 = 0.272(\mu\mathrm{F})$$

上述的变换公式是在理想变压器的情况下得出的，如果将其等式符号(=)用近似等号(≈)来替换，则该公式可应用于许多实际变压器的计算中。

需要注意的是，上述有关变压器的计算公式，通常只适用于理想变压器。对于实际变压器来说，这些公式只能得出近似值。

4.1.4 实际变压器的空载运行

变压器的空载运行是指变压器的一次绕组外加正弦交流电，而二次绕组不带负载(即开路)时的工作情况。如图 4.1-7 所示。

1. 变压器空载运行时的电磁关系

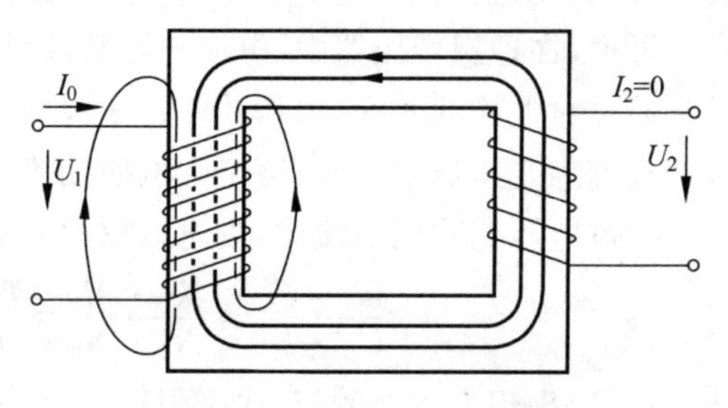

图 4.1-7 变压器空载运行示意图

在实际变压器中，若铁芯留有间隙，则磁通经过空气间隙后，只有部分磁通能穿过二次绕组，这部分磁通称为主磁通，如图 4.1-7 所示。其余的磁通通过空气自行闭合，这部分磁通称为漏磁通。这种现象可以通过测量线圈上的感应电压来证明。因此，二次绕组产生的电压将比由匝数计算所得出的电压值要小。

由于二次绕组是开路的，此时二次绕组的电流 $I_2=0$；一次绕组的电流称为空载电流，用 I_0 表示。

实际变压器的输出电压可以用下面的公式计算：

$$U_2'=K\cdot U_1\cdot\frac{N_2}{N_1}$$

式中，K 为系数；U_1 为输入电压，V；U_2' 为测量出的输出电压，V；N_1 为一次绕组匝数；N_2 为二次绕组匝数。

其中 $K\leqslant 1$。

当磁通全部或几乎全部流经二次绕组时，变压器处于强耦合。如果只是一小部分磁通流经二次绕组，则变压器处于弱耦合。电力系统的变压器中其系数 K 基本上接近于 1，可以看作无气隙的传输变压器。

2. 磁化电流

我们把产生磁场的这一电流称为磁化电流(I_m)。当变压器的一次绕组加上电压 U_1 时，在一次绕组回路产生空载电流 I_0。它在绕组电阻 R_{Cu} 上产生了一部分电压，在绕组漏感抗 $X_{\sigma1}$(用于模拟漏磁通)上也产生了一部分电压，其等值电路如图 4.1-8 所示。

铁芯在被反复磁化的过程中产生了热量，这一热损耗可以等效成一个有功损耗，称为铁损耗，用有功电阻 R_{Fe} 表示，其铁损电流为 I_{Fe}。因此，空载电流 I_0 一部分用于在励磁电抗 X_m(用于模拟主磁通)上形成交变的磁场，也有一部分被铁损消耗。从而使空载电流 I_0 与 U_1 之间的相位差小于 90°，建立磁场的电流即为磁化电流 I_m。

由磁化电流产生的交变磁场在初级绕组中产生感应电动势 E_1，它与主磁通 Φ_m 成 90° 角。感应电势 E_1、电阻 R_{Cu} 上的压降、漏电抗 $X_{\sigma1}$ 上的电压矢量和就等于电源电压 U_1，其矢量图如图 4.1-9 所示。

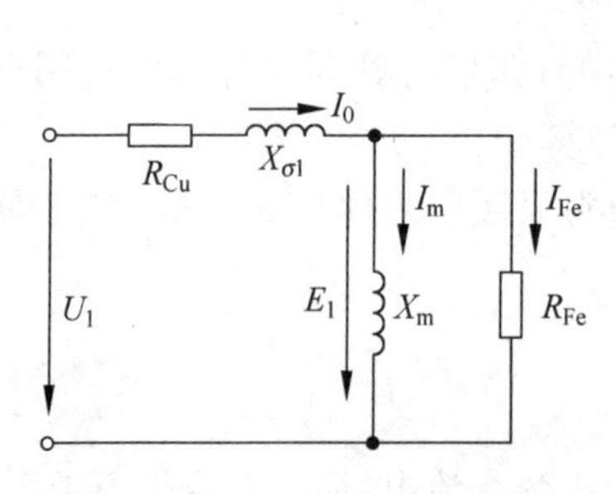

图 4.1-8 变压器一次绕组等效电路

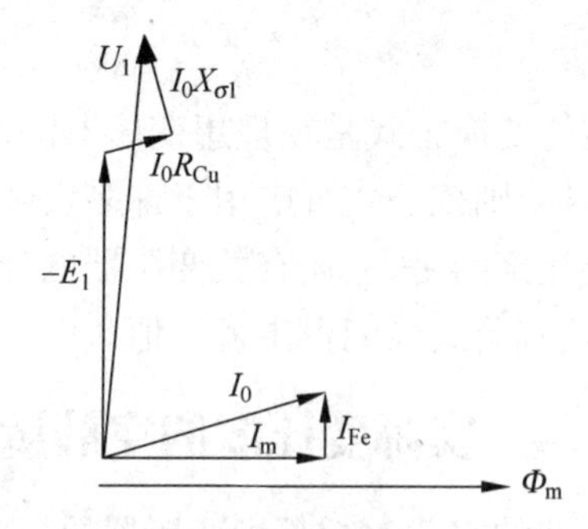

图 4.1-9 空载时的矢量图

如果给一级绕组提供较小的输入电压，则磁化电流变小，铁芯中的磁通密度下降。而提供较高电压时，其磁通密度和磁化电流增加。

在变压器中，磁化电流和磁通密度可以自动调整到适应外加输入电压所需要的数值。如果给变压器提供过高的输入电压，则会损坏变压器。因为电压很高时，必然在铁芯中产生很大的磁通密度，这就需要有很大的磁化电流，而铁芯在额定电压时已经接近磁饱和了，故磁化电流将急剧上升，最后便导致线圈绝缘烧毁。

3. 变压器的起动电流

在变压器刚接通时，如果电网电压在这一瞬间正好为零，并且在铁芯中还保留着剩磁，其方向正好与即将要产生的磁通方向相同，这种情况对变压器是非常不利的。这是因为在这种情况下，变压器的铁芯会立即进入磁饱和状态，这时必将产生很大的磁化电流。因此，用于变压器输入端的保险丝的额定电流必须是变压器额定电流的 2 倍。

4.1.5　实际变压器的负载运行

变压器的负载运行是指变压器初级绕组外加交流电源，二次绕组接负载的工作状态。此时次级绕组中有电流 I_2 流过。

1. 变压器负载运行时的电磁关系

在实际变压器空载运行时，空载电流 I_0 很小，一次级绕组的漏磁通基本可以忽略，几乎所有的磁通都分布于铁芯中，如图 4.1-10(a)所示。在实际变压器带负载运行时，二次绕组中的电流 I_2 将产生一个反方向的磁通，因此，一次绕组产生的主磁通将被削弱。此时一次绕组电流 I_1 要比空载电流 I_0 大很多，才能使主磁通重新增大到它原来的数值。

变压器负载运行时，一次绕组电流 I_1 建立了主磁通，并在本次建立了漏磁通；二次绕组电流 I_2 产生的磁通除了影响主磁通外，也形成了本侧的漏磁通。如图 4.1-10(b)所示，从图中可以看出，漏磁通只通过一个绕组。由于漏磁通的出现，在有些情况下，在变压器和传输变压器上必须采取屏蔽措施。

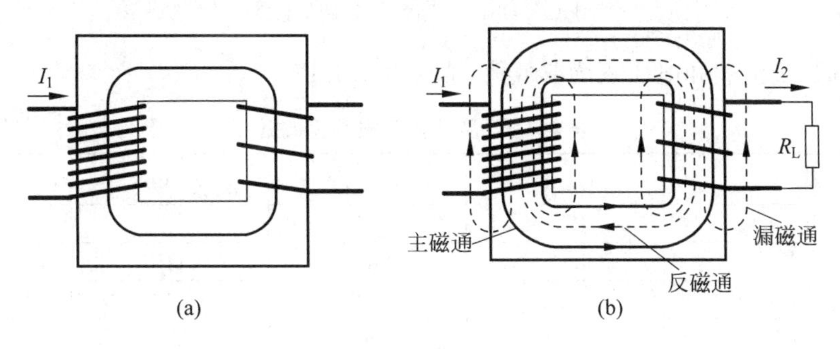

图 4.1-10　变压器中的磁通分布

2. 漏磁系数

漏磁系数是指漏磁通与空载时产生的主磁通的比值，用“σ”表示。σ 也可以由漏电感来计算，即二次绕组在短路及开路时，输入端所分别呈现的电感的比值，可以用以下公式计算：

$$\sigma = \frac{\Phi_\sigma}{\Phi_1} = \frac{L_\sigma}{L_1}$$

式中，σ 为漏磁系数；Φ_σ 为漏磁通，Wb；Φ_1 为主磁通，Wb；L_σ 为漏感，H；L_1 为初级电感，H。

变压器具有较大的漏磁时，其漏磁系数近似等于短路电压与额定电压之比。短路电压是指变压器在额定频率下，将二次绕组短路后，使一次绕组电流达到额定电流所需的一次绕组上的电压。在大多数变压器中，其漏磁系数（短路电压与额定电压的比值）按不同的结构型式，分别在 0.1～0.8（10％～80％），如图 4.1-11 所示。

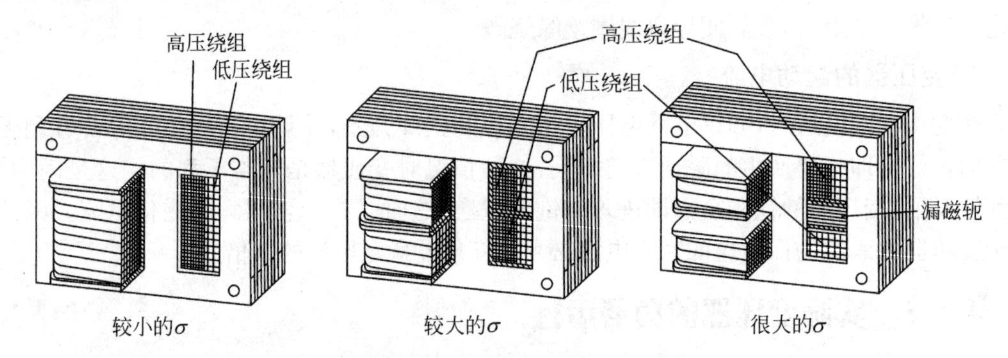

图 4.1-11 绕组的排列对漏磁系数的影响

3. 负载电压

【实验 4.1-3】 变压器的初级线圈匝数 $N_1=1200$ 匝，$N_2=600$ 匝，连接在交流 30V/50Hz 的电源上，在次级利用多位开关分别接入不同类型的负载。实验电路如图 4.1-12 所示。

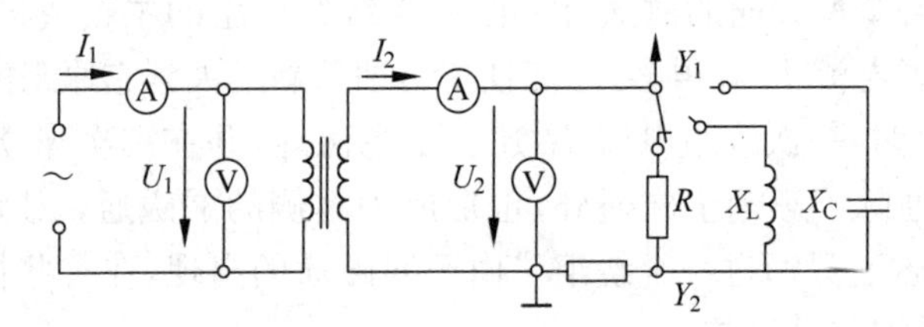

图 4.1-12 变压器负载实验电路

然后，通过电流表和电压表读取数值，填入表 4.1-1。

表 4.1-1 变压器负载实验数据

负载	U_2/V	I_1/mA	I_2/mA	φ/(°)
空载	15	14	—	—
$R=85\Omega$	11	63	110	0
L(带铁芯的 600 匝线圈)	9.5	33	40	66
$C=25\mu$F	24.5	80	200	90
$C=40\mu$F	30	175	400	90

从表 4.1-1 中可以看出：

(1) 变压器空载，次级电压由公式 $U_2=U_1\cdot\dfrac{N_2}{N_1}$决定；

(2) 变压器的负载接电阻和电感时，其输出电压 U_2 下降；

(3) 变压器的负载接电容时，其输出电压 U_2 上升。

上述结论中的第一种情况在空载变压器时我们已经进行过分析，在此不再重复。而第二、三种情况正是我们现在要分析的。

在变压器加载时，将会产生漏磁通，而漏磁通通过线圈的作用就像一个扼流圈，因此，变压器的输出端如同一个电压源，该电源的内阻由一次绕组的直流电阻和由漏磁通作用引起的漏电感串联组成，其等值电路如图 4.1-13(a)所示。

当加上电阻性负载时，由于漏感比较小，变压器的输出回路基本上呈电阻性，即负载电流 I_2 与空载电压 U_{02}（即一次绕组的感应电动势 E_2）之间的相位差很小。由于负载是纯电阻，所以输出电压 U_2 与电流 I_2 同相位，经矢量合成可以得知，输出电压 U_2 比空载电压略有减小。

当加上电感性负载时，整个输出回路基本上呈电感性，即次级电流 I_2 滞后于次级空载电压 U_{02} 的相位角较大，由于负载是电感，所以输出电压 U_2 超前于电流 I_2 一个相位差，如图 4.1-13(b)所示。

当加上电容性负载时，整个输出回路基本上呈电容性，即次级电流 I_2 超前于电压 U_{02} 的相位角较大，由于负载是电容，所以输出电压 U_2 滞后于电流 I_2 一个相位差。经矢量合成可以得到：输出电压 U_2 将上升，如图 4.1-13(c)所示。

可见，变压器的输出电压取决于负载的性质和负载电流的大小。

对额定功率低于 16kV・A 的变压器，其额定负载电压将在功率铭牌上标出。额定负载电压是指变压器带电阻性负载，且运行在额定功率时的次级输出电压。

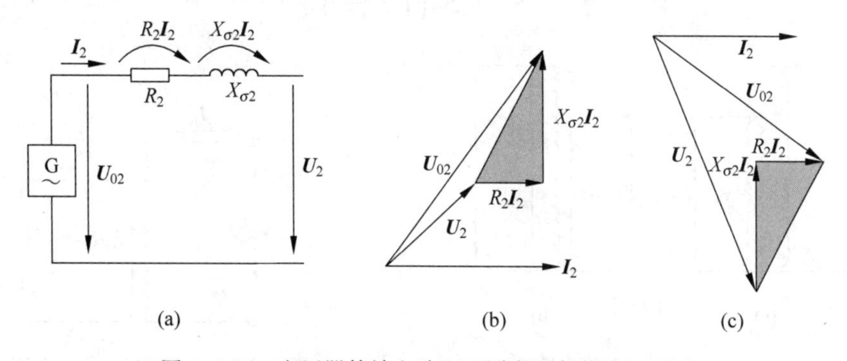

图 4.1-13　变压器等效电路和不同类型负载的矢量图

4.1.6　自耦变压器

自耦变压器属于广泛应用的特殊变压器，用于输入电压与输出电压相差不大的场合。与前面讨论的变压器有所不同，自耦变压器的一次绕组和二次绕组中有一部分是公共绕组，如图 4.1-14 所示。自耦变压器的特点在于：初、次级绕组之间不仅有磁的耦合，还有电的联系。自耦变压器的工作原理与前面所讲的变压器基本相同。如图 4.1-14(a)所示，公共绕组作为二次绕组，则为降压自耦变压器。如图 4.1-14(b)所示，公共绕组作为一次绕组，则为升压自耦变压器。

基于其特殊结构，自耦变压器的功率一部分通过绕组直接传导传送，一部分通过电磁感应传送。靠绕组直接传导的功率称为传导功率，用 S_i 表示；靠电磁感应传送的功率称为设计功率，用 S_B 表示。次级额定电压 U_2 和额定电流 I_2 的乘积称为自耦变压器输出端的视在功率，用 S_D 表示，且有

$$S_D = S_B + S_i = U_2 \cdot I_2$$

自耦变压器输出端的视在功率总是大于其设计功率。在计算设计功率时，首先必须确定$U_1>U_2$还是$U_2>U_1$。如果是降压自耦变压器，则$U_1>U_2$，如图4.1-14(a)所示；若为升压自耦变压器，则$U_2>U_1$，如图4.1-14(b)所示。

当$U_1>U_2$时(见图4.1-15)，次级电流I_2相当于直接传导的一次绕组输入电流I_1和公共绕组电磁感应产生的电流(I_2-I_1)之和。其中，

传导功率： $S_i=U_2I_1$

设计功率： $S_B=U_2(I_2-I_1)$

设变压器的变比： $n=\dfrac{N_1}{N_2}\approx\dfrac{U_1}{U_2}\approx\dfrac{I_2}{I_1}$

则有：$S_B=U_2 \cdot I_2-U_2 \cdot I_1$，将$I_1=\dfrac{I_2}{n}$代入，可得

$$S_B = U_2 \cdot I_2 - U_2 \cdot \frac{I_2}{n} = U_2 I_2\left(1-\frac{1}{n}\right)$$

$$= S_D\left(1-\frac{U_2}{U_1}\right)$$

当$U_2>U_1$时(见图4.1-14(b))，可以推导出

$$S_B = S_D\left(1-\frac{U_1}{U_2}\right)$$

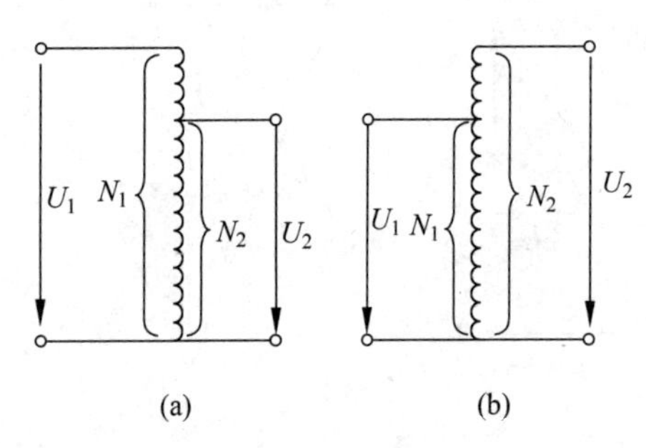

图4.1-14 自耦变压器

(a) 降压变压器；(b) 升压变压器

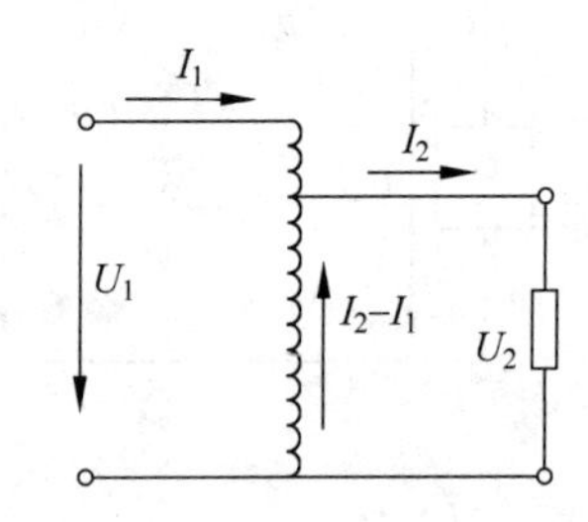

图4.1-15 自耦变压器的电流分配

【例题4.1-3】 160V/220V和200V/220V的两个自耦变压器，其输出视在功率是400V·A，求它们的设计功率是多少？

解：(1) $S_B=S_D\left(1-\dfrac{U_1}{U_2}\right)$；$S_B=400\left(1-\dfrac{160}{220}\right)=109.2(\text{V}\cdot\text{A})$

(2) $S_B=S_D\left(1-\dfrac{U_1}{U_2}\right)$；$S_B=400\left(1-\dfrac{200}{220}\right)=40(\text{V}\cdot\text{A})$

电压U_1和U_2越接近，自耦变压器公共绕组部分的电流就越小，S_B也越小。因此，导线截面可以比较细。而公共部分的匝数几乎就是绕组的总匝数，小电流在这里引起的损耗也很小，经济效果很显著。

理论分析和实践都可以证明：当$\dfrac{U_1}{U_2}$电压比(变压比)接近于1时，或者说不大于2时，自耦变压器的优点是明显的。当变压比大于2时，好处就不多了。所以在实际应用中，自耦变

压器的变压比一般在 1.2～2.0。

自耦变压器的缺点在于：一、二次绕组的电路直接连接在一起，高压端的电气故障会波及低压端。如当高压绕组的绝缘损坏时，高电压会直接传到二次绕组，这是很不安全的。由于这个原因，接在低压边的电气设备必须有防止过高电压的措施，而且规定自耦变压器不能作为安全照明变压器，使用时要求接线正确，外壳必须接地。

如果把自耦变压器的抽头做成是滑动接触的，就可构成输出电压可调的自耦变压器。为了使滑动接触方便可靠，这种自耦变压器的铁芯一般做成圆环形，其上均匀分布绕组，滑动触头用碳刷构成，又叫自耦调压器。图 4.1-16 是这种自耦调压器的外形结构图和原理示意图，它的一次绕组的匝数 N_1 固定不变，并与电源接通。在一次绕组上装置一只滑动触头 K，滑动触头与一次绕组的一个端点之间的绕组 N_2 就作为二次绕组。当滑动触头 K 上下移动时，输出端的电压 U_2 即可改变。

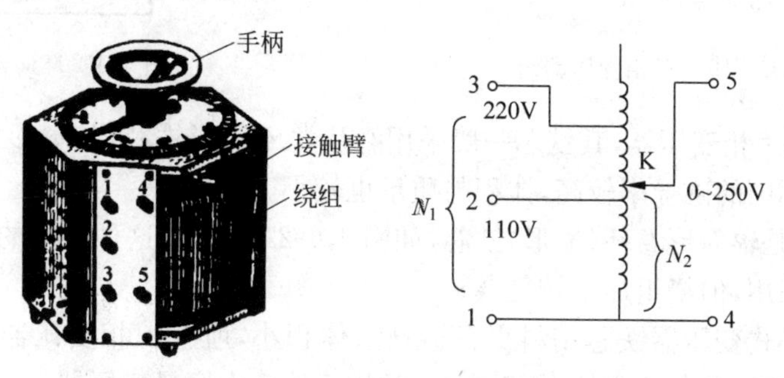

图 4.1-16　自耦变压器的外形结构和电路图

输出电压 U_2 可以低于初级电压 U_1，也可以稍高于初级电压 U_1。

实验室中广泛使用的单相自耦调压器，输入电压为 220V，输出电压可在 0～250V 之间调整。使用时，要求把初、次级的公用端接零线，如图 4.1-17 所示，这样使用较为安全。如果接成图 4.1-18 所示的线路，相线和零线接反，这时即使次级输出电压为零时，对地仍是 220V 的电压，若操作者不小心碰及，就会发生电击事故。此外，自耦调压器接电源之前，一定要把手柄转回到零位。

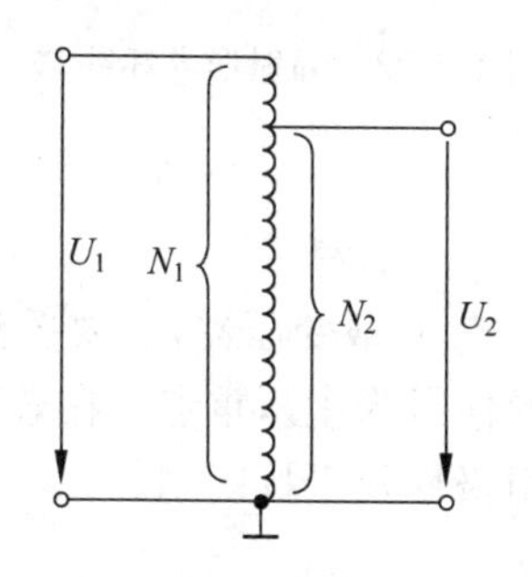

图 4.1-17　自耦变压器的正确接法

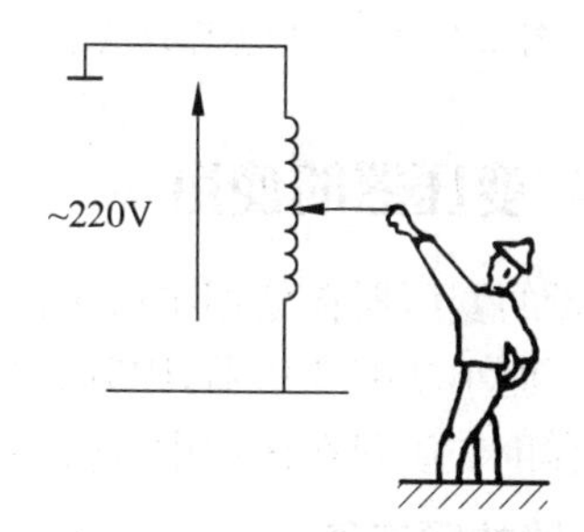

图 4.1-18　自耦变压器的错误接法

4.1.7　三相变压器

现代飞机交流电源系统中，动力用电大部分是三相交流电。在三相供电系统中，需要用三相变压器。三相变压器在负载平衡时，实际上为三个单相变压器的组合，所以其基本原理与单相变压器相同。

三相变压器可以利用三个单相变压器组成，它们的一次绕组和二次绕组可以接成星形或三角形，称为三相组式变压器，如图 4.1-19 所示，其特点是各相磁路彼此无关。另一种是各相磁路相互关联的三相心式变压器，如图 4.1-20 所示。

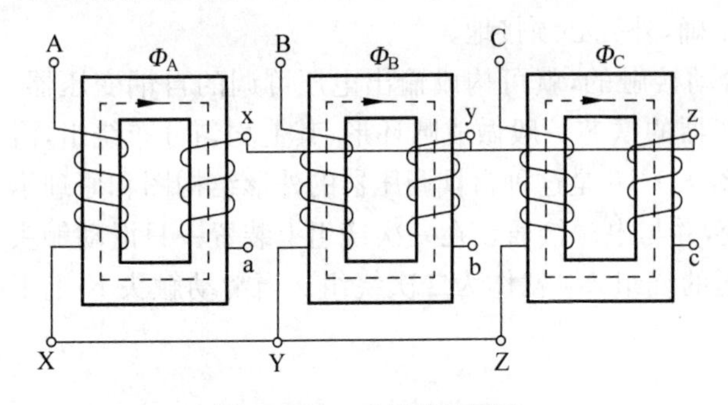

图 4.1-19　三相变压器组

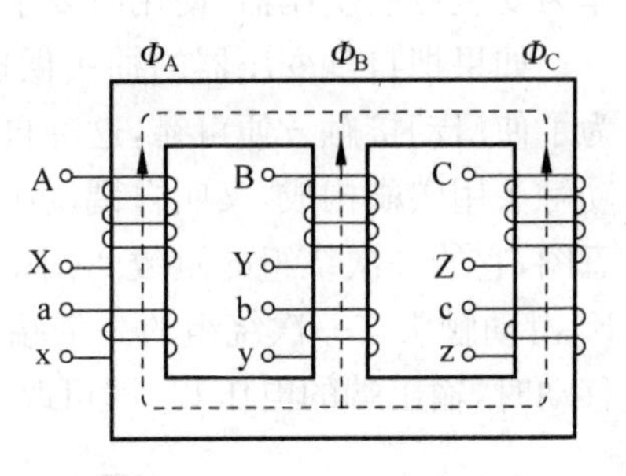

图 4.1-20　三相心式变压器

航空 400Hz 三相变压器，其铁芯一般采用叠片卷环 E 形铁芯，基本形式如图 4.1-21 所示，这种磁路铁芯中的磁导率较高，体积与质量也较小。

另一种形式是辐射形卷环(Y 形)铁芯，如图 4.1-22 所示。这种结构的最大优点是磁路对称，因此常被采用，但绕组加工较复杂。

由图可见，心式变压器铁芯用料少、重量轻、体积小，航空三相变压器一般采用卷环 E 形铁芯。而组式变压器制造方便，便于安装，常用于地面大容量变压器。

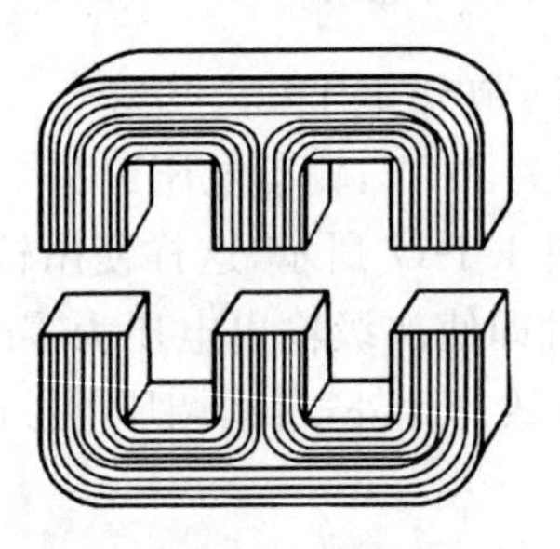

图 4.1-21　三相卷环式铁芯

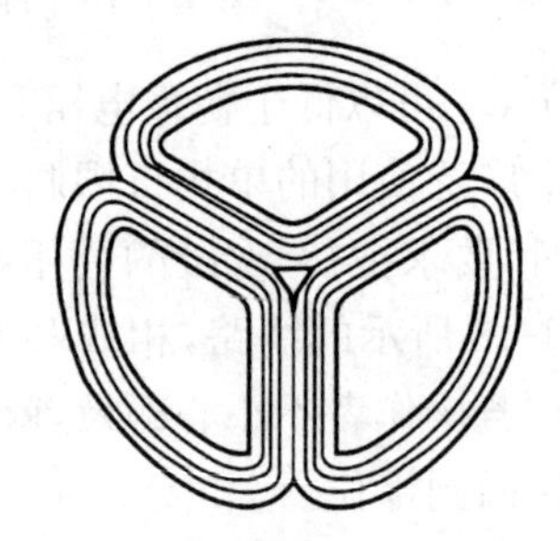

图 4.1-22　辐射形卷环铁芯

4.1.8　变压器的使用

不同容量的变压器在使用中所关注的问题不一样。对大型变压器，主要关注其效率和电压变化率。而小功率变压器，因其容量小(有些以传递信号为主)，重点不在效率和电压变化率上。小容量变压器在使用中，应注意其额定值、绕组极性及干扰问题。

1. 变压器的额定值

在使用变压器之前应先了解其铭牌参数，以便根据其额定值正确使用变压器。

1) 额定电压 U_{1N}/U_{2N}

初级的额定电压 U_{1N} 是指加到一次绕组上的电源线电压，它受变压器绝缘强度和温升所限制。次级的额定电压 U_{2N} 是指原边加上额定电压后，副边空载时的线电压，其单位为 V 或 kV。

变压器在使用时，受磁路和绕组所限，原边电压不允许超过额定值。

2）额定电流 I_{1N}/I_{2N}

在初级加额定电压、次级加额定负载的条件下，变压器长时间正常运行时，一、二次绕组通过的线电流称为额定电流，以 A 为单位。

变压器在额定电流下运行，绝缘材料不易老化，其使用寿命很长。如果工作电流长期超过额定电流值，变压器的温升就会超过允许范围，使绝缘材料老化，大大缩短其使用寿命。

3）额定容量 S_N

额定容量 S_N 即额定视在功率，它是额定电压和额定电流的乘积。以 V·A 或 kV·A 表示。

对于单相变压器，可具体表达为：$S_N=U_{2N}I_{2N}$

对于三相变压器，则为：$S_N=\sqrt{3}U_{2N}I_{2N}$

式中的 U_{1N}/U_{2N} 为变压器初、次级的线电压，I_{1N}/I_{2N} 为变压器初、次级的线电流。

额定容量表示一个变压器所具有的传输电能的能力。

一般大容量变压器的效率较高，因此额定工作时的初级和次级视在功率基本相等，所以常把一次绕组和二次绕组的容量设计的相等。当然，航空变压器一般效率不太高，所以一次绕组容量要比二次绕组大些。

4）额定频率 f_N

航空电源变压器的额定频率为 400Hz，我国地面工频变压器的额定频率为 50Hz。

使用时，频率不同的变压器不能互相代用。例如，一台 115V/400Hz 的航空变压器不能用在 220V/50Hz 的地面电源上。由变压器的有效值表达式 $U_1 \approx E_1 = 4.44fN_1\Phi_m$ 可知，在初级线圈匝数 N_1 一定时，感应电动势 E_1、频率 f 和主磁通 Φ_m 之间存在着制约关系。当电源电压 U_1 不变时，频率 f 和磁通 Φ_m 成反比，若 f 下降，则磁通 Φ_m 上升。因变压器额定电压工作点都设计在磁化曲线临近饱和区，当 f 降低过多使用时，Φ_m 值增大进入高度饱和区，励磁电流会急剧增大，有可能把变压器烧坏。

反之，若变压器升频使用，显然磁饱和已不是主要问题，但耐压和铁损太大将不允许这样使用。

除上述额定值外，还应注意变压器的连接形式、冷却方式、允许温升及使用条件等。

2. 变压器绕组的同名端

在使用变压器或其他有磁耦合的电感线圈时，要注意线圈的正确连接。如一台变压器的原绕组有两个相同的绕组，其耐压值均为 110V，如图 4.1-23(a)中的 1-2 和 3-4。当接到 220V 的交流电源上时，两绕组串联使用，如图 4.1-23(b)所示；当接到 110V 的电源上时，两绕组并联，如图 4.1-23(c)所示。如果连接错误，如串联时将 2 和 4 两端连在一起，将 1 和 3 两端接电源，这样两个线圈的磁通相互抵消，铁芯中没有磁通，绕组中也就没有感应电动势，绕组中将流过很大的电流，把变压器烧毁。

为了正确连接，我们在线圈上标以记号“·”。标有“·”的两端称为同极性端或同名端，图 4.1-23 中的 1 和 3 是同名端，2 和 4 也是同名端。当电流从两个线圈的同名端流入或流出时，两者产生的磁通方向相同；或者当磁通变化（增大或减小）时，两个线圈在同名端处的感应电动势极性也相同。在图 4.1-23(b)、(c)中，线圈中的电流正在增大，感应电动势 e 的

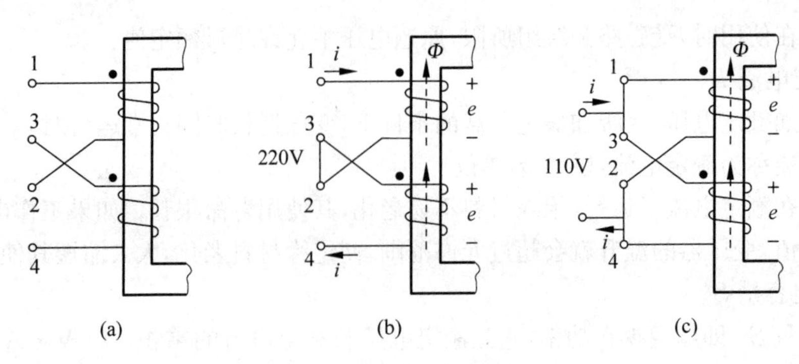

图 4.1-23　变压器绕组的同名端

极性或方向如图中所示。

如果将其中的一个线圈反绕，如图 4.1-24 所示，则 1 和 4 变为同名端，串联时应将 2 和 4 端联在一起。可见，线圈的同名端还和线圈的绕向有关。

3. 电压变化率

当变压器带负载时，一、二次绕组阻抗上的电压降将增加，这将使次级的输出电压 U_2 发生变化。当电源电压 U_1 和负载功率因素 $\cos\varphi_2$ 为常数时，负载上的电压 U_2 和负载电流 I_2 的变化关系可用外特性曲线 $U_2=f(I_2)$ 来表示，如图 4.1-25 所示。对电阻性和电感性负载而言，电压 U_2 随电流 I_2 的增加而下降。

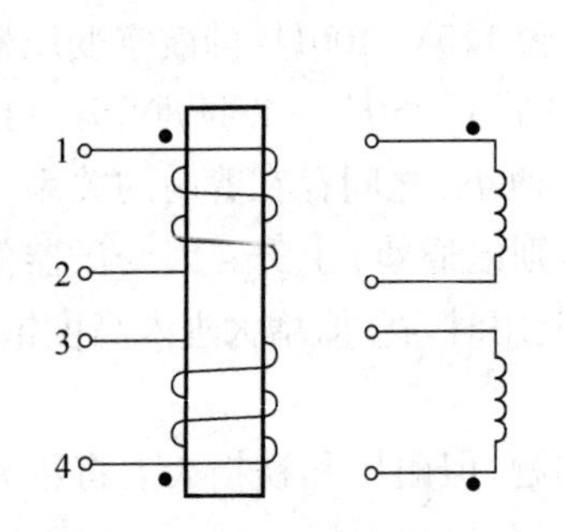

图 4.1-24　线圈反绕时的同名端

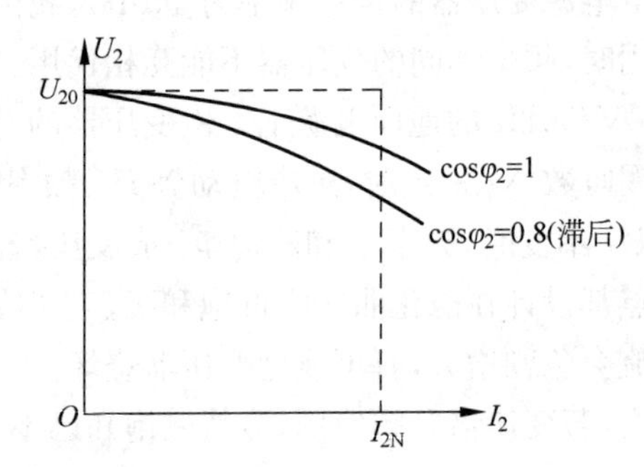

图 4.1-25　变压器的外特性

通常希望电压 U_2 的变化愈小愈好。变压器从空载到额定负载，二次绕组电压的变化程度定义为变压器的电压变化率，即有

$$\Delta U=\frac{U_{20}-U_2}{U_{20}}\times 100\%$$

在一般变压器中，其电阻和漏电抗均较小，电压变化率也较小，为 5%左右。

4. 变压器的损耗和效率

在变压器中，共有两种损耗存在：线圈电阻 R 消耗的功率 I^2R，称为铜损耗 ΔP_{Cu}；处于交变磁场下的铁芯也有损耗，称为铁损耗 ΔP_{Fe}。铁损由铁芯的磁滞和涡流产生。

由磁滞产生的铁损称为磁滞损耗 ΔP_{h}。可以证明，交变磁化一周在铁芯的单位体积内产生的磁滞损耗与磁滞回线所包围的面积成正比。

磁滞损耗要引起铁芯发热。为了减小磁滞损耗，应选用磁滞回线窄小的磁性材料制造铁芯。硅钢就是变压器和电机中常用的铁芯材料,其磁滞损耗较小。

由涡流所产生的损耗称为涡流损耗 ΔP_e。

当变压器绕组中通有交流电时,它所产生的磁通也是交变的。因此,一方面在绕组中产生感应电动势,另一方面在铁芯内也要产生感应电动势和感应电流。这种电流称为涡流,在垂直于磁通方向的平面内成环行流动,如图 4.1-26 所示。

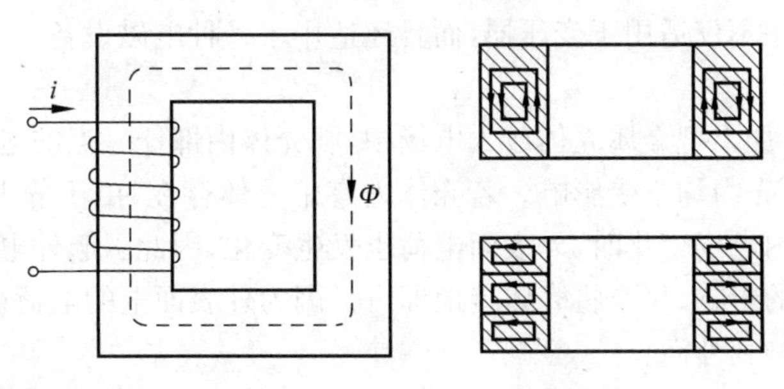

图 4.1-26 铁芯中的涡流

涡流损耗也要引起铁芯发热。为了减小涡流损耗,在顺着磁场方向,铁芯可由彼此绝缘的钢片叠成(图 4.1-26),这样就可以限制涡流只能在较小的截面内流通。此外,通常所用的硅钢片中含有少量的硅,因而其电阻率较大,有助于减小涡流。

磁滞损耗和涡流损耗合称为铁损 ΔP_{Fe}。铁损与铁芯内磁感应强度的最大值 B_m 的平方成正比,故 B_m 不宜选得过大。

可见,变压器中的总损耗为

$$\Delta P = \Delta P_{Cu} + \Delta P_{Fe}$$

变压器的效率指的是输出功率 P_2 与输入功率 P_1 之比

$$\eta = \frac{P_2}{P_1} = \frac{P_2}{P_2 + \Delta P_{Cu} + \Delta P_{Fe}}$$

式中,P_2 为变压器的输出功率,W;P_1 为输入功率,W。

变压器的功率损耗很小,所以效率很高,通常在 95%以上。

5. 干扰与抗干扰措施

因为变压器及互感器都是电磁元件,它们会把电网或前级电路中的各种杂散干扰引入到仪器中。另外,在周围环境中若存在强电场、强交变磁场及任何电流跳变,都会经变压器给仪器带来干扰。此外,变压器本身也会产生电磁干扰。因此,在电子仪器仪表中,为了提高测量精度,必须采取有效的抗干扰措施。

尽管干扰源很多,但从干扰信号的性质看,可以分为两类:一是变压器内外磁场的干扰;二是变压器内外电场的干扰。引入干扰的途径主要有两条:一条是变压器输入端之间出现的交流干扰信号,经变压器的初、次级传输到后级,即线间干扰;另一条是干扰信号出现在变压器输入端对地之间,它是通过分布电容传输到副边的。

下面介绍两种小型变压器常用的抗干扰措施。

1) 磁场屏蔽

对于恒定磁场和低频磁场,一般用铁磁材料制成外壳来屏蔽,由于铁磁材料的导磁性好,外面的磁力线将集中在铁磁材料外壳中通过,很少穿入壳体内部,而内部磁力线也通过壳体闭合,很少穿出壳外,因而防止了壳体内外磁场的相互影响。

对于高频电磁波的干扰,可以利用涡流的去磁作用来屏蔽。利用良导体材料制成的薄片制成防护罩,当外界高频磁场穿过薄片时,在薄片内产生涡流,根据楞茨定律可知,涡流产生的反磁场阻止外界磁场的变化。涡流的大小与磁场变化速率有关,磁场变化越快涡流越大,良导体的屏蔽作用越好。一般高频电磁波几乎不能穿透铜、铝、铁等金属。

磁场的屏蔽方法不仅适用于变压器,而且还适用于各种电磁设备。

2) 电场屏蔽

由物理学可知,如果把金属壳体放入电场中,则壳体内部任一点的电场强度均为零。不论外电场如何变化,壳内均不受影响。若壳体内有带电体存在,由于静电感应,在壳体内外表面将产生电荷。内电场变化时,外表面电荷也发生变化,因此引起外电场的变化。为了消除内电场对外电场的影响,只要将壳体接地即可。因为外表面上的电荷被释放入地,内电场怎样变化都不会影响到外面。

由此可见,一个接地的金属壳体,能起到隔离内外电场的作用,称为静电屏蔽。在许多电子设备中经常利用这个原理,用铜、铝等金属制成罩壳或网,用于屏蔽那些易受干扰(或产生干扰)的器件或电路。根据上述原理,变压器除了采用金属罩壳外,还经常用很薄的铜箔或铝箔作为静电屏蔽层,把一、二次绕组隔开,以减小一、二次侧的分布电容,防止对地的干扰进入到副边。

4.2 电机基本理论

电机是一种电磁机械设备,它通过电枢导体和磁场的相互作用,实现电能与机械能之间的相互转换。将机械能转换成电能的旋转电机称为发电机,反之,将电能转换成机械能的旋转电机称为电动机。电能有直流和交流两种,所以发电机与电动机也分为直流和交流两种类型。

由于电能便于传输、转换和控制,极大地推进了现代飞机的电气化发展和性能提高。在飞机上,由发动机驱动的发电机作为飞机电网的主电源,提供电能给机载用电设备。同时,电动机作为信号或能量转换的部件,同样也广泛应用在航空领域,如驱动电动机、伺服电动机、感应电动机等不同类型的电动机,在飞机系统中用于舵面的驱动、APU 的起动、伺服马达的控制,以及作为角位移传感器等。

4.2.1 直流电机的基本理论

1. 直流发电机工作原理

图 4.2-1 是直流发电机原理图。N 极和 S 极是两个固定的磁极,用来产生磁场。除了容量很小的电机磁极用永久磁铁外,通常电机的磁场都是通过在磁极铁芯上绕上线圈,并通以直流励磁电流来产生的,这些用来产生磁场的线圈称为励磁绕组。在 N 极和 S 极之间有个可以旋转的线圈 abcd,用来产生感应电压,这部分称为电枢绕组。实际的电枢绕组嵌入在铁芯槽内,图中所示的仅是电枢绕组中的一个线圈。线圈的两端分别与两个半圆铜环连接,半圆铜环与线圈同轴旋转,并互相绝缘,组成简单的换向器。铜环上各压着一个固定不动的电刷,接通外电路。外电路连接的用电器称为负载。

如图 4.2-1,电枢由原动机拖动,以恒定速度顺时针方向旋转,线圈边 ab 和 cd 切割磁力线产生感应电动势,根据右手定则,产生的感应电动势极性如图所示。在该电动势作用下,在负载回路中就产生了从电刷 A 经负载 R 到电刷 B 的电流。

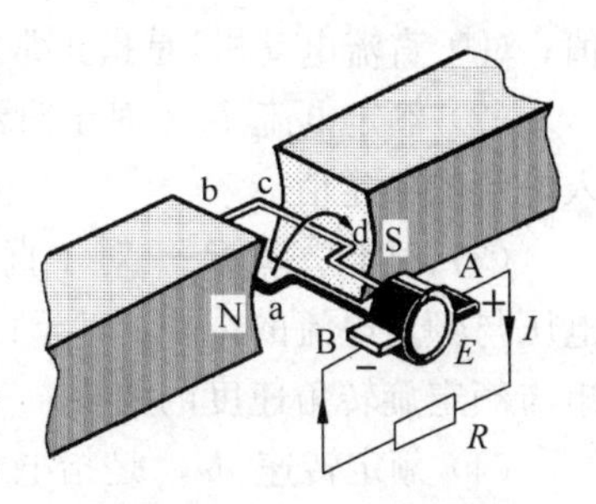

图 4.2-1　直流发电机原理图

电枢旋转经过磁极的中性面时,线圈边 ab 和 cd 在磁场中切割磁力线的方向发生了变化,这使线圈中感应电动势的方向改变,但因为换向器的作用,电刷两端感应电动势的极性和输出电流的方向并未改变,仍然由电刷 A 经负载到电刷 B。

在原动机的拖动下,外电路的输出电流按一定方向流动。原动机提供给直流发电机机械能,电枢绕组在磁场中旋转,通过电磁感应产生感应电动势,向负载输出电能。

2. 直流电动机工作原理

图 4.2-2 是一台两极直流电动机原理图,其基本结构和发电机相同。将电枢绕组通过电刷接到直流电源上,电刷 A 接到电源正极,电刷 B 接到电源负极。这样电流经过电刷 A 流入电枢绕组,再通过电刷 B 流回到电源负极。电枢绕组 ab 边在 N 极下,电枢电流由 b 流向 a,根据左手定则判断,ab 边在电枢电流和磁场的相互作用下,产生向上的电磁力;电枢绕组 cd 边在 S 极下,电枢电流由 d 流向 c,在磁场中产生向下的电磁力。这一对电磁力所形成的转矩使电机顺时针转动。

当电枢绕组转动 180°后,ab 边转到 S 极下,由于换向器的作用,直流电源由电刷 A 流入导体中,再由 a 流向 b,而电枢绕组 cd 边的转到了 N 极下,电流由 c 流向 d,再通过电刷 B 流向电源负极。此时,根据左手定则,ab 边产生向下的电磁力,cd 边产生向上的电磁力,电磁转矩的方向仍然使电动机顺时针转动。这就是直流电动机的基本原理。

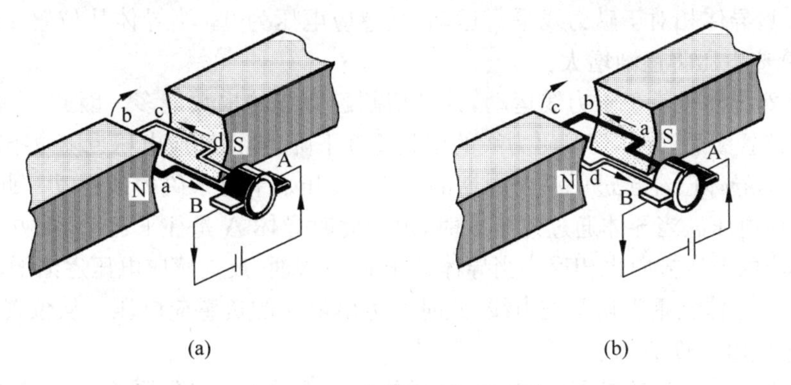

图 4.2-2　直流电动机原理图

(a) ab 边在 N 极下;(b) ab 边在 S 极下

3. 直流电机的额定值

电机的外壳上都有电机的铭牌,上面标有该电机的型号和主要额定值。额定值是指电机厂家按照相应的标准,通过设计和实验数据规定的电机正常运行时的各种数据。

(1) 额定电压 U_N　对于直流发电机,是指在预定运转情况下发电机输出电压的额定值；对于直流电动机，是指正常工作时，输入电压的额定值。

(2) 额定电流 I_N　对于直流发电机，是指输出电流的额定值；对于直流电动机，是指输入电流的额定值。

(3) 额定功率 P_N　对于直流发电机，是指输出到负载的电功率的额定值，它等于额定电压与额定电流的乘积；对于直流电动机，是指输出机械功率的额定值，它等于额定输出转矩与额定旋转角速度的乘积。

(4) 额定转速 n_N　是指电压、电流和输出功率均为额定值时转子旋转的速度。

4.2.2 交流电机的基本理论

1. 交流发电机工作原理

如图 4.2-3 所示是一个简单的交流发电机模型，它表明了产生交流电压的一种方法。将一个标明 A、B 的旋转线圈放在 N 极和 S 极之间，线圈的端头接在两个集电环上。通过电刷的作用，将集电环上收集到的电流输出到外电路。如果线圈被切开，分成 A 导线和 B 导线，那么即可发现：当导线 A 运动切割磁力线时，导线上产生的感应电压使电流朝一个方向流动；而当导线 B 运动切割磁力线时，产生的感应电压使电流朝相反的方向流动。当导线形成一个环路时，线圈两侧导体上产生的感应电压互相串联，如果通过电刷与外电路形成闭合回路，那么，线圈中的感应电压会在回路中形成电流。

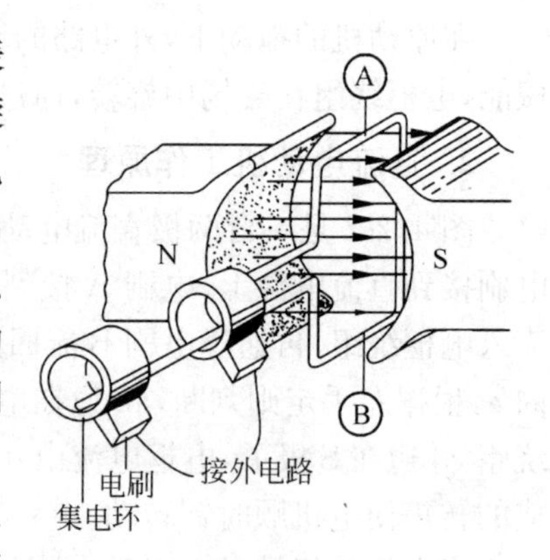

图 4.2-3　简单交流发电机示意图

下面我们将用一个简单的环形导体在磁场中旋转来说明产生交流电流的过程。如图 4.2-4 所示。

在位置 1，导体相对于磁力线平行运动，其感应电压为 0。当导体从位置 1 转到位置 2 的过程中，感应电压将逐渐增大。

在位置 2，导体垂直于磁力线运动，并且切割磁力线的根数最多。因此，产生了最大正电压。转过位置 2 后，导体切割磁力线的根数逐渐下降，因而感应电压也随之下降。

在位置 3，导体已经转过了一个周期的一半，又开始平行于磁力线运动。此时，在导体里不产生感应电压。当导体通过位置 3 时，由于此时导体 A 是往下运动，反方向切割磁力线。所以感应的电压方向也相反。当导体 A 转向 S 极时，反向感应电压逐渐增大。

在位置 4，导体又垂直切割磁力线，此时产生出最大的负感应电压。从位置 4 到位置 5 的过程中，感应电压逐渐减小。

在位置 5，导体已经旋转了一周，此时，导体相对于磁力线又作平行运动，其感应电压为 0。以后，导体的运动将重复前面的过程。电压波形也是如此，于是在位置 5 就形成了一周的输出电压曲线，该曲线为正弦波。纵轴表示输出电压的瞬时值、极性和幅度，横轴表示相位角和时间。可见，这种发电机输出的电压不仅幅度改变，而且方向也在改变，因此它发出的是交流电。

上述图示的是简单的单相交流发电机的原理。实际的交流发电机的种类很多，按结构可分为旋转电枢式和旋转磁极式。前者用于小容量发电机，后者广泛应用于高压、大容量发

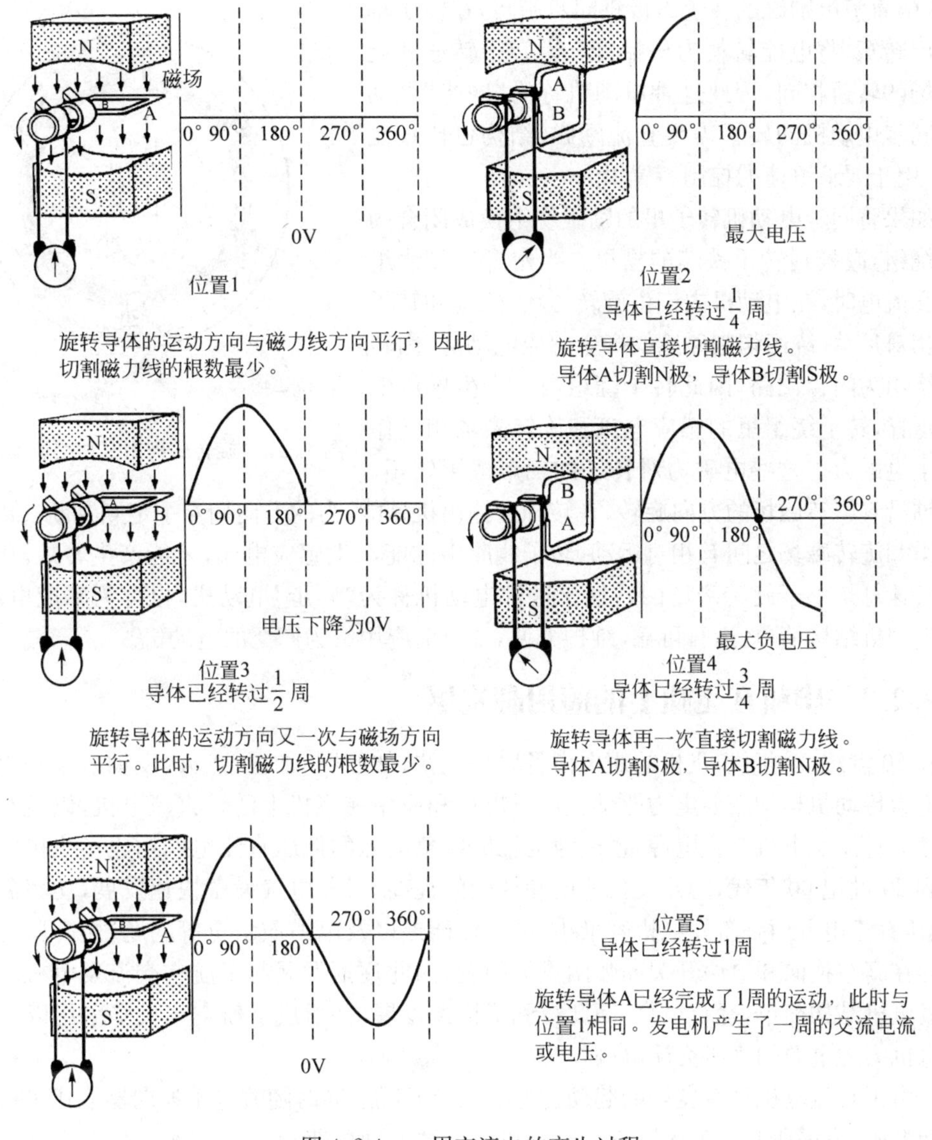

图 4.2-4 一周交流电的产生过程

电机中。图 4.2-5 所示为旋转磁极型三相交流发电机。电枢是定子，磁极装在转子上，励磁绕组中通以直流电，使转子在原动机的拖动下，产生稳定的旋转磁场。定子上的三相电枢绕组 A_1A_2、B_1B_2、C_1C_2 中将产生稳定的三相感应电动势。当接入负载时，三相电枢绕组就向外输出三相交流电。由于励磁部分的电压和容量相对于电枢部分小很多，所以对电刷和滑环的负荷和工作条件的要求大为改善。

2. 交流电动机工作原理

交流电动机即为由交流电驱动的电动机，供电电源是交流电。交流电动机的结构和交流发电机基本相同，例如在图 4.2-5 中所示的旋转磁极型三相交流发电机中，若将定子三相绕组接到三相电源上，三相绕组中通入的交变电流将按一定次序产生交变的磁场，最终在电动机内部形成一个旋转的磁场(旋转磁场的产生将在 4.6 节中详细描述)。在旋转磁场的牵

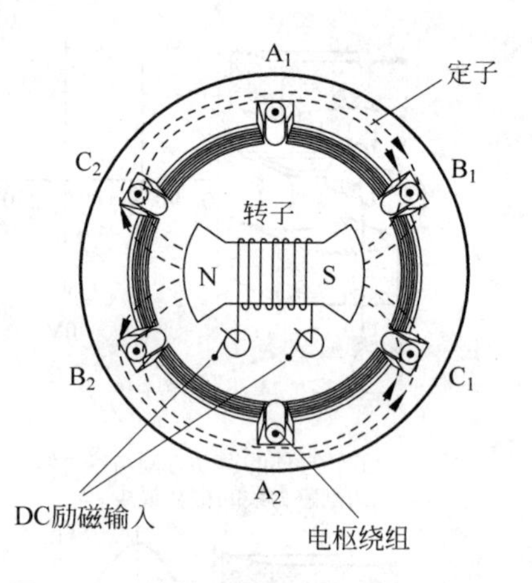

图 4.2-5 旋转磁极型三相交流发电机

引下,由直流电励磁的转子磁极将同步旋转,在转子轴上输出转矩,将电能转换为机械能。因转子转速和旋转磁场的转速相同,因此这种电动机称为“同步”电动机。同步电动机的转子需要直流励磁,结构也比较复杂,常用于要求恒速的控制装置里。

如果将同步电动机转子里的励磁绕组换成闭合的三相绕组,嵌入到转子铁芯的槽里。当定子三相绕组通入交流电时,在电动机内产生旋转磁场,磁场和转子绕组相对运动,绕组切割磁感线产生感应电动势,因转子的绕组为闭合回路,因此转子绕组内将产生感应电流。这样,转子绕组里的感应电流和旋转磁场相互作用产生电磁力。这些电磁力对转子的轴形成了转矩,使转轴沿着旋转磁场的方向旋转,在转轴上输出机械能,力的方向用左手定则判断。由于转子绕组和旋转磁场之间有相对运动,转子线圈中才能产生感应电流,才能产生转矩,所以转子的转速总是小于旋转磁场的转速。这种电动机称为“异步”电动机,也称为感应电动机。异步电动机结构简单,运行可靠,维护方便,是目前应用最为广泛的电动机。

4.2.3 电机在飞机上的应用和发展

在 20 世纪 30 年代,飞机的用电设备增加很快,如照明、加温、点火、发动机起动以及大量的电力传动机构均需要电力驱动。最早出现和应用在飞机上的是直流电机,以航空发动机驱动的直流发电机为主电源,蓄电池为辅助应急电源的低压直流电网构成了飞机电源系统。到 20 世纪 60 年代,随着飞机速度和性能的提高,机载电气设备快速发展,功率需求增加,低压直流电源面临着发电机容量小、高空性能差以及电缆质量重等问题,而高压直流电机又存在高空换向和电磁开关断弧困难等问题,因此逐渐发展起了航空交流发电机。由于交流发电机结构简单,运行可靠,因此得到了快速发展,并形成了航空飞机多采用以三相交流发电机为主电源的飞机交流电网。

但由于直流电机具有良好的起动、调速和制动性能,同时随着电子换向器取代了机械换向器和电刷,发展研制成了无刷直流电动机。这种电动机兼具直流电动机和交流电动机的特点,更便于控制,使得直流电机又广为应用在新型飞机系统控制中,如驱动舵面、伺服控制等。此外,仍然有小型飞机采用低压直流电源系统。

4.3 直流发电机

直流发电机是一种将机械能转换成直流电能的转换装置。这种能量的转换是通过电枢导体在磁场中的旋转实现的。前面已经论述,导体在磁场中做切割磁力线运动时,导体中就会产生感应电动势,发电机就是利用这一原理向外发电的。大多数直流发电机的旋转单元是电枢,静止单元是磁场。当机械能以转矩的形式带动电枢以一定的速度在磁场中旋转时,在电枢上将输出电能。

用于驱动电枢旋转的机械能称为原动力,它们可能是蒸汽涡轮机、柴油机、汽油机和蒸汽机等。

一个直流发电机主要由下列部件组成：

(1) 磁轭(钢框架)：包括极心、极掌和励磁线圈；

(2) 电枢：电枢铁芯是圆柱状，由硅钢片叠成，表面冲有槽，槽中安放有铜线绕组；

(3) 换向器：用于将电枢绕组中产生的交流电变成直流电，以保持流向外电路的电流方向不变；

(4) 电刷：用于将换向器来的电流传送到外电路。

直流发电机有许多种类型，一种典型的大容量直流发电机如图 4.3-1(a)所示，它的质量可能达到上百千克。一个小飞机上的发电机如图 4.3-1(b)所示，它的质量不超过 45kg。

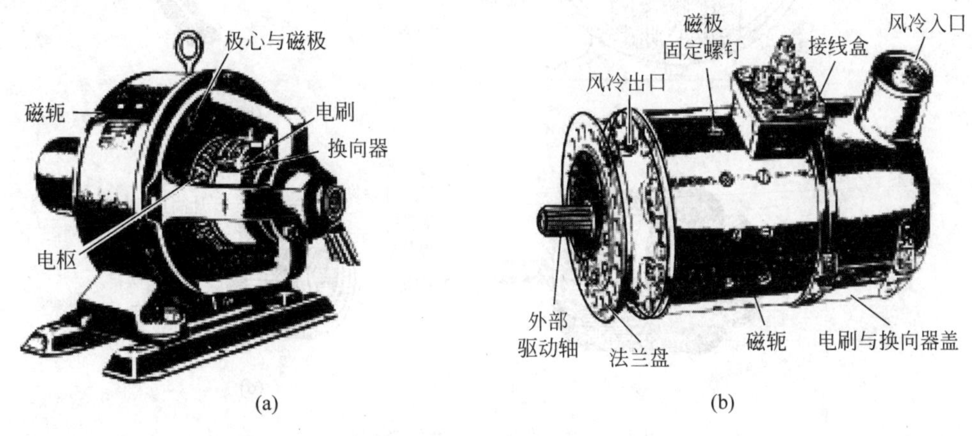

图 4.3-1　直流发电机

4.3.1　直流发电机的结构

飞机上使用的发电机在设计上彼此可能稍有不同，但所有的发电机都具有相同的结构，且工作情况也基本相似。直流发电机主要由定子和转子两大部分组成，在定子上有磁轭(框架)、极心、极掌、励磁绕组和电刷等部件，转子上有电枢、换向器等部件。

1. 定子

1) 磁轭

磁轭是直流发电机的框架，它通常由铸钢(淬火钢)制成。磁轭有两个功用：第一是在两个磁极之间形成完整的磁路；第二是对发电机的其他部件起到机械支撑的作用，并为磁力线提供必要的气隙空间。图 4.3-2(a)是电机的横剖视图，其中画出了两磁极发电机的磁轭。

2) 极心与极掌(极靴)

定子磁轭上安装有铁磁材料制成的磁极，磁极可以分为极心和极掌，极心上绕有励磁绕组。极掌的作用是使电机内气隙中的磁场分布较为均匀，并挡住励磁绕组。在励磁绕组和极心、极掌之间没有电的联系，如图 4.3-2(a)所示。

3) 励磁绕组

励磁绕组用于产生恒定的磁场。当励磁绕组通电后形成电磁铁，在发电机内产生磁力线。励磁绕组从外部直流电源获取电流。一旦励磁线圈被激励，在磁轭、极心、极掌、气隙和转子电枢铁芯中将产生磁力线,如图 4.3-2(a)所示。

励磁绕组的接线方式是使各个极心产生交错排列的磁极极性。在磁场中,每一个 S 极都对应一个 N 极,所以任何发电机的极心数总是偶数。

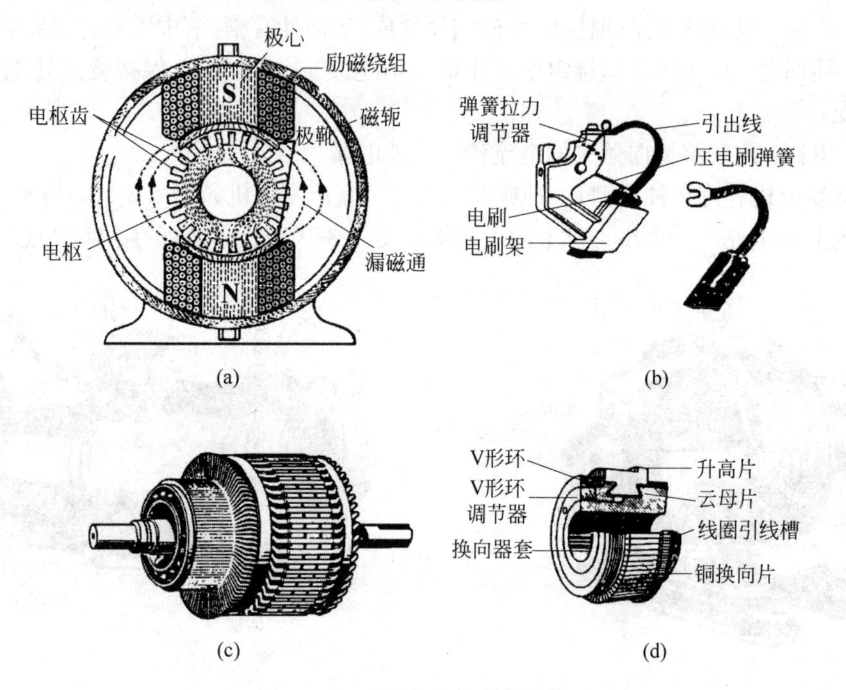

图 4.3-2　直流发电机的各部件

4）电刷与电刷架

电刷架安装在定子上,装在刷架中的电刷与转子上的换向器外表面相接触,它将转子电枢绕组中产生的电流通过换向器传送到外电路。电刷通常用碳和石墨的化合物制成。低压电机的电刷由石墨和金属粉末混合而成,这种合成材料能使换向器和电刷之间产生很小的摩擦,从而防止过度磨损,使电刷具有较长的寿命。电刷由弹簧压在换向片上,保证两者接触良好。电刷架的作用是固定电刷,它把电刷束缚在电刷架的刷握内,使其在换向片上保持合适的位置。多极发电机的电刷数与磁极数一样多,极性相同的电刷握连接在一起。发电机运转时,电刷不停地与不同的换向片相接触,将转子电枢绕组中的交流电变成直流电。电刷及刷架结构如图 4.3-2(b)所示。

2. 转子

1）电枢

电枢是电机中产生感应电动势的部件。电枢由电枢铁芯和电枢绕组组成,电枢铁芯外圆周有槽,槽中安放有电枢绕组,铁芯安装在转轴上,如图 4.3-2(c)所示。图示的转子结构为鼓形电枢,这种结构可以增加电枢的机械强度。各个电枢线圈的首末端接到换向片上,铁芯和线圈之间没有电气连接。

电枢铁芯和磁轭的作用一样,用以构成磁路。转子电枢由原动机驱动,在励磁绕组产生的磁场中旋转。

还有一种电枢结构为环形电枢,但很少使用。

2）换向器

换向器由大量的楔形铜片组成，呈圆筒形，用“V”环将这些楔形铜片固定在一起，如图 4.3-2(d)所示。楔形铜片之间用云母片隔开，因为电刷位于换向器的外表面，为了使电刷与楔形片的接触良好，少产生火花和降低噪声，云母片一般稍低于换向器表面。为了防止楔形片之间产生火花，规定片与片之间的电压不能超过 15V。

4.3.2　直流发电机的工作原理

在直流发电机中，电枢绕组绕在电枢铁芯上，它是产生感应电动势的部件。理解了电枢绕组的工作原理也就理解了发电机的工作原理。因此，我们将从最简单的电枢绕组开始讨论。

1. 单线圈电枢

最简单的发电机就是一个单线圈在磁场中作旋转运动，由于导体边切割磁力线，在导体中就要产生感应电动势，其大小取决于磁场的强度和线圈旋转的速度。为了将线圈中产生的感应电压引出到外电路上，就必须采用某种措施，把线圈与外电路连接起来。其连接方式是：把电枢线圈的头尾断开，将其两端分别与两片换向片相连，再将两个电刷压在换向器上，并将电刷与外电路相连。这样就得到了一个最简单的直流发电机，如图 4.3-3 所示。图中，电枢线圈黑色的一侧与黑换向片相连，线圈白色的一侧与白换向片相连，这两个换向片彼此绝缘。两个固定不动的电刷放在换向器的两侧，彼此相对，当换向器与电枢线圈一起转动时，每一个电刷只与换向器的一片相接触，这样，从电刷输出到外电路的电流就变成直流电了。

在磁场中旋转的线圈在各种位置所产生的感应电压的情况分析如下：

在图 4.3-3(a)所示的位置时，线圈顺时针方向旋转，但线圈两边不切割磁力线，因而也不产生感应电动势。图中表明黑色电刷正开始与黑色换向片接触，而白色电刷正与白色换向片接触。

在图 4.3-3(b)所示的位置时，线圈切割磁力线的根数最多(即磁通的变化率最大)，因而感应电动势最大。这时，白色电刷正与白色换向片接触，通过右手法则可以判断出，这时的白色电刷极性为“－”，黑色电刷极性为“＋”。仪表指针向右偏转，指示出外电路中的电流方向。

在图 4.3-3(c)所示的位置时，线圈刚好转过 180°，线圈不切割磁力线，输出电压再次为零。此时，应该注意电刷与换向器两个片的接触情况：在 180°角的位置时，黑色电刷正与换向器一侧的黑、白两片同时接触，而白色电刷正与换向器另一侧的黑、白两片同时接触。在线圈稍稍转过 180°后，黑色电刷仅与换向器的白色片接触，而白色电刷仅与换向器的黑色片接触。

由于换向器的转换作用，黑色电刷总是和 S 极下的导体边相接触，而白色电刷总是与 N 极下的导体边相接触。尽管电枢线圈黑、白边中的实际电流方向是改变的，但在换向器和电刷的作用下，使白色电刷的极性始终为“－”，黑色电刷的极性始终为“＋”，因此，使通过外电路或仪表中的电流总是沿着一个方向流动，如图 4.3-3(d)位置所示。

在图 4.3-4 中画出了电枢转动一周时，线圈中的感应电压的变化情况，可以看到，两个电刷之间的输出电压尽管有幅值上的变化，但没有方向上的变化，因此，发电机输出的是直

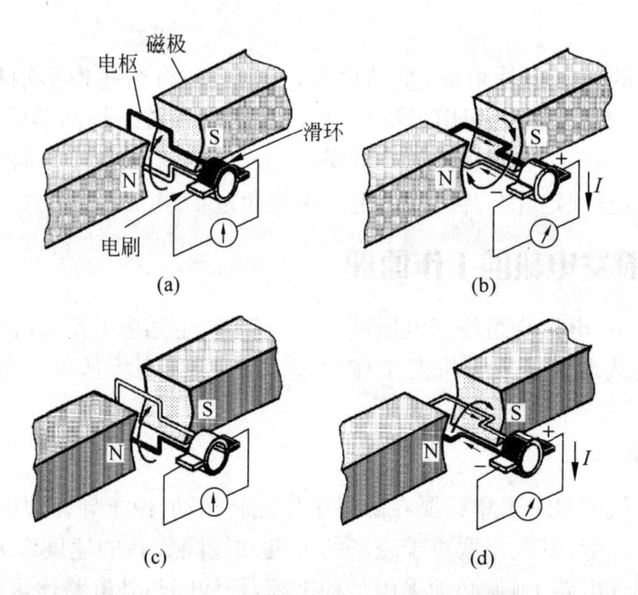

图 4.3-3 具有换向器的单线圈发电机

流电。换向器的换向过程有时也称为整流,因此,换向器又称为整流子。

在每一个电刷与换向器的两片同时接触的瞬间(图 4.3-4 中位置 A、C 和 E),线圈两端被电刷短路。如果此时线圈中产生感应电动势的话,在电路中将产生很大的电流,这样会在换向器上产生电弧,从而损伤换向器。因此,电刷必须被准确地安装在发生短路时感应电动势恰好为零的位置上,这个位置称为中性面。

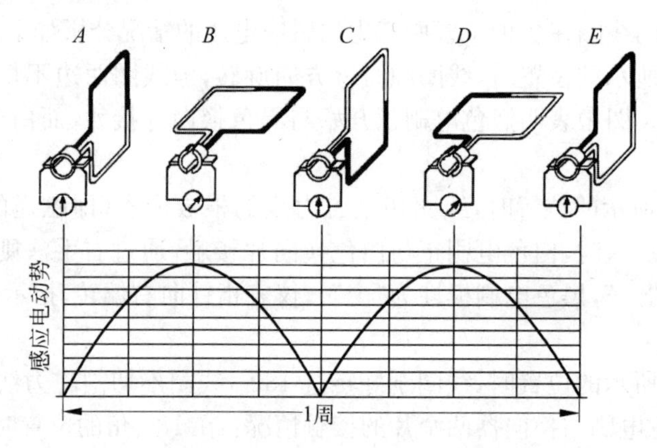

图 4.3-4 单线圈电枢上产生的感应电动势

2. 多线圈的效应

图 4.3-4 所示的发电机所产生的电压在线圈每旋转一周时两次从零变到最大值,直流电压的这种变化称为"波纹",这将使输出直流电压不稳定。要改变这一缺点,可以采用增加电枢线圈的方法,即采用多个电枢绕组串联的方法减小输出电压的波动。

单匝线圈所感应的电压不大,增加线圈的个数也不能增加感应电压的幅值。但是,增加线圈的匝数将增加输出电压的幅值。在一定条件下,一个特定的直流发电机,其输出电压有一个确定的最大值。可见:直流发电机的输出电压由电枢线圈的匝数、励磁磁场的总磁通量及转子的转速共同决定。

目前，直流发电机一般采用鼓形电枢。鼓形电枢的形状如图 4.3-6 所示。各部件之间的关系如下：

(1) 电刷的个数与磁极数相等。

(2) 电枢线圈的两个终端连接到相邻的换向片上。

(3) 整个电枢绕组形成连续的闭合回路。

在正、负电刷之间产生的感应电压可以用下面的公式计算：

$$E = C_e \cdot \Phi \cdot n$$

式中，E 为直流发电机产生的感应电动势，V；Φ 为每个磁极的磁通，Wb；n 为电枢旋转的速度，r/s；C_e 为与电机结构相关的常数。

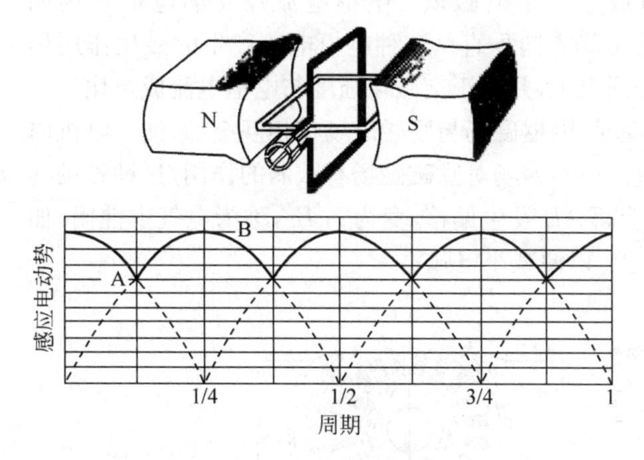

图 4.3-5　两个电枢线圈产生的感应电动势

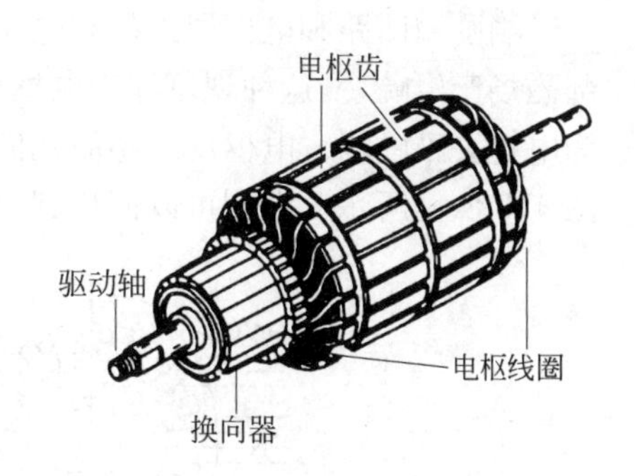

图 4.3-6　鼓形电枢和两层绕组

3. 换向理论

直流电机的换向是指单匝电枢线圈中的电流经过电刷时改变方向，并通过电刷把电枢绕组中产生的感应电流导引到外电路。其过程是每一个换向片在一定的时间间隔内与电刷接触，并通过电刷将电流传送到外电路，如图 4.3-7 所示。换向同时发生在两个线圈短路的瞬间。图中，线圈 B 所连的两个换向片同时和电刷接触，线圈 B 被电刷短路。因为这一位置是几何中性面，线圈中没有感应电压产生，所以电刷与换向片之间不会产生电弧现象。

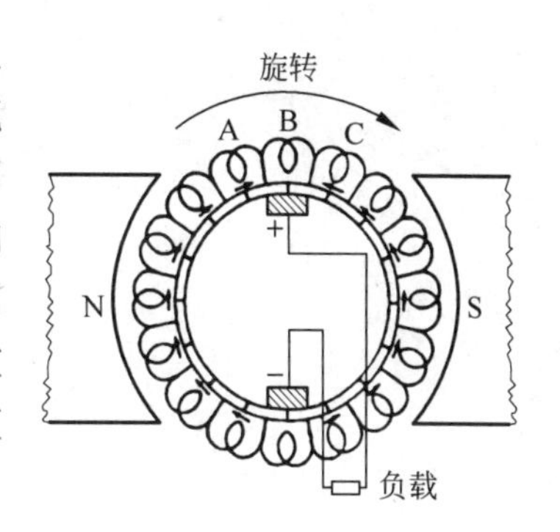

图 4.3-7　直流发电机的换向

随着转子的旋转，当线圈 A 取代线圈 B 的位置时，线圈 A 处于几何中性面，其电流减小为零。在这一瞬间，围绕在线圈 A 周围的磁通也突然变为零，于是，线圈上产生了自感电动势，阻碍线圈中电流的减小。因此，如果这个自感电动势不被抵消，那么，线圈 A 中的电流将不会减小。因此，自感电动势起到了延迟线圈 A 中电流为零的作用，这种延迟将引起电刷与换向片之间产生电弧。当换向片与电刷接触不良时，打火现象更为强烈，并在换向片上烧出电弧疤痕。

在电枢线圈中，电流的换向速度是很快的。例如，在一个普通的四磁极直流发电机中，每分钟一个电枢线圈要完成几千次换向过程。因此，实现无电弧换向，避免换向器损坏是非常重要的。措施之一是改变电刷的位置。

4. 发电机中的电枢反应

发电机中的电枢反应是由电枢电流产生的磁场引起的。在发电机没有接负载，即没有电枢电流时，励磁磁场的形状如图 4.3-8(a)所示，发电机内的磁力线全部由励磁线圈产生，几何中性面 AB 与励磁磁场磁力线垂直。当电枢导体旋转到几何中性面时，它的运动方向与磁力线平行，电枢导体不切割磁力线，因此，电枢导体上没有感应电压产生。在几何中性面时，电刷与两个换向片都接触，将电枢线圈短路，因此线圈上没有感应电压产生，电枢回路中也没有电流流动，电刷上没有电弧产生。

当负载跨接在电刷两端时，电流在电枢线圈中流动，从而形成了电枢电流，于是，电枢上也产生了磁场。此时，电枢铁芯可以看成是一个电磁铁。电枢电流建立的电枢磁场如图 4.3-8(b)所示。可见，电枢磁场与励磁磁场方向垂直。这种电枢电流产生的磁化作用称为正交磁化，它只在电枢电流存在时才表现出来，并且正交磁化强度与电枢电流成正比。

当励磁回路和电枢回路都有电流流动时，电枢磁场与励磁磁场将相互叠加，使发电机内部磁场产生畸变，这种现象称为电枢反应。电枢磁场对励磁磁场有减弱的作用，这种磁场称为电枢去磁磁场。电枢反应还使几何中性面 AB 发生偏移，变为 $A'B'$，称为电气中性面，如图 4.3-8(c)所示。电刷可以偏移到 $A'B'$ 上，以便减小电弧。

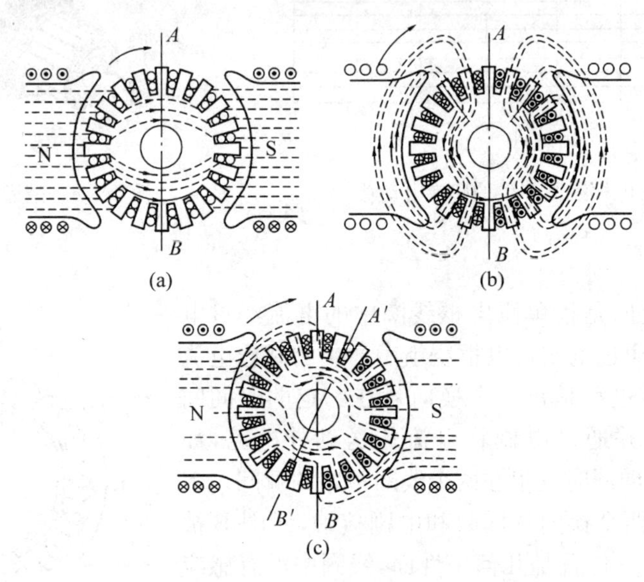

图 4.3-8　电枢反应

(a) 励磁磁流；(b) 电枢磁流；(c) 合成磁流

5. 电枢反应的补偿

减小电枢反应的影响，可以通过下列方法实现：①增加补偿绕组；②使用换向磁极。

补偿绕组嵌入到主磁极极掌面里，与电枢导体并行放置，并与电枢绕组串联连接。这样可以使补偿绕组产生的磁势与电枢磁势大小相等方向相反。因此，补偿线圈产生的磁势与电枢磁势相平衡，从而消除了电枢反应的影响。补偿线圈比较昂贵，一般只用于大容量、高转速、高输出电压的发电机。

换向磁极是一个很窄的附加磁极，位于两个主磁极之间，如图 4.3-9 所示。换向磁极上绕有换向绕组，它与电枢绕组串联连接，提供所需要的换向磁通。换向磁极的加入可以使电刷不需要从几何中性面 AB 移动到电气中性面 $A'B'$ 上。

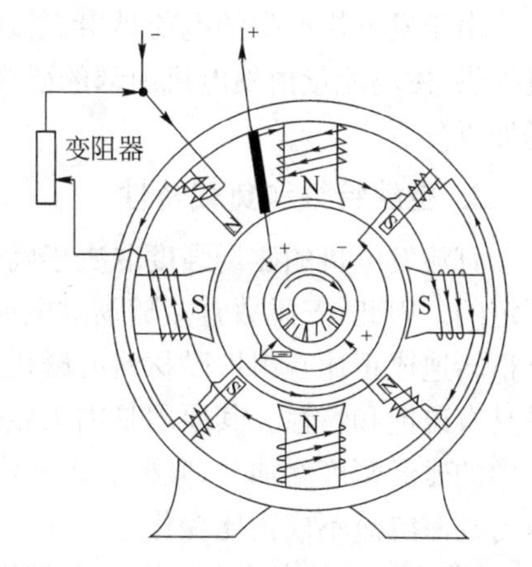

图 4.3-9 具有换向极的并励直流发电机

换向极磁势与在换向区内电枢反应产生的磁势相抵消，并产生一个合适的磁通，在短路的线圈中产生一个电动势，与自感电动势相平衡，因此，电刷上没有电弧产生。换向极的绕组与电枢绕组串联，因此，换向磁通随电枢电流的变化而变化。换向磁场的极性与电枢磁场相反，它们可以相互抵消。也就是说：换向极与电枢旋转方向上的相邻主磁极具有相同的极性，这样就可以抵消电枢磁场的影响。换向极使发电机内部磁场回到了合适的位置。

4.3.3 直流发电机的工作特性

前面已经讨论了直流发电机的基本工作原理，下面进一步分析它的运行情况。为此，必须首先了解励磁线圈的连接方法。

1. 励磁绕组的连接方法

通常直流发电机的类型按照励磁线圈与电枢线圈的连接方式进行划分。直流发电机分为他励式和自励式两大类，其中自励式直流发电机又分为串励、并励、复励三种形式。图 4.3-10(a)是他励式直流发电机，它的励磁线圈激励由外部直流电源提供，电枢与负载并联。图 4.3-10(b)是自励式直流发电机，它包括并励、串励和复励三种方式。并励式直流发电机的励磁线圈与电枢线圈、负载以并联的方式连接。并励式直流发电机广泛应用于工业中。串励式直流发电机的励磁线圈与电枢线圈、负载相串联。在实际应用中，单纯的串励式直流发电机很少使用。复励式直流发电机的励磁线圈有两个，分别为串励线圈和并励线圈。其连接方法是：串励线圈与电枢线圈串联，并励线圈与电枢线圈、负载并联。复励式直流发电机在工业中也得到了广泛应用。后面三种发电机的励磁电流都是由发电机本身的电枢电流提供的，因此，也称它们为自励式直流发电机。

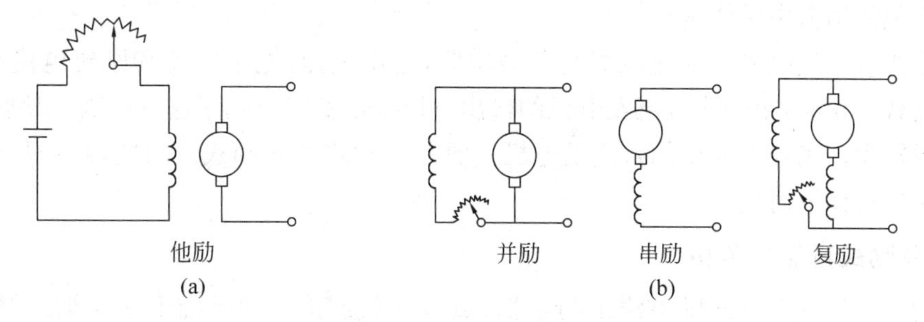

图 4.3-10 直流发电机的励磁类型
(a) 他励；(b) 自励

由于发电机产生的电能是由机械能与磁场相互作用产生的结果，机械能由外部的原动机提供，磁场能量由发电机内部的磁极和励磁线圈提供，因此，我们必须对发电机内部的磁场加以分析。

2. 空载特性和负载特性

直流发电机的磁场强度取决于励磁绕组的安培匝数和磁路的磁阻。励磁绕组的匝数是固定的。因此，安匝数直接随励磁电流的变化而变化。电枢感应电压与励磁磁场的强度及电枢转速成正比。由铁磁材料的磁化曲线可知，励磁磁场强度与励磁电流不成正比关系，而是具有磁饱和特性。其原因是因为磁路的磁阻随铁芯的磁化程度而变化。当磁轭和电枢铁芯中的磁通密度增加时，其磁导率减小，所以磁路的磁阻将增加，这样就使发电机的输出电压与励磁电流不成正比变化。

图 4.3-11 是直流发电机的空载和负载磁场曲线，称为空载特性和负载特性。

当发电机空载时，对应于励磁电流 OA，发电机将产生空载电压 AD；当发电机带上负载后，负载上的电压为 AF。压差 DF 是空载电压 AD 与负载电压 AF 的差值，该电压差是由于电枢电阻上的压降和电枢反应引起的。当励磁电流很大时，空载特性和负载特性曲线将呈现饱和，这说明励磁铁芯已经趋于饱和。发电机的空载特性就是发电机铁芯的磁化曲线，因为这一曲线没有电枢电流的影响，输出电压就是发电机产生的感应电压。

从图 4.3-11 中还可以看出，励磁电流为零时，感应电压并不为零。这说明发电机内部有剩磁存在。这一点十分重要，因为自励式发电机靠的就是发电机内部的剩磁建立起输出电压。

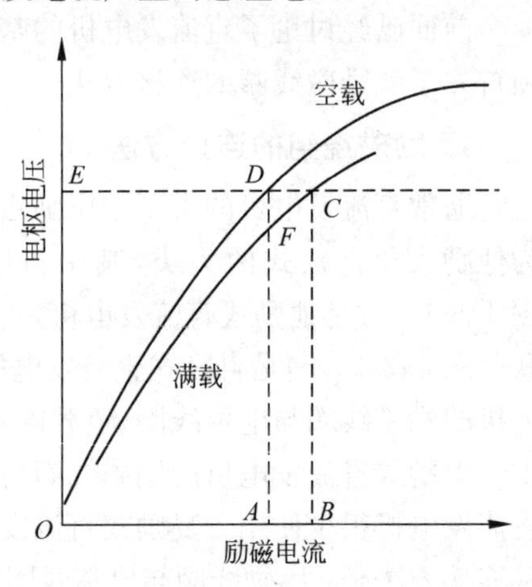

图 4.3-11　直流发电机的磁饱和曲线

在励磁电流较小时，发电机的输出电压线性变化；在励磁电流较大时，由于磁路中的部分铁芯已经饱和，输出电压的增加将变缓慢。继续增大励磁电流，由于磁路饱和程度进一步提高，空载特性曲线越来越平坦。

曲线中的突然弯曲点称为曲线的拐点。并励式直流发电机的工作点就设计在拐点之上，这样可以在转速有轻微变化时，不致引起发电机输出电压的较大波动。复励式直流发电机的工作点设计在拐点之下，为的是避免使用大串励绕组。

串励式直流发电机的励磁绕组与负载串联，输出电流、电枢电流和励磁电流是一个电流。在负载变化时，串励式直流发电机的输出电压很不稳定。基于这一原因，串励式直流发电机应用较少。飞机上使用的直流发电机一般是并励式和复励式。因此，我们只对这两种励磁方式进行详细讨论。

3. 并励式直流发电机

并励式直流发电机的励磁绕组与电枢、负载并联连接。励磁绕组采用细线绕制而成。并励式直流发电机的电枢电流等于励磁电流与负载电流之和。励磁电流比负载电流小得多，在负载正常变化范围内，它可以认为是恒定的。因此，电枢电流直接随负载电流的变化而变化。励磁电流产生的磁通基本保持不变，这样可以使发电机产生的感应电动势基本保持恒定，因此发电机的输出电压基本不随负载的变化而变化。这样，并励式发电机可以近似地看作是一个恒电压装置，它可以按照负载的要求提供电流。

1）电压的建立

当发电机空载，并且电枢转速达到正常值之后，电枢绕组产生的感应电压应该达到额定值。电路框图如图 4.3-12(a)所示，图中，电刷之间没有接负载，励磁线圈也只画了一边，示意产生励磁磁场，转子电枢按箭头方向旋转，其绕组上产生的感应电压方向在图中标出。

图 4.3-12(b)画出了直流发电机励磁磁场的磁化曲线，线段 OA 表示励磁回路阻抗为纯电阻时励磁电压与励磁电流之间的关系曲线，我们称 OA 线段为励磁回路的伏安特性曲线。在恒温时，该曲线为一条直线。

当发电机起动时，转子电枢被驱动到额定转速，此时不连接负载。电枢导体切割磁极上的剩余磁通，在转子电枢绕组中产生大约 10V 的剩磁电压（磁饱和曲线上的①点），该剩磁电压并联在励磁线圈上，在励磁线圈中产生约 0.07A 的电流（OA 曲线上的②点），这一电流使得励磁磁场增强，于是，电枢中产生的电压上升到 30V（OA 曲线上③点）。在这个电压建立期间，电枢回路的电阻对端电压的影响可以忽略，这是因为这时的电枢电流等于励磁电流，其值很小。因此，这一小电流流过电枢线圈产生的电压降可以忽略不计。30V 的电压提供给励磁回路之后，又将引起励磁线圈中 0.15A 的电流流动。该电流再次使励磁磁场增强，从而使电枢中电压上升到 60V。这样的工作过程一直持续下去，直到电枢上的电压上升到 90V，励磁电流达到 0.6A 为止（OA 曲线上的 A 点）。在此之后，发电机的端电压上升不大，这是因为励磁磁场已经饱和，磁场强度不再增强。因此，该励磁回路的电阻为 $\frac{90}{0.6}=150\Omega$。可见：励磁磁场的饱和限制了电枢电压的上升。

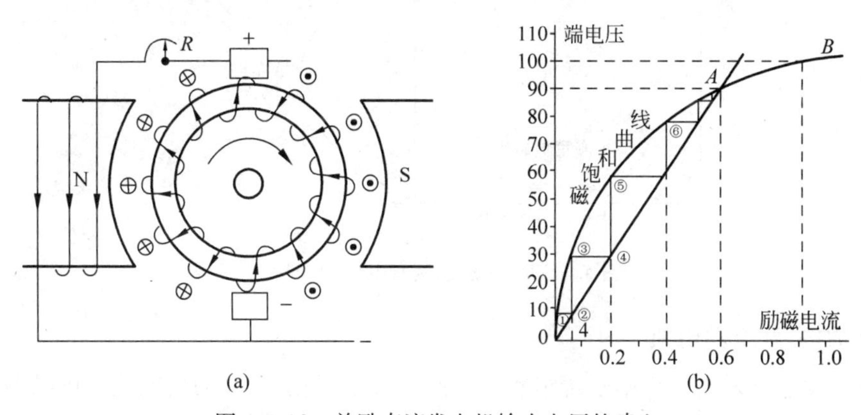

图 4.3-12　并励直流发电机输出电压的建立

(a) 线路示意图；(b) 磁场饱和与 IR 压降曲线

为了增加并励直流发电机的输出端电压，就要减小励磁回路的电阻。例如，要想使端电压上升到 100V，从磁饱和曲线上看到，对应的电流约为 0.92A，那么，励磁回路的电阻应该为 $\frac{100}{0.92}=108.7(\Omega)$。因此，只要使励磁回路的电阻从 150Ω 降到 108.7Ω，直流发电机的输出电压就能从 90V 上升到 100V。

从上述分析可知，并励直流发电机的自励建压需要满足一定的条件，主要包括以下几个方面：

(1) 发电机的主磁极必须有剩磁；

(2) 励磁回路的电阻不能太大；因为若电阻太大，则励磁回路的伏安特性 OA 很陡，使得 OA 直线与发电机的磁化曲线没有交点，这时发电机将无法自励建压；

(3) 励磁回路产生的磁场与剩磁磁场方向必须相同，使得磁场得到增强。

2) 外特性

并励直流发电机的端电压与负载电流之间的关系曲线如图 4.3-13 所示。从曲线中可以看出：随着负载电流的增加(从空载到全负载)，并励发电机的端电压稍有下降。另外，曲线中还画出了发电机过载的情况，即：发电机过载时，其端电压迅速下降，励磁电流减小，励磁磁场的磁化程度降低。曲线 A 的虚线部分画出了发电机这一不正常的工作过程，曲线中的"X"点称为拐点。发电机不能在超过额定负载电流的情况下工作，一旦负载电流超过了发电机额定输出电流的两倍，发电机就有过热的危险。但由于此时发电机的端电压下降较大，因此电枢电流也随之下降，所以短路电流并不会很大，短时间内不会烧毁发电机。

曲线 B 画出了在特定条件下，并励发电机的外特性曲线。这一特定条件是：负载变化范围从空载到额定负载的 125%，励磁电流保持恒定。

曲线 C 也是特定条件下的外特性曲线，它的条件是：负载变化范围从空载到额定负载的 125%，无电枢反应，励磁电流保持恒定。曲线 C 和曲线 D 的差别表示电枢电压下降。

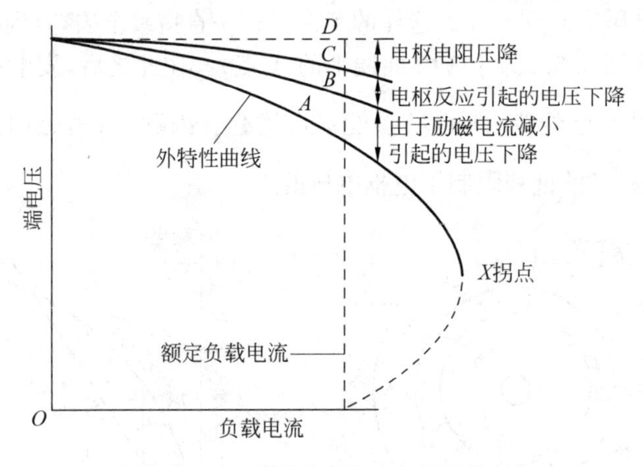

图 4.3-13 并励直流发电机的外特性

4. 复励式直流发电机

复励式发电机采用一个串励绕组和一个并励绕组互相作用，为发电机提供励磁磁场，电路接线如图 4.3-10(b)所示。串励绕组由粗铜导线绕成，其匝数比较少，铜线的横截面是圆形或方形，它与电枢电路相串联，流过较大的电枢电流。串励绕组和并励绕组安装在同一个磁极上，因此，串励绕组会产生一个影响发电机主磁通的磁势。

1) 串励磁通的作用

如果串励绕组与并励绕组产生的磁通方向相同，则合成磁动势就等于串励绕组与并励绕组产生的磁动势之和。复励发电机接负载的方式与并励发电机相同。因此，在接入负载时，总负载电阻减少；同时，电枢电路与串励电路中的电流增加。

串励绕组的作用是：发电机接入负载后，串励电流增加，从而使励磁磁通增加。在并励发电机中，发电机带负载后，由于电枢反应，合成磁通有所减小。而在复励发电机中，发电机带负载后，由于串励绕组的作用，发电机中的励磁磁通将被增强，但增强的程度取决于磁路的饱和程度，因此，复励式发电机的端电压可能随着负载的接入而增大，但也可能由于串励绕组的影响而减小，其影响的结果取决于复励程度。

例如，平复励发电机是一种空载端电压与全负载端电压相同的发电机，而欠复励发电机的全负载端电压比空载端电压小，过复励发电机的全负载端电压比空载端电压大。因此，复励发电机加载后的端电压变化取决于复励程度。

将一个可变线圈并联在串励线圈的两端，这样可以调节复励程度。这一并联线圈称为分流调节器。减小该调节器的电阻，可以将流过串励线圈上的一部分电流旁路，使电枢电流增加，这样就减小了复励程度。

并励线圈回路上的电阻器可以调整复励发电机的空载电压。而并联在串励线圈两端的分流调节器可以调整满载电压。

2）外电压特性

复励式直流发电机加载后，端电压随电枢电流的变化曲线如图4.3-14所示。曲线A表示平复励发电机的端电压与电枢电流之间的关系，即：空载电压和全负载电压相同。在这一测试中，不需要分流调节器和电阻器进行调整，转速始终维持在额定值。曲线中突起的圆弧部分是由于串励绕组的作用引起的，因为它可以增加励磁磁场。例如，电枢反应和电枢压降会引起磁路的饱和度下降，这样串励线圈就可以增强磁路中的磁场强度，使得发电机端电压升高。

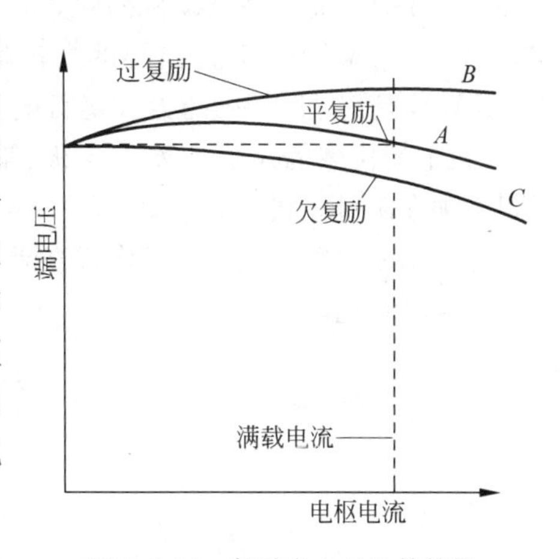

图4.3-14 复励发电机的外特性

曲线B是过复励直流发电机的外特性曲线。当负载接入发电机时，其端电压将升高。这是由于此时的励磁磁场强于空载磁场。这一特性是我们所期望的。因为在实际供电中，发电机与负载相距一定的距离，它们用电缆连接起来，电缆传输电流时也会产生压降，所以，利用发电机端电压的升高，恰好可以补偿电缆上产生的压降，这样可以使负载电压保持恒定。

曲线C是欠复励直流发电机的外特性曲线。其实，在并励直流发电机上，可以加上只有几匝的串励绕组，它可以补偿由于电枢压降和电枢反应引起的端电压降低。可见，在负载增加，且输出端电压下降不太快时，并励发电机的外特性几乎与欠复励发电机相同。

4.4 直流电动机

直流电动机的结构基本上与直流发电机相同。直流发电机将机械能转换为电能，而直流电动机则将电能转换成机械能。如果把一个合适的直流电压跨接在发电机的电压输出端，就可以把一个直流发电机改装成一个直流电动机。

直流电动机有许多种类型，这些类型可以通过励磁绕组的连接方法来划分。每一种电动机在给定负载的条件下，都有其自身的优点。

图 4.4-1(a)为并励式电动机，励磁线圈与电枢电路并联。这种电动机在外加恒定电压的作用下，其转速基本保持恒定，适合带各类负载，如机械车间中的车床、铣床、钻床、刨床等都是由电动机驱动的。

图 4.4-1(b)为串励式电动机，励磁线圈与电枢电路串联，在外加恒定电压的作用下，其转速随负载转矩的增大而迅速减小，其规律是大负载时转速低，小负载时转速高。串励式电动机可以用于驱动飞机的起落架、升降装置等。另外，内燃机常采用串励式电动机起动。

图 4.4-1(c)为复励式电动机，它有两个励磁线圈。一个是串励线圈，它与电枢线圈串联；另一个是并励线圈，它与电枢电路并联。复励式电动机具有串励式电动机和并励式电动机的组合特性，其起动力矩高于并励式电动机，而转速随负载的变化小于串励式电动机。

直流电动机在飞机上的应用相当广泛，机载电动机与大容量直流电动机的工作原理基本相同，但根据飞机上的使用要求，机载电动机具有独特的形状、尺寸和额定值。机载直流电动机的工作电压是直流 24～28V。

图 4.4-2(a)是飞机发动机的起动电动机，也称为起动机，它实际上就是一个串励式电动机，可以提供起动发动机所需要的高转矩，它的输出功率可以达到 20hp(1hp＝745.700W，即 15kW)，但它是以间歇的方式运行的。图 4.4-2(b)是飞机上作动机械负载的电动机之一，飞机上的机械负载如襟翼、减速板、舱门等就是用电动机驱动的。由于上述负载要求电动机必须在满机械载荷下起动，因此一般都采用串励电动机。大多数直流电动机也是间歇式工作。图 4.4-2(c)是连续工作式直流电动机，在飞机上用于驱动风挡雨刷，这种电动机通常采用复励式电动机。

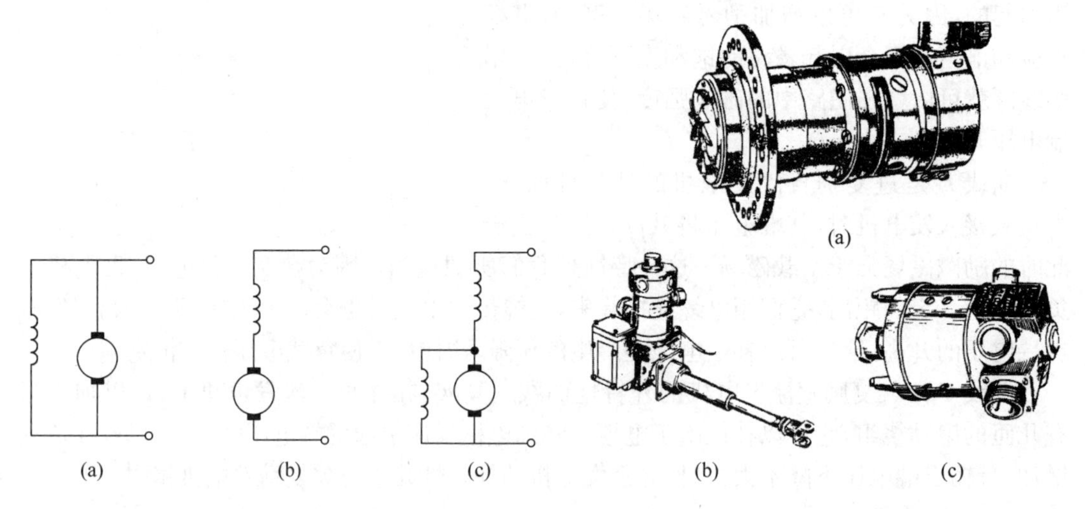

图 4.4-1　直流电动机励磁方式

(a) 并励式；(b) 串励式；(c) 复励式

图 4.4-2　飞机上的直流电动机构

4.4.1　直流电动机的工作原理

1. 通电导体在磁场中所受的力

只要把通电导体放在磁场中，导体就会受到力的作用，直流电动机就是基于这一原理工作的。通电导体的受力方向与导体中流动的电流方向和磁场方向成直角关系。

图 4.4-3(a)为永久磁铁 N 极、S 极形成的磁场,磁力线从 N 极指向 S 极。图 4.4-3(b)为通电导体的横截面,截面上的“+”符号表示电流正朝着远离读者的方向流动。根据右手螺旋法则,即:用右手握住导线,大拇指指向电流方向,则其余四指的环绕方向就是磁力线的方向。据此可以判定:导线周围的磁力线以顺时针方向旋转。

如果将通电导线放在上述磁场中,如图 4.4-3(c)所示,则两个磁场将互相作用,它们的磁力线相互叠加,结果导线上方的磁场增强,下方的磁场减弱,于是,导线在磁场力的作用下向下运动。电磁力的大小取决于磁场强度和导线中电流的大小。

如果将导线中的电流反向,如图 4.4-3(d)所示,导线周围的磁力线的方向也将反向,而永久磁场的磁力线方向不变,因此,导线下方的磁场增强,上方的磁场减弱,导线将向上运动。

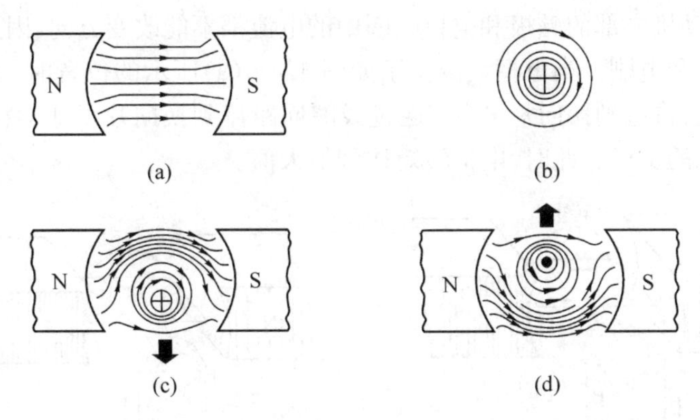

图 4.4-3　通电导体在磁场中受到的电磁力

(a) 磁场中的磁力线分布;(b) 通电导体周围的磁力线分布;(c) 导体向下运动;(d) 导体向上运动

可见,通电导体在磁场中将受到电磁力的作用,电磁力的大小和方向取决于磁场和电流的大小和方向。实际电动机的工作也是这样的,通电导体上的电磁转矩是由电动机内部的励磁磁通和电枢绕组中的电流之间的相互作用而产生的。

具体地说,通电导体在磁场中所受的力可以用下面的公式表示:

$$F = BIL$$

式中,B 为磁通密度,I;L 为导体的有效长度,m;I 为导体中的电流,A。

2. 直流电动机的基本工作原理

图 4.4-4(a)画出了转子电枢绕组中没有电流流动时的主励磁磁场的磁力线分布情况。

图 4.4-4(b)表示电枢线圈中有电流流动时,两个导体横截面周围产生的磁场分布。假定此时励磁线圈中没有电流,因此,电动机内部只有电枢线圈产生的磁场。

图 4.4-4(c)描绘了主励磁磁场与电枢磁场之间相互作用产生的新的磁场分布。从图中可以看到:在 N 极一侧,导体下方的磁力线密集;在 S 极一侧,导体上方的磁力线密集。这是因为在上述两个区域内,两个磁场的磁力线方向一致,它们叠加后相互加强。反之,在 N 极一侧的导体上方和 S 极一侧的导体下方,两个磁场的磁力线方向相反,叠加后彼此减弱,因此,磁力线稀疏。可以想象,密集的磁力线就像被拉伸而绷紧的橡皮筋一样试图收缩放松,而磁力线的“收缩放松”将使电枢沿顺时针方向旋转。

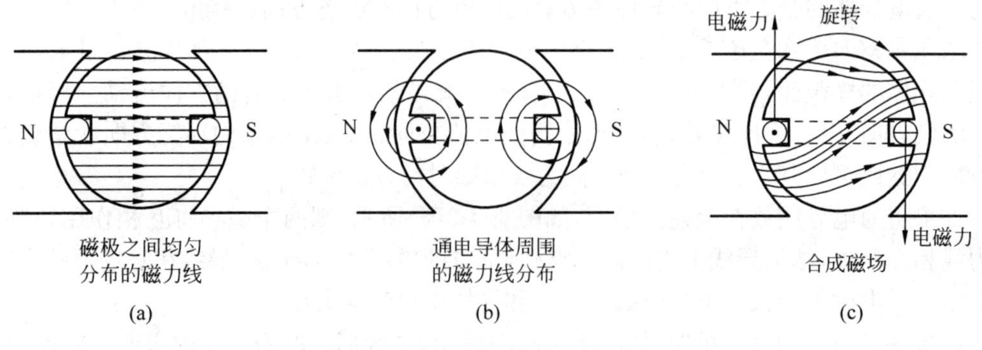

图 4.4-4 两导体电枢的磁场分布

如果电枢线圈中的电流方向或磁极可以适时地改变，那么，电枢将朝着一个方向旋转。但实际上，直流电动机内部的磁极和电枢线圈中的电流都不能改变方向，因此在直流电动机中也要加入换向器和电刷。当电枢线圈位于如图 4.4-5(a)所示的位置时，电流将从直流电源的正极流到电刷，再流到换向片 A 上，通过线圈回路流到换向片 B 上，然后经过负电刷，最后回到直流电源的负极。此时，电枢转矩达到最大值。

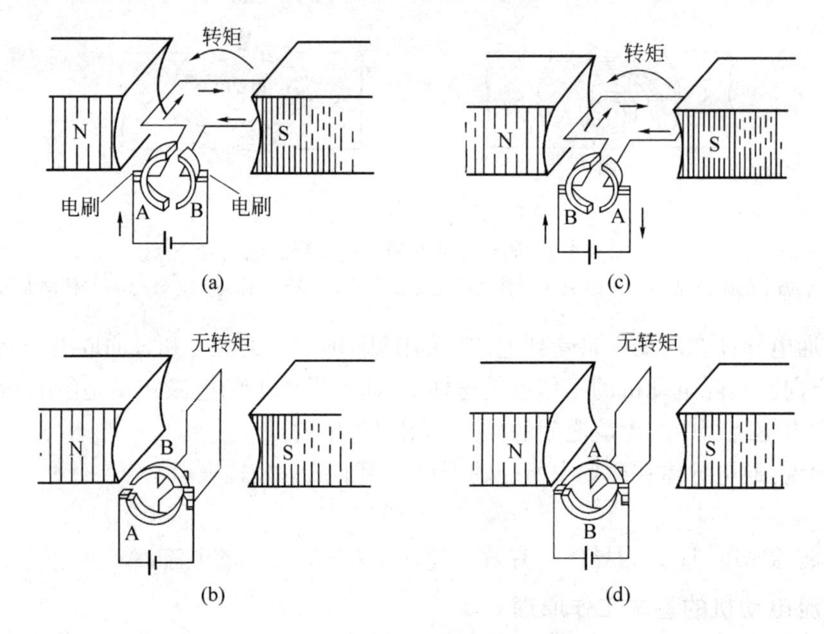

图 4.4-5 直流电动机基本原理

当线圈转过 90°到达图 4.4-5(b)所示的位置时，换向器的弓形整流片(或换向片)A 和 B 不再与直流电源电路接触，此时没有电流流过线圈，因此在这个位置上，线圈不受力，电磁转矩达到了最小值。然而，线圈的惯性使其越过这一位置，并使弓形整流片再次与电刷接触，电流再次流进线圈。尽管这时电流通过弓形整流片 B 流入，且通过弓形整流片 A 流出，然而由于弓形整流片 A 和 B 的位置也已经反过来了，电流的作用和以前一样，所以转矩方向不变，线圈继续逆时针旋转。当线圈通过图 4.4-5(c)所示位置时，转矩再次达到最大值。线圈继续转动，使它再次转到最小转矩位置，如图 4.4-5(d)所示。在这个位置上，线圈中没有电流流动，但转子在惯性作用下继续旋转，使线圈越过这一位置后，正电刷接整流片 A，负电刷接整流片 B。可见：加入换向器和电刷解决了电枢线圈中电流的换向问题。

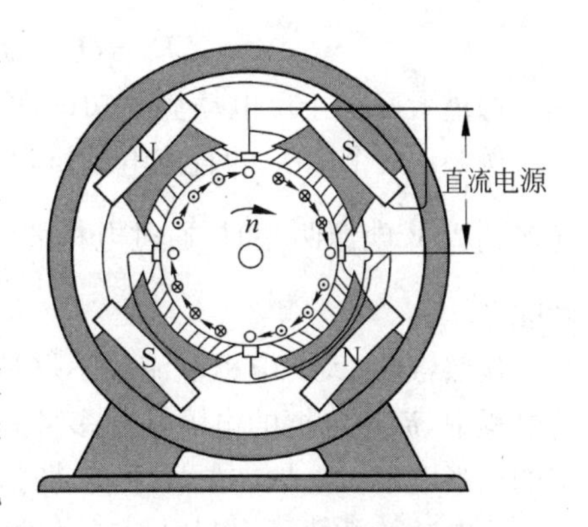

图 4.4-6　四磁极并励直流电动机

从上述分析可以发现：在只有单个电枢线圈的电动机中，由于存在两个没有转矩的位置，转矩是不连续的。为了克服这个缺点，实际的直流电动机的电枢上装有许多绕组。这些绕组是这样布置的：在电枢旋转的任何位置上，都有靠近磁极的线圈。这就使得转矩得到了加强而且连续存在。换向器也装有多个弓形整流片，而不是仅有两片。在实际的电动机中，电枢不是放在永久磁铁的磁场中，而是放在电磁铁产生的磁场中。电磁铁由磁极和绕在磁极上的励磁线圈组成，通过给励磁线圈通入直流电，铁芯被磁化。在并励直流电动机中，励磁电流与电枢电流来自同一个直流电源，图 4.4-6 是一个四磁极并励直流电动机结构示意图。

3. 反电动势

在直流发电机中，存在电动机效应。而在电动机运行过程中，内部又会产生发电机效应。如图 4.4-7 所示，电枢导体中的外加电流以图中实线箭头方向流动，因此，通电的电枢导体在磁场中受到向上的作用力，使得导体向上运动。当导体向上运动时，导体将切割磁力线，于是，在导体中感应出一个电动势，其方向如图中虚线箭头所指的方向，它与外加电动势（或电流）的方向相反。在所有旋转的电动机电枢绕组中，都将产生反向电动势，并且它总是与外加电动势的方向相反，这一电动势称为反电动势。反电动势的大小与直流发电机一样，与励磁磁通和电枢导体的旋转速度成正比。也就是说：电动机的转速增加，反电动势增加；转速减小，反电动势减小。励磁磁场的磁场强度增大，反电动势增加；励磁磁场的磁场强度减小，反电动势减小。

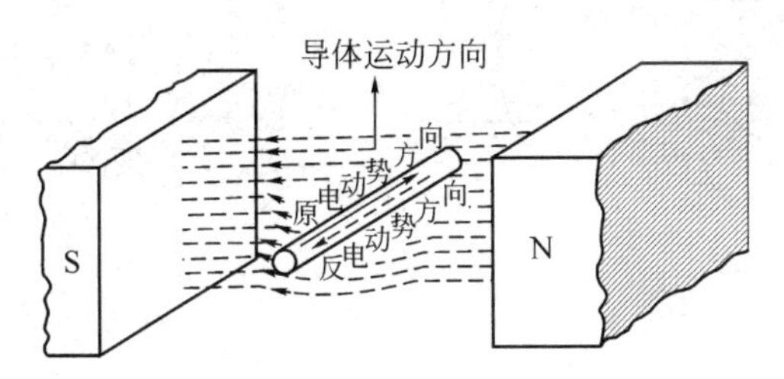

图 4.4-7　电动机中的发电机效应

电枢上的电压降等于外加电压减去反电动势。电枢压降随电枢电流和电枢电阻的变化而变化。

为了确定电枢电流 I_a，电枢电阻 R_a 和电枢压降，我们可以通过下列公式进行计算。电枢电流的计算公式为

$$I_a = \frac{U - E_c}{R_a}$$

式中，I_a 为电枢电流，A；U 为外加电枢电压，V；E_c 为反电动势，V；R_a 为电枢电阻，Ω。

上述公式经过数学变形，还可以表示为下列两种形式：

$$E_c = U - I_a R_a \quad 或 \quad U = E_c + I_a R_a$$

通过上面关于反电动势的知识,可以解释一些实际问题。

例如:一个28V的直流电动机,其电枢电阻约为0.1Ω。按照欧姆定律,当电动机电枢连接到28V电源两端时,通过电枢的电流应该为$I_a = \frac{U}{R_a} = \frac{28}{0.1} = 280(\text{A})$。这一答案是否正确呢?

显然,这么大的电枢电流值不仅是不实际的,而且也是不合理的。这是因为在电动机运转过程中,流过电枢的电流是由多种因素决定的,而不是由欧姆定律中的电阻一个因素所决定的。当电动机电枢在磁场中转动时,电枢导体中产生了反电动势,它与外加电压的方向相反。反电动势抵消了引起电枢转动的电流,所以,流过电枢的电流随着反电动势的增加而减小。电枢转动越快,反电动势越大。基于这个道理,在起动时,电动机的电枢电流相当大,但随着电枢转速的增加,电枢电流越来越小。在额定转速下,反电动势可能仅比外加直流电压低几伏,因此电枢电流并不大。实际的电枢电流大小取决于转轴上所带的负载转矩。

4. 电动机中的电枢反应

发电机的电枢电流与感应电动势的方向一致,而电动机的电枢电流与反电动势的方向则相反。假设电动机励磁磁场与发电机励磁磁场的极性相同,如图4.4-8(a)所示,由于电枢旋转方向相同,因此,电动机的电枢磁通与发电机的电枢磁通方向相反,如图4.4-8(b)所示(可与图4.2-8对比)。在电动机中,合成磁通沿着与电枢转向相反的方向旋转,磁场分布被扭曲变形,如图4.4-8(c)所示。而在发电机中,合成磁通沿与电枢转向相同的方向旋转,磁场分布也被扭曲变形。但须注意的是:电动机内的合成磁场在超前极尖处增强,滞后极尖

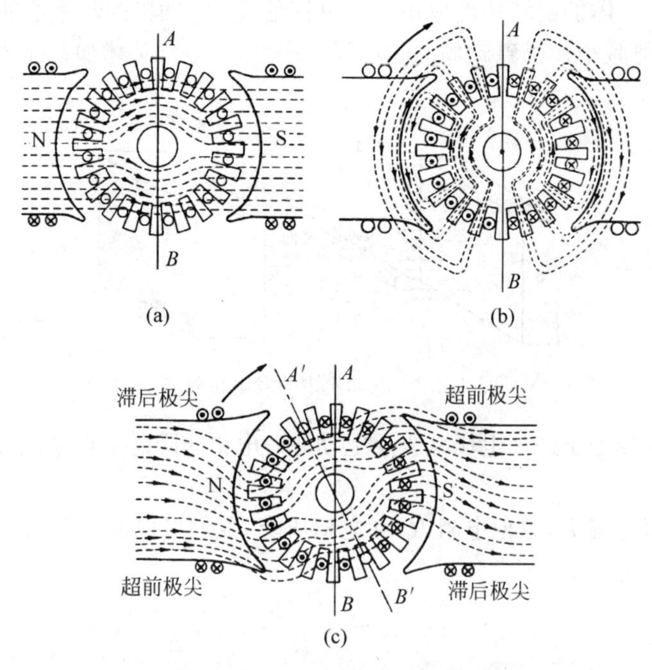

图4.4-8 电动机中的电枢反应

(a) 励磁磁场;(b) 电枢磁场;(c) 合成磁场

处减弱。这一变化引起电气中性面后移到了 $A'B'$。为了在没有换向极的电动机内建立良好的换向，在电动机中，应将电刷从几何中性面 AB 移动到电气中性面 $A'B'$。

在电动机中，解决电枢反应的方法与发电机相同，即增加补偿绕组和采用换向极等。每种方法产生的作用与发电机中基本相同，只是作用方向与在发电机中相反。例如在电动机内可以采用换向极补偿电枢反应的影响，如图 4.4-9 所示。在发电机中，换向极的极性与电枢旋转方向上相邻主磁极的极性相同，而在电动机中，换向极的极性与电枢旋转方向上相邻主磁极的极性相反，这样就可以抵消电动机电枢反应的影响。

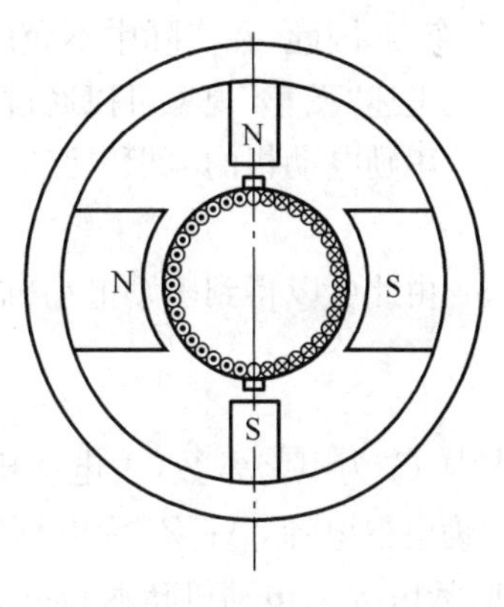

图 4.4-9 换向极的作用

4.4.2 直流电动机的转矩

电枢转矩等于电枢表面的作用力 F 与到电枢转轴中心的垂直距离 r 的乘积。下面推导转矩的计算公式。

我们已经知道，通电导体在磁场中受力的公式为

$$F = BLI$$

一根导体的转矩： $T_1 = Fr = BLIr$

两根导线的转矩： $T_2 = 2T_1 = 2BLIr$

在上述表达式中： $2Lr = A$

而 $B \cdot A = \Phi$

因此，转矩的计算公式可以写成：

$$T = C_t \Phi I_a$$

式中，A 为线圈所围成的面积，m^2；T 为转矩，N·m；C_t 为转矩常数(包括电枢导线的数量、通路数等)；Φ 为每个磁极的磁通，Wb；I_a 为电枢电流，A。

从上述公式可以看出：电动机的转矩与电枢电流和每极磁通量成正比。

当电动机的转速恒定时，由电枢电流产生的转矩正好等于电动机和机械负载摩擦引起的阻力矩，此时电动机电枢提供的转矩是稳定的。

4.4.3 直流电动机的工作特性

直流电动机有三种基本类型：①串励式电动机；②并励式电动机；③复励式电动机。在励磁线圈和电枢线圈的连接方式上与直流发电机基本相同，在这里不再详述。

1. 串励式直流电动机

串励式直流电动机的励磁线圈由几匝粗导线绕制而成，它与电枢线圈相串联，如图 4.4-1(b)所示。流过励磁线圈的电流与电枢电流相同。因此，我们可以说：串励磁场的强度正比于电枢电流 I_a；电动机的转矩正比于电枢电流 I_a 的平方。

设串励电动机的外加电压恒定，则当电动机空载运行时(实际上是不允许的)，电枢电流接近于零，电枢的转速将很快，甚至使电枢绕组从电枢槽中飞出，换向器损坏，这种现象称为

“飞车”。因此,在实际中不允许串励直流电动机空载运行。

上述“飞车”现象可以通过下面的公式加以解释。

串励电动机的电枢电路电压方程为

$$U = C_e \Phi n + I_a (R_a + R_f)$$

由此可以得到串励电动机的转速公式:

$$n = \frac{U - I_a (R_a + R_f)}{C_e \Phi}$$

式中,C_e 为电势常数(由电动机的磁极数、电流通路、电枢导体数决定);U 为外加电压,V;I_a 为电枢电流,A;R_a 为电枢线圈电阻,Ω;R_f 为励磁线圈电阻,Ω;Φ 为励磁磁场每极磁通,Wb;n 为电动机转速,rad/s。

从公式中可以看到:$U - I_a(R_a + R_f)$一项表示电枢中产生的反电动势 E_a。当电动机上的负载被移开时,电动机电枢的转速加快,于是一个很大的反电动势在电枢线圈上产生,这将使电枢电流 I_a 减小,由于电枢线圈与励磁线圈串联,因此,励磁电流也随之减小,励磁磁通 Φ 将变得很弱。将 I_a 和 Φ 代入到上述公式中,可以得知,转速 n 的值将很大,即发生“飞车”现象。因此,串励直流电动机空载时,将引起电枢线圈中反电动势增加,从而使电枢转速加快,直到出现“飞车”现象,使电动机损坏。基于这一原因,串励直流电动机不允许采用皮带、链条、钢索作为传动装置拖动负载,因传动装置一旦断开将引起电动机空载而超速,从而导致电动机损坏。串励直流电动机一般通过齿轮减速器、传动机构与被拖动负载相连接。

当电动机负载增加时,电枢转速将下降,反电动势减小,电枢电流增加,同样,励磁磁场强度也增强,此时的转速很低。

串励电动机的特性曲线如图 4.4-10 所示,它包括转速、转矩、效率和输入电流曲线。图中描绘出了转矩随电枢电流平方变化的规律,以及负载增大转速快速下降的曲线。从图中还可以看出转矩与负载之间的变化关系。当负载增加时,转速和反电动势减小,电枢电流和励磁磁场强度增加,因此,转矩增大,平衡负载阻力矩,使转速在一个新值上稳定。可见,串励直流电动机的转速随负载的增大而迅速下降,它的“适应”能力比较强,也可以说它的机械特性比较“软”,过载能力强。这是它的优点之一。

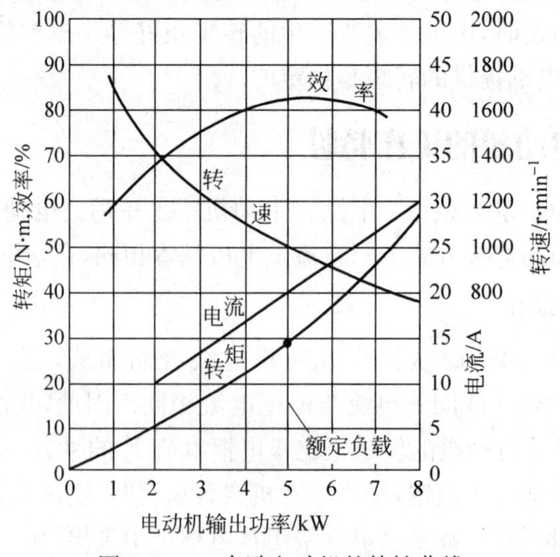

图 4.4-10 串励电动机的特性曲线

此外，由于励磁线圈和电枢线圈的电阻值很低，所以，串励式电动机在起动时，能形成大的起动电流。这个大的起动电流在通过磁场线圈和电枢线圈时，将产生很高的起动力矩，这是串励式电动机的优点之二。

因此，在需要大的起动转矩的场合，串励式直流电动机更为适用。它在飞机中常常用作发动机的起动装置，并用于收放起落架、整流罩鱼鳞板和襟翼等装置。

2. 并励式直流电动机

在并励式直流电动机中，励磁线圈与电枢线圈并联，见图 4. 4-1(a)。励磁线圈的电阻比较大，由于励磁线圈直接并联到电源两端，如果外加电压不变，那么通过励磁线圈的电流也基本不变。并励直流电动机的励磁电流不像串励电动机那样随电动机的转速而变化，因此，并励式电动机的转矩仅随流过电枢的电流变化。它在起动时，产生的转矩小于同样尺寸的串励式直流电动机。

并励式电动机空载时，它的转矩仅用于平衡轴承摩擦阻力和电动机内部的气流阻力。电枢在励磁磁场中旋转，其线圈上将产生反电动势，它将电枢电流限制在较小的数值，该电流用于建立起电动机空载运行所需要的转矩。

当负载接入并励电动机时，其转速略有下降。这种轻微的转速减慢，将相应地引起反电动势的下降。如果电枢电阻很小，那么电枢电流将明显增加，于是，并励电动机的转矩将增大，直到与负载阻力矩达到平衡为止。然后，只要负载稳定，并励电动机的转速将在一个新的数值上保持稳定。

相反，如果并励电动机的负载减小，那么，电动机的转速略有增加，这一加快的转速将引起电枢线圈中相应的反电动势增加，从而使电枢电流和转矩有比较大的减小。可见，并励式电动机中，电枢电流的大小取决于电动机的负载。负载越大，电枢电流越大；负载越小，电枢电流越小。在任何情况下，转速的变化都将引起反电动势和电枢电流的变化。

一台并励电动机的特性曲线如图 4. 4-11 所示。这一组曲线包括转速、转矩、效率和输入电流随电动机输出功率的变化关系。

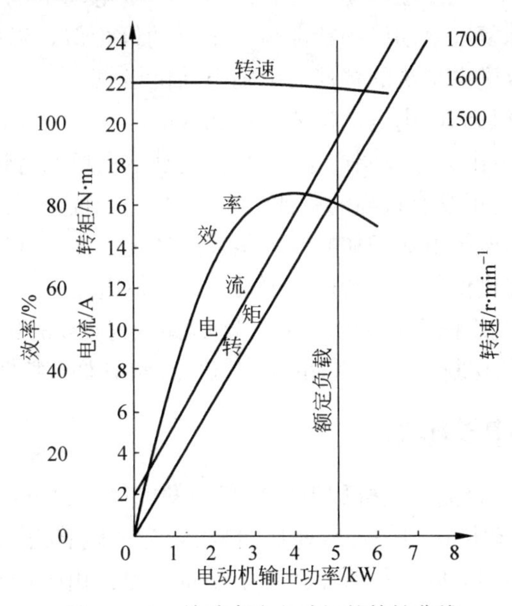

图 4. 4-11 并励直流电动机的特性曲线

并励电动机的转速曲线几乎是一条水平线,这说明并励电动机自身的转速调节特性比较好。因为在整个负载变化范围内,励磁磁场强度几乎是恒定的,所以,转矩随负载和电枢电流的变化而变化。

一般而言,并励直流电动机的转速调节特性比并励直流发电机的电压调节特性好。这是因为发电机中的电枢反应减弱励磁磁场,减小输出端电压。而电动机的电枢反应减弱励磁磁场,增大电动机转速。但在一般情况下,电动机的电枢反应仅使励磁磁场轻微地减弱,并且加载后,电动机的转速就不会再增加了。但是,假如电枢反应不存在,接入负载后,电动机的转速将下降较多。

并励式直流电动机基本上是一种恒速装置。虽然转速随励磁电流的变化而变化,但是,在给定励磁电流的条件下,转速基本保持恒定,这是并励直流电动机的优点。因此,它适用于负载变化时,要求电动机转速基本不变的场合。

3. 复励式直流电动机

复励式直流电动机与复励式发电机一样,其励磁磁场由并励绕组和串励绕组组成。大多数情况下,串励绕组产生的磁场对并励绕组磁场有加强作用,如图 4.4-12 所示,这种类型的电动机称为积复励电动机。

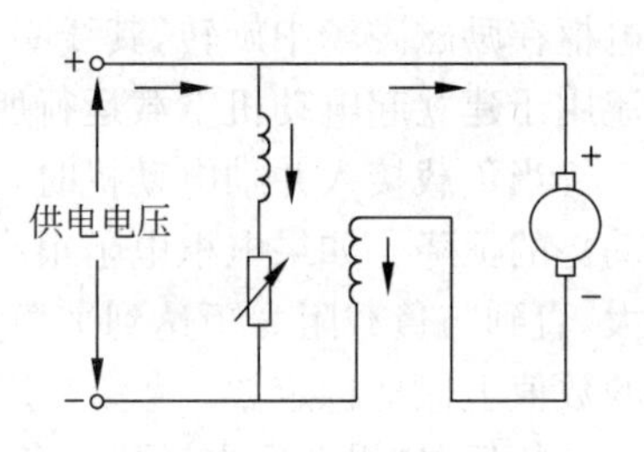

图 4.4-12 积复励电动机

积复励电动机接入负载后,其转速的下降比并励电动机多,比串励电动机少。串励电动机加载后,其励磁磁场强度增强,电枢电流的公式如下:

$$I_a = \frac{U - E_c}{R_a + R_f}$$

积复励电动机负载增加时,电枢电流 I_a 增加,在转速降低的同时,反电动势 E_c 也降低,从而使串励绕组的励磁磁场强度增强。因为转矩随电流 I_a 的变化而变化,在电枢电流和励磁磁场强度相同的情况下,积复励电动机的转矩强于并励电动机。当并励绕组匝数与串励绕组匝数之比较大时,积复励电动机的特性与并励电动机相似。当并励绕组匝数与串励绕组匝数之比较小时,积复励电动机的特性与串励电动机相似。

如果给积复励电动机卸载,则电动机的转速和反电动势都增大,而串励绕组中的电流减小。励磁磁通的增加部分由并励线圈产生。此时,复励电动机的特性与并励电动机相似,而与串励电动机不同。在这里没有很高的空载转速,即"飞车"现象。当负载增加时,因为总磁通增加,所以将有一个比电枢电流增加幅度大很多的转矩产生。这样,要想使积复励电动机的转矩增加,就不需要提供像并励电动机中那样大的电枢电流。

在实际工作中,经常利用积复励电动机中的串励绕组获得较高的起动转矩,当电动机转速增大到额定值时,将串励绕组切断,然后再利用并励电动机的转速调节特性将电动机转速稳定。

4.4.4 直流起动发电机

兼具起动功能的航空直流发电机称为直流起动发电机。它可用作电动机,用于起动飞机发动机或 APU;当发动机达到一定转速后,自动转为发电状态,给飞机的电网供电。这样飞机上就不必单独设置起动装置,从而减轻了设备重量。由于起动发电机要适应双重功能,因此,其工作条件较为复杂。

在起动过程中，起动发电机应该满足以下要求：①有足够的起动转矩，使发动机能在预定的时间内平稳起动；②起动电流不应过大，以免发电机过热、换向恶化；③起动完毕后能自动转入发电状态，给飞机的电网正常供电。

下面以某航空直流起动发电机为例，简要分析其起动过程。图 4.4-13 为其起动控制原理电路，整个起动过程分四级完成。

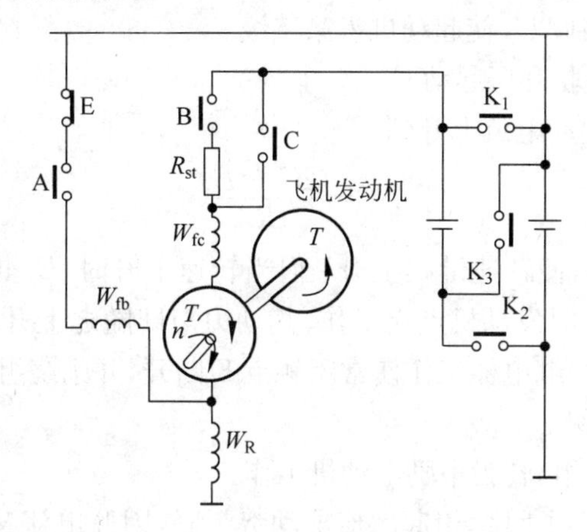

图 4.4-13 直流起动发电机的起动控制电路

第一级：串入起动电阻 R_{st}，电枢串电阻起动。

发出起动指令后，首先接通接触器 K_1 和 K_2，使两组电瓶并联工作。同时，定时机构开始工作，1.3s 后接触器 A、B 同时动作接通（E 为常闭接触器，此时也保持接通），起动电阻 R_{st} 被串入，发电机工作在复励状态。这一级的电枢电流 I_{a1} 受到串联电阻 R_{st} 的限制，即有

$$I_{a1} \leqslant \frac{U}{R_a + R_{st}}$$

其中 R_a 为电枢绕组电阻、串励绕组（W_{fc}）电阻以及换向极绕组（W_R）电阻的总和。正因为 I_a 不大，所以起动转矩 T_{st1} 也不大，以免产生过大的冲击而损坏发动机部件。当起动转矩 T_{st1} 大于发动机静态阻力转矩 T_C 时，发动机即被拖动而开始旋转，转速上升。随着转速的上升，电枢感应电动势 E_a 增大，使电枢电流和转矩 T_{st1} 下降。随着转速的上升，发动机的总阻力转矩 $T_L = f(t)$ 也不断增大，如图 4.4-14 所示，图中 T_{em} 为电磁转矩。到 2.5s 时，接触器 C 接通，起动电阻 R_{st} 被短接，起动过程进入第二级。

第二级：切除起动电阻 R_{st}，起动发电机增速。

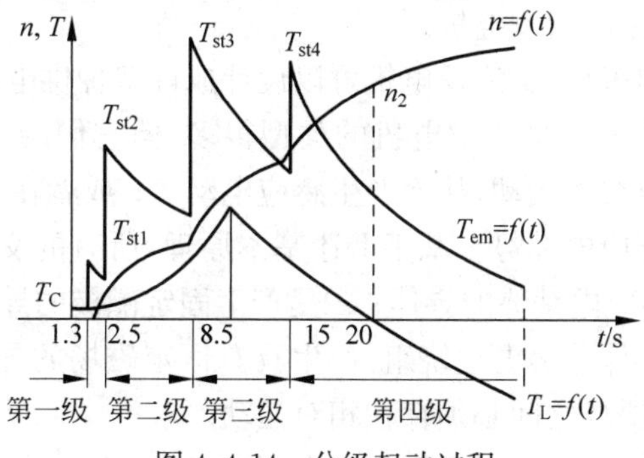

图 4.4-14 分级起动过程

串联电阻 R_{st} 切除后，电枢两端电压升高，电枢电流上升到 I_{a2}：

$$I_{a2}=\frac{U-E_a}{R_a}$$

使对应的电磁转矩 T_{st2} 显著大于发动机的阻力矩，因此转速很快升高。这时由于 E_a 随转速升高而增大，又使电磁转矩 T_{st2} 下降。到 8.5s 时接触器 K_1 和 K_2 断开，K_3 接通，两组电瓶串联供电，电压增高到 $2U$，使起动进入第三级。

第三级：两组电瓶串联升压起动。

此时端电压为 $2U$，起动电流上升到：

$$I_{a3}=\frac{2U-E_a}{R_a}$$

电磁转矩上升到 T_{st3}，使转速继续上升；但当转速上升时，E_a 也上升，因而使 I_{a3} 下降。当转速达 600～700r/min 时发动机点火工作，其动力矩即随之上升，发动机的总阻转矩 T_L 随着减小。起动到 15s 时，继电器工作使常闭触点 E 断开，并励绕组(W_{fb})从电网切断，电动机成串励状态，进入第四级。

第四级：切除并励绕组，转为串励电动机工作。

当并励绕组切除时磁通下降，引起感应电动势下降，因此电流又上升，使电磁转矩也上升到 T_{st4}，使转速继续增大。随着转速的增大，电动势又将上升，则电枢电流下降，电磁转矩 T_{st4} 也下降。当转速上升到 n_2 时，发动机的动力转矩已能克服其阻转矩，实际上已能自行起动，但为可靠起见，起动机常再带转一段，直到起动箱定时机构到 30s 时，发动机转速一般上升到 1800～3200r/min 以后，才使起动箱的接触器、继电器全部停止工作，而起动箱中的定时机构继续运行到 42s 时起动完毕。这时发动机进入慢车转速，一般是在 4100～4500r/min，同时发电机开始进入并励发电状态。

一个好的电起动系统需要电动机的机械特性与负载(发动机)的阻转矩特性匹配。上面就是其中的一个例子。有的航空并励直流起动发电机工作在起动机状态时，靠调节并励励磁电流以达到所需要匹配的机械特性，这样可大大简化系统设备。

4.5 交流发电机

产生交流电的发电机称为交流发电机。“交流发电机”一词是由“交流”和“发电机”两个词结合而来的。今天我们使用的许多电能都是由交流发电机产生的。在现代大型运输机上，飞机的主电源大都采用交流发电机。

根据负载消耗电能的多少，交流发电机可以设计成许多种供电容量，飞机上的同步发电机的容量一般是几十千伏安。虽然发电机的类型很多，但它们的工作原理基本相同。即：导体在磁场中作切割磁力线的运动，从而产生感应电动势；或者在交变的磁场中放入导体，则在导体上也可以产生感应电动势。基于上述基本原理，所有的交流发电机都至少由两部分导体组成：一是产生感应电动势的导体；二是产生固定磁极的导体。

产生感应电动势的导体称为电枢绕组，产生具有恒定磁场的导体称为励磁绕组。在发电机中，电枢绕组和励磁磁场之间必须存在相对运动。

为了满足上述要求，交流发电机主要由两大部件组成，即定子和转子。转子在定子内旋转，它可能由液压涡轮、电动机、蒸汽机或内燃机驱动。

4.5.1　交流发电机的类型

交流发电机的种类很多，但它们所完成的基本功能是相同的。一般而言，交流发电机分为"旋转电枢"型和"旋转磁极"型两大类。

1. 旋转电枢型

在旋转电枢型交流发电机中，定子提供一个由电磁铁产生的恒定磁场，转子作为电枢在磁场中旋转，切割定子磁力线，产生所需要的感应电压。在这种发电机中，电枢的输出电压需要通过集电环保持其交流特性，经电刷输出到外电路。

由于种种原因，旋转电枢型发电机应用较少，其主要缺点是：电能的输出必须通过电刷与集电环的接触，而这种接触会引起摩擦和火花现象，这将损坏电刷和集电环，在输出高电压时还会产生电弧放电现象。所以，旋转电枢型发电机一般用在低功率、低电压的供电上。

2. 旋转磁极型

旋转磁极型交流发电机的应用相当广泛，其结构示意图如图 4.5-1 所示。

转子绕组上的直流电经集电环和电刷取自外部电源，这样就保证了旋转电磁铁像永久磁铁一样，使电磁铁的两个磁极极性保持不变。转子磁场随转子的旋转而旋转，在发电机中形成了旋转磁场。电枢绕组嵌入到定子铁芯槽中，切割旋转磁场中的磁力线，从而在定子电枢绕组中产生使交流电压。

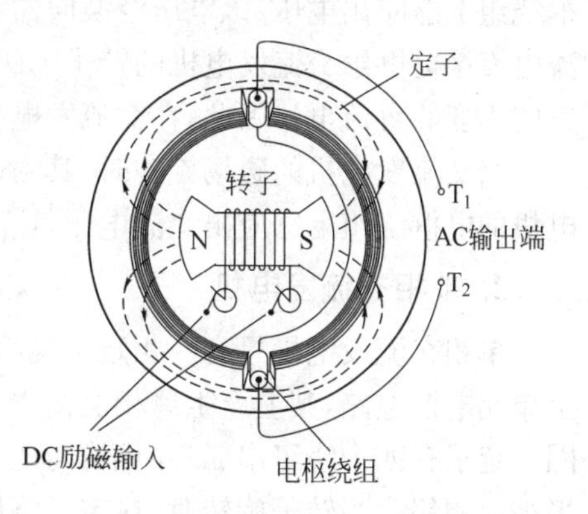

图 4.5-1　旋转磁极型交流发电机

由于电能是通过固定的电枢绕组输出的，所以其输出端可以直接固定在 T_1 和 T_2 两端。这种发电机的优点是电枢绕组上没有滑动触点，并且整个输出电路做全面的绝缘处理，因此可以最大程度地限制电弧放电现象。

旋转磁极型交流发电机有单相、两相和三相 3 种类型，其中三相交流发电机广泛应用在飞机上。下面将讨论三相交流发电机。

4.5.2　旋转磁极型三相交流发电机

为了更好地理解三相交流发电机的工作原理，首先对交流发电机各部件的基本功能及结构加以说明，并对单相交流发电机的工作过程作一个简单的介绍。

1. 发电机各部件的基本功能

典型的旋转磁极型交流发电机由交流发电机和一个小直流发电机构成一个整体。交流发电机为负载提供交流电，直流发电机仅仅为交流发电机的励磁磁场提供所需要的直流电，这一直流发电机称为直流励磁机。一个典型的交流发电机外形图如图 4.5-2(a)所示，图 4.5-2(b)画出了交流发电机的简单电路图。

任何旋转式发电机都需要有外力来驱动励磁机电枢和发电机的磁极。旋转驱动力通过

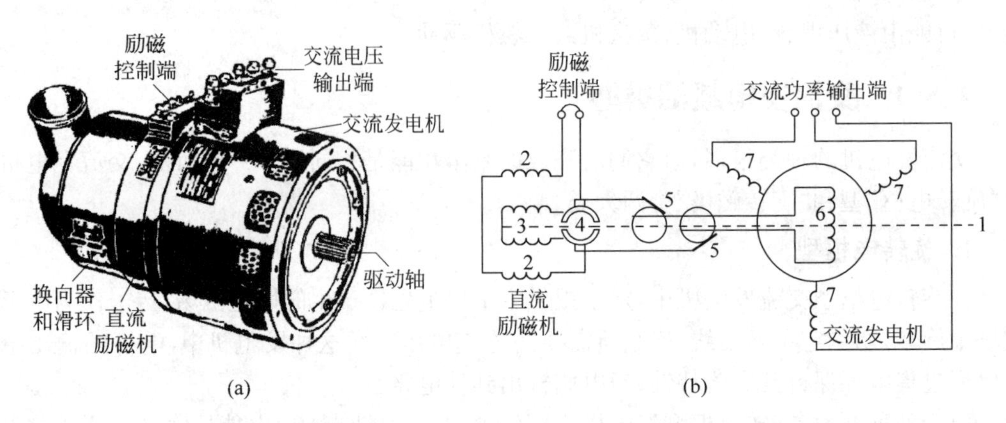

图 4.5-2　交流发电机和电路示意图

转子轴传送给发电机,这种旋转力通常由内燃机、涡轮机或电动机产生;直流励磁机的并励磁场强度很强,如图 4.5-2(b)中的 2 所示。当励磁机电枢 3 在这一强励磁场中旋转时,其电枢绕组上感应出电压,该电压经换向器和电刷 4 转换成直流电后,再通过电刷和滑环 5 将直流电直接提供给交流发电机的转子励磁绕组 6,可见,流过交流发电机励磁绕组上的电流是方向不变的直流电。因此,在交流发电机的励磁绕组中,产生了极性固定的磁场。

当交流发电机的磁场旋转时,其磁通被发电机的定子电枢绕组 7 切割,于是,在交流发电机的电枢绕组上感应出交流电压,这一电压通过固定电枢绕组的输出端向交流负载供电。

2. 单相交流发电机

单相交流发电机只有一相定子绕组,这组定子绕组是由一些串联的线圈组成,它们构成了单相电枢电路,其上产生单相交流电。图 4.5-3 是具有四个磁极的单相交流发电机原理图。定子有四个绕组串联,并且均匀地安装在定子铁芯上。转子有四个磁极,极性相反的磁极彼此相邻。当转子旋转时,在定子绕组中产生交流感应电压。由于一个转子的磁极相对于一个定子绕组,因此,所有定子绕组在任何时刻都被相同数量的磁力线切割。结果在任何一个瞬间,所有绕组中产生的感应电压的幅值相同。四个定子绕组互相串联,使得四个定子绕组上的交流感应电压进行“串联迭加”。假设转子的①号磁极是 S 极,所产生的感应电压的方向在定子的①号绕组用箭头标出。由于转子的②号磁极是 N 极,所以将在②号定子绕组中感应出与①号绕组方向相反的电压。

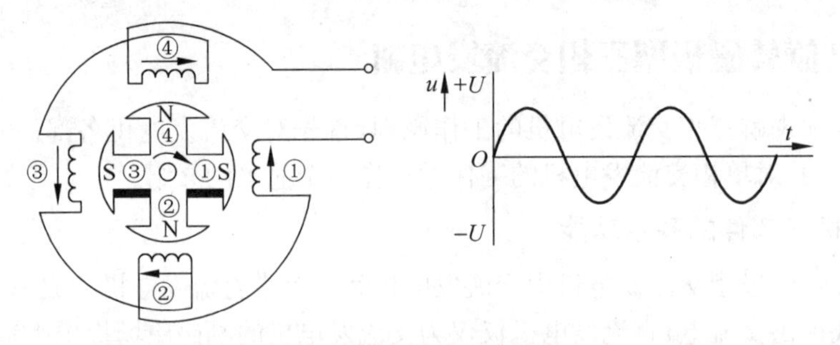

图 4.5-3　单相交流发电机

要使两个感应电压串联迭加,其连接方法如图 4.5-3 所示。同理,在③号定子绕组中感应出的电压(磁场方向顺时针旋转)与①号绕组的感应电压方向相同(逆时针方向)。在④号绕组中产生的感应电压方向与①号绕组的感应电压方向相反。总共四个绕组串联连接，每个绕组的感应电压相迭加构成总电压，该总电压是每个绕组感应电压的4倍。

3. 三相交流发电机

在飞机上，广泛采用三相或多相交流发电机。这是因为在相同尺寸下，三相交流发电机比单相发电机的输出功率高。在一个旋转磁场的作用下可以产生三相交流电压，这种发电机称为三相交流发电机。

下面介绍三相交流发电机的感应电压产生过程及发电机的特性。

1）三相电压的产生

图4.5-4所示是一个三相交流发电机结构示意图。定子铁芯上放置三个线圈，三个线圈在空间位置上相差120°。如果三个线圈的匝数相同，那么将产生三个幅值相同的交流电压。转子是磁极，上面的励磁线圈通入直流电，则转子产生恒定的直流磁场。转子在原动机的驱动下旋转，形成旋转磁场。由于三个定子线圈在空间位置上相差120°，所以产生的三个感应电压之间的相位互差120°，如图4.5-5所示。从曲线中可以看到，线圈空间位置上的120°相位差引起了发电机输出电压之间的120°相位差。

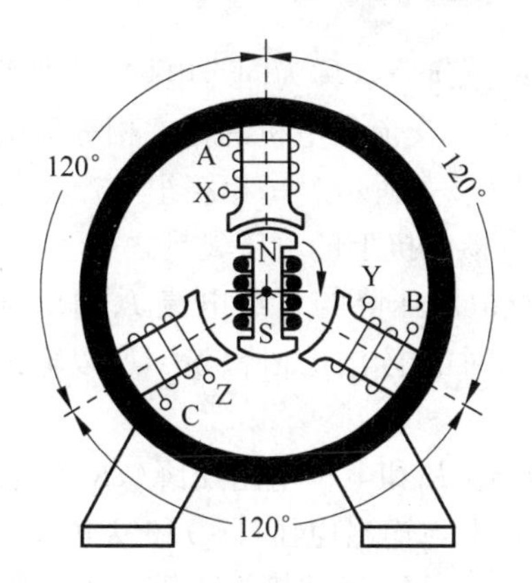

图4.5-4　三相发电机三个线圈的布局

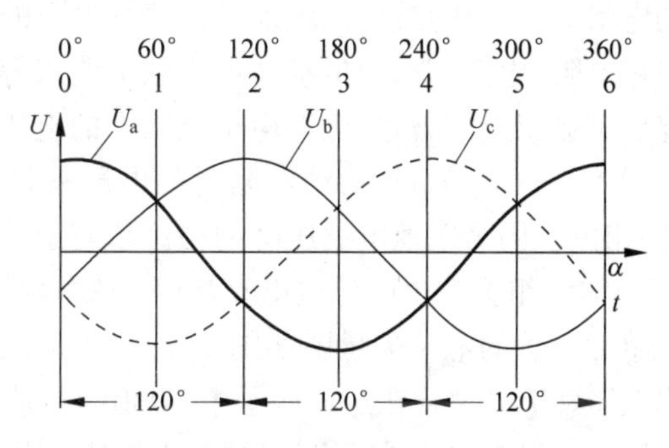

图4.5-5　三相电压的波形及相位关系

需要注意的是，实际的交流发电机定子铁芯并不是像图4.5-4所示的有明显的磁极，而是在定子铁芯的内圆周开有凹槽，三相绕组按照空间互差120°的位置安放在槽里。图4.5-4所示的发电机结构是为了更好地理解定子电枢绕组产生的三相交流电而故意为之的。

图4.5-6画出了发电机内部的三相绕组及它们之间的连接方法。三个线圈有六个接线端，线圈A的两个接线端用A—X表示；线圈B的两个接线端用B—Y表示；线圈C的两个接线端用C—Z表示。线圈的A、B、C三个端子称为首端，X、Y、Z三端称为末端。如果将三个末端X、Y、Z连接在一起，三个首端A、B、C向外引出，这样就构成了发电机内部的星形(Y)连接。如果将三个线圈的首、末端首尾相联，并且在连接点处引出三条线向外输出，这样就构成了发电机内部的三角形(△)连接。

可见，三相交流电压由以一定方式连接的三个相位差120°的正弦交流电压组成。

2）交流发电机的电压特性

发电机的输出电压随负载的变化而变化。电压变化量的大小取决于发电机的设计指标和负载的功率因数。对于感性负载来说，负载增加，端电压减小，并且其减小量大于纯电阻

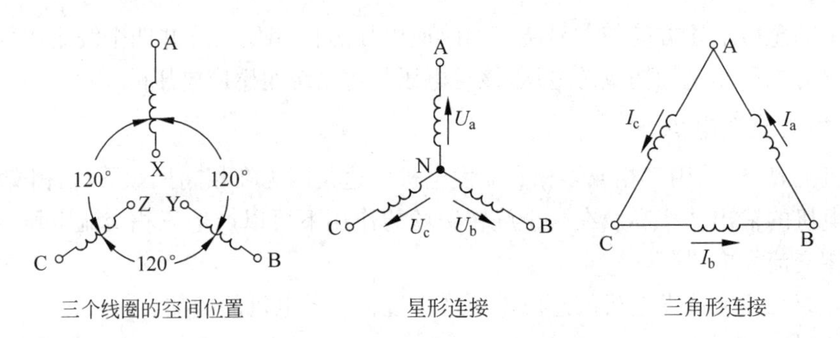

图 4.5-6　三相绕组的连接方法

性负载。对于容性负载来说,负载增加,端电压增加。发电机端电压的变化取决于下列三个因素:①电枢电阻;②电枢电抗;③电枢反应。

(1) 电枢电阻

当电流流过发电机的电枢绕组时,由于绕组上有电阻存在,所以在绕组上将产生电压降,这一电压降的增加将引起端电压的减小。但由于电枢电阻很小,所以电枢电阻压降很低。

(2) 电枢电抗

交流发电机的电枢电流以正弦规律变化,电枢绕组的感抗 X_S(称为同步电抗)远大于线圈的电阻 R,一般的发电机电枢电抗值是电阻的 30～50 倍。交流发电机的任一相等值电路可以用电阻、电感和感应电动势的串联电路来等效,如图 4.5-7 所示。每相绕组上产生的感应电压是输出电压矢量、内部电枢电阻上的电压矢量和电枢电抗上的电压矢量之和。

图 4.5-7(a)是负载为纯电阻时的电压矢量图。电枢电阻压降与负载电流 I、输出电压 U_L 同相位。因为电枢电抗压降的相位超前于电流 90°,同时电枢电阻压降较小,所以输出电压(U_L)与绕组上产生的感应电动势(E)基本相等。

感性负载的电压矢量图如图 4.5-7(b)所示。负载电流(I)和电枢电阻压降(IR)滞后于输出电压(U_L)θ 角。在这一例子中,电枢阻抗压降(IZ)几乎与输出电压(U_L)和发电机一相上的感应电动势(E)同相位。因此,电枢阻抗压降(IZ)越小,U_L 就越接近于 E。因为阻抗压降(IZ)远大于电枢电阻压降,所以,发电机输出电压(U_L)下降的比较多。

容性负载的电压矢量图如图 4.5-7(c)所示。负载电流(I)和电枢电阻压降(IR)超前于输出电压(U_L)θ 角,这样就使输出电压(U_L)高于发电机一相上的旋转感应电动势(E)。交流发电机一相上的总电动势(E)是负载电压和阻抗压降(IZ)的矢量和。在交流发电机中,自感电压(IX_S)将引起励磁磁场的变化,自感电压总是滞后于电流 90°,因此,当电流(I)超前于输出电压(U_L)时,自感电压越高,输出电压(U_L)越大。

(3) 电枢反应

当交流发电机空载时,励磁磁通均匀地分布在气隙中。但当交流发电机带负载后,电流流过电枢导体,产生磁动势,从而引起气隙中磁通量的变化,这将影响发电机的输出电压。这种现象称为电枢反应。当交流发电机加入感性负载时,电枢磁动势与直流励磁磁动势方向相反,使得励磁磁场的强度减弱,因此,输出电压降低。当加入容性负载时,超前的负载电流在电枢绕组中流动,从而加强了直流励磁磁场的强度,使发电机的输出电压升高。

对于发电机空载到满载时的输出电压变化,需要通过设置调压器的方法加以解决。有关这方面的知识将在后续教材中详细讨论。

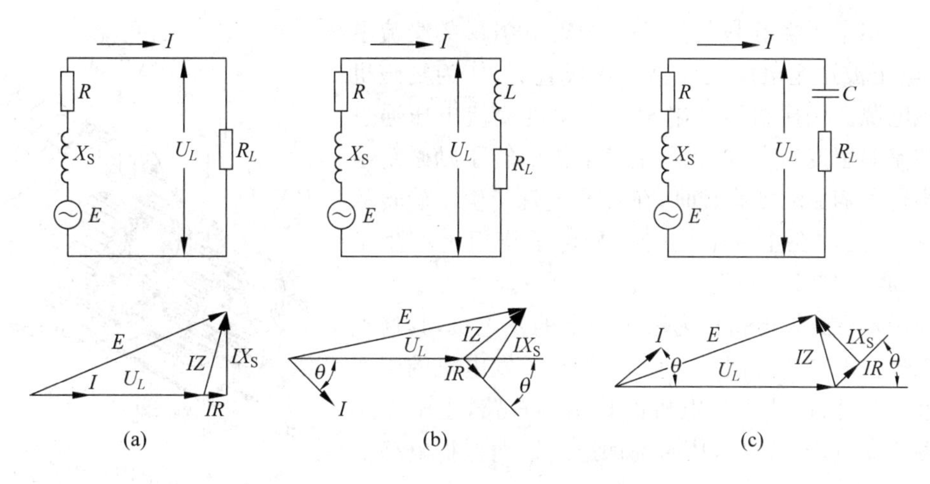

图 4.5-7　交流发电机的电压特性

4.5.3　交流发电机的额定功率

交流发电机的额定功率指的是向负载供电的能力。对于额定负载来说,发电机可以连续地供电；对于非额定负载(实际负载大于额定负载)来说,发电机只能间断地供电。一个特定交流发电机的额定负载由发电机内部所能承受的热损耗决定。因为热损耗主要是由电流引起的,所以发电机的额定功率与允许通过的电流大小相关。

交流发电机能够提供的最大电流与下列因素有关：①电枢上能够承受的最大热损耗(I^2R),该损耗称为铜损耗；②励磁铁芯中能够承受的最大热损耗,这部分损耗称为铁损耗。

交流发电机的电枢电流随负载变化,这一现象类似于直流发电机。然而,具有滞后功率因数的负载(感性负载)对交流发电机的励磁磁场产生去磁作用,在这种情况下,交流发电机的端电压需要通过增加直流励磁电流来维持其不变。因此,交流发电机的额定功率由电枢电流和输出电压决定。在一定的频率和功率因数下,以“千伏安(kV·A)”来表示交流发电机的功率。交流发电机对负载的功率因数有一定的要求,通常滞后的功率因数一般是0.8,不能太低。如果功率因数太低,必须增加直流励磁电流来维持输出端电压的需要,励磁电流的增加将引起励磁铁芯的过热。

4.5.4　具有永久磁铁的交流发电机

这种发电机是一种无电刷的交流发电机。它基本上由四个部分组成,如图4.5-8所示。

(1) 永磁式发电机。它是旋转磁极式交流发电机,为励磁机的励磁绕组供电。

(2) 交流励磁机。它是旋转电枢式交流发电机,为旋转磁极式主发电机的转子提供励磁。

(3) 旋转整流器。它装在主发电机的转子上,将励磁机电枢发出的三相交流电整流成直流。

(4) 主发电机。它是旋转磁极式交流发电机,输出115V/200V、400Hz的三相交流电,为电网供电。

某型无刷交流发电机的永磁式发电机由三组定子线圈和装在转子轴上的六块永久磁铁

组成。三相定子绕组上产生三相 80V/400Hz 的交流电压,该电压被送至电压调节器整流成直流,作为励磁机的励磁电源。励磁机转子电枢上产生的交流电压通过旋转整流器也变为直流,送至主发电机的转子励磁绕组上。当转子随驱动轴旋转时,在转子上就产生了旋转的励磁磁场,因此在主发电机的三相定子绕组上产生了 115V/200V,400Hz 的正弦交流电。

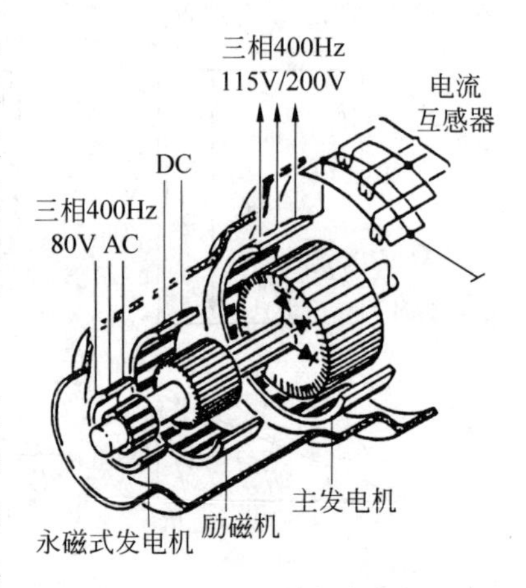

图 4.5-8　无电刷交流发电机

使用永磁式发电机作为一个独立的发电机,其优点是可以省去滑环和电刷,从而大大提高了发电机的工作可靠性。此外,即使主发电机的输出端短路,也不会影响永磁式发电机的输出,从而确保连续地向保护电路供电,完成电路的保护功能。

4.6　交流电动机

因为交流电压很容易用变压器改变其大小,所以可以实现电能的低损耗长距离传输。在生产实际中,大多数发电站发出的都是交流电,因此,本节主要讨论使用交流电驱动的电动机,即交流电动机。

交流电动机的供电电源是交流电。在应用方面,交流电动机有许多优点,如交流电动机比直流电动机结构简单,价格便宜;大多数交流电动机都不需要电刷和换向器,这样就减少了电动机的磨损和电弧放电现象,也减少了维护工作量。

直流电动机最适合应用于需要经常调节转速的场合。但随着技术的发展,目前已有性能良好的交流电动机调速装置,使交流电动机的调速性能可与直流电动机媲美,因而使交流电动机的应用越来越广泛。飞机上的大功率电力拖动系统都使用了交流电动机。它们工作可靠,所需要的维修工作量小,适合于恒速工作,还具有“限速”或“变速”的特性。交流电动机有许多种形状、尺寸和类型,既有多相电动机,又有单相电动机。本节只对飞机系统中经常使用的三相感应电动机和单相感应电动机进行详述。

4.6.1　旋转磁场

在了解三相感应电动机工作原理之前,先要了解旋转磁场的产生。旋转磁场是由三相电流通过三相绕组,或者多相电流通过多相绕组产生的。

三相交流电动机的定子上绕有三相绕组(电动机结构见 4.6.2 节),三相绕组的空间位置互差 120°角,这种绕组称为三相对称绕组。下面首先分析三相对称绕组中通入三相对称电流后的工作情况。

如图 4.6-1 所示,该图显示了在三相定子绕组中通入三相交流电流时产生旋转磁场的过程。为了分析方便,我们选择了四个时刻的“静止”画面,在每两个选定的相邻时刻之间,A、B、C 三相正弦电流转过 120°角。

在这里规定:三相绕组的首端接在电网上,当电流流入电动机相绕组首端时为“+”,电流流出电动机相绕组首端时为“—”。

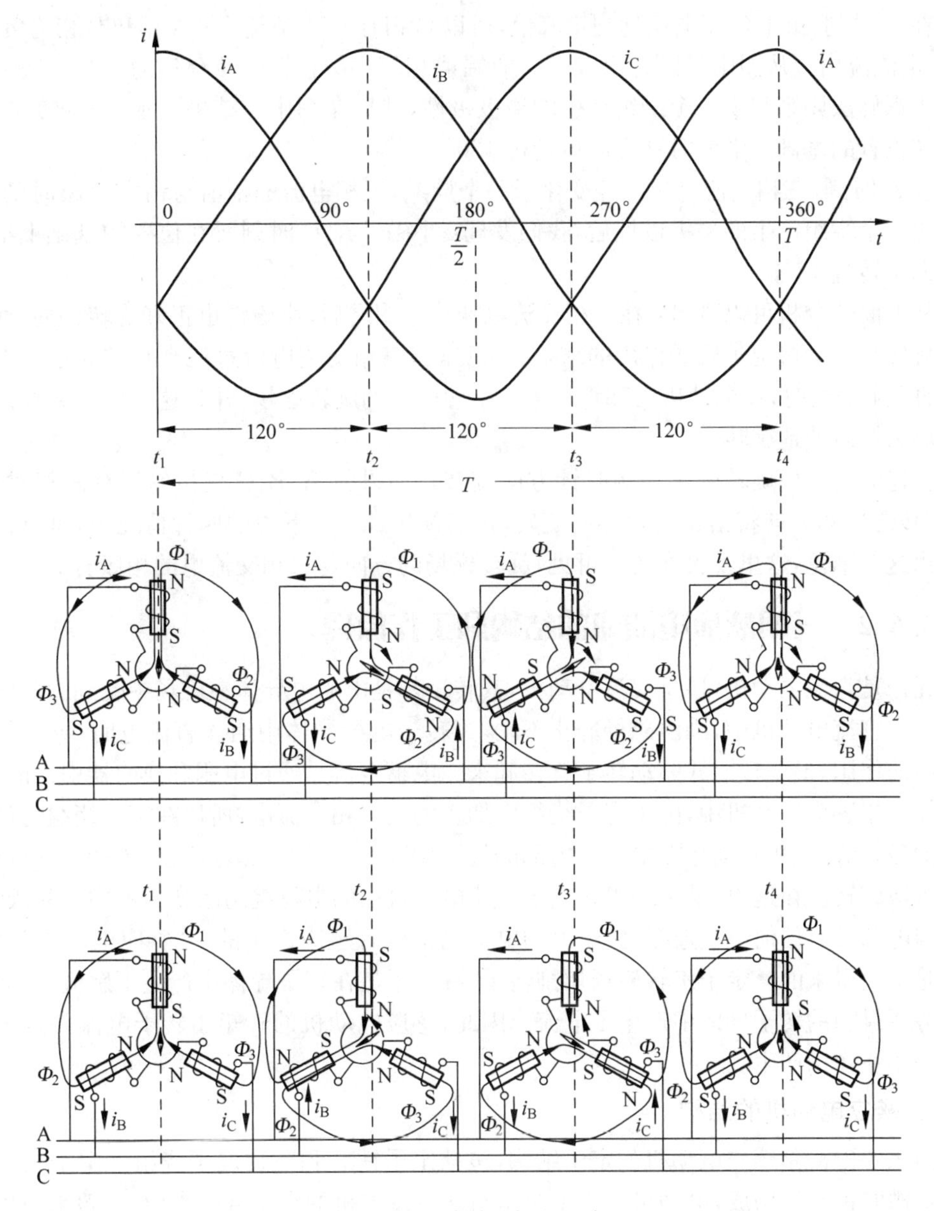

图 4.6-1 旋转磁场的形成

在 t_1 时刻,由于 A 相电流达到正峰值,所以 A 相有 i_A 电流流入; B 相和 C 相电流为负,则有 i_B、i_C 电流流出。从图中可以看出,i_B、i_C 的幅值相等,并且等于 i_A 幅值的一半。我们分别用右手螺旋法则来判定三个绕组产生的磁极极性,并标在图中。结果发现: 如果将一个小磁针放在电动机内部,那么,在电动机三个绕组产生磁场的作用下,小磁针将停在 N 极朝上、S 极朝下的位置。

在 t_2 时刻,由于 B 相电流达到正峰值,所以 B 相有 i_B 电流流入; A 相和 C 相为负,则有 i_A、i_C 电流流出。从图中可以看出,i_A、i_C 的幅值相等,并且等于 i_B 幅值的一半。我们再用右手螺旋法则判定三个绕组产生的磁极极性,并标在图中。结果发现: 小磁针沿顺时针方向转过了 120°。

在 t_3 时刻,由于C相电流达到正峰值,所以C相有 i_C 电流流入;A相和B相为负,则有 i_A、i_B 电流流出。从图中可以看出,i_A、i_B 的幅值相等,并且等于 i_C 幅值的一半。我们分别用右手螺旋法则来判定三个绕组产生的磁极极性,并标在图中。结果发现:小磁针在 t_2 时刻所在位置的基础上沿顺时针方向再转过 120°。

在 t_4 时刻,三相交流电流已经变化了一个周期,三相电流的幅值与相位与 t_1 时刻相同。在标出三个绕组产生的磁极极性后,我们发现:小磁针在 t_3 时刻所在位置的基础上沿顺时针方向又转过 120°。

从上面的分析可以看出:在三相交流电变化一周之后,小磁针也正好旋转一周,而小磁针的旋转是电动机定子磁场作用的结果。可见,当三相交流电流过三个在空间位置上相差120°的定子绕组时,在电动机内部将产生一个两磁极的旋转磁场,并且这一旋转磁场以电动机中心为轴恒速地旋转。

上述的两磁极旋转磁场沿顺时针方向旋转。如果将A、B、C三相的任意两相对调,那么,旋转磁场的方向将沿逆时针方向旋转,读者从图4.6-1下边的四种情况中,可以自行分析得出这一结论,这里不再详述。可见,旋转磁场的方向与三相交流电的相序有关。

4.6.2 三相感应电动机的结构和工作原理

无论是直流电动机,还是交流电动机,其转矩都是由通电导体在磁场中受到力的作用产生的。在直流电动机中,励磁磁场静止不动,当转子电枢导体中通入直流电时,导体将受到电磁力的作用,形成转矩并驱动转子旋转起来。电枢电流是通过电刷和换向器引入的。

在三相感应电动机中,由于定子绕组中加入的是三相交流电,所以在定子绕组上产生了相应的磁动势,三相磁动势在电动机内部的气隙中建立了旋转磁场。这一磁场以恒定的速度连续地旋转。在这里,定子绕组相当于直流电动机中的电枢绕组或变压器中的初级绕组。转子与电源没有任何电气连接,转子上的电流是由电磁感应产生的。"感应电动机"这一名称就是由此得来的。定子旋转磁场切割转子导体,于是在转子导体中产生了感应电动势,该电动势在封闭的转子导体中产生了电流。因此,感应电动机的转矩由转子电流和定子旋转磁场的相互作用产生。

1. 感应电动机的结构

图4.6-2(a)是感应电动机的定子结构,包括定子铁芯和三相定子绕组。定子铁芯由圆环型带槽的钢叠片构成,电动机的定子绕组与交流发电机的定子绕组类似,一般来说也有两层。定子的相线圈对称地绕在定子上,它们可以接成"星形"或"三角形"。图4.6-2(b)画出了以星形方式连接的三相感应电动机的定子绕组,三相绕组在空间位置上互差120°。图4.6-2(c)画出了定子绕组上产生的旋转磁场。

感应电动机的转子有两种类型:鼠笼式转子和绕线式转子。两种类型的转子都具有圆筒形带槽的叠片式铁芯。鼠笼转子的鼠笼导体之间是不绝缘的,而绕线式转子具有两层绝缘分布的三相绕组线圈,其空间位置也互差120°。

鼠笼式转子结构如图4.6-3(a)所示。铜、铝或合金制成的鼠笼条安放在转子铁芯槽中,这些鼠笼条通过短路环连接在一起,短路环为转子电流提供通路。由于转子导体的横截面积很大,因此可以在低压下传输大电流。因为电流通路的电阻很小,所以鼠笼条与铁芯之间不需要采用绝缘材料。

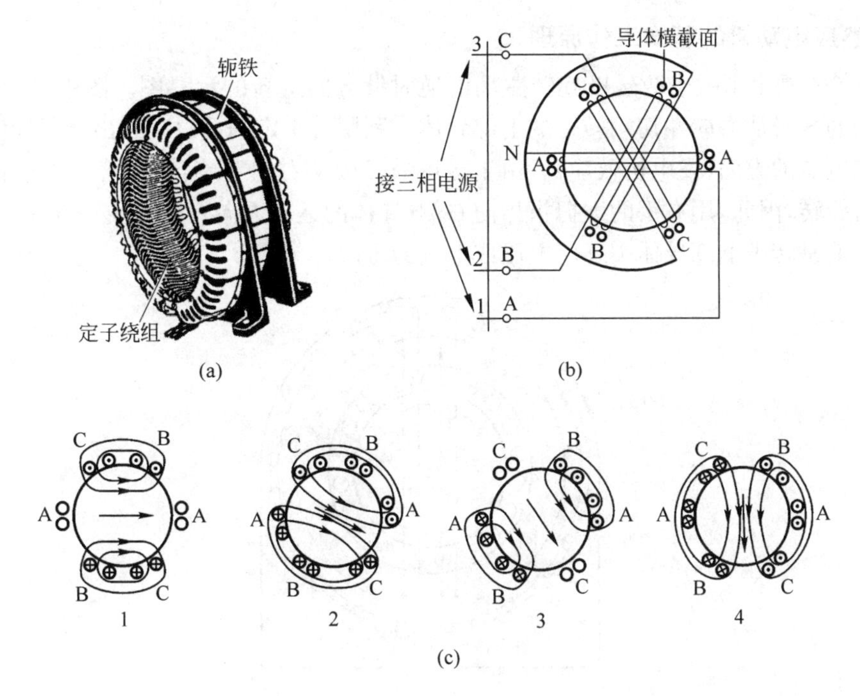

图 4.6-2 感应电动机的定子

(a) 定子；(b) 星形连接的定子绕组；(c) 旋转磁场

绕线式转子结构如图 4.6-3(b)所示。转子铁芯的外圆周上也安放有三相对称绕组，转子绕组通常以星形连接，三个首端分别连接到转子轴上的三个集电环，通过集电环可以把三相绕组短路，也可以通过电刷将星形连接的可变电阻连接到转子电路上。绕线式转子中串入电阻后，可以有效提高电动机起动时的电磁转矩，以便带动重负载起动，如图 4.6-3(c)所示。当转子加速时，电阻器被切断。当电动机转速达到全速时，滑环被短路，此时绕线式转子电动机与鼠笼转子电动机的特性类似。

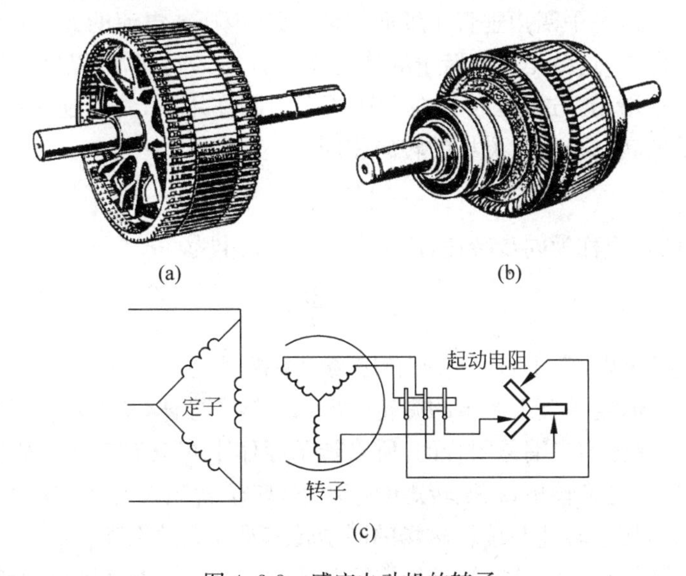

图 4.6-3 感应电动机的转子

2. 感应电动机的基本工作原理

图 4.6-4 画出了一个两磁极旋转磁场沿逆时针方向旋转的示意图。图中画出的瞬间，旋转磁场的S极从右向左切割转子的上部导体。利用右手定则可以判断出转子导体中的感应电压和电流的方向(发电机效应)。由于磁场的S极从右向左旋转，这就相当于转子导体从左向右旋转，因此，用右手的大拇指指向右侧(导体的运动方向)，磁力线垂直穿入手心，则四指指向就是转子上部导体中感应电压或电流的方向。

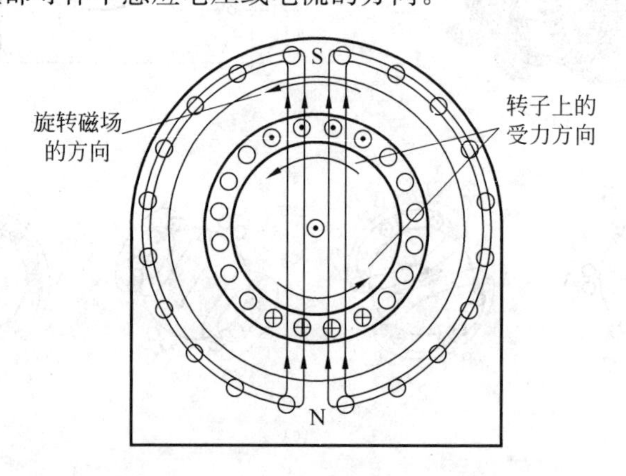

图 4.6-4 转子与磁场的旋转方向

同理，利用右手定则也可以确定出转子下部导体在磁场N极作用下产生的感应电压和电流方向。由于磁场的N极从左向右旋转，这就相当于转子导体从右向左旋转，因此，用右手大拇指指向左侧(导体的运动方向)，磁力线垂直穿入手心，则四指的指向垂直于纸面向里，这就是转子下部导体中感应电压或电流的方向。转子导体被终端短路环连接成闭合回路，因此在感应电压的作用下，转子导体中将有图示方向的电流流动。为简单起见，我们假定转子电压和转子电流同相位。

转子导体上的受力方向(又叫电动机效应)可以用左手定则来判定，如图 4.6-4 所示。对转子上部导体来说，左手四指垂直于纸面向外(感应电压或电流的方向)，磁力线垂直穿入手心，则大拇指指向左，这就是上部转子导体的受力方向。同理，可以判定出转子下部导体的受力方向，如图中所示。这样，转子在上述两个力的作用下，将沿逆时针方向旋转起来。可见，电动机转子的转向与旋转磁场的转向相同。

3. 转差率

设旋转磁场的转速称为同步转速，用 n_s 表示，其大小为

$$n_s = \frac{60f_1}{p}$$

式中，f_1 为定子电源的频率，Hz；p 为旋转磁场的磁极对数。

由前述内容可知，定子绕组产生的旋转磁场切割转子导体，从而在转子导体中产生了感应电压。由于转子导体的终端是闭合的，所以转子导体中有电流流动。结果使转子在旋转磁场的方向上产生了电磁转矩，在该转矩的作用下，转子就顺着旋转磁场的方向转动起来。设转子的转速为 n_r，则该转速与旋转磁场的同步转速是什么关系呢？

当电动机空载时，转子的转速接近于旋转磁场的转速。在电动机起动期间，转子的转速

逐渐增加，由于转子导体切割磁力线的相对速度减小，因此转子导体上产生的感应电压减小。一旦转子的转速达到同步转速，转子与旋转磁场之间将没有相对运动，于是转子上也没有感应电动势产生，转子中就没有电流，因此也就没有电磁转矩产生。

很显然，感应电动机的转子不能以同步速度旋转，它的转速总是低于同步转速，因此这种电动机又称为"异步"电动机。当电动机空载时，转子与旋转磁场之间的转速差必须能提供足够大的转子电流，以产生使转子旋转的转矩。

定子旋转磁场的转速 n_s 与转子转速 n_r 之差与旋转磁场的转速之比称为异步电动机的转差率，可以用下面的公式表示：

$$s=\frac{n_s-n_r}{n_s}$$

式中，n_s 为定子旋转磁场的转速，称为同步转速，r/min；n_r 为转子的转速，r/min。

在转子上，交流感应电压的频率取决于旋转磁场与转子之间的相对速度。旋转磁场围绕在转子周围，对于只有一对磁极的电动机，当旋转磁场扫过转子一周时，转子上就产生了一周的交流电压。转子电压的频率正比于转差率，可以用下面的公式表示：

$$f_2=s\cdot f_1$$

式中，f_2 为转子上的电压或电流频率，Hz；s 为转差率；f_1 为定子上的交流电频率，Hz。

可见，转子上的电压或电流的频率随转差率的变化而变化。因此，当转差率为零时，转子电流的频率也为零，此时转子上的感抗及滞后角非常小。而当转子起动时，转子与旋转磁场之间的转差率最大，因此转子的感抗达到最大值。

【例题 4.6-1】 如果三相交流电源的频率为 60Hz，转差率为 5%，那么，转子导体中的电流频率是多少？

解：$f_2=s\cdot f_1=0.05\times 60=3(\text{Hz})$

转子上感应电压的大小和频率都随转子转速的增加而减小。如果转子的转速等于同步转速，那么转子上的电压和频率将为零。

4. 电磁转矩

一个简单的两磁极鼠笼转子电动机的截面图如图 4.6-5 所示。磁场正在沿顺时针方向旋转。转子导体中的感应电动势（又叫发电机效应）和电流方向可以用右手定则进行判断，如图 4.6-5 所示。转子导体中的电动机效应（即受力方向）可以用左手定则进行判断。上导体受力向右，下导体受力向左，形成的电磁转矩方向也在图 4.6-5 中标出。

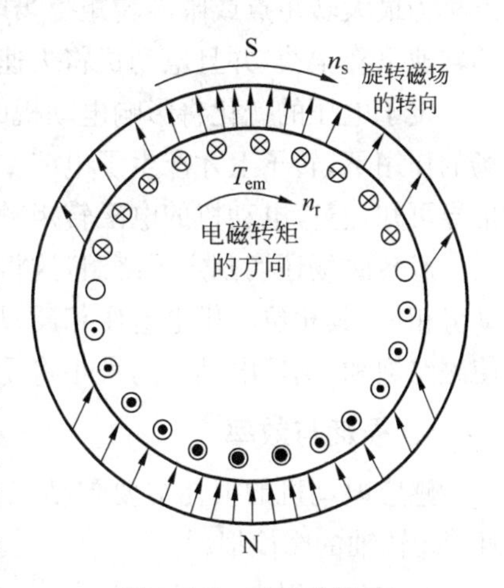

图 4.6-5　转矩的推导

在直流电动机中我们已经讲过，直流电动机是通过换向器和电刷为电枢提供电流，而感应电动机则是通过电磁感应在转子中产生电流。从这一点上看，感应电动机就像变压器一样，定子绕组相当于变压器的初级绕组，产生旋转磁场；转子导体相当于变压器的次级绕组，在旋转磁场的作用下感应出电流。

在电动机起动时，转子电流的频率与定子绕组中的电流频率相同。转子的电抗大于其电阻，因此转子电路的功率因数很低。由于电抗基本上呈感性，所以转子电流滞后于转子电压大约90°，所以此时转子上的转矩比较小。

当转子的转速沿旋转磁场的方向增加时，旋转磁场切割转子导体的相对速率减小，并且转子电压和转子电流的频率也相应地减小。因此，当转子接近于同步转速时，转子上的感应电压非常小，此时转子上的感抗也接近于零。转子感抗可以用下面的公式进行计算：

$$X_2 = \omega_2 L_2 = 2\pi f_2 L_2 = 2\pi f_1 s L_2$$

式中，f_1 为定子电流的频率，Hz；L_2 为转子上的电感，H；s 为转差率。

在转差率接近于零时，转子电流几乎与转子电压同相位。但由于此时转差率很小，因此转子上的感应电压和电流都很小，因此转子的转矩就比较低。

当转差率达到100%的极限状态时（这时转子转速为零），转子的感抗很高，因此此时转子的功率因数很低，引起电磁转矩下降。因此异步电动机的起动转矩不像直流电动机那么大。

电动机的正常运行状态介于两种极限状态之间。两种极限状态指的是：转子的转速接近于同步转速和转子不转动。在正常负载条件下，电动机的转速一般不低于同步速度的10%。

可以推导出转子导体上产生的电磁转矩正比于转子导体中的电流强度、每极磁通和转子电路的功率因数，可以用公式表示为

$$T = C_T \Phi I_2 \cdot \cos\theta_2$$

式中，C_T 为转矩常数；Φ 为旋转磁场的每极磁通，Wb；I_2 为转子上的电流，A；$\cos\theta_2$ 为转子电路的功率因数。

经过分析可知，当转子电压与转子电流之间的相位差为45°时，转子导体接收到的旋转磁场的强度最强，此时转子电流、功率因数和磁场强度的乘积为最大，因此此时的转矩最大。在这种情况下，转子的感抗等于转子电路中的电阻，转子的功率因数是0.707，我们把这一点称为最大转矩点或临界转矩。当电动机加载时，若负载超出电动机的最大转矩，则电动机的转速下降很快，并且电动机将失速。

定子电压的变化将影响电动机的转矩，因为该电压是用于产生旋转磁场的。在旋转磁场的作用下，转子上才产生了电流。由于转子的转矩随磁通和转子电流的乘积而变化，经过推导可知，感应电动机的电磁转矩随定子绕组上电压的平方而变化。

旋转磁场还切割定子绕组，这将在定子绕组中产生反电动势，其大小与变压器的感应电动势相似，其相位与供电电压相反，从而限制了定子绕组中的电流。如果将供电电压增加到使磁路饱和，则反电动势的大小将受到限制，因此电动机的定子绕组电流将变得很高。

5. 损耗与效率

感应电动机的损耗主要包括三部分：①定子、转子的铜损耗；②定子、转子的铁芯损耗；③转轴的摩擦损耗。

在实际应用中，对于小转差率的感应电动机，在加全载时，所有上述损耗基本是一个常数。电动机的输出功率可以通过机械制动器或计算的方法测量出来。电动机的效率等于输出功率与输入功率之比，可以表示为

$$\eta = \frac{P_2}{P_1} \times 100\% = \frac{P_1 - \Delta p}{P_1} \times 100\%$$

式中，P_2 为电动机的输出功率，W；P_1 为电动机的输入功率，W；Δp 为电动机中的所有损耗，W。

当电动机带额定负载时，效率一般在 85%～ 90%的范围内变化。

6. 鼠笼式感应电动机的工作特性

前面曾经提到，感应电动机的鼠笼转子相当于变压器的次级绕组。在空载时，定子绕组产生的旋转磁场也切割定子绕组，于是在定子绕组中也产生了反电动势，它将定子绕组中的电流限制在一个比较小的数值，这一小电流称为励磁电流，其作用是维持旋转磁场的存在。因为转子上没有阻力，所以其转速几乎接近于同步转速，且转子电流也很小。

在电动机加载时，转子的转速略有减小，但是旋转磁场却继续以同步速度旋转。因此，转差率和转子电流增加。电动机电磁转矩的增加大于转速的减小，从而使输出功率 P_2 增加。增加的转子磁动势与定子的磁场方向相反，从而使定子磁场强度稍有减弱。因此，定子绕组中的反电动势减小，使定子绕组中的电流增加。定子绕组中的电流维持着旋转磁场，并且阻止转子电流产生的反向磁动势减弱旋转磁场的强度。因此，鼠笼式电动机基本上具有转矩可变、转速恒定的特性。

如果感应电动机由于过载而失速，就会引起转子电流增加，定子反电动势减小，进而引起定子电流的剧增，这一大电流可能损坏电动机的绕组。当感应电动机的转子被卡住时，加在定子绕组上的电压决不能超过额定电压的 50%，否则电动机将烧毁。

三相鼠笼式感应电动机的转矩和电流与转差率的关系曲线如图 4.6-6 所示。转子电抗随转差率的增加而增加，并且在电动机负载增加时，它将影响转子电流和功率因数。转矩曲线上的极值点出现在转差率大约为 25%时。在这一条件下，电动机的最大转矩大约等于 3.5 倍的额定负载转矩值。当负载转矩超过电动机的最大转矩时，会导致电动机出现失速现象。在转子停转时，定子电流是正常运行时的 5 倍左右。因此，电动机供电电路都具有过流保护电路。当电动机过载情况出现时，电路的跳开关断开，这样就可以保护电动机及电动机供电电路。

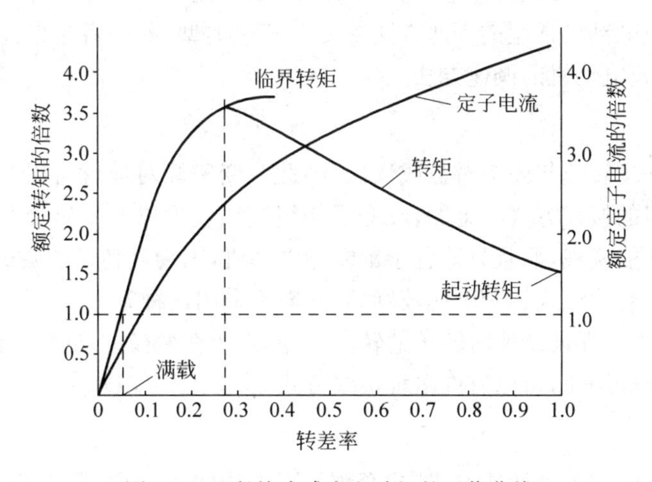

图 4.6-6　鼠笼式感应电动机的工作曲线

鼠笼式感应电动机常用于驱动要求速度基本恒定、转矩可以改变的负载，并且其满载运行时效率比较高。这类负载包括鼓风机、离心泵、电动机-发电机组和各种电动工具等。

飞机交流电源系统的频率是400Hz，因此，其电动机转速大约是具有相同磁极对数的工业电动机转速的6倍。由于电动机的转速很高，所以要采用大变比的齿轮箱将电动机的转速减小。机载400Hz交流电动机采用的是小型高速转子，可以驱动重的载荷，如飞机襟翼、起落架或起动发动机。400Hz三相感应电动机的转速大约是6000r/min至24000r/min。

如果负载要求特殊的工作特性，例如要求电动机具有高起动转矩，那么就要做成具有高阻值的鼠笼转子。因为这种电动机就像积复励直流电动机一样，具有比较宽的速度变化范围。但是，转子的高电阻却带来了铜损耗的增加，结果导致电动机的效率降低。这种电动机常用于驱动起重机、电梯和升降舵等，因为它具有高起动转矩和中等的起动电流。

7. 绕线式异步电动机的工作特性

为了限制起动电流和增大电动机的起动转矩，就必须采用绕线式转子电动机，因为这种电动机可以很方便地改变转子的电阻。前面已经阐述，要想使起动转矩等于临界转矩，就必须增加转子的电阻，或者说使转子的电阻等于电动机转子处于停转时的转子感抗，该外接电阻可以通过计算求得，此时的定子电流约是额定负载时定子电流的1.15倍。若采用鼠笼式异步电动机，要达到这一转矩，定子电流将是全载电流的5～7倍。但接入电阻后，转子回路的铜损耗很大，所以绕线式异步电动机常用作起动电动机。

与鼠笼式电动机相比，绕线式感应电动机具有以下优点：①在中等起动电流下，具有高起动转矩；②在重负载的条件下，电动机加速平滑；③起动期间电动机不会过热；④运行特性良好；⑤转速容易调节。但绕线式电动机也有制造和维护费用比较高的缺点。

4.6.3 三相感应电动机的调速

根据异步电动机转差率的计算公式，可以得出感应电动机的转速计算公式为

$$n_{\mathrm{r}}=n_{\mathrm{s}}(1-s)=\frac{60f_1}{p}(1-s)$$

上述公式表明，改变磁极对数 p、电源频率 f_1 和转差率 s 都可以对三相感应电动机调速，因此，三相感应电动机常用的调速方法主要有三种类型，前两者是鼠笼型电动机的调速方法，后者是绕线式电动机的调速方法。

1. 变极调速

旋转磁场的同步转速与磁极对数成反比，因此改变磁极对数就可以调速。磁极对数的形成是由定子绕组的接线方式决定的，改变了绕组接线就可以改变磁极对数。但这需要有专用的变极电机才能实现，而且只适合于鼠笼型电动机，因为其转子的磁极对数可以随定子旋转磁场而变化。对绕线式转子则比较麻烦，一般不采用这种方法。

变极调速时，为了保证调速时转子的转向不变，需要在变极的同时改变电源的相序。根据以上原则进行变极调速，可以有许多种接线方式，这里不再叙述。

2. 变频调速

三相感应电动机的各种调速方法中，变频调速方法效率最高，调速性能也最好，是交流电机调速的主要发展方向。变频调速时，为了达到良好的调速性能，在改变定子电压频率的

同时也要相应地改变定子电压的幅值，因此变频调速也常叫变压变频（VVVF）调速，其中VVVF是英文variable voltage variable frequency的缩写。

根据三相感应电动机的转速$n_r=\frac{60f_1}{p}(1-s)$可以看出，改变电源频率就可以改变旋转磁场的同步转速。若将定子三相交流电源的额定频率称为基频，则想提高转速时，就将基频向上调；若想降低转速，就将基频向下调。

当降低电源频率而额定电压保持不变时，气隙磁通Φ_m将增加，使磁路进入饱和状态。这样就使定子的励磁电流增大，导致绕组过热。因此在频率下调时，必须保持气隙磁通Φ_m基本不变，以保证电机的电磁转矩基本不变。这样在降低电源频率f_1时，要同时降低电源电压，保持$U_1/f_1=$常数。这时的转矩特性如图4.6-7(a)所示。可见，这种转矩特性较硬，调速范围广，转速稳定性好。如果频率可以连续调节，变频调速就是无级调速，其平滑性很好。

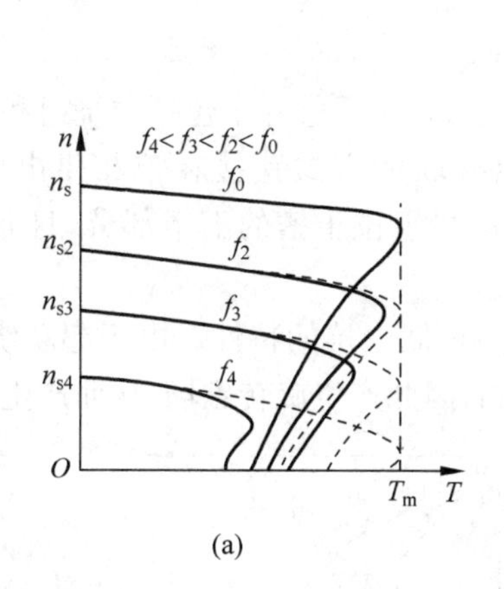

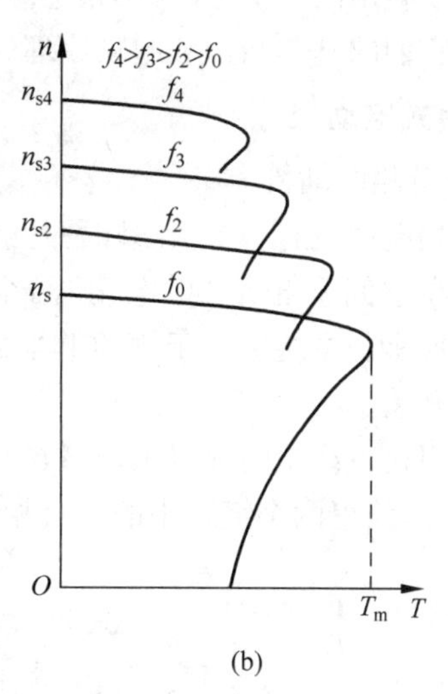

图4.6-7　变频调速的转矩特性

当频率在基频以上调节时，由于电源电压不允许升高，因此气隙磁通Φ_m将随频率上升而下降，电机的电磁转矩将减小。其转矩特性如图4.6-7(b)所示。

3. 转子回路串电阻调速

对于绕线型异步电动机，转子回路串三相对称电阻时其转矩特性如图4.6-8所示。当拖动恒转矩额定负载时，在转子电路中分别串入R_{s1}、R_{s2}、R_{s3}时，电动机的转差率由s_N分别变为s_1、s_2和s_3。可见，串入的电阻越大，转速越低。

绕线电机的这种调速方法简单，又可与分级起动电阻合并使用，易于实现。但电阻中的电流大，功率损耗大，且不能连续调速，平滑性较差，属于有级调速。

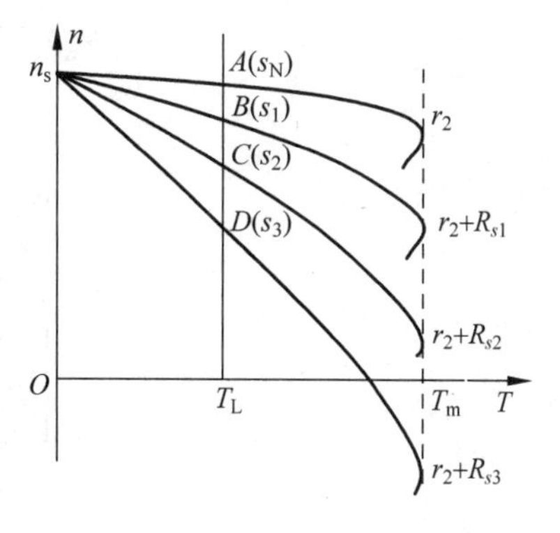

图4.6-8　绕线式异步电动机转子串电阻调速

4.6.4 单相感应电动机

单相感应电动机就是在单相交流电源的作用下工作的交流电动机。由于单相电动机体积小、价格便宜、运行可靠、工作不需要三相电源等优点。因而广泛用于小型机床、轻工设备、医疗器械、家用电器等设备中。在飞机上也用于驱动小功率负载，如电动活门、应急放油电动机构等。

单相电动机有一个鼠笼式转子和一个定子工作绕组，也称主绕组。由于工作绕组只有一相绕组，通入单相交流电后，在电机气隙中形成脉振磁场，不能产生旋转磁场，这样单相电动机无起动转矩，不能自行起动。所以通常在定子另一空间位置上装有一个起动绕组，起动时两个绕组在电机气隙中合成旋转磁场。工作绕组运行时一直接在电源上，起动绕组只在起动时接入电源，当电机达到同步转速时，将它从电源上脱开。

根据起动转矩的产生方法，单相感应电动机常见的有分相式电动机、罩极式电动机。下面简要介绍它们的基本结构和起动原理。

1. 分相式电动机

1）电阻分相电动机

电阻分相电动机有一个由缝隙叠片组成的定子，在定子叠片中包括主绕组和起动绕组，这两个绕组在空间上相差 90°电角，两个绕组以并联的方式跨接在单相供电电源上，如图 4.6-9(a)所示。主绕组位于槽的上半部分，起动绕组位于槽的下半部分，且起动绕组中串联有离心开关。

起动绕组比主绕组的导线细、匝数少，有高电阻、低电抗的特性。由于起动绕组和主绕组参数的差异，使得两个绕组中的电流相位不相同，因此产生旋转磁场，从而产生起动转矩。

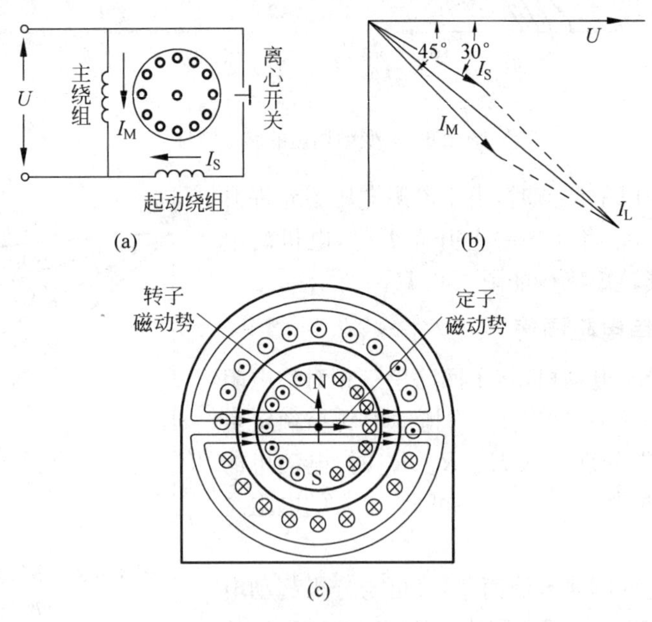

图 4.6-9 电阻分相电动机

(a) 电路；(b) 电流矢量图；(c) 运转分析

选择适当的起动绕组的导线线规和匝数，通过设计参数，使得起动绕组中的电流 I_S 超前主绕组中的电流 I_M 大约 15°的相位角，如图 4.6-9(b)所示。I_S 滞后于电源电压大约 30°。由于起动绕组的阻抗大，所以 I_S 的幅值小于 I_M。主绕组电流 I_M 滞后于电源电压 45°。在起动期间，线路总电流 I_L 是 I_S 和 I_M 的矢量和。这种靠起动绕组的电阻增大以产生分相作用的电动机，称为电阻分相电动机。

在起动时，两个绕组产生了一个椭圆形旋转磁场，它围绕在定子周围的气隙中，并以同步速度旋转。这一旋转磁场切割转子导体，并在转子导体上产生了感应电压。

刚起动时转子的电抗很大，所以转子电流滞后于转子电压大约 90°。转子在定子磁场的作用下以一定的方向加速旋转。在加速期间，转差率的减小，转子的感应电压、电流和感抗不断减小。

当转子的转速达到同步速度的 75%时，串联在起动绕组中的离心开关断开，将起动绕组切断，此时，电动机继续沿主绕组的方向旋转。此后，旋转磁场由转子磁动势和定子磁动势来维持，这两个磁动势在图 4.6-9(c)中画出，转子磁动势是垂直矢量，定子磁动势是水平矢量。

我们假设，定子磁场沿顺时针方向以同步速度旋转，那么在磁场为水平方向的瞬间，其定子电流流向如图 4.6-9(c)所示。磁力线在气隙中从左向右，于是定子的左边是 N 极，右边是 S 极。

应用右手发电机定则可以判断出转子上的感应电压。感应电压的方向为：左侧导体中的感应电压方向指向读者，右侧导体的感应电压方向背离读者。这一感应电压将引起转子电流的流动。利用右手定则也可以判断出转子电流产生的磁场极性，垂直矢量表示转子磁动势的方向和大小。转子磁极的极性是上为 N 极，下为 S 极。所以，转子磁动势与定子磁动势的相位差是 90°。虽然这一相位差也可以小于 90°，但是，它们必须能维持磁场的旋转和转速。

电阻分相电动机具有转速稳定、转矩可变的特点。起动转矩是全载转矩的 150%～200%，起动电流是全载电流的 6～8 倍。分相电动机常用于驱动小功率电气设备之中，如洗衣机、排风扇等。另外，它的转向可以通过调换起动绕组的引线来改变。

2）电容分相电动机

电容分相电动机与电阻分相电动机的区别是：在起动绕组上串联一个电容器。如图 4.6-10 所示。电容分相电动机的外观起动绕组由多匝粗导线绕制而成，它与电容串联，电容器位于电动机的顶部。电容器使起动绕组中的电流 I_S 和主绕组中的电流 I_M 之间产生的相位差比分相式电动机大得多，通过设计参数，可以使 I_S 与 I_M 之间的相位差接近于 90°。正是由于上述条件的存在，电容式电动机产生的起动转矩高于分相式电动机，它的起动转矩可以达到全载转矩的 350%。

电容分相电动机旋转磁场的形成如图 4.6-11 所示。

在图 4.6-11(a)中，加在两个线圈上的电流分别为：i_1^* 是主绕组上的电流，i_1 是经过电容器移相 90°后的电流。可见，串联电容的支路上的电流 i_1 超前于主绕组支路电流 i_1^* 90°。

在图 4.6-11(b)中，小磁针沿逆时针方向旋转，说明两个线圈产生的旋转磁场方向是逆时针方向。

在图 4.6-11(c)中，串联电容支路绕组的两端被调相，因此，小磁针沿顺时针方向旋转，

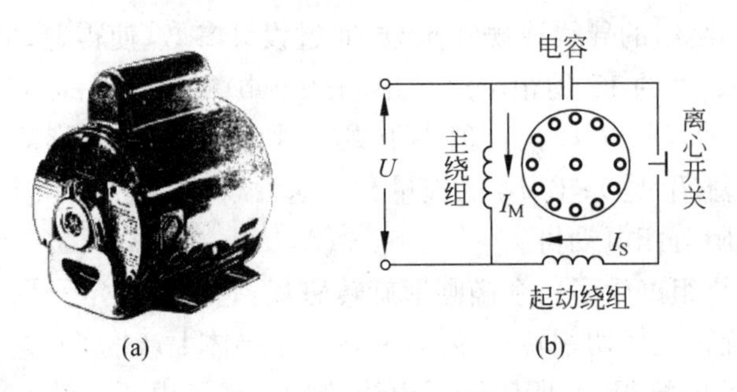

图 4.6-10　电容式电动机

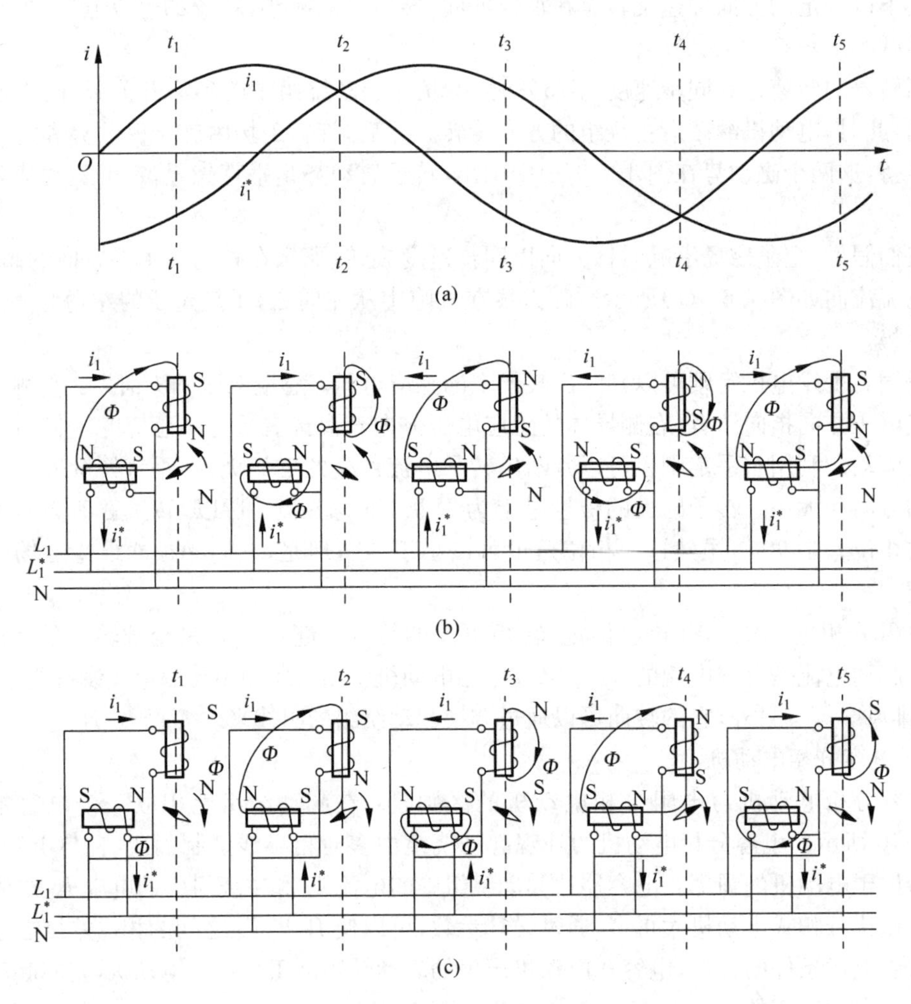

图 4.6-11　电容分相电动机旋转磁场的形成

说明两个线圈产生的旋转磁场方向是顺时针方向。可见,将绕组两端调相,旋转磁场的旋转方向将反向。

由于两个线圈互为 90°,其磁场的分布是不对称的。所以,在电动机内部形成了椭圆形的旋转磁场。

如果在电容分相电动机的转速增加之后,将起动绕组断开,那么这种电动机称为电容起动电动机。如果电容器不被断开，则这种电动机称为电容运转电动机。电容运转电动机选择合适的电容和起动绕组参数，可改善电机的运行性能，使电机的效率、功率因数、过载能力都高于普通单相感应电机。电容运转电动机中的电容器常常采用电解电容器，其数值随电动机输出功率的变化而变化。输出的功率越大，要求的电容器容量也越大。

电容电动机的旋转方向也可以通过调换起动绕组的引线来实现。

2. 罩极式电动机

罩极式电动机具有凸极式定子和鼠笼式转子。定子上的凸极与直流电动机基本相似，但罩极电动机的定子铁芯是叠片结构，并且上面开有一个小槽，槽上绕有一个短路铜环，这一铜环称为罩极线圈，结构如图 4.6-12 所示。

罩极式电动机的输出功率一般非常小，大约为 0.05 马力。一个四磁极罩极电动机如图 4.6-12(a)所示。罩极线圈(铜环)绕在磁极的前极尖，主磁极绕组绕在整个凸极上，四个凸极上的线圈串联在一起组成主绕组。一个两磁极电动机的罩极线圈如图 4.6-12(b)所示。

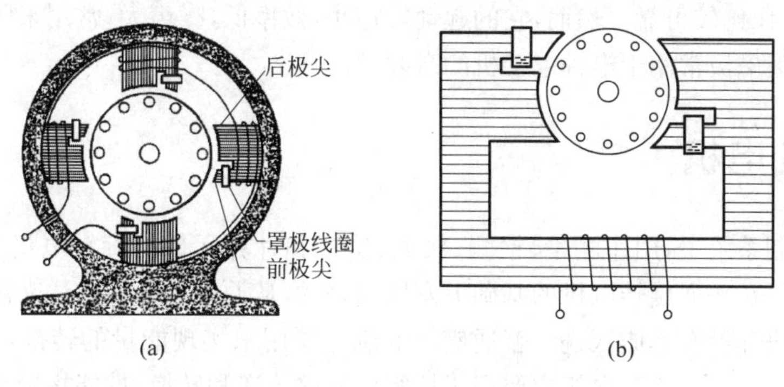

图 4.6-12 罩极式电动机

(a) 四磁极电动机；(b) 两磁极电动机

主磁通随交流电流周期性地变化，当磁通增加时，在罩极线圈中产生了感应电动势。根据楞茨定律可以知道，罩极线圈中的感应电流将阻止罩极处磁通的增加，而凸极上的无罩极处磁通仍将增加。当主磁通达到最大值时，磁通变化率为零，于是罩极中的感应电压和感应电流也为零。与此同时，磁通不均匀地分布在整个凸极的表面。主磁通向零值变化时，罩极线圈中的感应电压和电流将反向，该电流产生的磁动势将阻止罩极处的磁通减小。因此，使得无罩极线圈处的主磁通首先增加，然后罩极部分的磁通才增加。这一由于罩极线圈引起的磁通变化，可以等效成电动机内部磁场的扫掠运动，这将使鼠笼转子导体被磁场切割，从而在转子导体上产生了感应电动势，转子导体上受到的电磁力使得转子沿扫掠磁场的方向旋转起来，其原理如图 4.6-13 所示。

多数罩极电动机只在分裂磁极的一个边上套着罩极线圈，因此，电动机的旋转方向不能改变。然而，还有一些罩极电动机在凸极的前极尖和后极尖都套有罩极线圈。前极尖罩极线圈组成一个串联组，后极尖罩极线圈组成另外一个串联组。在电动机运行时只有一组串联线圈工作，而另一组线圈开路。这样，通过闭合和断开不同的两组罩极线圈，就可以使电动机的旋转方向改变。

罩极电动机的工作特性与分相式电动机相似，其优点是结构简单，成本低，在运行时没

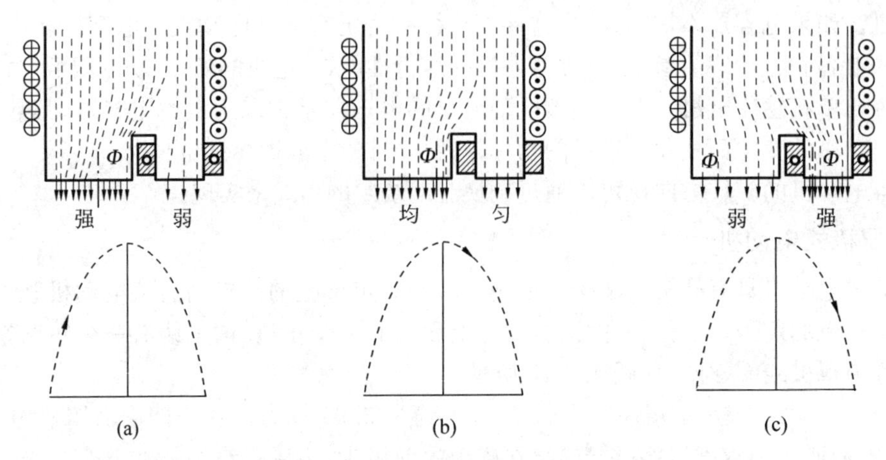

图 4.6-13 罩极电动机中磁场的变化原理
(a) 电流增加；(b) 电流不变；(c) 电流减小

有滑环接触，工作比较可靠。然而，它的起动转矩小，效率低，噪声大，常用来驱动小型风扇。罩极线圈与分裂磁极常用于电钟电动机的自起动。

4.7 控制电机

在自动控制系统中，用作测量、检测、放大、执行和计算元件的旋转电机统称为控制电机。控制电机是在普通旋转电机的基础上发展起来的，从原理和分析方法来讲，控制电机和一般的旋转电机并没有本质区别。普通旋转电机主要用来实现能量的转换，性能指标侧重于起动和运转状态。而控制电机主要用于控制信号的传递和转换，性能指标侧重于精确度、灵敏度和稳定性。

用于转换信号的控制电机属于信号元件(测量元件)，如把速度转换为电压信号的测速发电机；把角位移转换为电信号的旋转变压器、自整角机等。用于转换功率的控制电机属于功率元件(执行元件)，如直流伺服电动机、交流伺服电动机、电机放大机、步进电动机和无刷直流电动机等。控制电机是自动控制系统中非常重要的元件。

现代大型飞机上，控制电机广泛应用于系统的信号转换和伺服控制。如用于传递角位移的同步机、用于驱动气象雷达天线的步进电动机和用于安定面配平的无刷直流电动机等。本章将主要介绍测速发电机和无刷直流电动机。

4.7.1 测速发电机

测速发电机的功能是将转速信号转换成与之对应的电压信号。按电流种类，可分为直流测速发电机和交流测速发电机两大类。直流又有他励式和永磁式，交流分有同步和异步两种。

1. 直流测速发电机

直流测速发电机的结构与普通小型直流电机相同，定子装有磁极，转子装有电枢绕组、换向器等。按照不同的励磁方式，分为他励式直流测速发电机和永磁式直流测速发电机，如

图 4.7-1 所示。

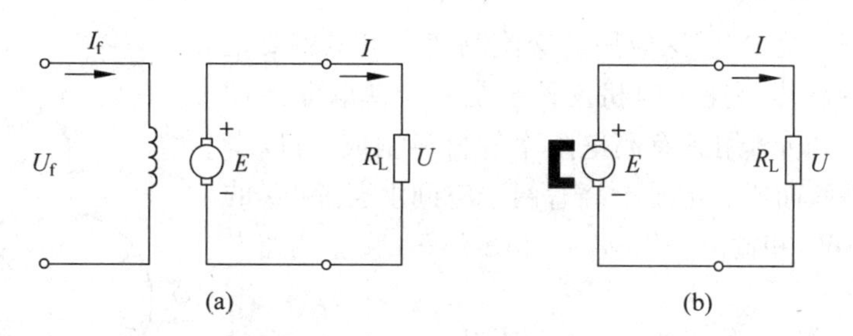

图 4.7-1　直流测速发电机

(a) 他励式；(b) 永磁式

利用测速发电机可测量任一机构的瞬时转速。测速发电机的转子在被测机构的带动下旋转，电枢绕组切割磁通 Φ 产生感应电动势 E，若被测机构转速为 n，励磁电压 U_f 为恒定值，并设主磁通不变时，测速发电机的电动势 E 与转速 n 成正比。

$$E = C_e \cdot \Phi \cdot n$$

式中，C_e为与电机结构相关的常数。

空载时，测速发电机输出电压 U_0 等于电动势 E。

负载时，产生电枢电流，设磁通维持恒定不变，则由于电枢压降，其输出电压为

$$U = E_0 - IR_a = E_0 - \frac{U}{R_L}R_a$$

式中，R_a 为电枢回路中的电阻，Ω；R_L 为负载电阻，Ω。

将上述公式整理后得出测速发电机的输出特性为

$$U = \frac{E_0}{1+\dfrac{R_a}{R_L}} = \frac{C_e \cdot \Phi}{1+\dfrac{R_a}{R_L}} \cdot n$$

在理想状态下，不考虑电枢反应的影响，当 R_a 和 R_L 均保持恒定，负载时测速发电机的输出电压 U 仍与转速 n 成正比，输出特性具有线性关系。

而实际负载运行中，随着转速 n 的增加，电动势 E 随之增大，电枢电流增加，电枢反应的去磁效应将使磁通 Φ 减小；而电枢电阻 R_a 中所包含的电刷接触电阻也不是常数；此外，励磁绕组发热也将引起励磁磁通和输出电压的降低。以上因素，都将使输出电压 U 和转速 n 的实际输出特性之间存在误差，如图 4.7-2 输出特性。

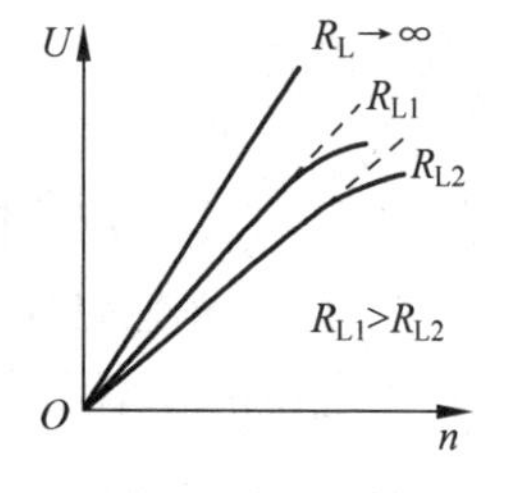

图 4.7-2　输出特性

因此，尽可能大的负载电阻可减少电枢反应的影响；并选择接触压降较小的电刷；为减少励磁绕组发热引起励磁电阻的增加，可在励磁回路中串联电阻温度系数较小的电阻，以抑制主磁通的变化。

实际使用时，参照直流测速发电机的技术数据，使测速发电机在规定转速范围内工作，并且负载电阻不应小于最小负载电阻，以保证测速发电机输出特性的非线性程度在允许的误差范围内。

2. 交流测速发电机

在自动控制系统中,广泛应用的交流测速发电机主要是空心杯型转子的异步测速发电机。转子是一个薄壁非磁性杯,杯厚0.2～0.3mm,用具有高电阻率的材料制成,可以看成是很多导体并联而成。定子上绕有两个空间上互差90°的绕组,励磁绕组 W_1 和输出绕组 W_2。如图4.7-3交流测速发电机。

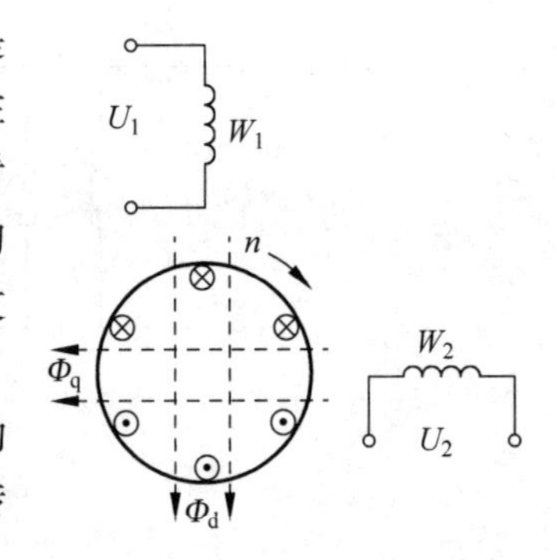

图4.7-3 交流测速发电机

励磁绕组 W_1 外接频率为 f_1 的交流励磁电压 U_1,在励磁绕组的轴线方位上将产生一频率为 f_1 的脉振磁通 Φ_1。转子静止时,脉振磁通 Φ_1 在转子中产生感应电势和转子电流。该电流所产生的磁场和励磁绕组 W_1 的磁场方向相反,合成磁场为仅沿着励磁绕组轴线方向的磁通 Φ_d。设

$$\Phi_d = \Phi_{dm}\sin\omega t$$

并选择其参考方向如图4.7-3所示。

因为 Φ_d 的交变方向和输出绕组 W_2 的轴线方向垂直,绕组中没有感应电势产生。因此,当转速为零时,输出电压也为零。

当转子旋转时,转子导体将切割磁通 Φ_d,并在转子绕组中产生电动势 E_q,其瞬时值为

$$e_q = C_1 \cdot \Phi_d \cdot n = C_1 \cdot n \cdot \Phi_{dm}\sin\omega t$$

式中,C_1 为由电机结构决定的常数。

E_q 与转速 n 成正比,由于 Φ_d 按频率 f_1 交变,所以 E_q 也按频率 f_1 交变。在 E_q 的作用下,转子将产生电流 I_q,参考右手定则判断,转子绕组中电流方向如图4.7-3所示。参考右手螺旋定则,I_q 将在输出绕组轴线方向上产生一频率为 f_1 交变磁通 Φ_q。

$$\Phi_q = C_2 \cdot e_q = C_2C_1 \cdot \Phi_d \cdot n$$

式中,C_2 为由电机结构决定的常数。

由于磁通 Φ_q 作用在输出绕组的轴线方向,因此将在输出绕组 W_2 中产生感应电势 E_2,其有效值为

$$E_2 = 4.44f_1 \cdot W_2 \cdot K_{w2} \cdot \Phi_q = 4.44f_1 \cdot W_2 \cdot K_{w2} \cdot C_1C_2 \cdot \Phi_d \cdot n$$

式中,$W_2 \cdot K_{w2}$ 为定子输出绕组的有效匝数。

因此,在理想空载状态下,输出电压 U_2 的数值等于输出电势值 E_2,与转速 n 成正比,并且输出电压的频率取决于励磁电压 U_1 的频率,当电机反转时,输出电压的相位也相反。

而实际输出电压 U_2 的数值不仅与负载性质及大小有关,而且 $\dot{U}_2$ 对 $\dot{U}_1$ 的相位角也将随负载性质和大小而不同。所以实际工作中,负载的性质和大小要选择适当,使输出特性具有线性关系,防止因负载变化引起电压偏差超限。

4.7.2 无刷直流电动机(BLDCM)

普通的直流电机由机械换向器和电刷提供换向,受机械磨损和电刷寿命的影响,有刷直流电机不仅需要定期维护,转速和使用寿命也严重受到限制。但直流电机的机械特性和调节特性线性度好,堵转转矩大,控制方法简单,因此人们一直在探索使直流电机无刷化。随

着电力电子技术的发展，用逆变器和转子位置传感器组成电子换向器的无刷直流电动机应运而生。同时微处理机的速度也越来越快，通过芯片便可实现对无刷直流电机的控制。因无刷直流电机结构简单、运行可靠、控制灵活并且可编程，使其迅速的应用在军事工业，航空航天、医疗、信息、家电等领域。

无刷直流电动机（brushless DC motor，BLDCM）由定子、转子、转子位置传感器及控制电路组成。定子上安装有电枢绕组，转子由永磁材料制成，控制电路根据位置传感器反馈的转子相对位置，按照一定的次序给电枢绕组分别通入电流或换相，以形成连续旋转的电枢磁场，从而使转子在电枢磁场和转子永磁体磁场的相互作用下转动起来。并通过控制电路，实现电机的调速和制动。

无刷直流电动机的结构和异步电机非常相似，按照定子磁极的结构，可以是三相六极、三相九极、四相八极等，这里的相数表示电机定子电枢绕组的数量。转子通常是将永磁体贴装在非导磁材料的铁芯表面，或嵌入到铁芯的沟槽中，做成具有一定极对数的转子。如图4.7-4所示的三相无刷直流电动机，其定子磁极为三相六极，定子绕组采用星形接法对称安装。磁性材料多采用具有高磁通密度的稀土材料，如铷铁硼等。

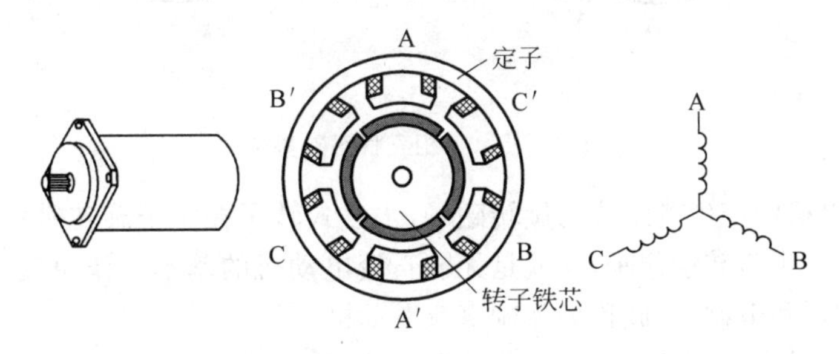

图4.7-4　永磁式三相无刷直流电动机

1. 基本工作原理

永磁式无刷直流电机的基本工作原理分析如下。

在图4.7-5所示的三相无刷直流电动机中，若A相绕组正向导通，定子电枢绕组产生的定子磁势F_a和转子永磁体产生的磁势F_m相互之间的关系如图4.7-5(a)所示，在电枢磁场和转子永磁体磁场的相互作用下，转子顺时针方向转动。

当转子转过120°电角度后，A相绕组断电，B相绕组正向导通，如图4.7-5(b)所示，电机进入第二个导通状态，F_b为B相绕组导通后产生的电枢磁势，转子继续沿顺时针方向旋转。

当转子顺时针再转过120°电角度后，B相绕组断电，C相绕组正向导通，如图4.7-5(c)所示，电机进入第三个导通状态，转子顺时针再转过120°电角度后回到起始状态，如图4.7-5(d)所示。经过三个导通状态后，转子转过360°电角度。当控制电路按照A—B—C—A的顺序给定子三相绕组重复供电时，转子将按顺时针方向连续转动起来。这种工作方式称为“一相导通星形三相三状态”，每相绕组每次导通120°电角度，定子三相合成的磁场为跳跃式的旋转磁场。根据转子位置的反馈，若改变三相定子绕组的供电次序，使定子磁场与顺时针旋转相差180°电角度，则转子将逆时针方向旋转。

无刷直流电动机的控制电路根据转子位置传感器的反馈，按次序导通或断开各相定子

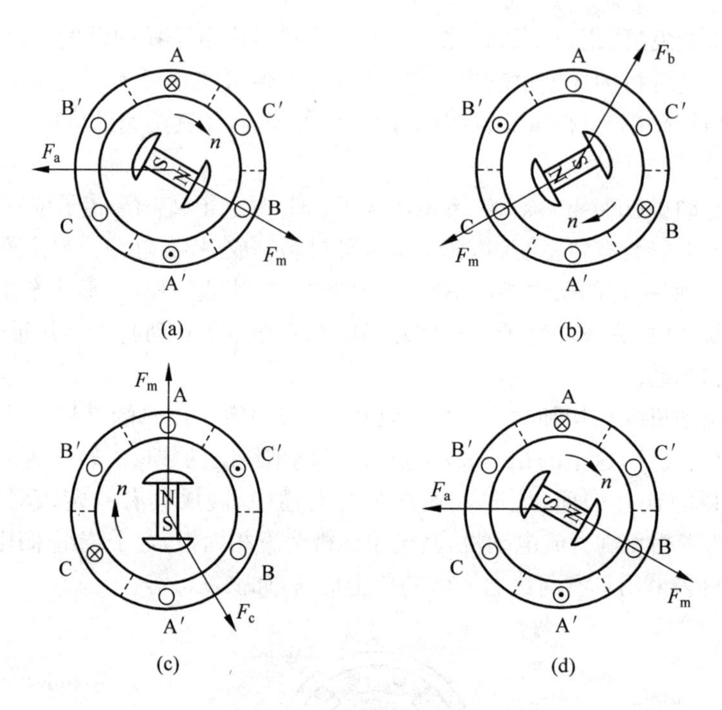

图 4.7-5　三相三状态磁势图

绕组的电源，在电机中产生跳跃式的旋转磁场，永磁式转子在定子旋转磁场的作用下，就可以按照控制规律一步步转动起来，这就是无刷直流电动机的基本工作原理。由于这种电机中没有机械换向器和电刷，因此称为无刷直流电动机。

随着自动控制技术的发展，控制电路的设计可以由逻辑电路实现，也可以由软件编程，以满足各种复杂的控制方式。图 4.7-6 所示为无刷直流电动机控制原理图。

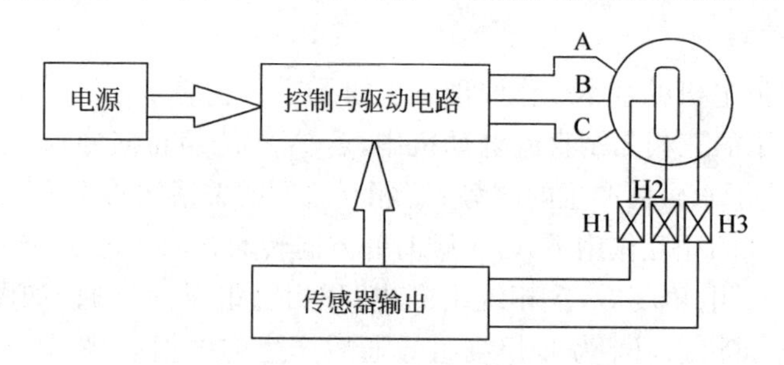

图 4.7-6　无刷直流电动机控制原理图

无刷直流电动机的外接电源既可以是交流电也可以是直流电，如果输入的是交流电，需要首先转换成直流电。控制电路根据传感器反馈的位置信号，驱动与三相电枢绕组相连的功率电子开关，将电流按次序接入到无刷直流电动机的三相电枢绕组。常用的功率电子开关有功率场效应管 MOSFET 和绝缘栅晶体管 IGBT。转子位置传感器主要为电动机的速度和相位闭环控制提供反馈信号。

2. 霍尔位置传感器

无刷直流电动机的转子位置传感器可以是光电式、电磁式或磁敏式。霍尔位置传感器属于磁敏式传感器,它结构简单,体积小,是无刷直流电动机常用的位置传感器。它利用霍尔效应,即通电导体在与电流垂直的磁场中,将感应产生与电流和磁场均垂直的电势差。霍尔传感器可以检测出磁场的变化,当永磁转子旋转时,位于定子固定位置的霍尔传感器将随转子磁场的旋转产生感应电势,其大小可以反映转子的位置。

霍尔传感器通常有线性型传感器、开关型传感器和锁定型传感器。普通直流无刷电机一般安装三个开关型霍尔传感器,三个传感器空间上间隔 120°或 60°电角度,角度不同,位置信号的逻辑关系就不同。开关型霍尔传感器集成电路的内部原理如图 4.7-7(b)所示。由于霍尔元件产生的电压低,因此都需要外接放大电路来获得较强的输出信号。霍尔传感器(Hall sensor)的输出特性如图 4.7-7(c)所示,当霍尔元件感应到的磁感应强度大于门限值 B_{OP}时,霍尔元件处于开通状态,传感器输出低电平。当外加磁感应强度减小到 B_{RP}时,霍尔元件关闭,传感器输出高电平。图中 B_{OP}到 B_{RP}之间的磁通密度差值称为开关型霍尔传感器的"磁滞区"。

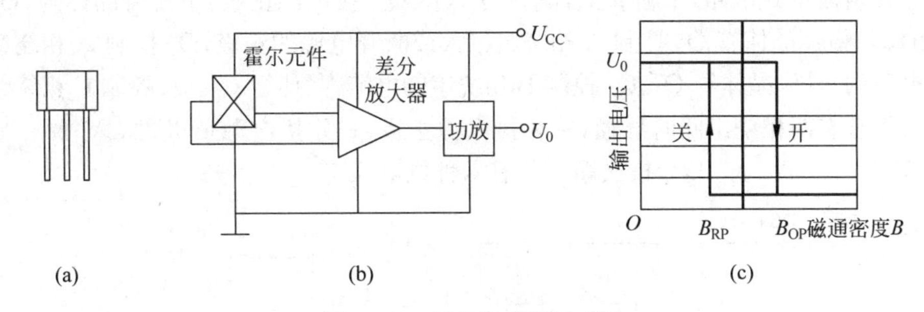

图 4.7-7　霍尔传感器原理图

(a) 霍尔传感器外形;(b) 开关型电路原理;(c) 开关型输出特性

三个霍尔传感器空间上间隔 120°或 60°电角度,当电机旋转时,霍尔传感器感受转子永磁体的磁场,电机旋转一周,每个霍尔传感器分别输出 180°的脉宽信号。以间隔 120°电角度安装的霍尔传感器为例,对应转子顺时针旋转一周,霍尔传感器电路的输出真值表如表 4.7-1 所示。

表 4.7-1　霍尔传感器电路的输出真值表

Hall 1	Hall 2	Hall 3	次序
1	0	1	1
1	0	0	2
1	1	0	3
0	1	0	4
0	1	1	5
0	0	1	6

注:如果转子顺时针旋转,霍尔传感器输出脉冲的次序为 1—2—3—4—5—6—1;如果转子逆时针旋转,传感器输出脉冲的次序为 1—6—5—4—3—2—1。

三个霍尔传感器的输出波形如图 4.7-8 所示。

3. 无刷直流电动机的控制电路

根据霍尔传感器电路的输出,无刷直流电机的控制电路设置定子三相绕组的通电顺序,

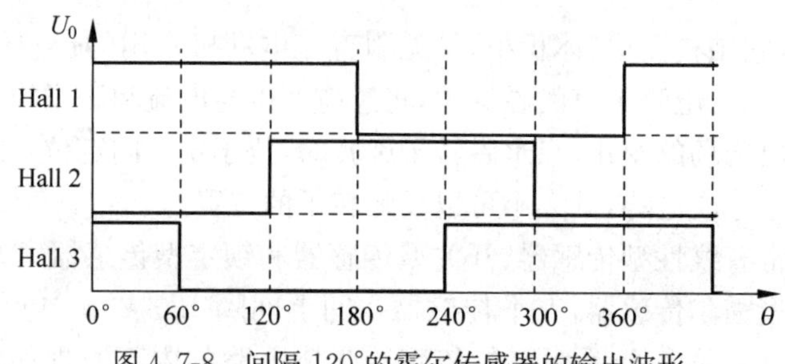

图 4.7-8　间隔 120°的霍尔传感器的输出波形

使电机产生稳定持续的电磁转矩。逆变器电路的作用是控制与电枢绕组相连的功率电子开关(常用的有 IGBT、MOSFET、GTR 等)的通断,按程序给定子绕组通电。

逆变器主电路主要有桥式电路和非桥式电路几种。下面以两相导通星形三相六状态的无刷直流电机为例,说明其工作原理。图 4.7-9 所示为无刷直流电动机和逆变器结构简图。两组晶体管组成桥式电路,上桥臂晶体管(Q_1、Q_3、Q_5)接电源正极,下桥臂晶体管(Q_2、Q_4、Q_6)接电源负极。晶体管 Q_1 控制 A 相绕组接入或断开电源的正极,Q_4 控制 A 相绕组接入或断开电源的负极,晶体管 Q_3、Q_6 控制 B 相绕组的电流,晶体管 Q_5、Q_2 控制 C 相绕组的电流。电机每步有两相绕组同时导通,一相接电源正极,一相接电源负极,如 A^+B^-、A^+C^-、B^+C^-、B^+A^-、C^+A^-、C^+B^-,按次序一共有六种供电状态。

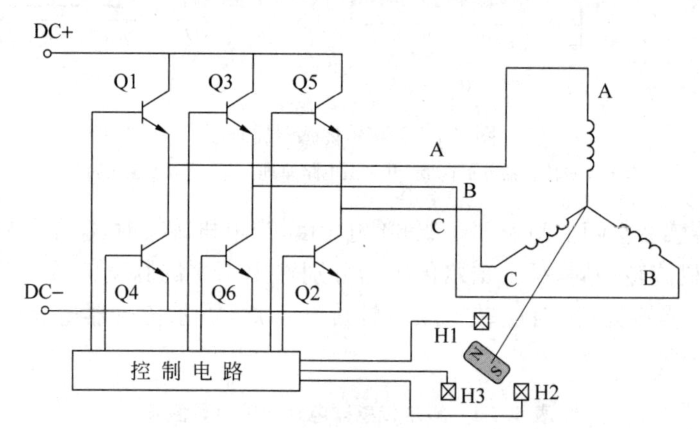

图 4.7-9　无刷直流电动机结构简图

当转子位于图 4.7-10(a)所示位置时,电机处于第一个导通状态,逆变器电路中晶体管 Q_1、Q_6 导通,A 相绕组接入电源正极,B 相绕组接入电源负极。电枢产生的定子合成磁势 F_a 和转子永磁体产生的磁势 F_m 如图所示,永磁转子产生顺时针方向的电磁转矩。当转子转过 60°电角度后,如图 4.7-10(b)所示,控制电路根据转子位置传感器的反馈,控制晶体管 Q_1、Q_2 导通,A 相绕组接入电源正极,C 相绕组接入电源负极,电机处于第二个导通状态。

电机转子每转过 60°电角度,控制电路就根据转子位置传感器的信号改变一次绕组的导通状态,每相绕组导通 120°电角度,每次保持两相绕组导通,如图 4.7-11 所示。经过六次导通状态后,转子回到起始位置,重复供电循环,电机便连续旋转起来。

相对于一相导通星形三相三状态的运行方式,电机在三相六状态工作方式下定子绕组形成的旋转磁场更为连续平稳。表 4.7-2 给出了电枢绕组的导通顺序和功率开关晶体管之间的关系。

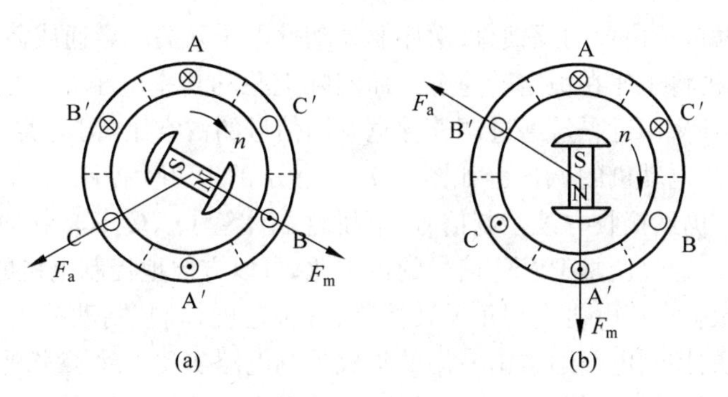

图 4.7-10　三相六状态磁势图

(a) A^+B^-；(b) A^+C^-

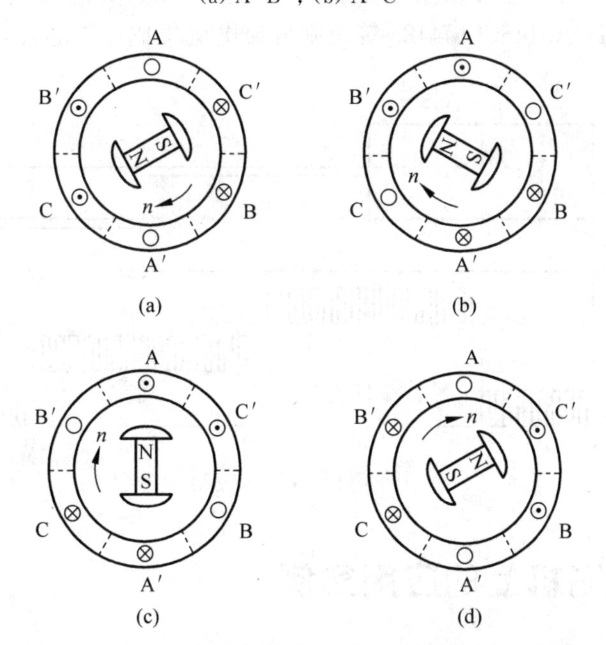

图 4.7-11　三相六状态转子位置和定子绕组通电顺序图

(a) B^+C^-；(b) B^+A^-；(c) C^+A^-；(d) C^+B^-

表 4.7-2　电枢绕组的导通顺序和功率开关晶体管之间的关系

<table>
<tr><td>电角度</td><td colspan="6">0°　60°　120°　180°　240°　300°　360°</td></tr>
<tr><td rowspan="2">导通顺序</td><td colspan="2">A</td><td colspan="2">B</td><td colspan="2">C</td></tr>
<tr><td>B</td><td colspan="2">C</td><td colspan="2">A</td><td>B</td></tr>
<tr><td>Q_1</td><td>1</td><td>1</td><td>0</td><td>0</td><td>0</td><td>0</td></tr>
<tr><td>Q_2</td><td>0</td><td>1</td><td>1</td><td>0</td><td>0</td><td>0</td></tr>
<tr><td>Q_3</td><td>0</td><td>0</td><td>1</td><td>1</td><td>0</td><td>0</td></tr>
<tr><td>Q_4</td><td>0</td><td>0</td><td>0</td><td>1</td><td>1</td><td>0</td></tr>
<tr><td>Q_5</td><td>0</td><td>0</td><td>0</td><td>0</td><td>1</td><td>1</td></tr>
<tr><td>Q_6</td><td>1</td><td>0</td><td>0</td><td>0</td><td>0</td><td>1</td></tr>
</table>

注：1 为功率电子开关导通，0 为功率电子开关截止。

控制电路根据转子位置的反馈，按次序驱动功率电子开关的导通或截止，持续将电流接入到定子绕组，电机将工作在恒定转速上。而实际上驱动功率电子开关的信号并非方波信号，而是脉宽调制(PWM)信号，通过调整脉宽调制信号的占空比，调整供给电机的平均电压值，以实现无刷直流电动机的调速。如图 4.7-12 所示的 PWM 控制为例，逆变器的上桥臂晶体管 Q_1、Q_3、Q_5 仍然接收方波控制信号，下桥臂晶体管 Q_2、Q_4、Q_6 接收具有一定占空比的 PWM 控制信号，通过调整 PWM 信号的占空比，可以方便地控制电机的转速。

为了使永磁无刷直流电机实现正反转控制、各种速度控制、制动控制、软起动等多种功能，无刷直流电机的控制电路通常由专用的集成控制电路实现。除了实现控制驱动功能，控制电路还应具备电路保护功能，如过流、过热、故障识别等。随着无刷直流电机的广泛应用，出现了大批适用于不同规格和用途的无刷直流电机专用集成电路，比较典型的如 MC33035、LM621、TDA5145、LM4425 等无刷直流电机集成控制芯片，可用于不同需求的电路设计。

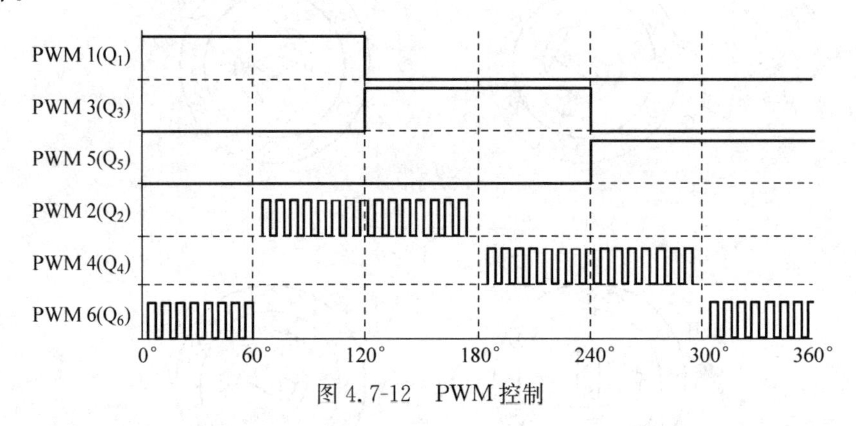

图 4.7-12 PWM 控制

4.8 电机在飞机上的应用实例

随着飞机性能的提高，飞机各系统的自动控制精度逐渐上升，不同类型的电机得到了广泛应用，如交、直流伺服电动机、步进电机等执行元件，以及交、直流测速发电机、旋转变压器、自整角机等测量元件，以满足飞机各个系统的复杂控制需求。下面简要介绍几种电机应用实例。

1. 辅助动力装置起动发电机

737NG 飞机的辅助动力装置(auxiliary power unit，APU)型号为 131-9(B)，该 APU 的起动机发电机是一台滑油冷却的三相无刷交流发电机。当 APU 起动时，APU 起动发电机工作于电动机状态，将电能转换成机械能，用于驱动 APU 转动。当 APU 起动完成后，APU 起动发电机转为发电机状态，为飞机电网提供三相 115V/400Hz 交流电，用于在地面为飞机供电，或飞行中作为 IDG 的备份电源。起动发电机的控制原理如图 4.8-1 所示。

APU 起动发电机是无刷交流发电机，其内部由三部分组成：①永磁式发电机(PMG)；②交流励磁机；③主发电机。

在 APU 起动操作中，起动变换组件 SCU 将 PWM 控制的变频交流电源供给主发电机

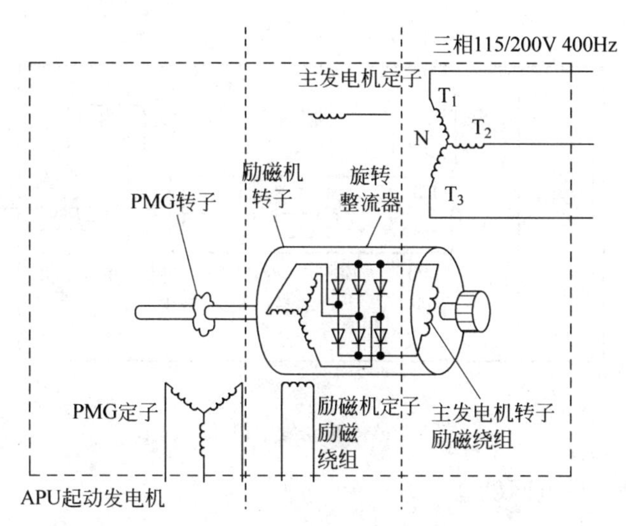

图 4.8-1　APU 起动发电机控制原理图

的定子三相绕组，同时将恒频交流电供给交流励磁机的定子励磁绕组，从而在励磁机的转子绕组上感应出交流电，经过旋转整流器整流后供到主发电机的转子励磁绕组。在主发电机三相定子绕组产生的旋转磁动势作用下，APU 起动发电机的转子将旋转起来，并通过输出轴和齿轮箱带动 APU 涡轮转动。当 APU 达到自维持转速时，起动操作结束。SCU 断开主发电机的定子电枢绕组和交流励磁机的励磁绕组电源。

在 APU 正常工作时，APU 起动机发电机作为交流发电机工作，将机械能转换为电能。此时 APU 通过齿轮箱带动转子转动，PMG 转子磁体的转动在 PMG 定子的三相绕组中产生感应电压。该交流电压经变压整流成直流电后，供到交流励磁机的定子励磁绕组上。

励磁机定子绕组中产生的恒定磁场，使旋转中的励磁机转子绕组中感应出三相交流电，该交流电压经转子中的旋转整流器整流变成直流电。该直流电压供到主发电机转子的励磁绕组，随着 APU 带动转子旋转，励磁绕组中的直流电产生旋转磁场，该磁场在主发电机定子绕组上感应产生 115/200V、400Hz 的三相交流电，可以为飞机电网供电。

2. 整体驱动发电机

在以交流电为主电网的现代飞机上，整体驱动发电机（integrated drive generator，IDG）作为飞机的主电源为电网提供 115/200V、400Hz 的交流电。整体驱动发电机 IDG 安装在发动机的附件齿轮箱前面，主要由恒速传动装置 CSD 和三相无刷交流发电机组成，组成示意图如图 4.8-2 所示。三相无刷交流发电机和 APU 起动发电机类型相同，均为带有永磁式发电机的三相无刷交流发电机。

恒速传动装置 CSD 以 24000r/min（B737NG）的恒定转速驱动发电机。当 PMG 转子转动时，在 PMG 定子的三相绕组中产生交流电，该交流电供给 GCU。GCU 内部的电压调节器（VR）将交流电变压并整流成直流电，供给励磁机的定子绕组。

励磁机定子绕组中的直流电产生磁场，该磁场在励磁机转子绕组中产生三相交流电。转子中的旋转整流器将交流电转换成直流电，并供给到主发电机的转子励磁绕组，转子绕组中的电流产生旋转磁场，该旋转磁场在主发电机的三相定子绕组中感应产生 115/200V、

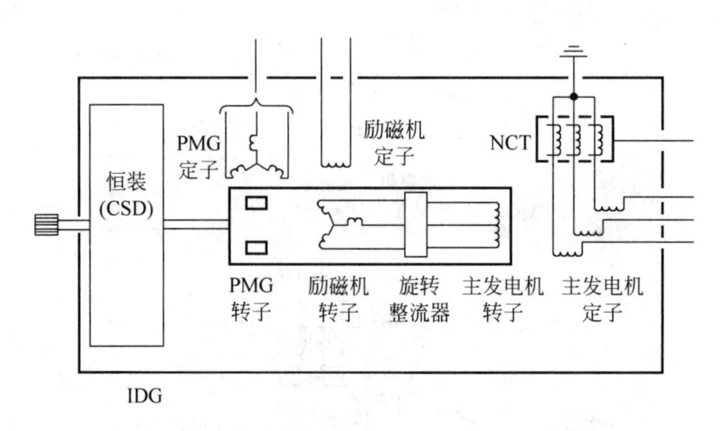

图 4.8-2 整体驱动发电机原理框图

400Hz 的交流电,为飞机电网供电。

3. 飞机安定面配平马达

大型飞机的水平安定面通常位于机身的后部,为飞机提供俯仰配平力矩,调节飞机纵向的力矩平衡,因此现代多数客机的水平安定面都是可以调节的。B737NG 飞机水平安定面的作动如图 4.8-3 所示,安定面配平马达(stabilizer trim motor,STM)通过齿轮驱动安定面蜗杆转动,蜗杆的正转或者反转将带动安定面前缘上下移动。

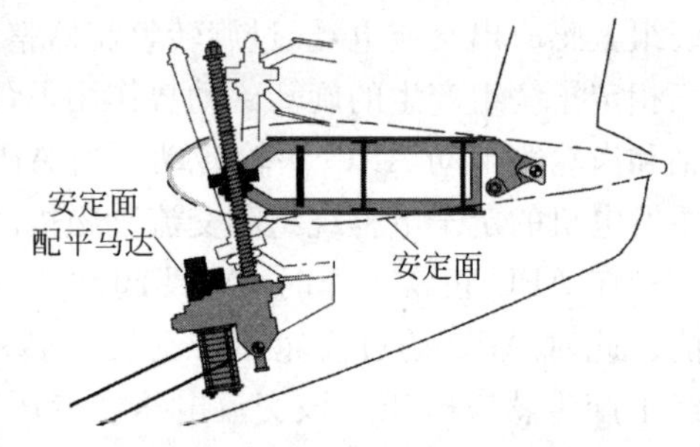

图 4.8-3 安定面配平操纵系统

对应不同的飞机操纵方式,如人工操作和自动驾驶操纵,安定面配平马达接收两种控制指令,即来自驾驶盘上的人工配平电门的指令和来自数字飞行控制系统的自动驾驶指令。

安定面配平马达工作电压为 270 VDC,动力元件是一个三相无刷直流电动机,可变速双向旋转,提供转矩和转速,通过驱动蜗杆来设置安定面的俯仰角度。

安定面配平马达接收两个独立的控制信号:人工配平和自动配平。人工配平指令来自驾驶舱操纵杆上的主配平电门,自动配平指令由飞行控制计算机计算给出,同一时间只允许一种指令控制马达,且人工配平的权限高于自动配平。安定面配平马达由无刷直流电动机驱动两级变速齿轮,在外转轴上输出转速和转矩。安定面配平马达外接三相 115/200V、400Hz 交流电源,由 STM 电源模块转换成 270 VDC 后供给三相无刷直流电动机。

图 4.8-4 所示为安定面配平马达功能框图,微处理器接收安定面配平指令,通过逆变器电路控制电机三相绕组的供电次序,驱动电机按指定程序旋转。三个安装于电机转子上的霍尔传感器,检测转子的位置,将信号反馈给微处理器。微处理器对转子位置信号进行译码计算,并将控制指令输出到逆变器,以此控制逆变器电子开关的导通顺序,实现转速和位置的控制。微处理器同时监控电机的正常工作,并存储电机的运行和故障信息。

逆变器电路由六个 IGBT 晶体管组成半 H 桥拓扑结构,微处理器通过控制 IGBT 的导通和关闭顺序,将 270VDC 按次序接入到无刷直流电动机的三相定子绕组,从而控制电机的转动。

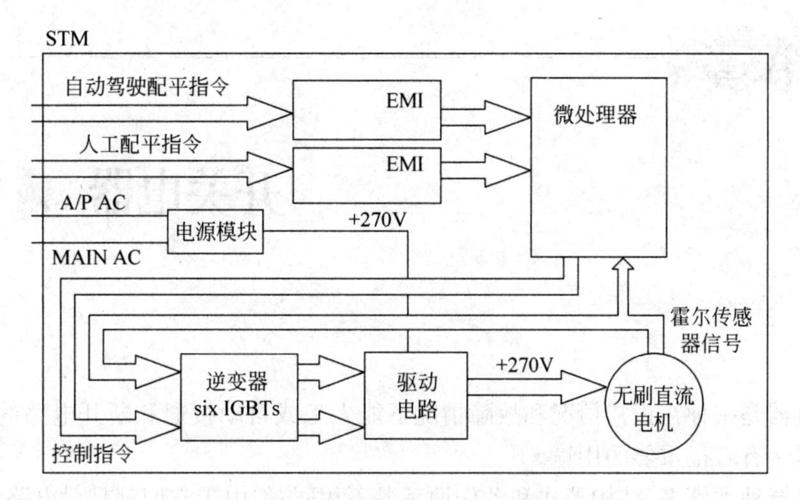

图 4.8-4　安定面配平马达功能框图

第5章

开关电器

开关电器是一种在正常情况和故障情况下能人工或自动接通和断开电路的电气装置，它在航空器上有着很重要的用途。

开关电器种类繁多，结构形式和动作原理各不相同，但由于它们都是对电路承担控制和保护任务的电器设备，因而具有许多共性的理论问题，如电磁转换原理、电接触理论和电弧理论等。电磁转换的基本原理在电工基础中已经讲过，在此，我们仅从应用的角度出发，简要讨论电接触和电弧的基本原理，然后介绍几种常用的开关电器。

5.1 电接触理论

5.1.1 电接触的种类及触点

1. 触点的作用和要求

从电源到用电设备之间，通常都要使用导线和各种开关电器来控制电路的通断。我们把两个或几个导体互相接触之处叫做电接触。电接触的作用是将电流从一个线路传递到另一个线路中去。电接触连接是电气线路中非常重要的一部分，对电气系统的工作有重要意义。

为此，电接触的触点应该满足下列条件：

(1) 确保电气线路的可靠接通与断开；

(2) 接触电阻值应该很低；

(3) 触点的耐磨性强；

(4) 触点的熔点高。

接触不良是电气系统的一种常见故障，而它的原因却可能多种多样，因此，研究电接触的共同本质问题是十分必要的。

2. 电接触的种类及触点

按照导体连接方式的不同，电接触可以分为三大类，如图 5.1-1 所示。

1) 固定接触

固定接触是指用螺钉或铆钉(紧固件)将相互连接的导体压紧，或者用焊接的方法将连接处焊牢，或者如同波音飞机上所使用的一种专用“接合器”将导体连接起来，这些方法都使被连接的导体在工作过程中没有相对运动，如图 5.1-1(a)所示。

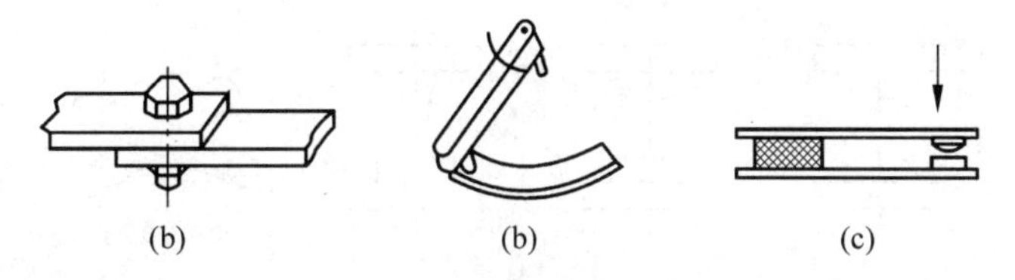

图 5.1-1 电接触的种类

(a) 固定接触;(b) 滑动接触;(c) 可分接触

2) 滑动接触

滑动接触是指相互连接的导体,其中的一个导体可以在固定导体上沿一定轨道滑动,例如滑线电阻器、电动机和发电机上的滑动电刷就属于这一类连接方式,如图 5.1-1(b)所示。

3) 可分接触

导体可通可断的连接形式称为可分接触。开关电器就是利用这类电接触来控制电路的通断的,如图 5.1-1(c)所示。

在这几种电接触形式中,我们只讨论可分接触,因为它的基本原理也适用于其他两类电接触方式。

直接实现电接触的导体称为触头或触点,一般有一个触点是固定的,称为固定触点,另一个则为活动触点。触点是开关电器的重要组成部分。在电气系统中,它是控制电路通断的关键,例如扳钮开关、同轴开关、按钮开关、旋转开关、微动开关、压力开关和继电器、接触器等的触点。它们常常是系统中工作可靠性最差的环节,因此,触点是研究电接触的主要对象。

触点的结构形式多样,飞机电器常用的触点有单断点触点和双断点桥式触点两种形式,如图 5.1-2 所示。单断点触点一般用于对小负载的开关控制,双断点桥式触点多用于航空接触器的触点系统。

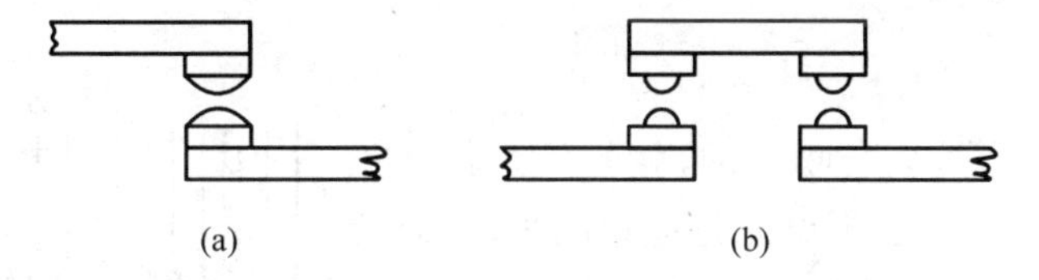

图 5.1-2 触点的结构

(a) 单断点触点;(b) 双断点桥式触点

无论哪种触点结构形式,其接触方式都可以分为点接触、线接触和面接触三种,如图 5.1-3 所示。点接触多用于电流比较小、电压比较低而触点压力不大的触点,继电器的触点一般都采用点接触形式。面接触用于电流比较大、电压比较高而触点压力较大的触点,接触器的触点都采用面接触形式。线接触则介于二者之间。

触点在工作过程中总是要经历以下四种工作状态:

(1) 闭合状态,保证电流顺利通过;

(2) 断开状态,保证电路可靠断开;

(3) 闭合过程,由断开状态到闭合状态的过渡过程;

(4) 断开过程,由闭合状态到断开状态的过渡过程。

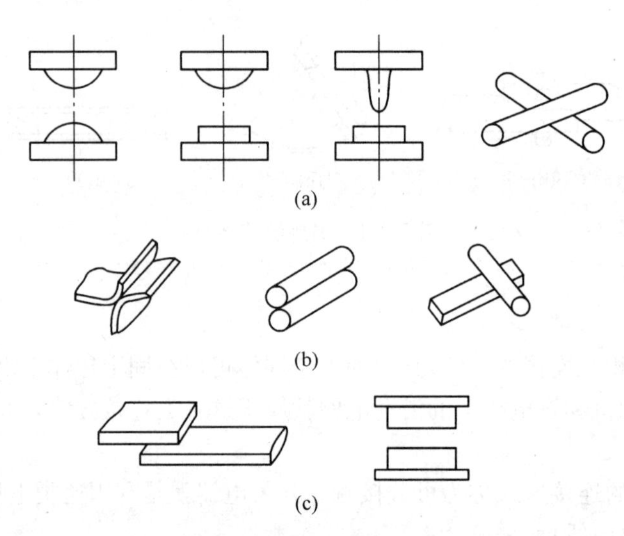

图 5.1-3　触点的接触方式

(a) 点接触触点；(b) 线接触触点；(c) 面接触触点

触点在上述四种工作状态下，会发生一系列的物理化学变化，主要可以归纳为接触电阻、气体放电(电弧与火花)和触点磨损等三方面的问题，下面围绕这些问题进行讨论。

3. 接触电阻

所谓接触电阻，就是触点接触表面承受压力时，在接触层之间表现出来的电阻。

接触电阻的产生主要有两方面的原因。第一，由于接触表面凹凸不平，使导体的实际接触面积减小了，因而电流流过接触面时要发生严重的收缩现象而产生所谓的收缩电阻；第二，接触面暴露在空气中，因而会在表面形成一层薄膜，如氧化膜之类附着在表面上，这就是表面膜电阻。所以，接触电阻(R_j)由收缩电阻(R_s)和表面膜电阻(R_m)两部分组成，其表达式为 $R_j=R_s+R_m$。

1）收缩电阻

接触表面不可能是完全吻合的，就是经过精加工和研磨抛光工序的触点，也不可能是理想的平面，总会有波纹起伏和凹凸不平，因而实际接触时只有一些小的凸起部分相接触。当电流通过时，从截面尺寸较大的导体进入实际接触面很小的接触点，电流分布线会发生剧烈的收缩现象，如图 5.1-4 所示。这种由于接点处实际接触面减小所呈现的电阻称为收缩电阻。

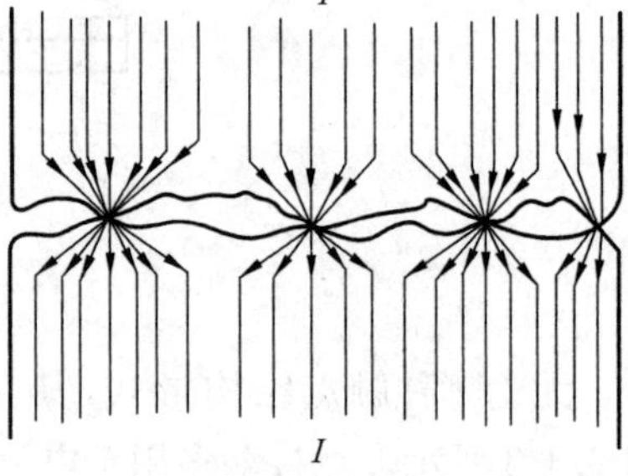

图 5.1-4　触点面上的电流收缩现象

2）膜电阻

在电接触的接触面上，常常会附有一层导电性很差的膜，它形成的电阻称为膜电阻。膜的形成主要有以下几种类型：由于静电而吸附的尘埃膜、水分及其他蒸发气体的吸附膜、由于化学腐蚀作用而在接触表面形成的金属氧化膜等无机膜、从绝缘材料中析出的有机蒸汽等形成的有机膜等。

值得指出的是，触点上的表面膜并不都是有害的，有时为了消除触点的冷焊现象，反而希望在触点上形成一层薄薄的氧化膜。有些膜层一旦形成，还可以提高接触电阻的稳定性。

4. 触点温升和接触压降

1）触点温升

电流通过触点时，由于导体电阻和接触电阻上的电能损耗，使触点温度上升。温度过高会使触点局部熔化并焊接在一起，使触点无法继续工作，这种故障称为触点的熔焊或粘连。

触点的发热主要集中在接触区，因为那里接触电阻最大，但是触点的最高温升点不是在触点表面，而在接触面深处，无法直接测量。

2）接触压降

接触点两端的电压降称为接触压降。从理论上讲，接触压降与触点温升具有一定的对应关系，因而可以通过测量接触压降达到间接了解触点温升的目的。检查触点的接触压降，了解接触电阻的大小及其变化，可以发现触点积炭等污染情况，而清除积炭是排除故障的常用方法之一。

5. 影响接触电阻的因素

接触电阻的存在是客观的，但接触电阻过大和严重的不稳定现象，则是触点发生故障的重要因素。我们希望有低值而稳定的接触电阻，以提高电接触的可靠性，因此必须了解影响接触电阻的各种因素，并采取相应措施提高接触电阻的稳定性。

1）触点材料的性质

材料性质包括材料的电阻率、机械强度和硬度、化学性质等。如触点材料的电阻率越小，接触电阻也就越小。但还要考虑材料的熔点、氧化膜的性质、硬度和寿命等。

2）接触形式与接触压力

前面讲的点、线、面三种接触形式，主要表现在对收缩电阻的影响上。一般来说，面接触的接触点最多，收缩电阻最小；而点接触收缩电阻最大。

对膜电阻的影响，主要表现在每个接触点上所承受的压力的大小。一般而言，在一定压力下，当接触面的视在面积不变时，点接触的压强最大，容易破坏接触面的表面膜层，使膜电阻减小，而面接触的膜电阻较大。

乍一看，似乎面接触的接触点最多，接触电阻应最小。其实不然，当接触压力较小时，面接触的接触电阻不一定比点接触或线接触的接触电阻小，原因就是看上述收缩电阻和膜电阻哪个减少得更多。继电器的触点压力很小，触点多数采用点接触的形式，而且触点曲率半径小，以保证必要的压强，从而获得低值而稳定的接触电阻。

3）接触表面状况

暴露在空气中的接触面，若不加以覆盖，对任何接点材料都会产生氧化作用，在接触表面生成一层氧化膜；此外，触点表面还会受外界尘土的污染。在各种金属氧化物中，只有氧化银的电导率与纯银差不多，其他大多数金属氧化物都比金属本身电导率低很多。

对某些可靠性要求高的继电器和接触器，为了防止触点受污染，常采用密封结构，有的还在密封室内充入惰性气体或抽成真空，以保证接触电阻低而且稳定。

6. 常用的触点材料

传递弱电流的触点材料多采用贵重金属，如银、铂、钨及其合金；对于传输中电流和强电流的触点材料，过去多采用坚硬而且难熔的金属及其合金，如接触器触点大多用银-氧化镉或者银-氧化铜，后来则广泛使用粉末冶金制造的金属陶瓷材料。对于触点材料的基本要求是：电阻率低，导热系数高，同时还要求触点材料具有足够的机械强度、良好的化学稳定性和良好的加工性能。下面列举几种常用的触点材料。

1) 银

银的电导率和热导率高，接触电阻小，软硬合适，工艺性能好，和其他贵重金属比，价格适中。银虽然会氧化，但氧化银薄膜的导电性与纯银差不多，而且容易破碎，对接触电阻影响不大。但银的硫化物薄膜电阻大，而且不易消除。因此，银在继电器的触点中应用较广泛。

2) 铂铱合金(含铱10%左右)

铂的特性是熔点高(1778℃)，不易氧化，抗电磨损性能好。铂的电阻率虽然较高，但其接触电阻却较小，而且稳定。由于纯铂的硬度不高，所以一般不使用纯铂而使用铂铱合金。使用铂铱合金制成的触点，其使用寿命可以比纯铂增加1倍。

3) 陶瓷合金

作为强力电器触头的陶瓷合金是由难熔材料(如氧化镉)的粉末和导电性能好的金属(如银)的粉末混合，并采用粉末冶金的方法烧结而成。在这种混合物中，难熔材料形成许多细孔成为骨架，易熔的导电金属填充在骨架的孔隙中，这样可以承受电弧的高温而不致熔化，从而减小触头的磨损。

5.1.2 触点间电弧的产生与灭弧方法

1. 电弧的产生

在电工基础中已经讨论了气体导电的物理过程。当触点断开通有电流的线路时，线路中的电流不是立即下降为零，而是穿过触点间的空气间隙持续导通一段时间，因而常常在触点间产生电弧放电或火花。

当断开电路使触点分离时，触点间的压力逐渐下降，接触电阻逐渐增大，接触面积逐渐变小，这就会使触点温度升高。当温度升高到金属熔点之后，金属局部熔化，熔化的金属桥接在两个触点之间，成为维持电流的通道，这种现象叫做金属桥或液桥。金属桥的存在时间很短，可由触点继续运动而被拉断。在金属桥断开后，可能出现下面的情况：

(1) 触点间直接生成电弧；

(2) 触点间隙被击穿而发生火花放电；

(3) 在金属桥断裂后的一瞬间出现短弧。

触点在闭合过程中也可能发生类似的现象，特别是当触点发生“回跳”或“拍合”现象时，这种情况更为严重，可能会由于电弧而产生触点间的合闸熔焊。

触点断开时直接生成电弧的条件，必须是被断开电路的电流和断开后加在触点间的电压都超过某个固定的数值，这个数值称为触点的极限燃弧电流和极限燃弧电压。极限燃弧参数的大小与触点材料及空气介质的条件有关。

2. 直流电弧的特性与熄灭条件

1) 直流电弧的伏安特性

图5.1-5为带有电弧的直流电路，电源电势为E，电弧在触点之间燃烧。当将触点间隙大小固定，改变电路电阻R时，可测得一组电弧两端的电压和电流值，即可得到一条电弧的

静态伏安特性，如图 5.1-6 中的曲线 1 所示。若将间隙加大，可得到电弧长度加长后的静态伏安特性，如图 5.1-6 曲线 2 所示。

由图 5.1-6 可归纳出以下两个特点：

(1) 当电弧长度不变时，电弧电压随电弧电流的增大而减小。

(2) 在同样的电流下，电弧电压与电弧长度有关。当电弧长度增大时，电弧电压升高，即伏安特性曲线上移。

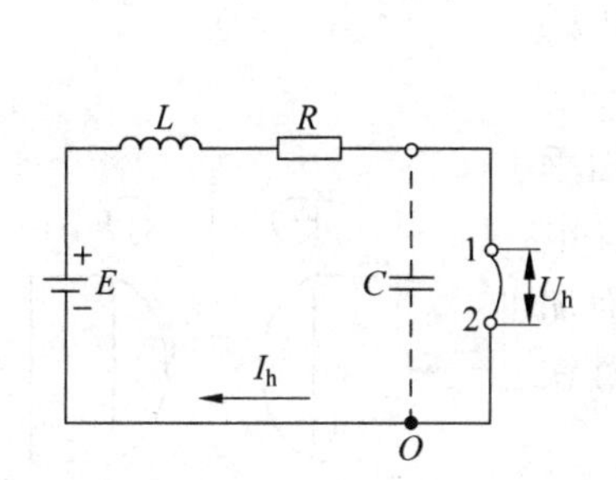

图 5.1-5 带有电弧的直流电路

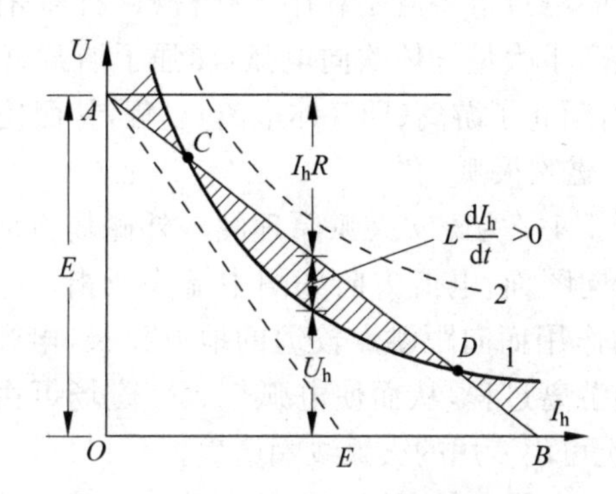

图 5.1-6 直流电弧的静态伏安特性

2) 直流电弧的熄灭条件

图 5.1-5 为带有电弧的 RL 电路，它与一般的 RL 电路相比，主要是电弧电压随电流呈非线性变化。

由于 R、L 和触点之间的电弧是一个串联电路，三者电压降之和应等于电源电势。

$$E = L\frac{dI_h}{dt} + RI_h + U_h$$

所以图 5.1-6 中阴影部分表示的是电感压降。C、D 两点之间阴影区的电感压降为正，C 点的左方及 D 点的右方阴影区电感压降为负，即触点变化时电感放出的能量。

因为电感压降只在电流变化时才存在，当电弧稳定燃烧时电流不变。电弧稳定燃烧时电源电动势只降在电阻和电弧上。所以，只有 C 点和 D 点可能是电弧的稳定燃烧点。进一步推断，当 C 点电流存在扰动时，假设电流略有增大，电路工作状态进入 C、D 两点之间，此时，电感压降为正，$L\frac{dI_h}{dt}>0$，电弧电流将继续增加，并迅速脱离了稳定燃烧点 C 点。而若 D 点存在扰动，同样假设电流增大，电路工作状态进入 D 点右侧区域，电感压降为负，电弧电流减小回到稳定燃烧点 D 点。所以 C 也不是电弧的真正稳定燃烧点，只有交点 D 是电弧的稳定燃烧点。

因此，熄灭电弧的条件就是设法避开电弧的稳定燃烧点，使电路电阻的伏安特性(直线 AB)与电弧的静态伏安特性(曲线 1)没有交点。要达到这一目的有两种方法，第一种方法是使电弧的伏安特性上移，如图 5.1-6 中的虚线 2 所示，这时线路电阻和电弧电压降之和总大于电源电势，电弧由于无法维持而熄灭；第二种方法是在熄弧过程中串入电阻，使线路的电阻增大，使电阻的伏安特性下移变陡而与电弧的静态伏安特性脱离，如图 5.1-6 中的虚线 AE 所示，从而使电弧熄灭。第一种方法的具体做法，一般是采用拉长电弧或对电弧进行冷却而完成的。

对于交流电弧,因为电弧电流是周期性变化的,电流有过零的时刻,所以交流电弧的熄灭比直流电弧简单,这里不再做更多论述。

3. 飞机电器中常用的灭弧方法

1) 气体吹弧

利用电弧产生的高温,使某些灭弧物质受热后产生大量气体而将电弧吹熄。如KM型接触器的触点罩盖就是利用灭弧材料(石棉-有机硅基树脂)制成的,当发生电弧时,灭弧材料受热产生大量气体吹向电弧,加强了消游离过程;同时产生的大量气体使电弧燃烧区气压增大,阻止了游离(即气体电离)过程,从而使电弧熄灭。

2) 磁吹灭弧

图5.1-7为磁吹灭弧原理图。外磁场方向和图面垂直并指向图面,电流方向如图中箭头所指。电弧因受电磁力的作用而向距触点较远的地方拉长,电弧冷却而加强了消游离过程,从而使电弧熄灭。磁场可由永久磁铁产生,也可由专用的灭弧线圈产生。

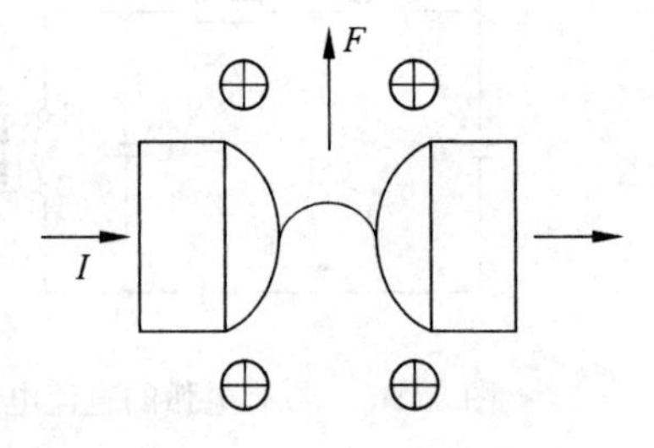

图5.1-7 磁吹灭弧原理

飞机电器有的利用触点导电片的电流产生的磁场来进行磁吹灭弧,如图5.1-8所示,这种方法称为自磁吹弧。图5.1-8(a)是继电器中常用的一种触点结构。电流 I 在触点间隙处建立的磁场为 B,电弧在这个磁场中受到电磁力 F 的作用而被拉出触点间隙。

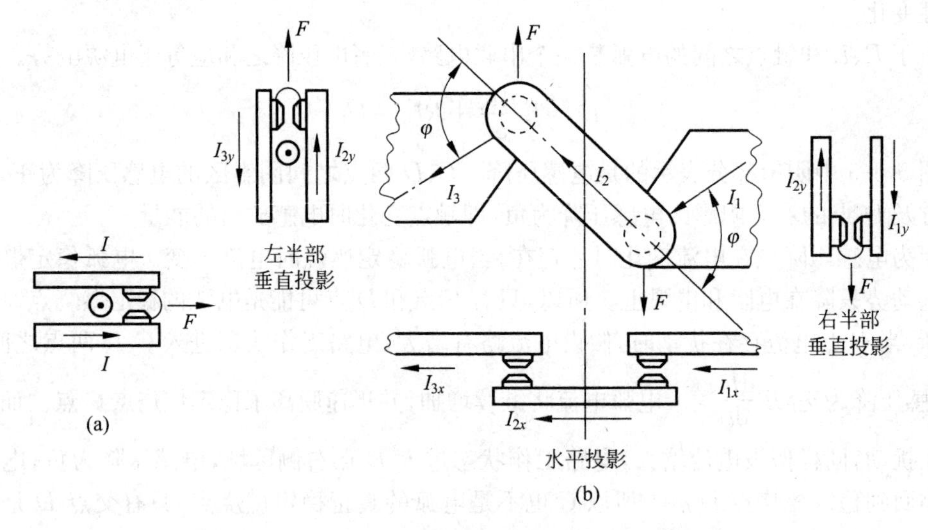

图5.1-8 继电器和接触器的自磁吹弧结构

图5.1-8(b)是接触器中采用的一种自磁吹弧结构。在这一结构中,动触点与静触点的安装角是 φ,这使得动触点中的电流 I_2 与静触点中的电流 I_1 和 I_3 之间也产生了 φ 的夹角。动、静触点中的电流在水平方向上的投影是同方向的,因此,它们在触点间隙中建立的磁场相互抵消。但它们在垂直方向的投影是反方向的,因此电流的垂直分量受到电磁力的作用,使电弧向上(左边断点)或向下(右边断点)拉长而熄灭。这种方法在飞机电器中经常采用。

3）双断点触点灭弧

双断电触点又称为桥式触点。用双断点触点结构断开电路时如图5.1-9所示。当动触点2向上运动与静触点1分离时，在左右两个触点间隙中将会产生两个彼此串联的电弧。这样在相同的外电压作用下，电弧上的电压降是单断点触点的两倍，因此电弧的静态伏安特性升高，从而因破坏了燃弧的条件而使电弧熄灭。双断点触点灭弧对于断开具有几十伏电压的直流电路特别有效。

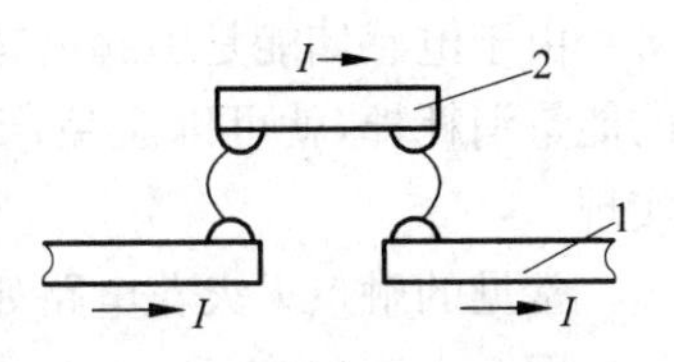

图5.1-9 双断点触点灭弧

4）利用石英砂粒间隙灭弧

这种方法常用于电路保护设备的熔断器中。在电路严重过载或短路时，熔丝熔化成为蒸汽，很容易产生电弧。为了熄灭电弧，在熔断器中放置石英砂，当形成电弧时，由于高温与蒸汽压力的作用，使电弧中的带电质点向周围扩散而渗入到石英砂粒的空隙中，其冷却作用使消游离过程加强，将电弧熄灭。这种方法可用于熄灭从几安到几百安的大电流电弧。

5）玻璃管式保险丝熄弧

飞机上常用的小功率电路的熔断器，常将熔丝封装在玻璃管里，当电路过载或短路时，熔丝被熔化，这时将产生电弧并有金属蒸汽，由于管内压力增大而使气体的游离受到阻止，从而使电弧熄灭。

6）利用加速弹簧熄弧

对飞机上的普通电门及自动保险电门，在构造上装有加速动作弹簧，使触点断开时的动作速度加快，迅速将电弧拉断。

4. 火花放电和灭火花电路

1）火花放电的产生

触点断开时，如果电路电流小于极限燃弧电流，则在金属液桥断裂后不会产生电弧。但是，由于电路中电感的存在，自感电势将会使触点间出现高电压。当触点间的电压达到间隙的击穿电压时，便产生火花放电。

火花放电与电弧放电不同，它是由于触点间隙被击穿而引起的电路忽通忽断的一种不稳定放电现象。而电弧放电是在满足极限燃弧参数的条件下，在金属液桥断裂后，在触点间隙中生成的一种连续放电现象，而且电弧可以稳定地燃烧。

火花放电主要是电感中储存的能量引起的，火花放电不稳定的原因在于触点间隙具有电容效应。当触点刚分离时，储存在电路电感中的能量要释放出来，于是产生自感电势给触点充电，当触点电压升高到触点间隙的击穿电压时（一般为270～330V），触点间隙被击穿，这样充电到触点的电荷又释放出来；当放电中止时，自感电势又再次对触点充电，电压再次升高，间隙再次被击穿。但由于这时间隙在不断增大，再次击穿的电压比前一次击穿电压更高。如此充电和放电，直至间隙增大到一定距离以后，才使电路真正断开，电感内储存的能量也就通过多次火花放电而转变为热能消耗掉了。

火花放电通常在较高气压的条件下生成，这时电流密度比较高，并伴随有高温，因而会引起触头烧损；火花放电还会在线路中产生虚假的高频信号，对电子设备和无线电通信造成干扰。因此，必须设法减弱或消除火花。

2）灭火花电路

由于电感储能是引起火花放电的主要原因，因此，只要采取措施，将被断开电路中电感的能量消耗掉，就可以避免产生火花放电。这只要给电感储能提供一个放电回路就可以实现。

常见的触点灭火花电路如图 5.1-10 所示。

图 5.1-10 中的 R_1、L 代表连接于触点上的感性负载。图 5.1-10(a)是在负载两端并联电容器，图 5.1-10(b)是在触点两端并联电容器。当触点断开时，电感中的能量可以通过 R_2C 灭火花电路形成通路，使电感中的磁能在 RLC 振荡回路中消耗掉；对图 5.1-10(b)的电路，因电容两端电压不能突变，所以触点刚断开时加在触点间的电压很小，到电容充电到较高电压时，触点间隙已增大了。图 5.1-10(c)采用整流二极管与负载反向并联，在正常稳态时，灭火花电路不起作用，只有在触点断开过程中，自感电势使整流二极管导通，从而将电感的能量消耗在触点之外。

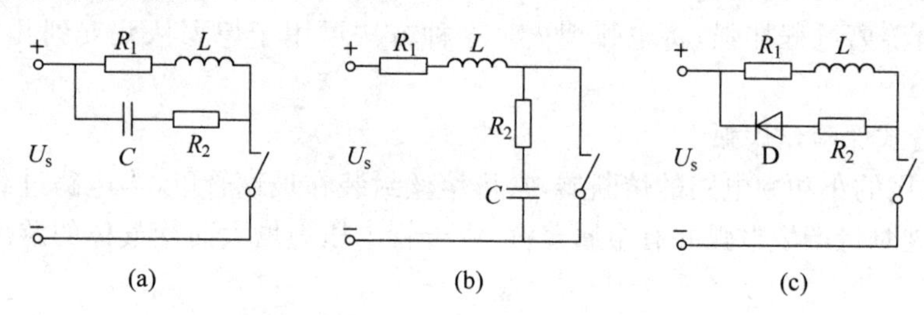

图 5.1-10　常用的灭火花电路

5.2　航空开关电器

现代飞机是一个庞大而复杂的、自动化程度很高的系统，它包括电源、照明、空调、供气、燃油、发动机、起落架等多个子系统。在这些系统中要用到各种各样的开关电器元件，它们起着功能起始、切换、控制各单元电路顺序工作以及保护电气线路等作用。下面介绍一些典型的开关电器设备。

5.2.1　飞机上使用的机械式开关

手动开关是开关电器中最简单的一种，一般由两个接触片组成。通过动接触片的运动完成触点的断开与接通。不同的开关结构对应不同的操作，如扳钮开关、按钮开关，旋钮开关等。

扳钮开关的动连接片被称为“刀”，当“刀”只能连接一个接触片提供一条电流通路时，这种开关称为单刀-单掷开关，如图 5.2-1(a)所示。在许多电路中，为了顺利完成通、断操作，常常需要不同类型的开关联合使用或采用组合集成开关。例如，图 5.2-1(b)所示的开关可以同时控制两个电路的通、断，因此称其为双刀-单掷开关。在这种开关中，其双刀是相互隔离的。图 5.2-1(c)、(d)画出的开关分别是单刀-双掷开关和双刀-双掷开关。

按钮开关通常由弹簧保持在断开位或者闭合位，按压接通或者按压断开，如图 5.2-2 所示。此外，手动开关还有旋转开关，其静接触片安装在底座圆盘上，通过转动旋钮，使动接触片和静接触片闭合。

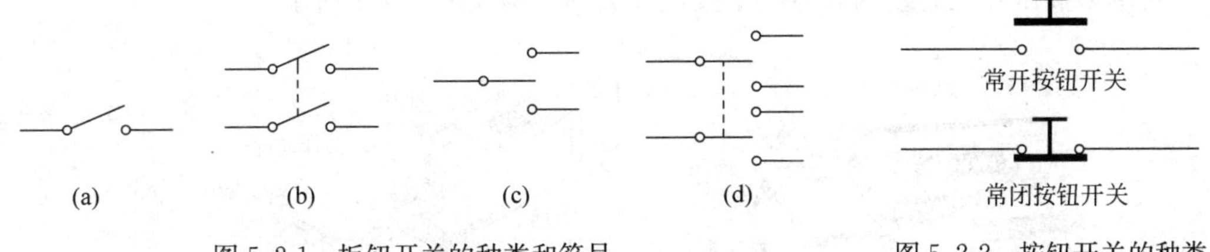

图 5.2-1 扳钮开关的种类和符号

图 5.2-2 按钮开关的种类

对开关的命名方法还可以用开关的位置数量来命名。例如，用弹簧将接触片锁定在一个位置接通电路，这种开关称为单位开关。如果开关可以被设置在两个位置，如一个位置是断开电路而另一个位置是接通电路，这种开关称为双位开关。如果开关被设置在三个位置，如中心位置是“断开”位而其他两个位置都是“接通”位，则这种开关称为选择开关。

下面介绍几种飞机上常用的典型机械式开关。

1. 扳钮开关

扳钮开关有时也称为转换开关，它在电路中可以完成一般的开关功能，应用相当广泛。典型的扳钮开关如图 5.2-3(a)所示。

在一些实际应用中，扳钮开关可能控制几条独立的电路，图 5.2-3(b)所示的就是利用一组扳钮开关同时控制三条电路的例子(平时开关置于“system off”位)。另外，它也可以通过分离扳钮来控制不同的线路。当松开扳钮时，它在弹簧的作用下又恢复到原位(中立位)。

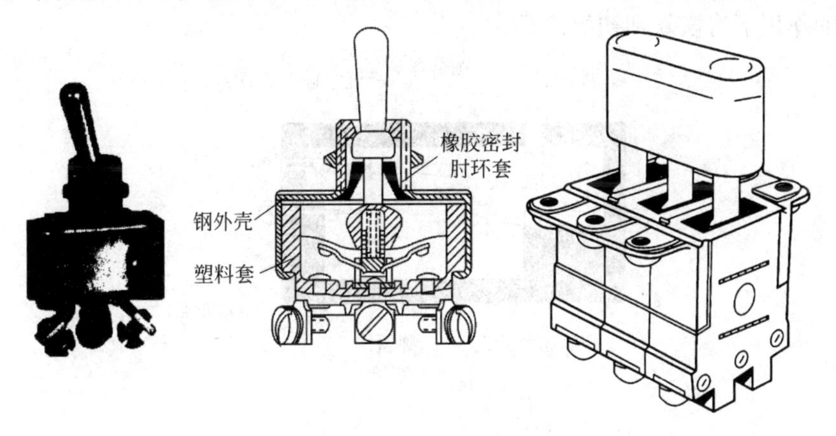

图 5.2-3 扳钮开关

(a) 典型扳钮开关；(b) 带锁的扳钮开关

2. 按钮开关

按钮开关主要应用于对电路进行短时间的操纵，如需要将电路瞬时接通或断开，或线路将要被转换的时刻。另外，按钮开关在断开一个线路时，还可以接通另一个或多个其他线路(通过分离触点)。基本按钮开关是用按钮来操纵弹簧柱塞，以推动一个或多个接触片，从而使固定触点之间实现电气连接。开关触点也设计成功能相反的两组触点，即“动合”触点和“动断”触点。为了在按钮开关上提供警告和显示功能，常在半透明屏后安装一个微型灯泡。当点亮灯泡时，按钮显示屏上将以相应的颜色显示出开关的状态，如 ON、CLOSE 或

FAULT 等字样。

简单型按钮开关的结构和照明型按钮开关的结构如图 5.2-4 所示。

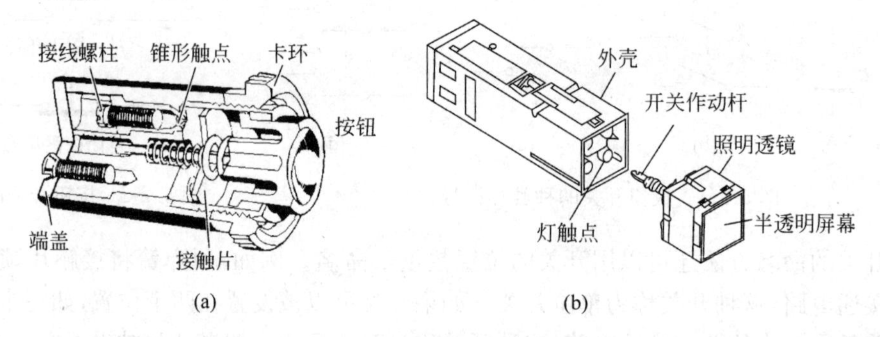

图 5.2-4　按钮开关结构图

3. 微动开关

微动开关是一种特殊类型的开关。在飞机电气设备中，它是应用最广泛的一种开关。它可以实现不同系统和组件的安全控制。“微动开关”的含义是，开关触点的“通”与“断”之间的距离很小(大约千分之一英寸)。触点的“通”、“断”运动由预先绷紧的弹簧驱动，其原理如图 5.2-5(a)所示。长弹簧片是支撑悬臂，调节杆承受着弹簧片的反作用力，短弹簧片以弓形的形状固定。在非工作状态，长弹簧片末端的触点与上侧的固定触点接通。当用力压低调节杆时，长弹簧片向下弯曲，其触点与下侧固定触点接通。如果去掉调节杆的力，长弹簧片在弹力的作用下将恢复到初始位置。

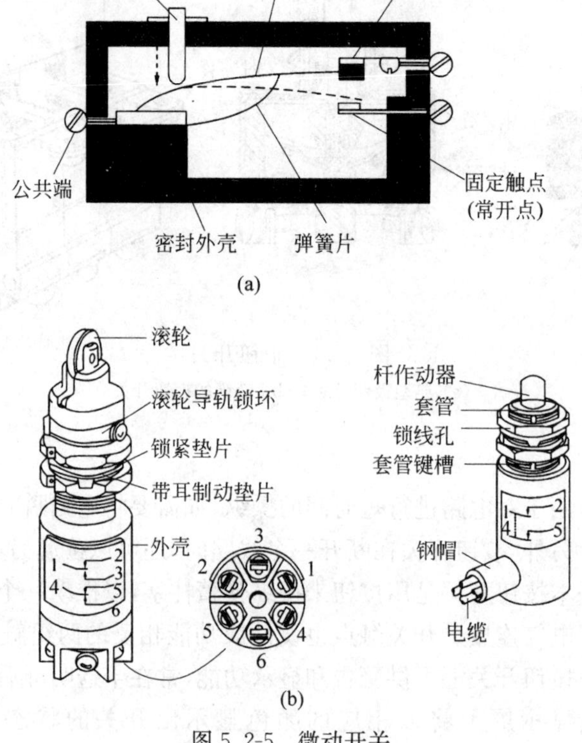

图 5.2-5　微动开关

作动微动开关的方法主要取决于为系统提供作动信号的方式。一般可以通过杠杆、滚轮或凸轮来完成。开关的转换即可以由人工控制，也可以由电气自动控制。微动开关的工作周期由调节杆的运动决定，这就使触点的动作具有一定数量的预行程，也就是说，在开关断开之前，微动开关可以自由地运动，即允许一定量的超行程运动。开关的触点如图 5.2-5(b)所示，其触点在充有惰性气体氦的密封容器中工作。

临近电门也属于微动电门，在飞机上广泛用于作动部件的位置指示，如起落架压缩传感器、起落架收上锁好传感器、地面扰流板内锁活门关闭传感器等。临近电门原理图如图 5.2-6 所示，每对电门由传感器和靶标(TARGET)配合工作，分别安装在有相对运动的作动部件上，当靶标接近传感器到一定范围时，临近电门组件输出接近信号到相应的系统。常用的临近电门有舌簧电门和固态电门。以固态电门为例，如图 5.2-6 所示，传感器电路将电流供到传感器线圈，在传感器表面产生磁场。当磁性材料的靶标接近传感器表面超过一定值时，磁场强度变化引起线圈阻抗变化，传感器电路经过比较放大后输出接近信号。

另外，飞机上使用的还有水银开关、压力开关和热敏开关等，此处不再详述。

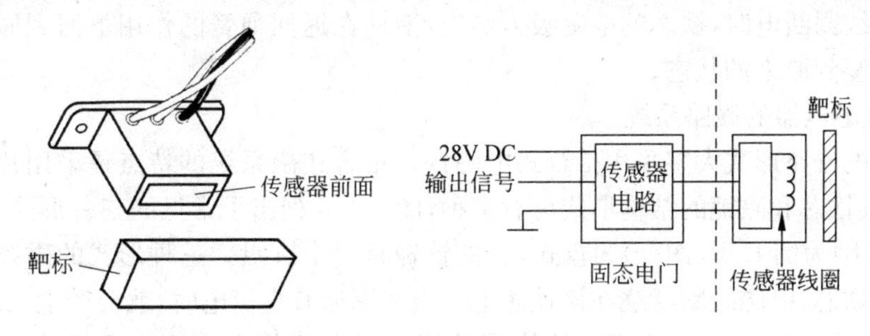

图 5.2-6 临近电门原理图

5.2.2 航空继电器

继电器的拉丁文原意是“驿站”，即传递信息的中继场所。继电器一问世就与电信联系在一起，1878 年西电公司首先在电话上使用了继电器。现在继电器已广泛应用于各个领域。

航空继电器是最基本的飞机电器元件之一，它的作用是反映某一输入信号的变化，对功率不太大(一般小于 25A)的电路进行通断控制。它是一种自动的、远距离操纵的控制器件。在飞机上常用作电气、电子系统和部件内部的自动控制器件。航空继电器的种类很多，我们主要讨论应用较多的电磁继电器、延时继电器和特种继电器，后者包括：极化继电器、舌簧继电器和热敏继电器。

1. 电磁继电器

1) 电磁继电器的基本结构与动作原理

典型电磁继电器的基本结构如图 5.2-7 所示。它由磁路系统、电磁线圈、触点系统和返回弹簧等四个主要部分组成。

继电器的磁路系统包括铁芯、铁轭和衔铁，铁芯上绕有电磁线圈，并经外电路与直流电源相接；衔铁既是导电体，又是导磁体。触点系统包括衔铁上的活动触点、固定的常闭触点和固定的常开触点，它们是被控制电路的电流通道。返回弹簧在线圈未通电时使衔铁保持在远离铁芯的位置，这时，常闭触点保持闭合状态，常开触点保持断开状态。

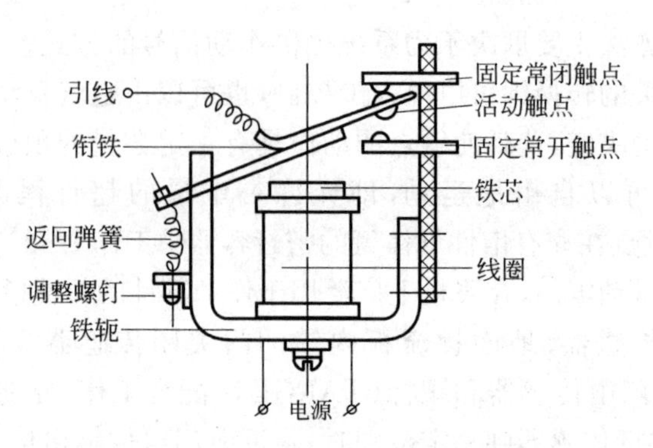

图 5.2-7　电磁继电器结构原理

继电器的工作原理如下：当电磁线圈通电时，铁芯被磁化产生电磁力，衔铁在电磁力的作用下，克服返回弹簧的弹力而向铁芯运动；与此同时，衔铁带动其上的活动触点与固定常闭触点分离，而与常开触点闭合，从而使被控制电路实现转换。

当工作线圈断电时，铁芯的电磁吸力消失，衔铁在返回弹簧的作用下回到原来的位置，并使触点恢复到原来的状态。

2）电磁继电器的磁路系统

继电器的磁路形式大多采用拍合式电磁铁。拍合式磁系统的特点是采用片状的吸片，称为衔铁，其铁芯和磁轭的结构形式可有多种，图 5.2-8 列出了常见的三种形式，其中图(a)为 U 形，图(b)为倒 E 形，图(c)为盘式，它的铁轭是一个圆盘。三种形式的磁系统中，中间都是圆柱形铁芯，电磁线圈就绕在该铁芯上。当线圈通有直流电时，就会产生一定方向的磁通，如图中虚线所示。磁通的方向按线圈的绕向和电流的方向用右手螺旋法则确定，如图 5.2-8(a)所示。磁力线的特点是互不相交的，它总是企图找出磁阻最小的路径而形成一个闭合回路。图 5.2-8 中 δ 为气隙，它的磁阻比铁芯的磁阻大得多，只有通过这里的磁通才能对衔铁产生电磁吸力。

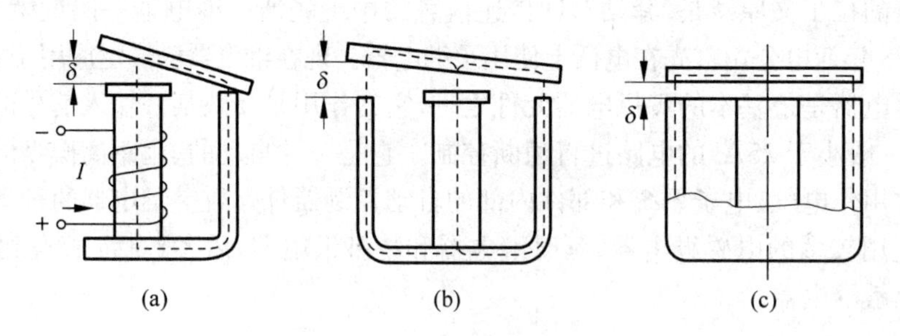

图 5.2-8　拍合式磁系统结构

3）电磁继电器的主要技术指标

(1) 额定电源电压：指的是使电磁继电器长时间正常工作的电压。

(2) 吸合电压：在常温条件下，继电器线圈通电后，由衔铁带动触点可靠动作所需要的最小电压值。

(3) 断开电压：继电器在吸合状态下，降低电磁线圈的工作电压，直到使衔铁刚要返回原位时的电压值，即使触点能够断开的最高电压值。

(4) 额定负载：继电器控制触点允许通过的额定电流值。

(5) 触点压降：一对触点在通过额定负载电流时，在触点上产生的电压降。

(6) 接点压力：触点接通时，两触点相互之间的压力。

(7) 动作时间：指从继电器工作线圈开始通电的瞬间至衔铁带动触点完成转换所需的时间。

(8) 线圈的工作电流：继电器线圈在额定电压作用下，长时间稳定工作状态下通入线圈的电流，它产生的电磁吸力是衔铁保持工作的需要。

(9) 寿命：指触点保持正常转换电路的能力，常用继电器的动作次数表示。

4) 电磁继电器的加速电路

电磁继电器的动作时间很短，是一种快速动作的控制元件，但由于存在着电磁惯性和机械惯性，继电器的吸合和释放动作总是需要一定的时间。一般继电器的动作时间为0.05～0.15s，动作时间小于0.05s的称为快速继电器，吸合或者释放动作时间大于0.15s的称为时间继电器或延时继电器。

继电器的吸合时间是指从给继电器加上额定电压开始，到接触点完成转换为止的一段时间。它包括两部分，一部分是电流由零上升到衔铁刚要动作的吸合触动时间，另一部分是从衔铁开始运动到最后闭合位置所需的吸合运动时间。前者主要是由电磁惯性引起的，后者主要由机械惯性决定。由于继电器的吸合触动时间占主要部分，因此减小吸合时间的主要方法是减小电磁线圈电路的时间常数$\left(\tau=\frac{L}{R}\right)$。

同理，继电器的释放时间包括从线圈断开电源瞬间开始，至衔铁开始作返回运动的一段释放触动时间和衔铁开始返回运动到回到原位所需的释放运动时间。一般也希望断开电路要快，即释放时间要短。缩短释放时间的方法除了减小电磁惯性外，在设计继电器的结构时，减轻衔铁质量和增大弹簧刚性都可以达到目的。

继电器的动作时间除了设计制造时已经确定的以外，在使用中还可以采取一些措施使吸合动作加速。在一些电气系统中，常见到下面形式的加速电路。

(1) 串联加速电阻

在继电器线圈电路里串联加速电阻R_g，同时将电源电压相应提高，以使线圈的稳态工作电流I_W保持不变。图5.2-9为其电路和电流变化曲线。

在没有串联加速电阻之前，线圈电路的时间常数为

$$\tau=\frac{L}{R}$$

串联加速电阻后，电路的时间常数减小为

$$\tau=\frac{L}{R+R_g}$$

没有加速电阻时，电路的时间常数较大，电流上升曲线比较慢，如图中曲线A所示。串联加速电阻后，由于时间常数变小，因此电流上升速度加快，如图中曲线B所示。时间常数减小为τ'。若继电器的吸合电流I_X保持不变，则串联加速电阻后，继电器的动作时间由t_1减小为t_1'。

(2) 在加速电阻上并联电容器

如图5.2-9电路中的虚线所示，在加速电阻R_g上并联一个电容器C，可以进一步减小吸合触动时间。因为电容两端的电压不能突变，在线圈接通电压的瞬间，电流主要从电容器

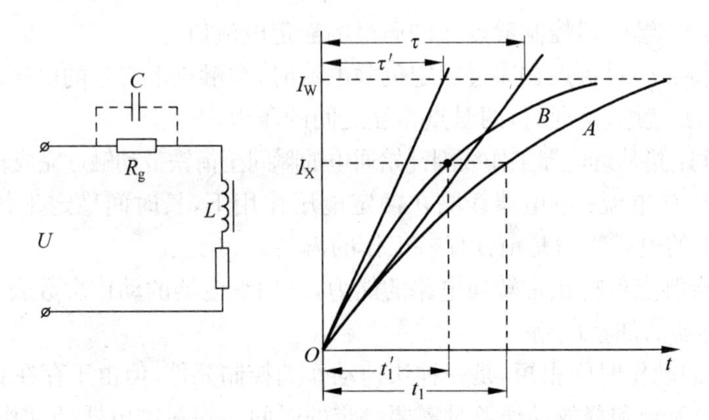

图 5.2-9　加速电路和电流时间曲线

上通过，这样线圈电流增长得快，线圈电流达到稳定值以后，电容器不再起作用，电路的稳态电流也不变。一般而言，并联电容之后的吸合时间比只有加速电阻的吸合时间可以再减小一半以上。

5）延时继电器

在一些控制系统中，常常需要使继电器控制的电路比控制信号有较大的吸合延迟时间，或者是当断开控制信号后要有较大的释放延迟时间。要使继电器延时动作，可以在电磁继电器的控制电路中加装电阻、电容或二极管等器件，也可以采用带有阻尼装置的各种延时继电器，如空气阻尼延时继电器、对磁路设置阻尼套筒的延时继电器等。

（1）继电器的延时吸合

① 阻容延时吸合电路

图 5.2-10 为阻容延时吸合继电器电路。图中 R、L 代表普通电磁继电器的工作线圈电路，电阻 R_g 和电容 C 为附加电路。

当接通电源时，因与继电器线圈并联的电容 C 起始电压为零，电源要通过 R_g 为它充电，电容上的电压按指数规律逐渐升高，也就使继电器线圈电压和电流从零按指数规律逐渐增大，当增大到继电器的动作电流时，继电器才开始动作，这就产生了延时。采用这种电路可产生 0.1～0.4s 的吸合延迟时间。延时的长短与电容量 C 成正比，但电容不能选得太大，否则又将影响释放时间。

② 采用空气阻尼装置的延时吸合继电器

图 5.2-11 为某种类型的空气阻尼延时吸合继电器的结构图。继电器主要特点是它的活动铁芯是由空气阻尼器构成的。空气阻尼器由石墨柱和唧筒组成，石墨柱套装在唧筒内，两者之间经过精加工而构成比较紧密的滑动配合。若想将石墨柱压进唧筒，由于唧筒内有空气，因此石墨柱不能立刻压进去，而是必须将唧筒内的空气由两者相贴合的缝隙中慢慢挤出去才行，这种空气产生的阻尼作用使运动速度减缓。同样，欲将石墨柱与唧筒分离，其运动速度也不可能很快。在这种继电器里，唧筒作为活动铁芯，同时也是电路的活动触点。当继电器线圈未通电时，唧筒式活动铁芯套在石墨柱上并由弹簧顶住，这时活动触点与固定触点分开，控制电路是断开状态。当接通继电器线圈电源后，经过触动时间，电磁吸力大于弹簧反力和空气阻尼器的阻力，活动铁芯开始缓慢地向固定铁芯运动，最后活动铁芯底部与固定触点相接触，使被控制电路接通。电路的电流由电源正极经固定接触点—活动接触点（唧

筒)—石墨柱—电源负极。即电流要经过石墨柱和唧筒之间的间隙,另外石墨电阻也较大,所以这种延时继电器只能控制微弱的电流。它的吸合延迟时间可达 20s。

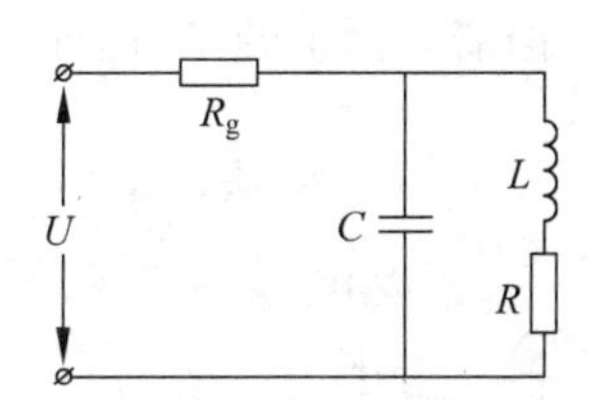

图 5.2-10 阻容延时吸合继电器电路

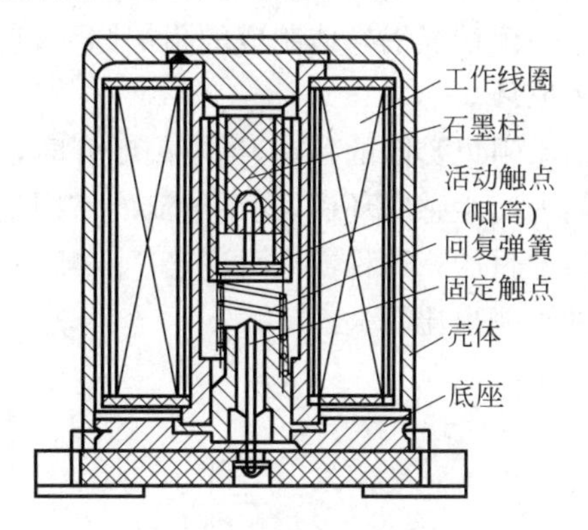

图 5.2-11 空气阻尼延时继电器

(2) 继电器的延时释放

① 在继电器线圈上并联一个电阻的延时电路

图 5.2-12 为在继电器线圈两端并联电阻 R_g 的延时电路。当电门 K 断开后,电磁线圈中的储能产生自感电势,使线圈中的电流不能立即消失,而可通过电阻 R_g形成通路并按指数规律缓慢地衰减到零,当电流减小到继电器的释放电流时,衔铁将触点断开,从断开电源到断开触点的时间就是所需要的延时。这种办法的优点是简单易行,缺点是在继电器正常工作时外接电阻也 R_g 要消耗电能。

② 在继电器线圈上反向并联二极管的延时电路

为了克服并联电阻电路的缺点,用二极管 D 代替电阻 R_g 就可以了。二极管反向并联于继电器工作线圈的两端,正常工作时二极管中无电流通过。当电门 K 断开时,继电器线圈产生上端为负、下端为正的自感电势,经二极管形成闭合回路,继续维持电流的流通,电流按照指数规律缓慢下降,从而使继电器延时断开,如图 5.2-13 所示。

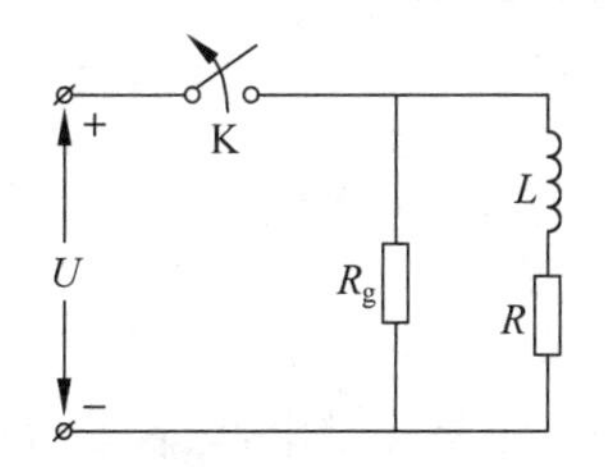

图 5.2-12 继电器并联电阻的延时电路

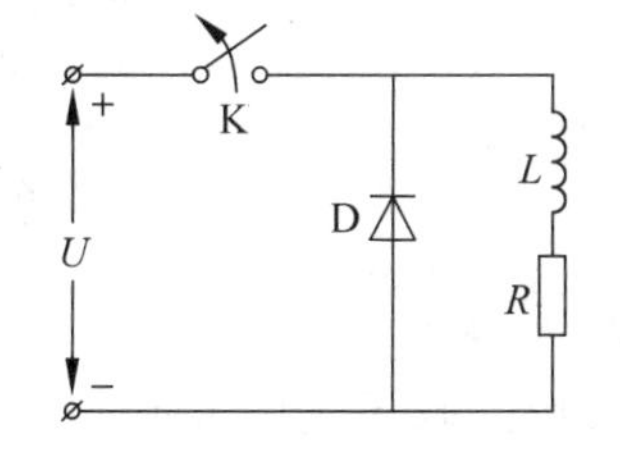

图 5.2-13 继电器并联二极管的延时电路

③ 在继电器线圈上并联电阻、电容的延时电路

在图 5.2-14 中,继电器正常工作时,电容 C 已被充电,当断开电门时,除电磁线圈的自感电势之外,电容 C 还对线圈放电,从而延迟了释放时间。这里的电阻 R_g 用于限制电容的充电电流和放电电流。

采用这种电路时,应该正确选择电容的数值,防止回路发生周期性振荡,否则会发生继电器时通时断的现象。

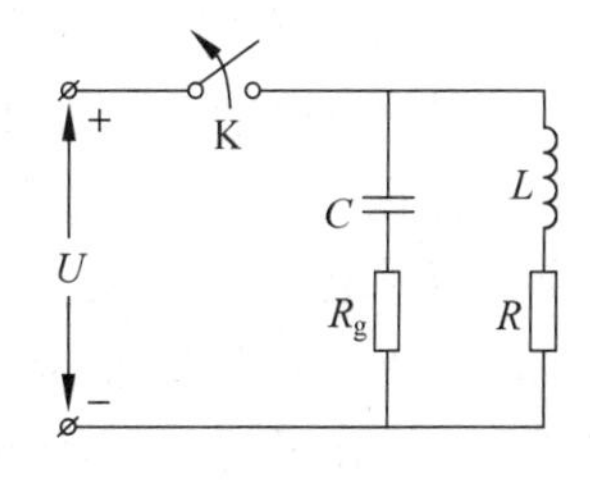

图 5.2-14 继电器并联阻容支路的延时电路

④ 附加阻尼套筒的延时继电器

这是在设计制造时已经做好的一种延时释放措施,如图 5.2-15 所示,在继电器铁芯底部套上一个铜或铝导体制成的阻尼圆环,它可以作为线圈骨架的一部分,也可以用短路线圈代替阻尼环。

由于阻尼套筒的存在,当电门断开时,线圈电流下降,铁芯内磁通下降,于是在短路的阻尼套筒内产生感应环流,这个电流的作用是反对磁场衰减的,从而使电磁吸力下降变慢,达到延时的目的。这种方法可以产生 5s 以上的释放延时。但需要指出的是,这种办法对吸合时间的影响也比较大。

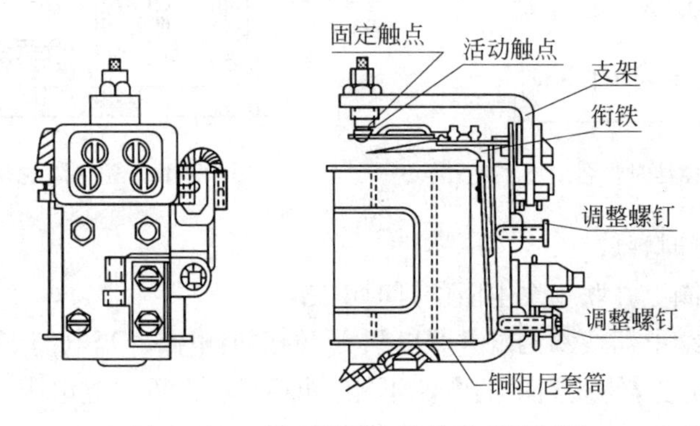

图 5.2-15　具有阻尼套筒的延时继电器

延时电路的常用符号如图 5.2-16 所示。延时电路有两种常用符号,其中图 5.2-16(a)应用于电气电子电路中,图中举例的“X”为延迟时间的数值,“SEC”为时间的单位,一般用秒表示。图 5.2-16(b)为延时继电器控制线圈的符号,图中的“T/D”含义是 Time Delay,表示继电器的工作线圈在延时一段时间后才通电。

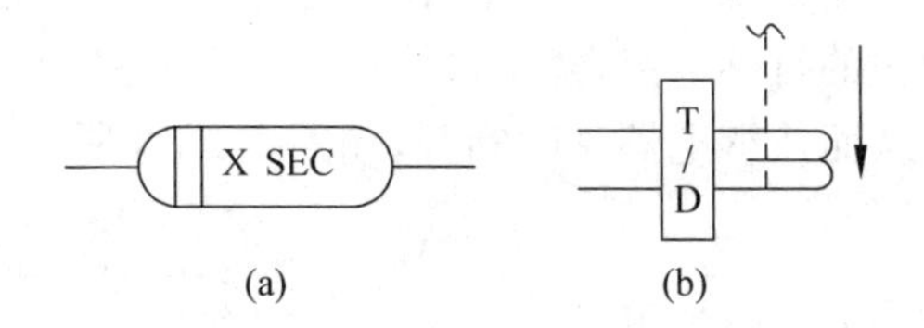

图 5.2-16　延时电路的常用符号

2. 特种继电器

飞机自动控制系统中还应用一些特种继电器,下面介绍极化继电器、舌簧继电器和热敏继电器。

1) 极化继电器

一般的电磁继电器是没有极性的,它不能反映输入信号的方向。而极化继电器却具有两个显著的特点:一个是能反映输入信号的极性,另一个是具有很高的灵敏度,即其所需的动作电流或电压值很小。极化继电器与普通电磁继电器的主要不同点在于极化继电器的磁路里同时作用着两个互不相关的磁通,一个是永久磁铁产生的极化磁通,另一个是由电磁线圈产生的工作磁通,工作磁通的大小和方向决定于输入信号的大小和方向。下面分析其工作原理。

（1）极化继电器的工作原理

极化继电器的结构原理如图5.2-17所示。当工作线圈不通电时，磁路里只有由永久磁铁产生的极化磁通Φ_m。极化磁通经过衔铁从气隙的左、右两边分成Φ_{m1}和Φ_{m2}两部分进入铁芯，然后回到永久磁铁的另一极而构成回路。两个分支磁路中的磁通Φ_{m1}和Φ_{m2}分别对衔铁产生向左和向右的两个吸力F_{m1}与F_{m2}，当衔铁处于对称中心线位置时，由于气隙$\delta_1=\delta_2$，$\Phi_{m1}=\Phi_{m2}$，因此电磁吸力$F_{m1}=F_{m2}$，衔铁应处于中立位置。但这是一种极不稳定的状态，衔铁在某种外界因素的作用下必然要偏向一边（左或右），只要衔铁一偏，两个气隙就不再相等，从而两部分的极化磁通及吸力也就不相等，于是衔铁迅速倒向一边并保持在这一边。

当工作线圈输入某一极性的直流电后，磁路中产生工作磁通Φ_g。由于永久磁铁的磁阻特别大，通过它的工作磁通可以忽略不计，所以工作磁通是串联通过气隙δ_1和δ_2的，然后从铁芯构成磁通回路。若衔铁原在左边，输入信号和它产生的工作磁通方向如图5.2-17所示，则气隙δ_1中的合成磁通$\Phi_1=\Phi_{m1}-\Phi_g$，气隙δ_2中的合成磁通$\Phi_2=\Phi_{m2}+\Phi_g$，它们分别产生吸力F_1与F_2。显然，当输入信号较小时，因Φ_{m1}比Φ_{m2}大得多，故仍然有$\Phi_1>\Phi_2$与$F_1>F_2$的关系，衔铁仍停留在左边。只有当信号增大到使气隙中的合成磁通$\Phi_1\leqslant\Phi_2$与$F_1\leqslant F_2$时，衔铁便开始向右偏转。衔铁一经触动，则使δ_1增大，δ_2减小，从而使Φ_{m2}增大，Φ_{m1}减小。这时即使信号电流大小保持触动值不变，也会使$\Phi_2>\Phi_1$与$F_2>F_1$，而且随着衔铁的偏移，这种差值还会越来越大，促使衔铁偏转速度加快。特别是当衔铁越过中线以后，由于$\Phi_{m2}>\Phi_{m1}$的出现，衔铁急速偏向右边。此时，即使切断输入信号，衔铁也将偏向右边并稳定在这种状态。可见，如果此时再加入原极性的电源信号，衔铁也不会再运动。若要使衔铁返回到左边，则必须改变输入信号的极性。

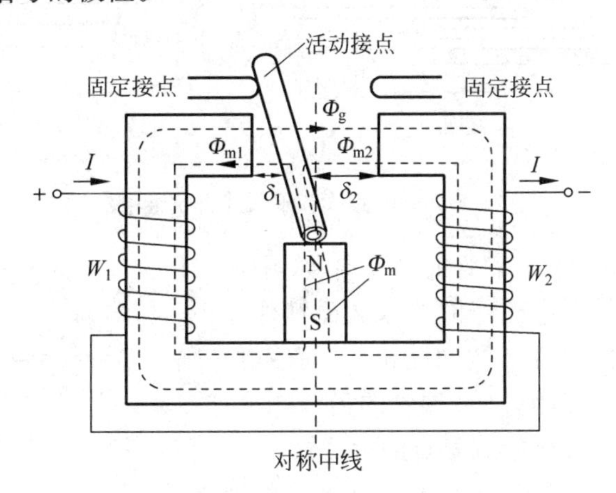

图5.2-17　极化继电器结构原理图

（2）极化继电器的特点

① 具有方向性

由于极化继电器采用了永久磁铁，借助于它在左、右气隙中产生的极化磁通与信号产生的工作磁通进行对比，就达到了反映输入信号极性的目的，这是极化继电器的一个重要特点。

② 灵敏度高，动作速度快

从上面的分析知道，因为它是借助于两种磁通对比产生作用力的，而它的磁路系统可以采用高性能坡莫合金材料和高磁能的永久磁铁，磁极面积可以较大，衔铁可以作得很轻，而且采用很小的接点压力(2～6g)和极小的工作行程(0.06～0.1mm)，所以动作功率很小，动作时间可在几毫秒以内，显示出灵敏度很高的特点。

③ 具有“记忆”功能

当衔铁的工作状态改变之后，不论控制信号是否还存在，工作状态仍保持不变，要使它改变工作状态，必须在下次通电时改变控制信号的极性。这就是说，它将前一次信号的极性“记忆”住了，这种特性在自动控制系统中具有重要意义。

极化继电器的主要缺点是接点的转换功率小，在大的冲击干扰力作用下容易产生错误动作，体积也较大。

2) 舌簧继电器

舌簧继电器的原理结构如图 5.2-18 所示。它主要由舌簧管、线圈或永久磁铁等部分组成。舌簧管是舌簧继电器的核心，它由一组舌簧片与玻璃管封装而成，并在玻璃管内充以氮等惰性气体。舌簧片材料的选择除满足高磁导率、高饱和磁感应强度、低矫顽力、良好的导电性和优良的弹性等要求外，还要求其膨胀系数与玻璃管相适应。舌簧接点可以做成常开、常闭与转换三种形式。常开的舌簧片是分别固定在玻璃管两端的，它们在电磁线圈或者永久磁铁磁场的作用下，其自由端所产生的磁场极性正好相反，靠磁性的“异性相吸”而使触点闭合。在图 5.2-18 中，图(a)是电磁式舌簧管，图(b)是永久磁铁式舌簧管。

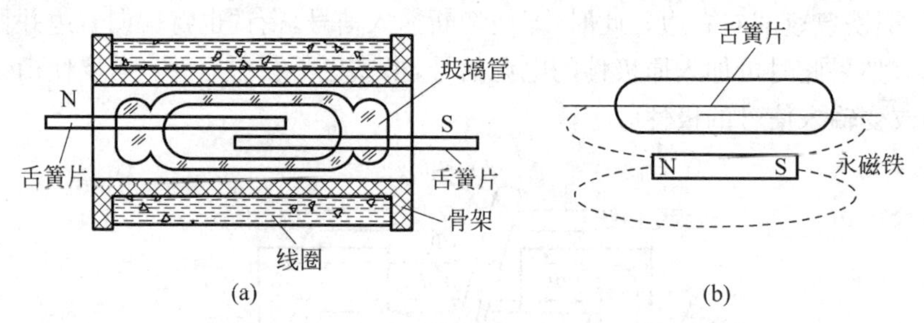

图 5.2-18　电磁式和永久式舌簧继电器

常闭的舌簧片则固定在玻璃管的同一端，如图 5.2-19 所示的 A、B 簧片，它们在电磁线圈或永久磁铁作用下，自由端产生相同极性的磁性，靠“同性相斥”而使触点断开。在常闭舌簧片的基础上，在玻璃管的另一端增加一个常开舌簧片 C 就构成了转换式触点的舌簧管。

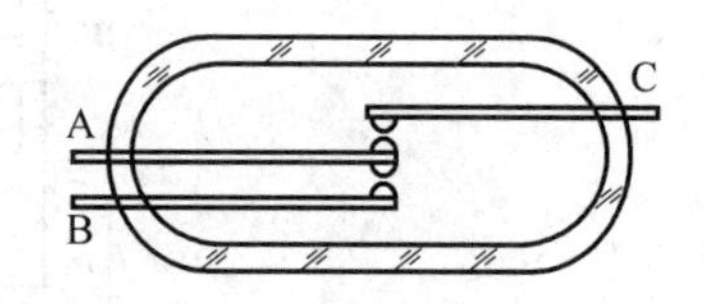

图 5.2-19　转换式触点式舌簧管

由以上讨论可知，舌簧继电器具有以下一些特点：结构简单轻巧，舌簧管尺寸常以其直径与长度表示，最小可做到 ϕ1.5mm×8mm；触点密封于充有惰性气体的玻璃管中，可以有效地防止污染与腐蚀，增加触点工作的可靠性；触点可动部分质量小，吸合与释放动作时间很快，小型舌簧管的动作时间可小于 1ms；灵敏度高，吸合功继电器率小，易用半导体器件驱动。但是，它的接点容易出现冷焊与粘连现象；触点距离小，转换容量小，耐压能力低；簧片为悬臂梁，断开瞬间易出现颤抖现象。

3) 热敏继电器

热敏继电器就是温度继电器，感受温度的变化而控制电路的通断，它一般有双金属片式和热敏电阻式两种。

（1）双金属片式热敏继电器

如图 5.2-20 所示。因为不同材料的热膨胀系数不同，把不同膨胀系数的两种金属焊接在一起，就构成了感受温度的双金属片，利用它将温度的变化转换为双金属片的位移。图中双金属片的上层用膨胀系数小的钢材制成，下层用膨胀系数大的铜合金制成。假定在常温下双金属片热敏继电器的触点是闭合的，当感受到较高温度时，将使双金属片自由端向向上弯曲，使触点 K 断开；当温度降低后，触点自动闭合。双金属片热敏继电器常用作加温元件的控制器或用作高温信号敏感器件。

双金属片式热敏继电器感受温度有一定的范围，而且有接触，容易产生接触不良的故障，工作可靠性较差。

（2）热敏电阻式继电器

利用热敏电阻的阻值随温度变化的特点，可以构成热敏电阻式继电器。继电器包括两部分，由固态器件（如开关三极管、MOS 场效应晶体管、可控硅开关等）组成的电子电路作为反应机构，由电磁继电器作为执行机构，如图 5.2-21 所示。

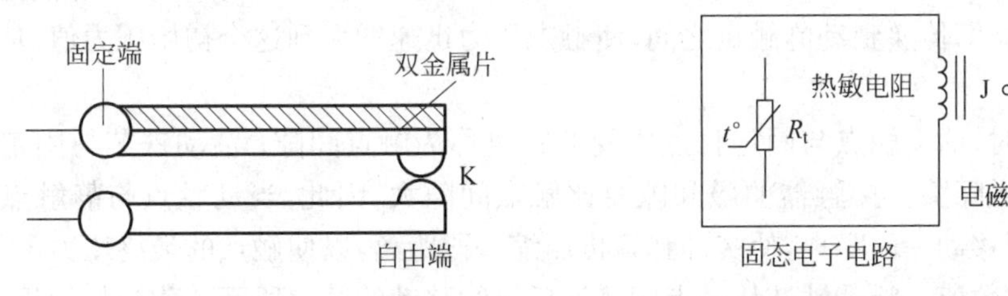

图 5.2-20　双金属片热敏继电器　　图 5.2-21　热敏电阻式继电器

图 5.2-21 中热敏电阻 R_t 作为固态电子电路中的敏感元件，其阻值随着温度的变化而发生改变。通过电路设计，随着外界温度的变化，当热敏电阻的阻值改变超过某一给定值时，固态电子电路给电磁线圈 J 通电，常开触点 K 闭合。当外界温度恢复到给定值以内时，电磁线圈 J 断电，从而使触点 K 断开。由此实现随着温度的变化控制电路的通断。

其中的以热敏电阻作为敏感元件的固态电子电路，也可以根据需要设计为以光、电压等因素作为敏感元件的反应机构。以固态电子电路作为反应机构，能大大提高继电器的反应灵敏度，也适用于接收弱信号的工作场合。

5.2.3　航空接触器

接触器（断路器属于这一类）是一种用于远距离接通和断开交流或直流电源主馈线（干线）及大容量控制电路的开关电器（一般大于 25A）。在飞机上，通常用它作为发电机电源馈线和外电源馈线与汇流条的连接开关，及发电机励磁等大电流电路的控制器件。

接触器的工作原理与继电器的工作原理基本相同，它的主要组成包括电磁铁和触点系统两大部分，其主要区别在于接触器的接触点可以承担很大的负载电流。在现代飞机上，因为发电机的额定容量很大，而电网电压不是很高，所以电流很大，传输大电流的任务就由接触器来完成。由于接触器触点的负载大，这就要求接触器有较大的触点压力和较大的触点断开距离，因此它的电磁铁必须具有较大的吸力和行程，所以在结构上接触器一般都装有专门的灭弧装置和较强的触头弹簧，因此它与继电器有一些不同的特点。

接触器的种类很多，按照触点所控制电路的性质，可以分成直流和交流两种（目前生产的交流接触器,其电磁线圈仍然由直流供电);按照触点的类型不同,如同开关一样,可有单刀单掷、单刀双掷、双刀单掷、双刀双掷、三刀单掷和三刀双掷等多种;按照接触器本身的结构原理可以分为单绕组、双绕组、机械自锁式和磁力自锁式接触器等。下面以单绕组和双绕组接触器为例说明其工作原理,然后再对民航现有机型中的主要接触器做典型介绍和分析。

1. 单绕组接触器的工作原理

1)基本结构和动作原理

图 5.2-22 为单绕组接触器结构原理简图,它由电磁铁和触点系统两大部分组成。电磁铁包括一个电磁线圈和由活动铁芯、固定铁芯、导磁壳体组成的磁路系统及返回弹簧;触点系统包括固定触点、活动触点和触头上的缓冲弹簧。活动铁芯是通过拉杆带动活动触点和缓冲弹簧的。当线圈通电后,电磁吸力克服返回弹簧的初始反力,把活动铁芯吸向固定铁芯,拉杆带动接触片使活动触点与固定触点接触,从而使输出电路接通。

缓冲弹簧压在活动接触片上,在装配时已有一定的预压力,使活动接触片以一定的初始压力压在拉杆的台肩上。由图可见,当活动触点与固定触点刚接触瞬间,动接触片便把缓冲弹簧的初始压力立即传递到动静触点之间,使触点压力迅速增大到这个初始压力值,从而避免触点的弹跳。

当触点断开时,活动触点与固定触点之间的距离称为触点间隙;活动铁芯与固定铁芯之间的距离称为磁间隙。接触器的磁间隙要比触点间隙大,因此,当动触点与静触点接触后,铁芯还要向下移动一段距离,使缓冲弹簧再压缩一段距离,以使触点的最终压力(工作压力)达到所需要的数值。活动铁芯从触点刚接触后继续移动的这一段距离称为超行程,也称为备用行程,它是保证触点牢固接触所必需的。

当线圈电压降到断开电压以下或线圈断电后,活动铁芯在返回弹簧及缓冲弹簧的作用下返回到初始位置,使触点断开。

2)吸力特性与反力特性

图 5.2-23 示出了直流接触器的吸力-反力特性及其配合情况,横坐标为气隙 δ,纵坐标为电磁吸力或弹簧反力 F。图中曲线①为活动铁芯所受的电磁吸力特性,电磁力与气隙的

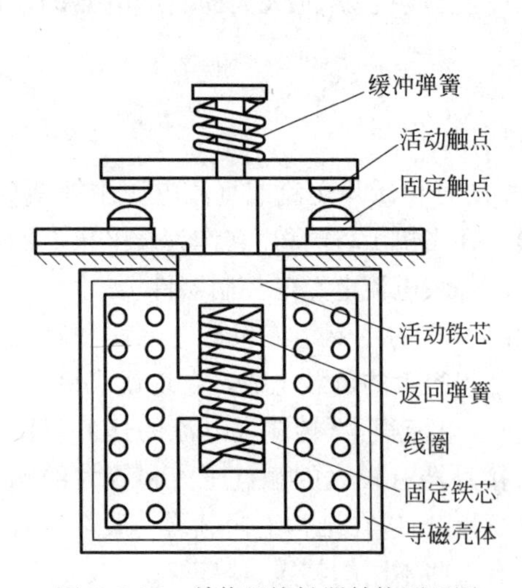

图 5.2-22 单绕组接触器结构原理图

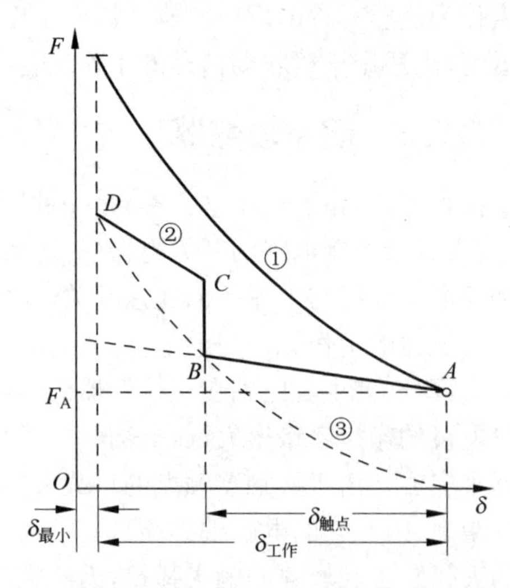

图 5.2-23 单绕组接触器的吸力-反力特性

关系是非线性的，随着气隙的减小，电磁力迅速增大。曲线②（折线 $ABCD$）为总的反力特性，它是由返回弹簧和缓冲弹簧的反力合成的。弹簧反力与它的压缩距离成正比，即随气隙的减小，弹簧反力按线性规律增大。当活动铁芯处于打开位置时，返回弹簧对铁芯已有压力 F_A，使铁芯可靠地保持在打开位置。当铁芯向下移动且在触点尚未闭合之前，只有返回弹簧受到压缩，因此其反力特性将沿着表示返回弹簧弹力特性的斜线 AB 上升。当铁芯移动到使活动触点与固定触点接触时，缓冲弹簧受到压缩，由于缓冲弹簧在装配时已经处于一定的预压缩状态，因此对活动接触片有一定的预压力 F_{BC}，所以此时反力特性有一个跳跃，即由 B 点跃升到 C 点。此后，返回弹簧和缓冲弹簧同时受到压缩，合成的反力特性将沿着斜线 CD 上升，显然，CD 的斜率要比 AB 大。所以，总的反力特性为 $ABCD$ 折线构成。

图中的 $\delta_{工作}$ 为活动铁芯的可移动距离，$\delta_{最小}$ 为接触器接通状态时的剩余磁间隙，$\delta_{触点}$ 为触点断开时活动触点与固定触点之间的触点间隙。显然，活动铁芯与固定铁芯之间的工作间隙与触点间隙之差即为超行程。

3）接通电压与断开电压

由以上分析可知，要使铁芯顺利吸合，必须保证在铁芯吸合的全过程中吸力处处大于反力，也就是说，接触器线圈必须有足够大的电流或电压，以保证电磁铁产生足够的电磁吸力。我们将保证接触器顺利接通所需要的最低电压称为接触器的接通电压。当然，高于接通电压更容易使接触器接通。

同理，当电磁线圈两端的电压慢慢降低而使接触器断开时，必须保证在铁芯返回的全过程中吸力处处小于反力（虚线③），因而要求线圈两端的电压要足够低。保证接触器能够可靠断开时接触器线圈上的最高电压称为接触器的断开电压。当然，比断开电压更低或完全断电时，接触器更容易断开。

2. 双绕组接触器的工作原理

1）双绕组接触器的基本结构

从单绕组接触器的分析和它的吸力反力特性可知，当铁芯吸合后电磁吸力远远大于弹簧反力。实际上，铁芯保持在吸合位置所需要的线圈磁势（对应于线圈电压）并不需要那么大。线圈磁势大，必然使线圈和整个电磁铁的尺寸和重量增大，这是不利的，双绕组接触器则能克服这个缺点。双绕组接触器与单绕组接触器的触点系统和磁路系统都基本相同，只是其电磁线圈由一个绕组变为两个绕组，即吸合绕组和保持绕组，如图 5.2-24 所示。吸合绕组的导线粗、匝数少，而保持绕组导线细、匝数多，因此，吸合绕组电阻小，保持绕组电阻大。同时，双绕组接触器有一对辅助常闭触点，安装在接触器壳体的底部，触点的断开是由拉杆下端塑压的绝缘头推动的。在铁芯吸合过程中，当触点已接触，且铁芯运动到距台座 0.6～0.7mm 时，拉杆下端的绝缘头便将辅助触点断开，从而使保持绕组和吸合绕组串联接入电路。

2）双绕组接触器的工作情况

当线圈接上电源时，由于保持绕组被辅助触点短接，电源电压只加在吸合绕组上。因为吸合绕组导线粗电阻小，因此电流大，虽然匝数少，但产生的磁势仍然较大而能将铁芯吸动，其吸力特性如图 5.2-25 的曲线①所示。在铁芯由 δ_1 运动到 δ_2 位置时，触点闭合，当铁芯进一步运动到 δ_3 位置时，拉杆下的绝缘头将辅助触点顶开，从而使保持绕组投入工作。由于保持绕组与吸合绕组串联工作，线圈的电阻增大很多，线圈电流大大减小，但由于保持绕组匝数多,产生的磁势仍然较大,电磁吸力仍然高于返回弹簧和缓冲弹簧产生的反力,所以铁芯继续运动直至完全吸合。在保持绕组接入瞬间,电磁吸力由曲线①突然下降,以后按吸合绕组和保持绕组共同产生的电磁吸力曲线②上升。由图 5.2-25 可见,双绕组接触器在接通的全过程中也是保持电磁吸力总是大于弹簧反力的。

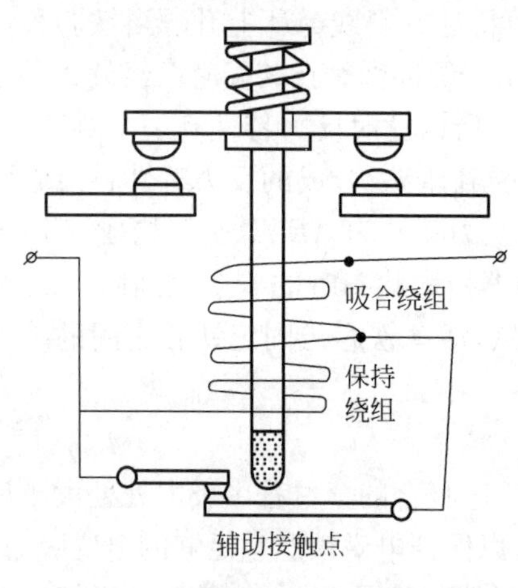

图 5.2-24 双绕组接触器原理图

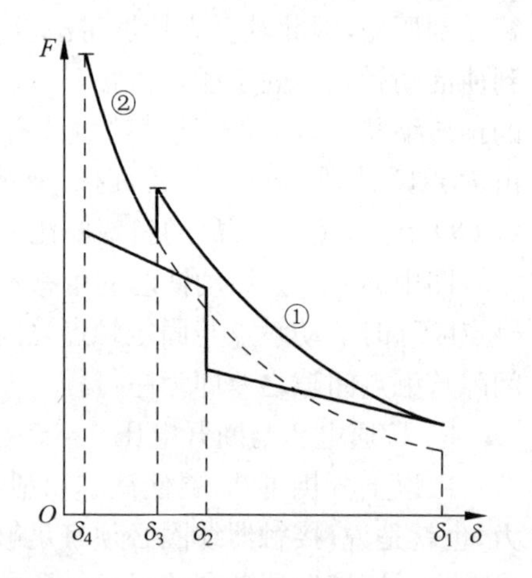

图 5.2-25 双绕组接触器的吸力-反力特性

由于吸合绕组只在短时间内通以较大的电流,而两个绕组保持工作时电流很小,消耗的功率也很小,线圈温升也不会很高,所以线圈尺寸及电磁铁的重量均可大大减小。双绕组接触器还有一个优点,就是它的吸合触动时间较小,这是因为它的吸合绕组匝数少,电感小,同时由于导线粗而可承受较大的电流,因此有时也把吸合绕组叫做加速绕组。

3. 自锁型接触器

1) 磁锁型接触器

现代大型飞机的交流主电源电路大多使用专门的电路接触器或断路器,实际上它们就是一些大负荷接触器。这些接触器结构形式多样,但其基本原理相同,下面以波音系列飞机上使用的三刀单掷磁锁型接触器为典型进行介绍。这种接触器的外形结构如图 5.2-26 所示。

(1) 电路原理

三极单掷磁锁型电路接触器的原理电路如图 5.2-27 所示。它有三对常开式单向投掷的主触点 T_1-L_1、T_2-L_2、T_3-L_3,多对(图中只画出了四对)常开式和常闭式辅助触点。它的磁场由两部分组成,一部分是永久磁铁,另一部分是由电磁线圈产生的电磁场。电磁线圈有“吸合”和“脱扣”两个绕组,闭合绕组通过自身的辅助常闭触点与外电路正线连接,跳开绕组通过辅助常开触点与正线连接,两者共用地线。

当线圈未通电时,由于弹簧的作用使主触点和辅助触点保持在它的初始位置。当有 15~29.5V 的直流电压加到吸合绕组上时,产生的电磁力将克服弹簧力,使活动铁芯加速移向固定铁芯,到气隙很小(接近于零)时,连杆使辅助常闭触点断开,吸合绕组断电,由永久磁铁作用完成最后的行程并作为接通以后的保持力。这时,主触点闭合,辅助常开触点闭合而常闭触点断开。辅助常开触点的闭合,也为跳开绕组的通电做好了准备。

要使触点恢复初始状态,必须给“脱扣”绕组通电,使活动铁芯与固定铁芯之间的气隙处产生的电磁磁通抵消永久磁铁的磁通,当两者的合成磁通很弱时,其电磁力小于弹簧力,最终由弹簧推动连杆使主触点断开，继而辅助触点转换，同时将自身脱扣绕组断电。

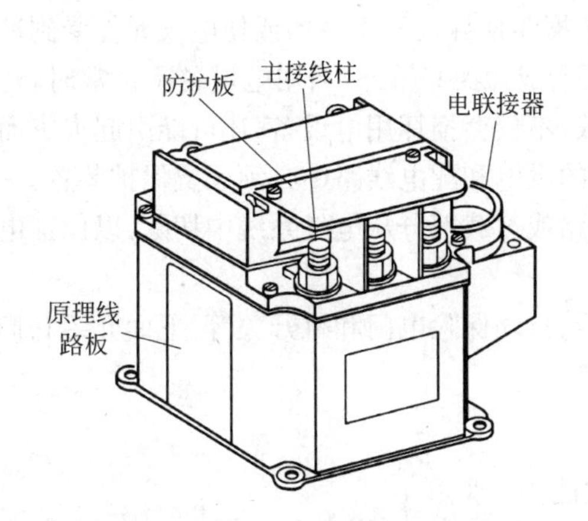

图 5.2-26　三刀单掷磁锁型接触器

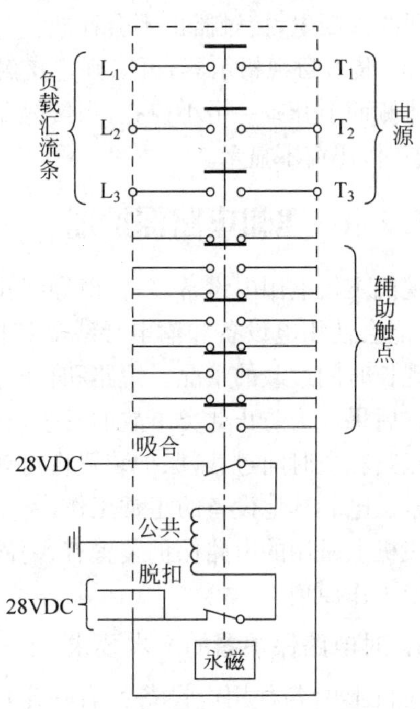

图 2-27　磁锁接触器原理图

(2) 主要技术数据

主触点额定电流：交流 275A；

主触点额定电压：交流 115/200V，400Hz；

吸合绕组工作电压：直流 15～29.5VDC；

脱扣绕组工作电压：直流 15～29.5VDC。

同时，使用时应注意，各辅助触点所能承受的交流或直流电源种类不同，电压、电流的数值有多种，必须符合具体要求。

2) 机械自锁型接触器

机械自锁型接触器的原理图如图 5.2-28 所示。当吸合线圈通电后，接触器吸合并被机械锁栓锁定在闭合位置，吸合线圈则依靠串联的辅助触点自行断电，不再消耗电功率。接触器需要释放时，只要接通脱扣线圈，利用脱扣装置解除机械闭锁，就可以在返回装置的作用下回复到释放位置。实用的机械自锁接触器可以有各种各样的机械锁栓和脱扣装置，具体结构此处不再讨论。

这种接触器为电磁吸入式，在结构上具有如下特点：

(1) 具有两组线圈，一组是吸合线圈，另一组是脱扣线圈。

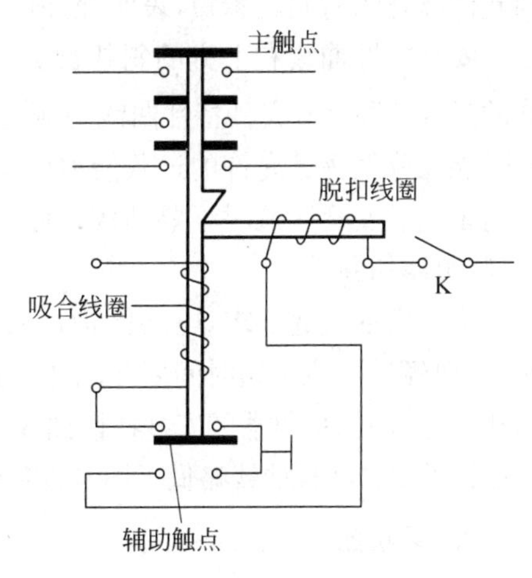

图 5.2-28　机械自锁型接触器的原理图

(2) 具有机械锁定机构,当吸合线圈通电时,接触器接通,并锁定在接通状态。此时,即使接通线圈断电,接触器也不会释放。只有当脱扣线圈通电,将锁打开,才能使接触器断开。

(3) 装有目视指示器,可以判定接触器的工作状态。所谓目视指示器就是在接触器线圈壳体侧面上开有一个小窗孔,当接触器处于断开状态时,小窗显示白色,当接触器处于接通状态时,小窗不显示。

5.2.4 飞机电路保护器

现代飞机上用电设备多,输电导线长,由于振动使导线发生摩擦或使电气元件受到冲击时,可能会使用电设备和输电导线受到损伤而造成短路;另外,当用电设备不正常时,还可能出现长时间过载的情况。短路和长时间过载,不仅会损坏用电设备,还可能引起火灾而酿成严重后果。为防止此类事故的发生,在飞机的供电和配电线路中必须设置保护装置,一旦发生短路和长时间过载,保护装置将自动把短路或过载部分从电气系统中切除,以保证电源的正常供电和其他设备的正常工作。

飞机上常用的电路保护装置有各种熔断器、自动保险电门和跳开关等,下面介绍它们的结构及工作原理。

1. 对电路保护器的基本要求

飞机上的各种用电设备都有一定的过载能力,即用电设备在过载情况下短时间保持正常工作的能力。各种用电设备的过载能力可以用它的安秒特性曲线表示。所谓安秒特性,指的是用电设备的温度达到绝缘材料所允许的最高温度所需的时间(t)与负载电流(I)的关系,如图5.2-29所示。

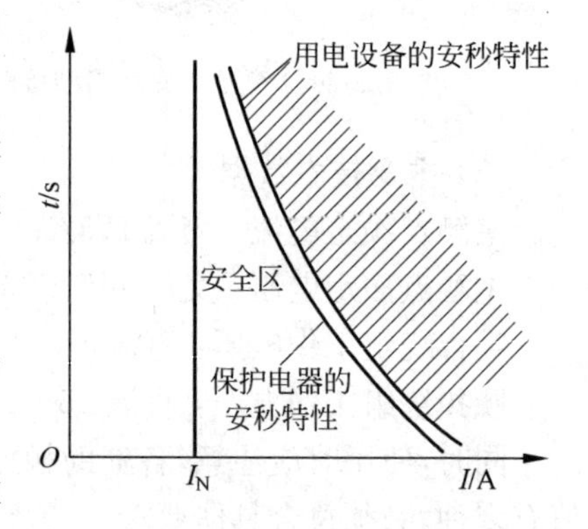

图5.2-29 安秒特性曲线

当用电设备的电流为额定值 I_N 时,达到允许最高温度的时间为无限长,说明用电设备可以长时间工作。当用电设备的工作电流超过 I_N 时,过载电流越大,达到允许温升的时间就越短,表明允许过载的时间越短。

安秒特性曲线右上方的斜线部分是用电设备不允许的过载危险区;安秒特性曲线与额定电流直线之间的区域为过载安全区。为了使用电设备既能充分发挥其允许的过载能力而又不被烧坏,这就要求电路保护器在过载电流和过载时间未超过安全区域时不要动作;而当过载电流和过载时间接近过载危险区时应能立即动作,将电路切断。

为了实现上述要求,电路保护器必须具备适当的惯性,即遇到过载电流时不是马上动作,而要经过一段延迟时间后才动作。这个动作的延迟时间应该同用电设备允许的过载时间相接近,即保护电器的安秒特性曲线应该与用电设备的安秒特性曲线基本相同,一般是使保护器的安秒特性曲线略低于用电设备的安秒特性曲线,这就是对电路保护电器的基本要求。

2. 熔断器

熔断器俗称为保险丝,它是一种一次性使用的电路保护电器。它的主要元件是金属熔丝,常用锡、铅、锌、铜及其合金等材料制成。当被保护电路出现长时间过载或短路故障时,熔丝发热到熔化温度而熔断，从而将电路切断。飞机上常用的熔断器有易熔熔断器、难熔熔断器和惯性熔断器三种。

1）易熔熔断器

熔断器中的熔丝常用银（熔点 960.8℃）、铅（熔点 327.3℃）、锡（熔点 231.9℃）、锌（熔点 419.5℃）、镉（熔点 321℃）、铋（熔点 271.2℃）等低熔点材料制成。飞机上的易熔熔断器装于玻璃管或陶瓷管内，这样既能保护熔丝，又能起到灭弧作用。这种熔断器的熔丝惯性小，主要用于保护过载能力比较小的用电设备。这种典型的熔断器如图 5.2-30 所示。

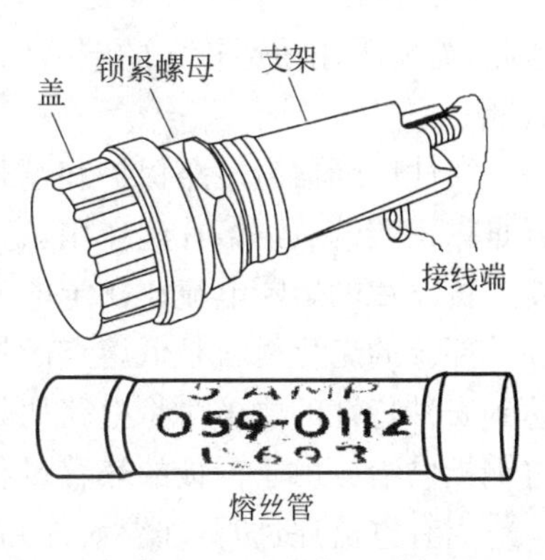

图 5.2-30　一般典型熔断器

在英美制造的飞机上一般使用指示型熔断器。这种管装熔断器在 115/200V 交流电源系统中应用较多，有不带指示灯与带指示灯两种形式。带指示灯的熔断器，即在其管座顶部有一个与熔丝并联的指示灯，它的结构与电路如图 5.2-31 所示。用于交流电路的指示灯采用氖光灯，带有琥珀色透明灯罩；用于直流电路的则为白炽灯，带有淡色透明灯罩。当熔丝完好时，灯泡被熔丝短路而不亮；当短路或超载时熔丝烧断，指示灯被点亮，显示该电路故障。

2）难熔熔断器

在大电流电路中采用难熔金属铜作熔断片（铜的熔点达 1083℃）。在铜片上涂上锡薄层，这样当熔断片发热至锡的熔点（231.9℃）时，便有一部分锡熔化并渗入到铜片中去，形成类似锡铜合金，其熔点比纯铜降低。

当过载或短路时将铜片熔断。熔片的周围包有石棉水泥，它能吸收一部分热量而增大熔断片的热惯性，并具有灭弧作用，如图 5.2-32 所示。这种熔断器主要用于飞机电源系统的短路保护。

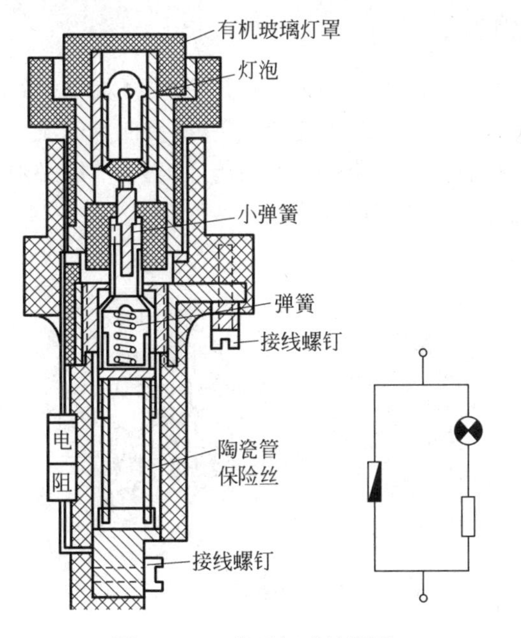

图 5.2-31　指示灯式熔断器

图 5.2-32　难熔熔断器

3）惯性熔断器

对有些用电设备，要求在工作过程中允许短时间过载，如电动机的电源起动电路。若采用前述的熔断器，都不能满足要求，因为它们的惯性比较小。要保护短时间内有较大过载的电路，需要采用惯性较大的电路保护设备，使其在过载时有较长的延时，而在短路时能很快熔断。

惯性熔断器由短路保护和过载保护两部分组成，其结构如图 5.2-33 所示。短路保护部分是靠正端的黄铜熔片起作用，它装在纤维管隔腔内，周围填充有灭弧用的石膏粉或磷灰石粉。黄铜片的熔断电流比额定电流大得多，它只在短路或过载电流很大时才能熔断。过载保护部分的熔化材料是低熔点的焊料，它将两个 U 形铜片焊接在一起，当过载电流和时间达到安秒特性的要求时将电路切断。熔化焊料所需要的热量主要由靠近负端的加温元件经过铜板供给。由于铜板的热容量和散热面积较大，故有较大的热惯性。

当有电流通过时，加温元件和黄铜熔片都发热。在过载电流不是特别大的情况下，黄铜熔片不会熔断，而易熔焊料则在经过一定时间之后被熔化。焊料熔化后，在弹簧作用下将 U 形铜片拉开，电路即被切断。因为传递热量的铜板有较大的热惯性，使易熔焊料达到熔化需要一定的时间，这便是所需要的惯性延迟时间。当发生短路或在过载特别严重的情况下，易熔焊料由于铜板的热惯性大而不能立即熔化，这时黄铜熔片则可迅速熔断而将电路切断。

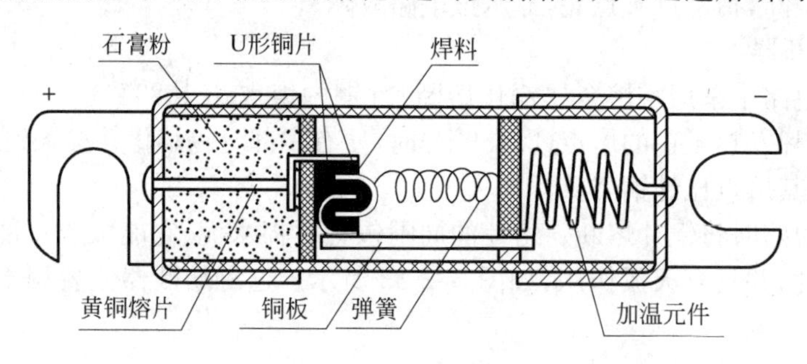

图 5.2-33 惯性熔断器

惯性熔断器是有正、负极性的，如图 5.2-33 所示，使用时应加以注意，否则将难以起到电路保护的作用。这是因为导体通电时产生热量，电子流动时也传递热量，其方向与电流方向相反。如果电路中通的是直流电，热量就会由高温处沿电流的反方向传递出去，所以必须按规定极性连接，才能使加温元件的热量传递到焊料与黄铜熔片一端。

3. 电路跳开关

电路跳开关是一种小型按钮式自动保险电门，和熔断器不同，当电路恢复正常时，它是可以复位的。其外形如图 5.2-34 所示。

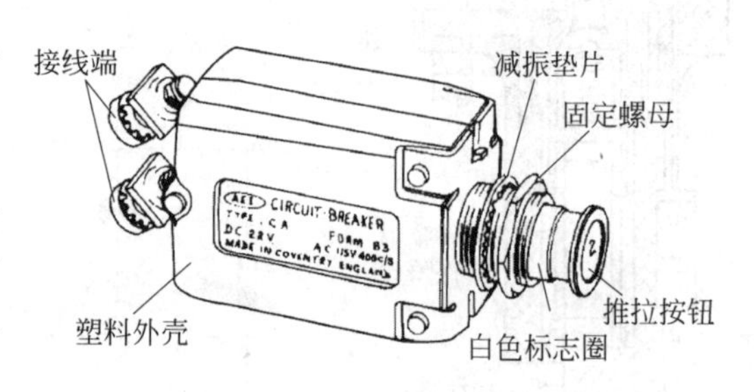

图 5.2-34 跳开关外形结构

在飞机上，跳开关常集中安装在驾驶舱的跳开关板上，只有推拉按钮露出在板面上。推拉按钮表面标有数字，它代表该跳开关允许的额定电流值，如图中所标的额定电流为 2A。英美制飞机上常用跳开关的额定电流有 0.5、1、2、3、5、7.5、10、15、20、25、30 和 40A 等多种。在英语中，跳开关和断路器是同一个词汇(breaker)，跳开关用于负荷较小的电路，断路器用于大电流供电馈线，它们都适用于飞机上的直流 28V 与交流 115V 电路。

推拉按钮按下之后，跳开关内的触点接通，这时套在黑色推拉按钮上的白色标志圈被压进壳体内，看不见白色了，表示此跳开关处于接通状态。当电路发生过载或短路现象时，靠跳开关内部的双金属片受热变形使跳开关自动跳起，并将电路切断。这时，推拉按钮在弹簧作用下弹出，显露出白色标志圈，这就标志着该电路故障，跳开关已跳开。

正常情况下，若由于工作需要断开电路电源时，可人工将推拉按钮拔出；当需要恢复时，则将推拉按钮按下。

在一些现代大型客机上，采用电路跳开关环识别特定电路的跳开关，该环有橙色和灰色两种颜色。

带有橙色环的跳开关只能由机组人员按照特定的非正常程序拔出，如消除假警告。

带有灰色环标注的跳开关用于地面维护期间由地面维护人员拔出，以便防止危险情况的发生。

当电路跳开关被禁止推入时，应该使用红色安全卡箍卡住。当不允许已安装的电子设备工作时，这种方法是非常必要的。

在地面维护期间，应该在相应的跳开关上挂上红色标签，它可以通知其他人员：决不能闭合盖跳开关，因为该电子系统正在处于维修工作中。

4. 遥控电路跳开关

在一些大型飞机上，使用一种特殊类型的电路跳开关，即遥控电路跳开关(RCCB)。它作为直接控制负载与电源之间通断的主电路跳开关，安装在机载配电设备附近，如前设备舱和主设备中心。与普通跳开关一样，RCCB 在电流超过标准值时将断开电源和用电设备之间的通路。此外，RCCB 也接收外部的控制信号来断开用电设备。如在驾驶舱安装控制跳开关，通过控制跳开关来远程控制 RCCB 的通断。由于 RCCB 不用安装在客舱和驾驶舱，这样对于大负载来说，可以减轻电缆的重量。

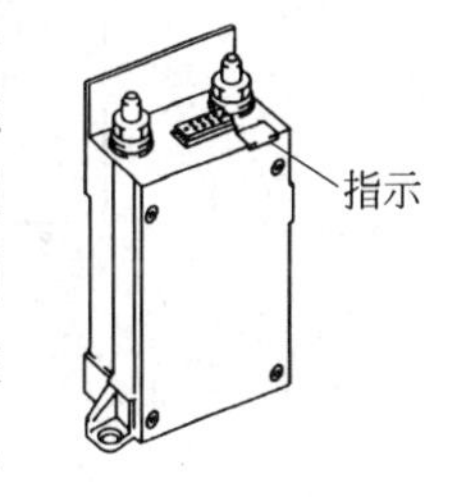

图 5.2-35　遥控电路跳开关

在遥控电路跳开关上，有一个指示器可以检查它的断开或闭合。一旦遥控电路跳开关因过载而跳开，在排除故障后需复位。另外，人工可以完成接通和断开，在操作上，它与普通跳开关是一样的。

这种遥控电路跳开关的主电路跳开关的功能也是通过热敏器件来完成的，如双金属片。当发生过载时，遥控电路跳开关的双金属片过热而断开，控制逻辑会将接触器的触点和一组用于监视的辅助触点断开。

图 5.2-36 所示安装有控制跳开关的 RCCB。当电路过载时，RCCB 跳开，断开电源与负载之间的通路，同时，安装于驾驶舱的控制跳开关也跳开。

如果没有发生过载，电路正常工作，当驾驶舱拔出控制跳开关时，在控制逻辑的作用下，RCCB 跳开，这样就实现了驾驶舱控制跳开关对 RCCB 的远程控制。

RCCB 也可以设计成接收来自系统计算机的控制信号来作动，控制负载与电源之间的通断。

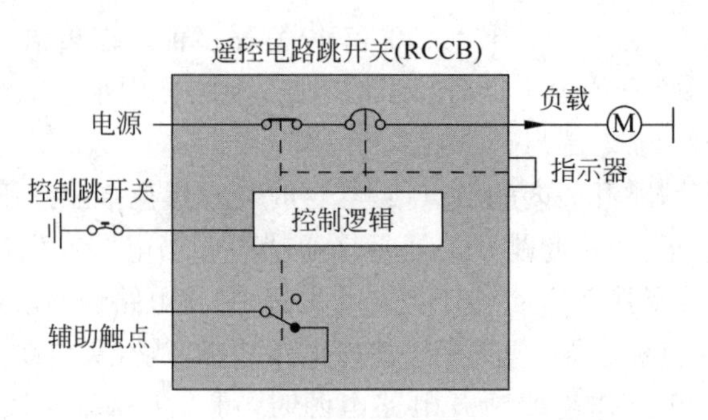

图 5.2-36　遥控电路跳开关

在现代飞机上,通过计算机的逻辑运算来控制 RCCB 通断的工作方式,越来越多的出现。相对于传统的 RCCB 主要工作在电路过载保护,这种新的结构,还可以通过计算机灵活编程,设定多个工作条件下 RCCB 的通断逻辑,输出控制信号到 RCCB,以实现对电路的保护和配置。这种 RCCB 也称为可编程遥控电路跳开关。如图 5.2-37 所示。

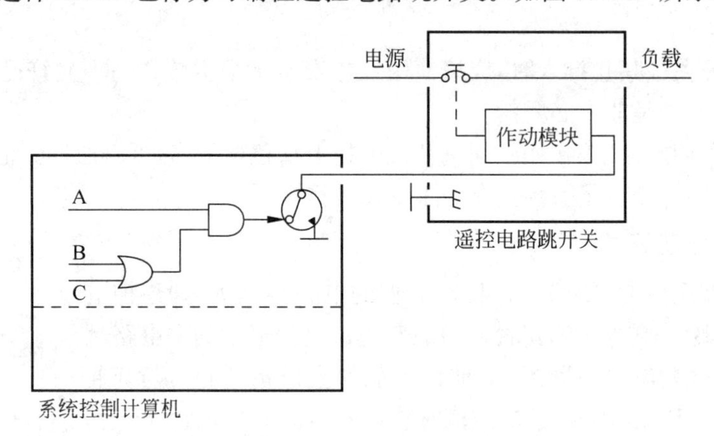

图 5.2-37　可编程遥控电路跳开关

参 考 文 献

[1] MILLER R. Basic Electricity[M]. Peoria: Bennett & Mcknight Pub. Co. , 1978.

[2] 盛乐山. 航空电气[M]. 北京: 科学出版社, 1994.